轻松学得快丛书

7天学会

上网与网上开店

三虎工作室 编著

科学出版社
www.sciencep.com

北京希望电子出版社
Beijing Hope Electronic Press
www.bhp.com.cn

内容简介

本书从电脑上网以及电脑在 Internet 中的实际需出发，采用易学易懂的编写方式，全面介绍电脑上网所应用到的基础知识和操作技能。书中从软件基础操作讲起，以大量网络应用案例精讲为核心，以上机实战提高读者应用水平为目标，全面、细致地介绍了上网操作和网络应用知识。具体内容包括走进 Internet、将电脑接入 Internet、多台电脑同时上网、随意浏览网页、收发电子邮件、搜索网上信息、上传下载、网上交友与聊天、论坛与博客、网上娱乐与生活、网上开店、网上买货、装修与美化网店、经营管理网店、网络安全等。

本书内容丰富、新颖、实用、易学易懂，且可操作性极强，在讲解过程中用有限的篇幅讲述了尽可能多的知识。相信读者通过对本书的认真学习，就能学会上网和网上开店。同时，本书还配有多媒体光盘，可以大大提高读者的学习效率。

本书适合电脑办公、电脑上网的初、中级读者自学用书，又可作为电脑培训班相关指导教材。

需要本书或技术支持的读者，请与北京清河 6 号信箱（邮编：100085）发行部联系，电话：010-62978181（总机）转发行部、010-82702675（邮购），传真：010-82702698，E-mail：tbd@bhp.com.cn。

图书在版编目（CIP）数据

7 天学会上网与网上开店 / 三虎工作室编著.—北京：科学出版社，2009

（轻松学得快丛书）

ISBN 978-7-03-024371-3

Ⅰ.7… Ⅱ. 三… Ⅲ.①因特网—基本知识②电子商务—基本知识 Ⅳ. TP393.4 F713.36

中国版本图书馆 CIP 数据核字（2009）第 052717 号

责任编辑：秦 甲 / 责任校对：周 玉
责任印刷：密 东 / 封面设计：迪一广告

科学出版社 出版
北京东黄城根北街 16 号
邮政编码：100717
http://www.sciencep.com

北京市密东印刷有限公司

科学出版社发行 各地新华书店经销

*

2009 年 8 月第 1 版 开本：787×1092 1/16
2009 年 8 月第 1 次印刷 印张：19
印数：1-3000 册 字数：438 千字

定价：35.00 元（配 1 张光盘）

前 言

Preface

随着信息技术的迅猛发展，电脑办公自动化技术和电脑设计已成为现代人生活和工作的一大基本技能。在这竞争日益激烈的今天，谁掌握的基本技能越多，谁就获得了更多的谋生手段。因此，人们在繁忙的工作和生活中必须不断学习新知识，掌握新技术，这样才不会被社会所淘汰。

想去培训校学习又没有时间，如果经常让朋友、同事来指导又怕麻烦他们，为此，我们为读者精心策划了《轻松学得快》这套多媒体自学丛书，《轻松学得快》系列丛书立意新颖、构思独特，采用“图书+多媒体自学光盘”立体化教学模式，针对电脑软件操作和电脑设计的学习特点，采用“零起点学习软件操作基础，范例精解提高软件驾驭能力，上机实践提升专业设计技能”这一循序渐进的教学过程，引导初学者7天时间掌握软件基本操作技能，从而进入设计的大门，因此，本套丛书非常适合电脑初级读者学习。

丛书特色

《轻松学得快》系列丛书从实际应用的角度出发，以时间为写作线索，采用“基础导读”+“范例精讲”+“上机实战”+“巩固与练习”的编写结构，突出边学边练、学练结合的自学特点，充分发挥了读者的主观能动性，快速提高读者的学习效率。

- **基础导读**

用最直接、最精练的方式讲解了软件的基础知识、概念、工具或行业知识，使读者可以快速了解软件的基础知识、熟悉并掌握软件的基础操作。

- **范例精讲**

这部分精心安排的一个或几个典型实例，使读者达到深入了解各软件功能的目的，同时引导读者在短时间内提高软件操作技能。

- **上机实战**

精心安排的上机实战案例，给出操作步骤提示，边学边练，以进一步提高软件的应用水平。

- **巩固与练习**

这部分通过将掌握到的知识应用到实际中，使读者进一步强化所学知识、巩固所学知识，做到学以致用。

- **易学易懂**

本套丛书不仅结构科学，而且语言简洁，图文互解，步骤清晰，易学易懂。

- **科学分配学习时间**

针对电脑软件技术这一教学特点，重在培养读者的实际动手能力，因此，根据各软件的特点，我们精心安排了“基础导读”、“范例精讲”、“上机实战”以及“巩固与练习”各模块的科学学习时间，极大地提高了学习效率。

多媒体自学光盘

为了提高读者的学习效率，达到轻松易学的效果，本套书配有多媒体教学光盘，这样读者就可以像看电影一样轻松学习软件操作。

本书作者

本书由三虎工作室策划，参与本书编著的有胡小春、朱世波、蒋平、王政、唐蓉、尹新梅、刘晓忠、马秋去、刘传梁、毕涛、李勇、牟正春、李晓辉、李波等。

目 录

Contents

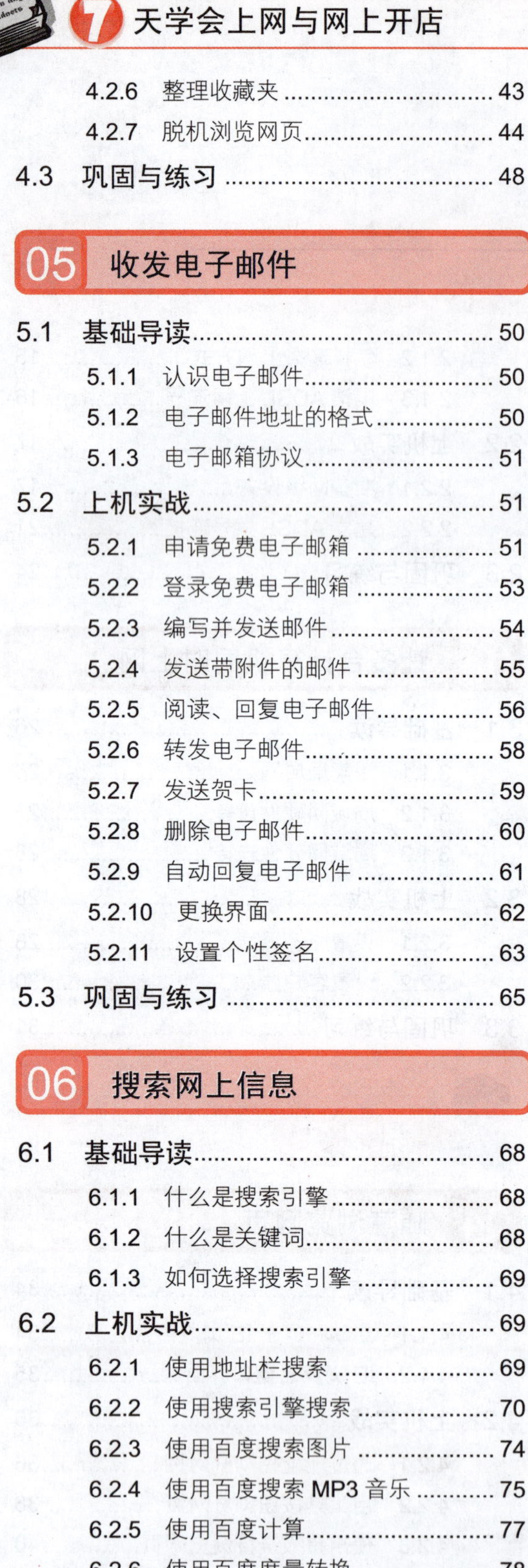

05 收发电子邮件

06 搜索网上信息

第 3 天

07 上传下载

08 网上交友与聊天

第6天

13 装修与美化网店

14 经营管理网店

第7天

15 网络安全

第 1 天

Chapter 01

走进 Internet

学习时间

本课主要讲解的是 Internet 的发展、组成以及应用，建议读者使用 50 分钟的时间来进行学习。

学习内容

- 计算机网络的产生
- 计算机网络技术的发展
- 我国计算机网络的发展
- 资源子网和通信子网
- 远程视像会议和远程办公
- 网上教育
- 网上理财
- 网上购物
- 网上交流
- 网上开店

精彩实例效果展示

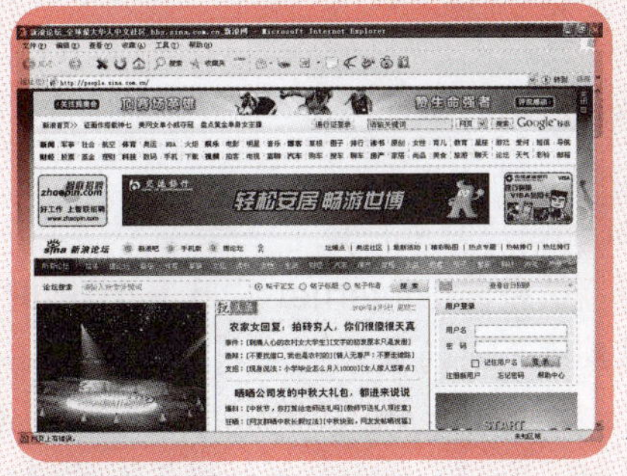

新浪论坛

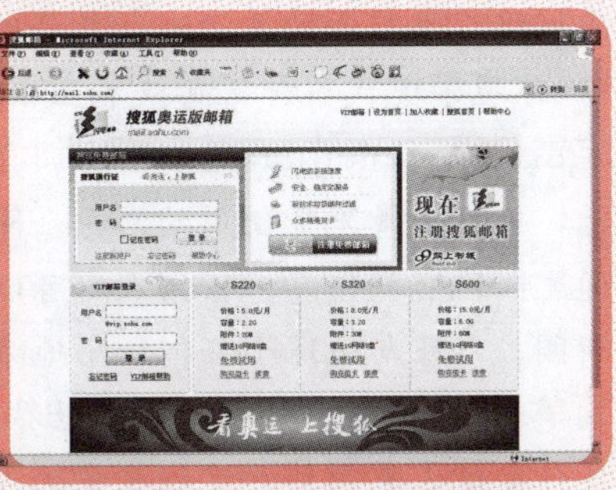

免费邮箱

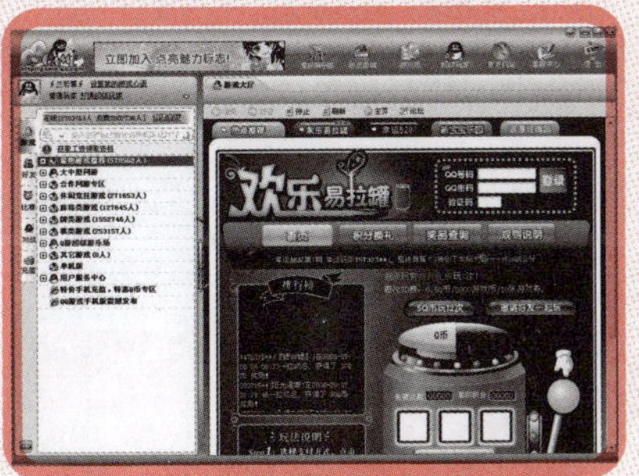

QQ 游戏

 1.1 什么是 Internet

Internet（国际互联网络），就是我们称呼的“互联网”，它是当今世界上最大的连接计算机的电脑网络通讯系统，是用户广泛使用的全球信息资源公共网络。它不仅仅是一个计算机网络，还是一个庞大的、实用的、可共享的信息库，其信息涵盖的广泛与深入，是非常令人吃惊的。现实社会存在的各种各样的信息，在 Internet 的虚拟世界里也尽可能多地存在着。不但存在文字、数据、图像、声音等形式，也存在软件、图书、报纸、杂志、档案等内容，涉及政治、经济、科学、军事、教育、法律等社会生活的各个领域，全世界有具备上网知识的十亿用户利用 Internet 通信、学习、交流和共享信息源，因此我们可以把 Internet 当做一个生活着芸芸众生的社会来理解，实际上 Internet 也确实存在很多汇聚众生的“社区”。

Internet 是由局域网（LAN）、地域网（MAN）以及大规模的广域网（WAN）等网络组成的。用户可以通过电话拨号、CHINAPAC、专线等接入方式连接到 Internet 上，享用它提供的所有服务。连接 Internet，我们可以了解世界各地发生的新闻，真正实现“足不出户，尽知天下事”；可以发送和接收电子邮件、网络即时信息；可以自学或参加网络学校网上课堂，学习自然科学、社会科学等各类知识；可以在网上发布个人、企业、政府的信息；可以参加各种专题社区讨论；可以免费享用大量的软件资源……当然，也可以买卖商品——买入喜爱的网络商品，或者开个网店销售商品。

Internet 的特点是鲜明的，主要有以下几个方面。

- **联网方便容易**：Internet 采用了 TCP/IP 协议，成功解决了不同的硬件平台、网络产品、操作系统之间的兼容性问题。在世界任何地方，普通计算机只需要通过电话线或网线，就可以接入 Internet，并成为 Internet 的一部分。
- **技术灵活先进**：Internet 采用了分布网络中最为流行的客户机/服务器的工作模式，大大提高了网络信息服务的灵活性，并将网络技术、多媒体技术融为一体，使得网络“有声有色”，体现了现代多种信息技术互相融合的发展趋势。
- **信息丰富快捷**：Internet 网络系统拥有成千上万个数据库，向用户提供了极其丰富的信息资源，包括大量免费使用的资源。同时，它也是非常快捷及时的传播途径，网络间可以畅通无阻地交换信息。任何人都可以通过它第一时间了解世界上任何一个地方发生的重要新闻，以及与地球上任何一个地方正在上网的朋友即时沟通。
- **操作简单易懂**：进入 Internet 虚拟世界的 IE 浏览器具有完善的服务功能和友好的用户界面，操作简便，无须用户掌握更多的专业计算机知识。

 1.2 Internet 简介

下面讲解 Internet 的发展，包括计算机网络的产生、计算机网络技术发展以及我国计算机网络的发展 3 个部分。

1.2.1 计算机网络的产生

1952 年，人们将通信技术与计算机技术联姻，为计算机信息全球化开启了一扇广阔深远的

大门，并经过 3 个重要阶段的发展，奠定了其高速发展的基础，最终形成了今天使用的计算机网络。

第一个重要发展阶段：以 SAGE（Seml-Automatic Ground Environment）系统（半自动地面防空系统）为标志。

计算机网络技术最初是用于军事方面的。美国通过长达 200 余万公里的通信线路，将远距离的雷达和其他设备的信息，汇集到一台 IBM 旋风型计算机上。实现了集中的防空信息处理与计算机远程控制，这就是在计算机网络技术的发展史上具有重要意义——计算机通信发展史上的重要标志——SAGE。

第二个重要发展阶段：以 ARPANET 为标志。

到 20 世纪 60 年代末，美国国防部又建立了一个实验性的计算机网络——ARPANET，通过有线、无线与卫星通信线路的连接，形成了覆盖从美国本土到欧洲等广阔地域的网络连接。ARPANET 的形成是计算机网络技术发展史上的一个重要里程碑，它对推动计算机网络的形成与发展具有深远意义。这一阶段人们首次使用了 Internet（互联网）这一名称。

第三个重要发展阶段：以成功实现点对点网络信息传输为标志。

3 位青年学者，克达因・洛克、文森・约瑟夫和罗伯特・卡恩是这一阶段的杰出贡献者。1969 年 9 月，他们第一次实现了有 4 个站点的计算机与中介服务器之间的连接。并于 1977 年 7 月，通过点对点的卫星网络将 1 个有数据的信息包，从美国南加州大学开始，经挪威到达伦敦，又通过卫星信息网连接 ARPANET 传回南加州大学，总行程 4 万英里，却没有丢失 1 个比特的数据信息。这为网络铺就了高速发展的道路，随着网络体系结构和协议的形成和完善，现今终于实现了网络全球覆盖。

1.2.2 计算机网络技术的发展

计算机网络技术的发展分为第一代、第二代和第三代。

1. 第一代计算机网络——最简单的通信网

1946 年，世界上第一台数字计算机问世。1954 年，出现了一种被称做收发器的终端，人们使用这种终端首次实现了将数据通过电话线路发送到远端的计算机，并使用了线路控制器和调制解调器。

上世纪 60 年代初期，人们研制了多重线路控制器，它可以让计算机通过公用电话网和多个远程终端相连接，构成面向终端的计算机通信网。用户通过终端命令以交互的方式操作计算机系统，从而将单一计算机系统的各种资源分散到了每个用户手中。如图 1-1 所示。

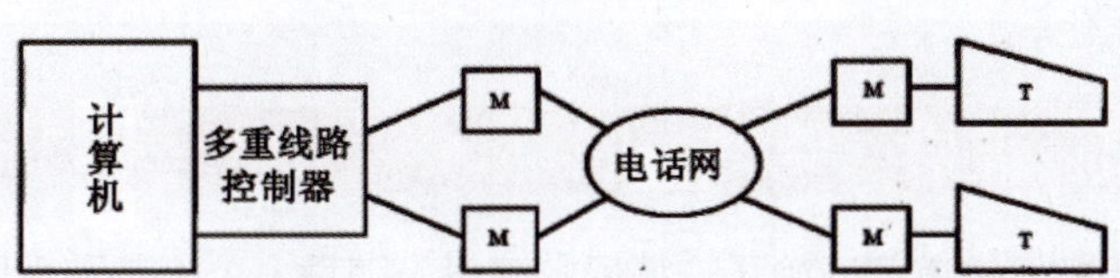

图 1-1　第一代计算机网络示意图

2. 第二代计算机网络——分组交换网

第一代计算机网络系统的缺点：一是，如果计算机负荷较重，将导致系统响应时间过长；二是，如果计算机发生故障，将导致整个网络系统瘫痪。

为了克服这些缺点，提高网络的可靠性和可用性，人们成功研究出将多台计算机相互连接的方法——分组交换网。分组交换网以通信子网为中心，多台计算机通过通信子网构成一个有机的整体，既分散又统一，从而使整个系统性能大大提高；构成用户资源子网的主机和终端都处在网络的边缘，原来单一主机的负载可以分散到网络中的各台计算机上，使得网络系统的响应速度加快。用户共享通信子网的资源以及资源子网的硬件和软件资源，单机故障也不会导致整个网络系统的全面瘫痪。如图 1-2 所示。

3．第三代计算机网络——数字网络体系结构

为了降低网络设计的复杂性，科学家运用分层设计方法将庞大而复杂的问题转化为若干较小且易于处理的子问题。1974 年 IBM 公司按照分层的方法制定了系统网络体系结构 SNA（System Network Architecture）。20 世纪 70 年代末 DEC 公司也开发了网络体系结构 DNA（Digital Network Architecture）。网络体系结构使一个公司所生产的各种机器和网络设备可以非常容易地被连接起来。但因为各个公司的网络体系结构是不相同的，不同公司之间的网络也不能互相连通。1977 年国际标准化组织设立了专门的机构来研究解决上述问题，并成功研制出使各种计算机能够互连的标准框架——开放式系统互连参考模型（Open System Interconnection / Reference Model），简称 OSI。它将网络分为 7 层，并规定每层的功能。其分层情况，如图 1-3 所示。

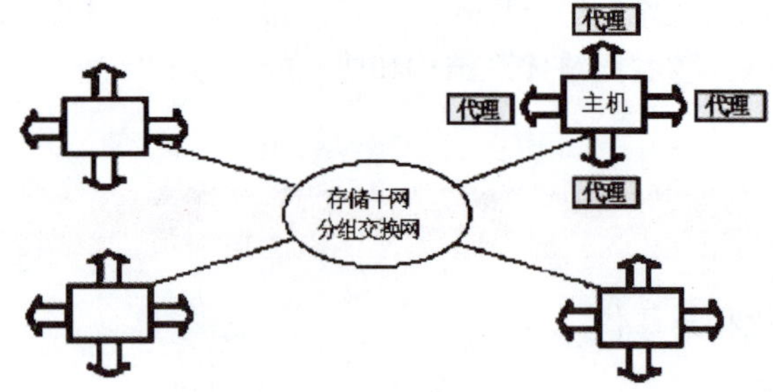

图 1-2　第二代计算机网络示意图

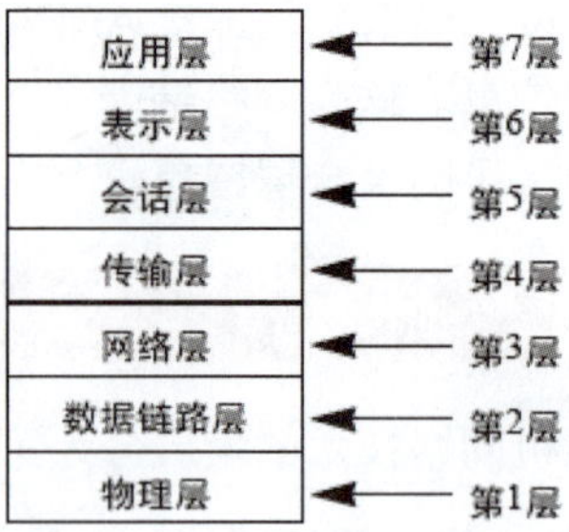

应用层 ← 第7层
表示层 ← 第6层
会话层 ← 第5层
传输层 ← 第4层
网络层 ← 第3层
数据链路层 ← 第2层
物理层 ← 第1层

图 1-3　第三代计算机网络分层

OSI 参考模型的出现，意味着计算机网络发展到了第三代。自此，计算机网络的发展道路一直走标准化道路，其最大体现就是 Internet 的飞速发展，Internet 使用的 TCP/IP 参考模型也是分层模型，是目前计算机之间最常用的组网形式。

20 世纪 90 年代以来，微电子技术、大规模集成电路技术、光通信技术和计算机技术不断发展，为网络技术的发展提供了有力的支持，计算机网络从体系结构到实用技术已逐步走向系统化、科学化和工程化。

1.2.3　我国计算机网络的发展

20 世纪 80 年代初，铁道部开始了广域网的建设。随后，公安部和军队都建立了各自的专用网络。

1990 年，中关村地区教育与科研示范网（NCFC）开始启动。

1993 年，邮电部建成了公用分组交换网——CHINAPAC，连接范围超过 200 个城市和地区，网络端口 10 000 个。

1994 年，中国公用计算机互联网（CHINANET）开始建设。

1995 年，中国教育和科研网（CERNET）正式连接到美国的 128Kbps 国际专线。

1996 年，邮电部巨资建设的中国公用计算机互联网 CHINANET 全国骨干网正式开通，开始在全国范围内提供远程高速 Internet 业务。从此，我国计算机互联网进入了一个高速发展的时期。1998 年我国的互联网用户只有 150 万人，到 2008 年我国的互联网用户已经达到 2 亿人，政府部门、企事业单位以及家庭、个人都已广泛使用计算机网络。

目前，我国计算机网络的发展方兴未艾，拥有巨大的市场发展空间，迫切需要大量的计算机网络人才。

1.3 Internet 的组成

Internet 的组成分为物理组成和逻辑组成两部分。物理组成又分为网络硬件和网络软件。逻辑组成包括资源（信息）子网和通信子网。

1.3.1 网络硬件

网络硬件包括服务器、工作站及外围设备。外围设备是指连接服务器与工作站的连接设备和通信介质。连接设备包括网卡、集线器、交换机、路由器。通信介质包括可见的双绞线、同轴电缆、光纤以及无形的无线电、微波和卫星通信。

1. Modem

Modem 就是网友们通常戏称的“猫”，因为它对电脑输入输出的信号进行模拟/数字的转换，即调制解调。所以学名为调制解调器，是调制器和解调器的合称。它是拨号上网的必备设备，用户需要通过它将计算机的数字信息变成音频信息在电话线上传播。

Modem 分内置式和外置式两种。内置式 Modem 插在计算机主板上，使用电脑内部的电源，具有价格一般比外置式便宜、不占用桌面空间的优点。外置式 Modem 具有不占用计算机主板扩展槽以及根据指示灯随时掌握是否正常工作的优点。图 1-4 所示为内置式 Modem，图 1-5 所示为外置式 Modem。

图 1-4　内置 Modem

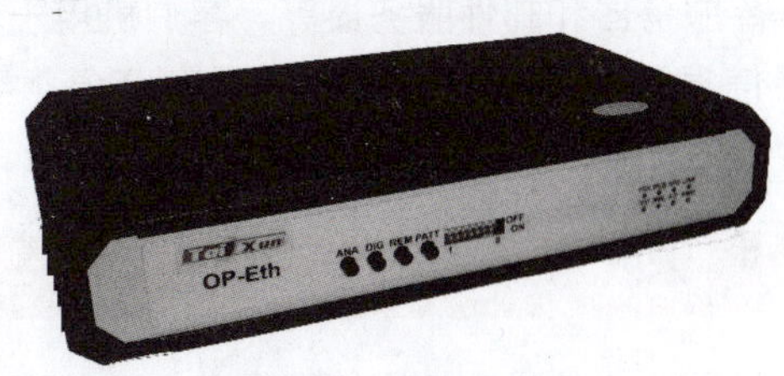

图 1-5　外置 Modem

2. 网卡

网卡（Network Interface Card）是计算机与局域网通信介质间的直接接口。根据网络技术的不同，网卡可分为 ATM 网卡、令牌环网卡和以太网网卡等。绝大部分局域网采用的都是以太网技术，使用以太网网卡。目前，以太网网卡有10M、100M、10M/100M及千兆网卡。图1-6所示，是一款10M/100M网卡。

3．路由器

路由器可以将Internet中的各个网络互相连接起来，根据数据所要到达的目的地，选择适当的路由算法，获得一条最佳转发路径，将数据在不同的网络间传送直到目的地。图1-7所示，为一款多功能路由器。

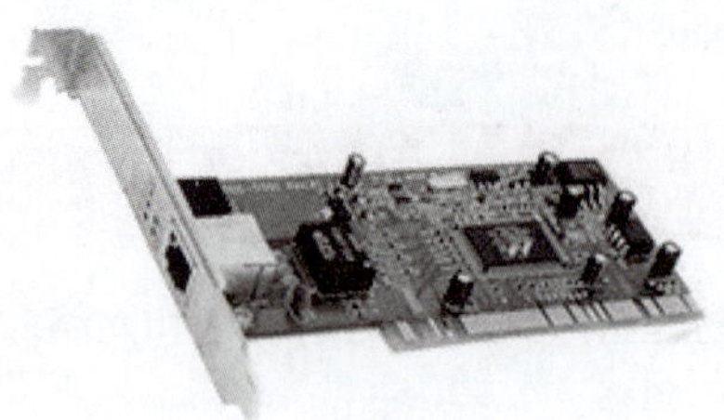

图1-6　10M/100M网卡

图1-7　多功能路由器

4．网络通信线路

网络通信线路可分为有线线路和无线线路两大类。有线线路使用光缆、铜缆等介质，无线线路则使用无线电等。Internet中的路由器、计算机和其他终端设备是由网络通信线路将它们连接起来的。

人们通常用“数据传输速率”或“带宽”来描述网络通信线路的数据传输能力。“数据传输速率”或“带宽”是指通信线路中允许的最大数据传输速度，也可以说是最大数据传输的频率。

5．主机、客户机

主机是Internet中信息资源与服务的载体。由于目前Internet中主要使用客户机/服务器模式，主机被分为服务器和客户机两类。

服务器向用户提供信息资源和服务，常见的类型有WWW服务器、文件服务器、FTP服务器、数据库服务器和邮件服务器等。客户机用于访问服务器信息资源和接受服务，需要安装各类客户端软件。图1-8所示，为一台连接入Internet的主机。

图1-8　主机

1.3.2　网络软件

网络软件是支持网络运行，提高效率和开发网络资源的工具。

1．操作系统

现目前，使用最广泛的还是Windows操作系统，它是微软公司的拳头产品之一。目前被使用的Windows操作系统版本主要有：Windows 2000，Windows Me，Windows Server 2003，Windows XP和Windows Vistar。

Windows系列操作系统具备以下优点。

- 易用性，即使是新手，也不需要太多的专业知识；
- 界面友好，操作人性化；
- 许多软件厂商支持，成为了全球大部分个人电脑和一部分服务器的操作系统。

2. 网络协议

网络协议是网络上所有设备（网络服务器、计算机及交换机、路由器、防火墙等）之间通信规则的集合，并使网络上各种设备能够相互交换信息。网络协议一般包括 3 要素：语法（用来规定信息格式）；语义（用来说明通信双方应当怎么做）；时序（详细说明事件的先后顺序）。

网络协议一般分为：网际层协议（包括 IP 协议、ICMP 协议、ARP 协议、RARP 协议）；传输层协议（TCP、UDP）；应用层协议（FTP、Telnet、SMTP、HTTP、RIP、NFS、DNS）。计算机网络常用的协议有：TCP/IP 协议、IPX/SPX 协议、NetBEUI 协议等。

3. 网络应用软件

网络应用软件包括网页浏览软件，如微软开发的 IE 浏览器、腾讯开发的 TT 浏览器等；杀毒软件，如金山毒霸、卡巴斯基、瑞星杀毒等；下载软件，如迅雷下载、BT 下载、网际快车等；聊天软件，如 QQ 聊天、MSN 聊天；音视频软件，如 Windows Media Player、暴风影音等。

1.3.3　资源子网和通信子网

资源子网由计算机、终端、终端控制器、联网外设、各种软件资源组成，负责处理数据，向网络用户提供各种网络资源和网络服务。Internet 是一个庞大的信息资源库，内容涉及科学、经济、文化教育、医疗卫生等诸多方面，信息类型包括文本、图片、声音和视频等多种形式。WWW 服务的出现，使用户可以方便地浏览信息。尤其是 Google、百度等搜索引擎的出现，帮助用户在 Internet 上寻找自己需要的信息提供了更加便捷的方法。

通信子网由网络接点、通信设备、通信线路及信号转换设备组成，负责数据转发。

1.4　Internet 的相关术语

（1）IP 地址：根据 IP（互联网协议）协议，为便于进行网络寻址，而区别 Internet 上所有其他计算机的唯一标志地址。

（2）WWW：World Wide Web 的简称，万维网。

（3）HTTP：超文本传输协议。

（4）域名：对 IP 地址的直观解释。

（5）协议：网络上的计算机之间进行沟通所遵循的共同的“语言”与数据交换的规则和标准。

（6）TCP/IP 协议：一组通讯协议的名称，是 Internet 网络世界中的共同语言。

（7）Java：一种编程语言，具有与平台无关性和安全性的显著优点，使 WWW 有了革命性的变化，使 Internet 功能更强大、应用更广泛、交互性更强。

（8）HTML：超文本标识语言。

（9）XML：扩展标识语言。

（10）ISP：接入服务提供商。

（11）ICP：内容服务提供商。

（12）EDI：电子数据交换。

（13）ERP：企业资源计划管理。

（14）PKI：公开密钥基础设施，一种网络安全平台。

（15）CA：电子身份认证中心，是一个第三方权威机构，专门验证交易双方的身份。具有颁发数字证书、管理、搜索和验证证书的职能。

（16）防火墙：是企业内部网络和外部网络间设置的“屏障”，采用访问控制机制，阻止外界对内部资源的非法访问和内部对外界的不安全访问。实现防火墙的技术有数据过滤包、应用网关和代理服务。

1.5 Internet 可以做什么

Internet 是一个涵盖极广的信息库，它存储的信息上至天文，下至地理，尤其是以商业、科技和娱乐信息为主。此外，Internet 还是一个覆盖全球的枢纽，可以通过它了解来自世界各地的信息、收发电子邮件、和朋友聊天、网上购物、观看影片、阅读网上杂志、聆听音乐会……我们可以简单概括以下功能。

1.5.1 浏览网络信息

浏览网络信息是互联网提供的最基本也是最简单的服务项目。几乎每个网站的主页部分都分门别类设置了大到全世界，小到网站本身的新闻及信息，而且现在大多数传统媒介如报刊、电台等都有了网络版。只要你打开网页浏览器输入网址，就可以通过点击鼠标在网上尽情畅游，足不出户而尽知天下事，如图 1-9 所示的新华网。

1.5.2 发布网络信息

只要具备上网条件，人人都可以把各种信息任意输入到网络上，进行交流传播。世界各地用 Internet 传播信息的机构和个人越来越多，传播的信息形式多种多样，网上的信息资料内容也越来越广泛和复杂。目前，Internet 已成为世界上最大的广告系统、信息网络和新闻媒体；许多国家的政府、政党、团体也用它进行政治宣传；很多人还在网上开博客写文章，记录自己的生活轨迹、发表自己的观点主张以及文学作品，如图 1-10 所示的新浪论坛。

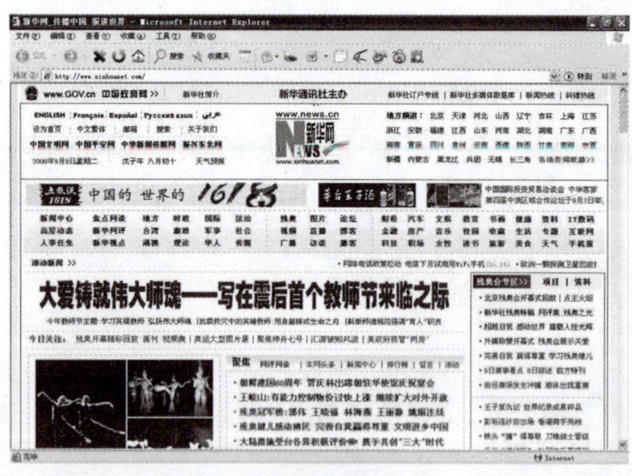

图 1-9　新华网

图 1-10　新浪论坛

1.5.3 搜索网络资料

想知道北京奥运会各国奖牌获得数吗？想了解四川卧龙大熊猫生存生活情况吗？想查查某个产品的价格和生产商的联系电话吗？想为某项工作或某篇文章搜寻参考资料吗？想扩大交友圈吗？……网上应有尽有，你可以通过搜索引擎查找到你需要的相关信息。

Internet 已成为目前世界上资料最多、门类最全、规模最大的资料库。可以使用很多网站内的搜索引擎；也可以使用百度（www.baidu.com）、Google（www. google. com）、搜狗（www. sogou. com）等搜索引擎，只需输入关键词就可进行模糊查询，通过站点链接，就可以找到你想要的各类信息、资料。

图 1-11、图 1-12 所示，为通过搜索引擎搜索资料的画面。

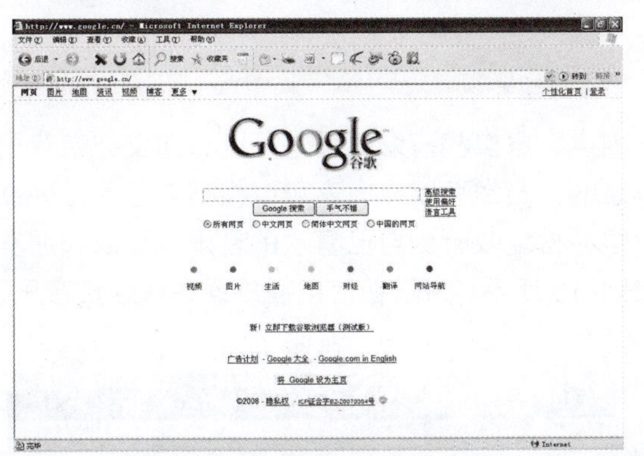

图 1-11　Google 搜索页面

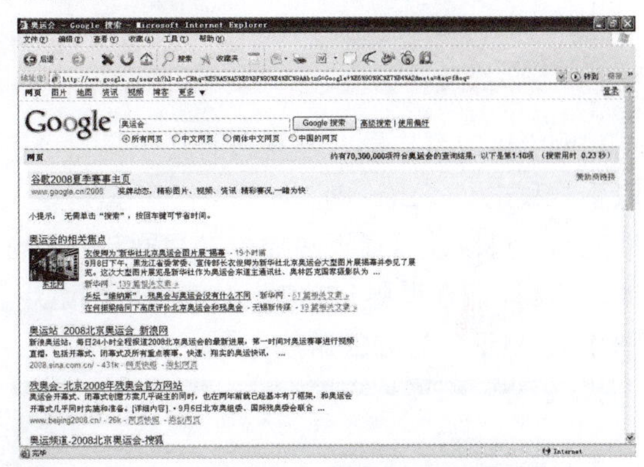

图 1-12　搜索资料

毫不夸张地说，Internet 已使人们的生活、工作、学习以及思维模式发生了根本性的变化。Internet 把世界浓缩在一台连通网络的电脑里，把我们和世界连在一起，使人们坐在家中就能够和世界交流——世界变得如此小，网上时行八万里。

1.5.4 收发电子邮件

Internet 有电子邮件通信系统，人们可以采用收发电子邮件的方式取代邮政信件和传真进行联络，这也是 Internet 最吸引用户的功能之一。

目前，许多网站已相继推出免费电子邮箱服务，如@sohu.com 、@163.com、@126.com、@yahoo.com，极大地方便了人们的通信和交流。登录搜狐、网易、雅虎等相关站点就可以申请属于自己的免费电子邮箱，注册成功后就有了邮箱账号和密码。使用申请到的免费电子邮箱，你可以收发邮件、订阅邮件，和自己的亲朋好友以及全世界的网友联系，也可以进行工作上的信息互通、资料互传。电子邮件收发具有迅速快捷、操作简便、不受工作和地址变动的限制等优点。

随着人们对电子邮箱空间需求的增加，一些网站提供的电子邮箱的空间也增加到 2G、8G，并提供网络硬盘服务，使电子邮箱成为了保存个人重要资料的“网上储藏室”。图 1-13、图 1-14 所示，为邮箱登录界面。

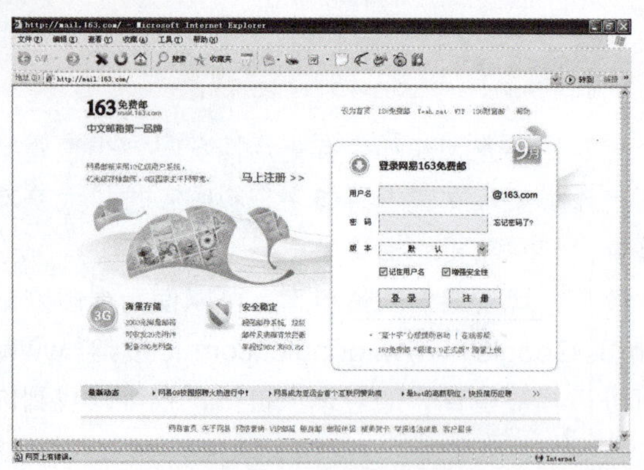

图 1-13 163 免费邮箱

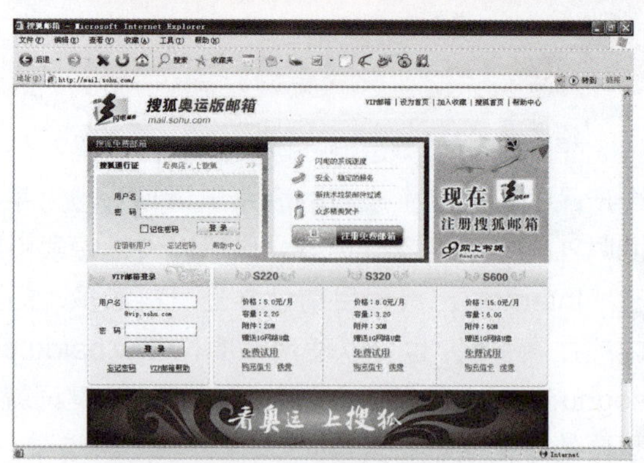

图 1-14 搜狐免费邮箱

1.5.5 在线娱乐

网上可以看电影、电视和听音乐吗？可以下围棋、象棋和打麻将吗？可以和朋友在游戏里联手抗敌或“华山论剑”吗？……答案是令人满意的：当然可以！大家可以根据自己的喜好点播电影，可以收看最近热播的电视剧节目，可以很轻松地收听到自己喜欢的音乐，可以和朋友或网友到“联众世界”或 QQ 游戏玩各种游戏。图 1-15 所示，为正在使用播放器在线欣赏音乐。图 1-16 所示，为 QQ 游戏界面。

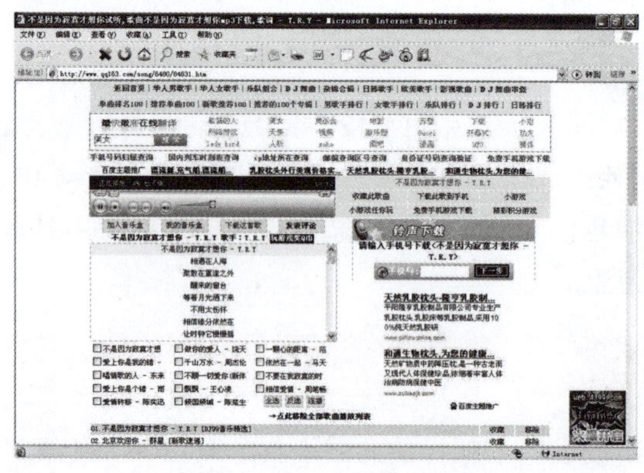

图 1-15 播放音乐

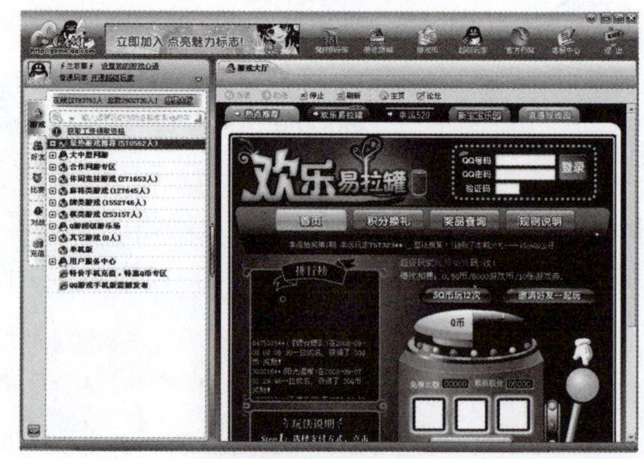

图 1-16 QQ 游戏界面

1.5.6 远程视像会议和远程办公

Internet 为人们提供了举行视像会议和进行远程办公的方便。只要会议各方都具有视像会议功能，就可以利用 Internet 实现视像会议。这为大型集团公司，特别是跨国集团公司提供了极大的便利，不再需要召回子公司人员，就可以召开会议，既节约费用也节约时间。

远程办公不再是奢望。通过 Internet，公司员工可以在家中完成办公室的工作；公司总裁可以在国外签署电子签名、发出重要指令。

1.5.7 网上教育

优秀的师资资源为全社会所共享。利用 Internet，可以足不出户享受到方便快捷的名师指点、网上答疑、名牌大学优秀学子与你的心得交流。

网络教育已成为很多名校采用的重要教学方式之一，如电子科技大学设立的全国网络教育中心，在 2008 年网络教育秋季招生中涉及专业达 70 个，能够满足很多人的学习需求。同时，网络教育已成为上班族学习知识的重要课堂，很多人通过网络远程学习提高个人技能和学历，满足社会及工作的需要。如图 1-17 所示，为洪恩在线。如图 1-18 所示，为新东方在线。

图 1-17　洪恩在线

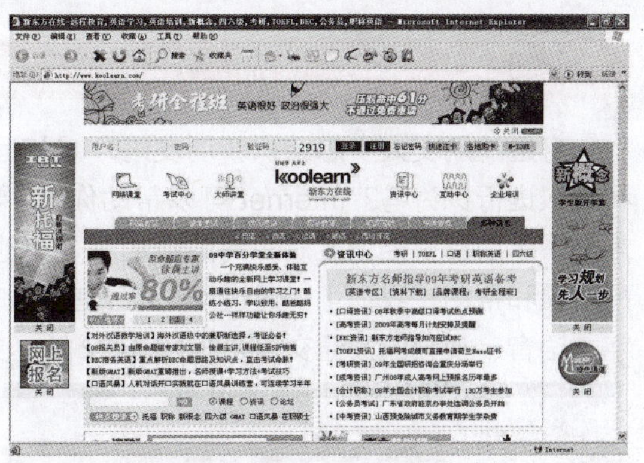

图 1-18　新东方在线

1.5.8　网上理财

市场经济时代，时间就是金钱；信息时代，时间更是金钱。第一时间了解丰富及时的信息，第一时间作出准确科学的判断，才能保证理财成功。Internet，让这成为可能。如果你是股民，你只需轻点鼠标，就可以浏览实时股市行情，查看名家点评、股友评论，咨询个股走势；你也可以安装一个网上交易软件，根据股市行情及综合判断进行快捷交易——股市风云诡谲，要快还是点鼠标。如图 1-19 所示，为使用“钱龙”软件的下载界面。

Internet 电子银行可令你足不出户即可办理银行业务。进入电子银行网页，就可以在“账号设置”、“客户服务”、“个人财务”、“信息查询”、“行长”等柜台中选择你需要办理的业务，将鼠标在相应位置一点，就可获取所需服务。电子银行提供的服务不但方便快捷，而且它一年 365 天、每天 24 小时开放，不用烦人地排队等候。图 1-20 所示，为工商银行的网上银行。

图 1-19　钱龙咨询

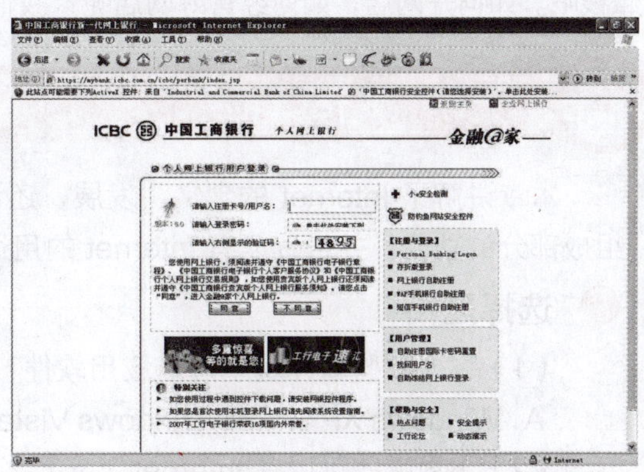

图 1-20　中国工商网上银行

1.5.9　网上购物

Internet 也有电子商场，陈列各种各样的商品，供人们采购。如果你遇到需要的书籍附近买不到，如果你想给亲朋好友送份特别的礼物，如果你想给出差在外的恋人一份惊喜，就到网上四处逛逛吧，好东西到处有，而且相较现实商场价格更便宜。现在很多年轻女性都喜欢在网上为自己购买漂亮服饰，在街上看见别的女性穿的衣服漂亮，就上网搜索购买，比逛现实商场快捷、省钱，如图 1-21 所示的易趣购物网站。

1.5.10 网上交流

身边的朋友太少想结识新朋友吗？想和远方的亲朋好友交流吗？想就生活和工作上的问题和别人进行探讨吗？Internet 可以帮助你。只要掌握如何利用 Internet 进行沟通的技能，就能经常联系老朋友，结识五湖四海的新朋友，与他们探讨各类问题，为自己的生活和工作带来很多的方便和帮助。我们可以通过网上聊天室（如新浪聊天室）或即时聊天软件（如 QQ）进行文字、语音、视频的沟通交流，如图 1-22 所示的乐趣聊天室。

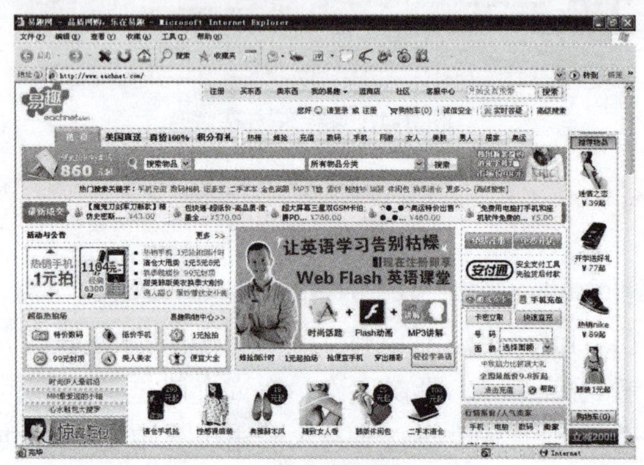

图 1-21 易趣购物网站

图 1-22 乐趣聊天室

1.5.11 网上开店

Internet 上也有黄金。我们很多人无法像张朝阳那样拾座金山，但可能捡到金子——开个网店赚钱吧。如何开网店，如何经营好网店呢？我们将在本书进行大篇幅讲解，这里就不再多述。

 1.6 巩固与练习

本章讲解了 Internet 的含义、发展，还讲解了 Internet 的组成部分，并详细介绍了各种组成部分的功能，并告诉读者 Internet 的用途以及能给我们的生活带来什么。

选择题

（1）下面哪些软件属于网络应用软件？（　　）

A. Windows XP　B. Windows Vistar　C. 迅雷下载　D. Windows Media Player

（2）下面哪些可以在 Internet 上实现？（　　）

A. 收发电子邮件　B. 网上购物　C. 网上学习　D. 网上办公

问答题

（1）简述 Modem 的功能。

（2）网卡有哪些种类？

将计算机接入 Internet

Chapter 02

学习时间

本课主要讲解的是电脑接入 Internet 的方式、软硬件安装、连接，建议读者使用 200 分钟的时间来进行学习。

学习内容

- 了解电脑上网的方式
- 怎样选择上网方式
- 申请 ADSL 上网流程
- 准备网络设备
- 建立 ADSL 拨号连接

精彩实例效果展示

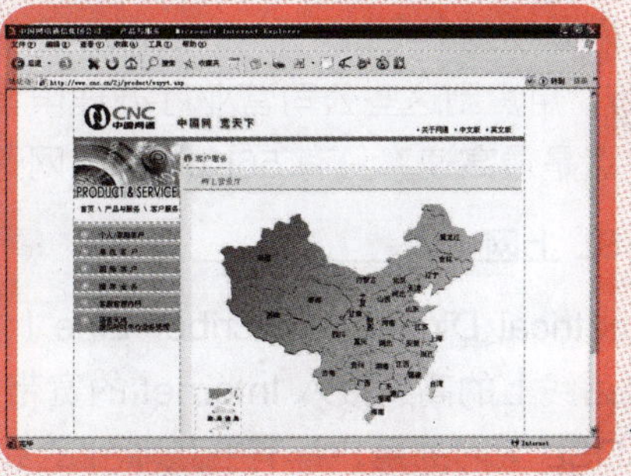

网通网站

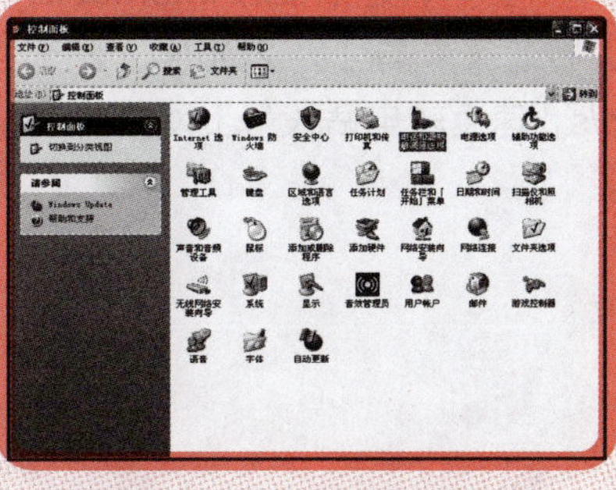

安装 Modem

连接窗口

2.1 基础导读

要将电脑接入 Internet 网络，首先需了解接入 Internet 的方式，并且要懂得如何申请接入方式。

2.1.1 了解电脑上网的方式

怎样把自己的电脑接上 Internet 呢？如果你刚会使用电脑和接触网络，多半会感觉无从下手。其实电脑接入 Internet 网络的方式有多种，采用其中任何一种方式都是可以的，你可以根据实际情况进行选择。现在，我们先来了解各种具体上网方式，弄清楚不同的方式后，你就会明白哪一种上网方式适合自己。

1．电话拨号上网

Published Switched Telephone Network（公用电话交换网），简写为 PSTN，即“拨号接入”，通过普通电话线，利用模拟 Modem 上网。

拨号上网是使用最早的一种 Internet 接入方式，如图 2-1 所示。当时主要运营商有电信 163、169 等，用户到这些公司营业厅办理申请手续后，利用专用账号和密码上网。该种上网方式的最大缺点是最高速率只有 56Kb/s，上网速度较慢，费用却比速率高得多的宽带昂贵。

2．ADSL 上网

Asymmetrical Digital Subscriber Line（非对称数字用户环路），简写为 ADSL，是一种运行在普通电话线上的高速接入 Internet 的宽带技术，需借助 ADSL Modem。

使用 ADSL 上网的用户都有一条单独的线路与 ADSL 局端相连，可以独享数据传输带宽。ADSL 中的“非对称”，是指接入 Internet 后，数据上行和下行的速率不是相等的，因为 ADSL 一般支持的上行速率最高可达 2Mb/s，下行速率最高可达 8Mb/s。ADSL 的实际速率可以达到 400～512Kb/s，速度较电话拨号上网方式要快得多，而且还可以同时提供电话、传真服务，如图 2-2 所示。

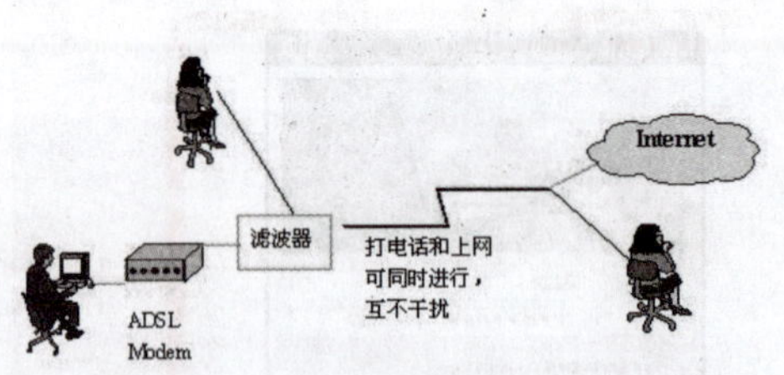

图 2-1　电话拨号上网流程图

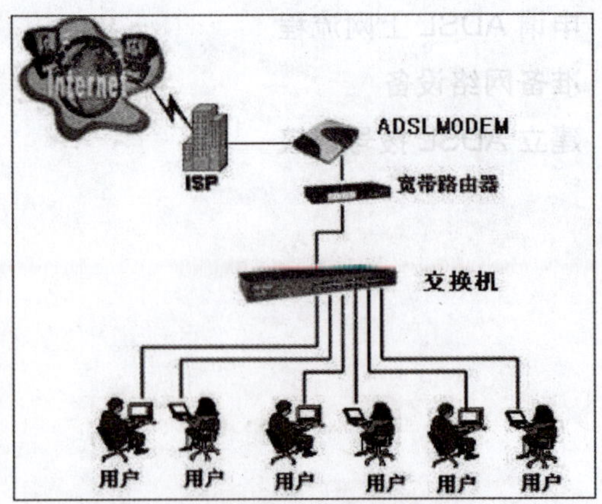

图 2-2　ADSL 上网连接示意图

3. 小区宽带上网

Board band（宽带），是一种可以在同一传输介质上利用不同的频道进行多重（并行）传输，速率在 1.54Mb/s 以上的上网方式。

小区宽带上网，就是住宅小区、写字楼等集团用户利用以太网技术，采用光缆加双绞线的方式进行综合布线，对内部分散用户进行统一的 Internet 宽带接入，用户可以通过接入小区局域网就能访问 Internet。小区宽带上网运营商可提供 10Mb/s 以上的共享带宽，并可根据用户的需求升级到 100Mb/s 以上，上网速度也比较快。

使用小区宽带上网还有个优点是可以享受附加服务，如视频点播、小区内的信息共享和传递等。但是，因为用户共用同一个交换机，所以存在一定的上网安全问题。

4. 无线上网

无线上网，是以传统局域网为基础，以无线 AP 和无线网卡等无线网络设备构建的无线上网方式，主要分为两种形式。一种是 WWAN（Wireless Wide Area Network）技术支持笔记本电脑或者其他的设备装置，在任何蜂窝网络覆盖范围内的地方接入 Internet。目前使用这种方式的主要还是笔记本电脑用户。另一种是电脑通过开通数据功能的手机接入 Internet，也就是利用手机信号进行接入互联网的一种技术。近年来高速发展的手机无线上网技术为此提供了可能，推出的 3G 手机将利用这种技术给无线上网提供更广阔的发展空间。无线上网的速度是由使用的不同技术、终端支持速度和信号强度共同决定的。

目前，还出现了使用无线局域网络上网的方式。一些高级办公楼提供了无线上网服务，只要用户在带有无线网卡的笔记本电脑上做一些简单的设置后，就可以接入 Internet。

如图 2-3 所示为摩托罗拉公司推出的 3G 手机，如图 2-4 所示为无线上网卡。

图 2-3 3G 手机

图 2-4 无线网卡

2.1.2 怎样选择上网方式

选择哪一种方式上网呢？你可以根据自己的需要来进行选择。下面简要介绍一下。

- 简单型：适合怕麻烦性格的人，采用最简单的上网方式吧，就是用 Modem 拨号上网。只需要在电脑主板上安装一个 Modem，然后使用公用账号建立网络连接后，就可接入 Internet。缺点是，上网速度慢而且资费不便宜。
- 经济型：适合大众的 ADSL 上网，资费合理、速度够快。ADSL 上网既经济，用户可以根据需要选择不同档次的消费标准；又方便，它不仅能提供速率为 1.5～9Mb/s 的高速下行通道，而且还能在上网的同时拨打电话、收发传真。
- 时尚型：适合时尚人士以及随时随地需要上网工作的人士。通过 WAP 上网是非常时尚的一种上网方式，也是经常不能待在办公室却又不得不使用 Internet 的人，切实需要的一种上网方式。

2.1.3 申请 ADSL 上网流程

用户申请 ADSL 连入 Internet，一般有两种方式。选择哪种方式以及怎么申请，我们在下面具体介绍。

1. 选择 ADSL 上网的连接方式

一是通过虚拟拨号的方式接入 Internet；二是通过专线连接的方式接入 Internet。

（1）虚拟拨号

这种接入方式，在用 ADSL 接入 Internet 时，采用专门的 PPP over Ethernet 协议，用户需输入用户名和密码，由验证服务器检验通过后，就建立起一条高速的数字通道，并获得一个分配的动态的 IP 地址。

ADSL 虚拟拨号上网与电话拨号上网有一点相同、两点不同。相同的一点是，都需要输入用户名与密码。不同的是，一是通过虚拟专网 VPN 的 ADSL 接入的 IP 地址，不是具体的接入号码（如 163、169 等）；二是采用 PPP over Ethernet 协议，不是用调制解调器拨号。

（2）ADSL 专线接入

这种接入方式，因为有固定的 IP 地址和能够自动连接，是一种类似于专线接入的方式。用户连接好 ADSL Modem、网卡等网络设备并设置好 ADSL Modem 后，按照运营商提供的 IP 地址、子网掩码及网关等信息设置电脑的 TCP/IP 协议，就会自动连接到 ADSL 网。

2. 申请 ADSL 的方法

用户在申请 ADSL 之前，应该考虑以下 3 个问题。

- 了解自己需要办理的是什么业务，如普话加装 ADSL、普话捆装 ADSL。如果家里已经有电话线路，就可以在现有的电话线路上开通 ADSL 业务；如果电话线路可以直接申请 ADSL，也可以选择捆装（即申请一部电话线路，并在这条线路上开通 ADSL 业务）。
- 了解自己所在的区域是否能够安装 ADSL 线路，因为 ADSL 使用的是现有的电话线路，对于传输距离与线路质量要求都非常高。因此，在安装之前，应仔细询问运营商服务人员，自己所在的区域是否能够安装。
- 考虑自己上网的时间问题，电信运营商为用户提供了多种不同时间的选择方式，用户可以根据每月大概的上网时间来选择。

如果已经确定以上 3 个前提问题，便可以通过下面 3 种方式来申请安装。

（1）在中国网通网上营业厅申请

在中国网通网上营业厅申请是一种快捷的申报方式，非常适合没有时间去营业厅办理申请业务的用户。用户直接登录网通的网上营业厅（http://www.cnc.cn/2j/product/wsyyt.asp），如图 2-5 所示，只需要 10 分钟左右就可以轻松搞定。

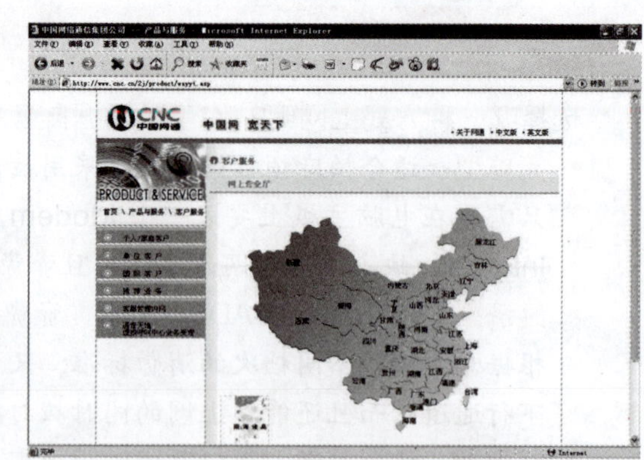

图 2-5　网通网上营业厅

（2）电话申请

如果不方便上网的话，可以拨打网通的服务电话 10060 来进行 ADSL 业务申报。拨通 10060 服务电话后，按照语音提示选择业务申报服务，选择接入到人工服务线路，网通的业务受理人员便会详细询问一些关于用户的安装信息。待申请完成后，业务受理人员会与离申请人所在区域最近的电话局联系，到时电话局安装人员便会与你约定安装时间。

（3）营业厅申请

最后一种方式就是，到你的住宅所管辖的当地电话局营业厅进行申报了。当你到电话营业厅时，需要填写一份申请表，留下自己的信息，在填完申请表后，网通的安装人员会尽快与你取得联系并约定时间安装。

一般对用户的承诺是一个月内上门安装，实际上，大概一周内用户就会接到安装人员的电话，安排合适的时间上门安装。

2.2　上机实战

前面我们介绍了电脑接入 Internet 的相关知识，下面我们通过实际操作，学习如何安装网络软硬件的方法，达到用户的最终目的。

2.2.1　准备网络设备

需要准备的硬件设备有：一个 ADSL Modem、一块网卡、一个信号分离器、两根两端做好 RJ11 头的电话线、一根两端做好 RJ45 头的五类双绞网络线。

难度系数　☑ ☑ ☑

学习时间　150 分钟

学习目的　安装网卡、安装 ADSL Modem、连接设备。

操作步骤

1. 安装网卡

先打开电脑的机箱，在主板上安装一块 10M 或则 10M/100M 自适应网卡。网卡是专门用来与 ADSL Modem 连接，为的是在电脑和 ADSL Modem 间建立一条高速传输数据通道。网卡有 PCI 接口和 ISA 接口，安装网卡时要将它插入主板上相应的插槽内。下面是连接 PCI 接口网卡的简单操作。

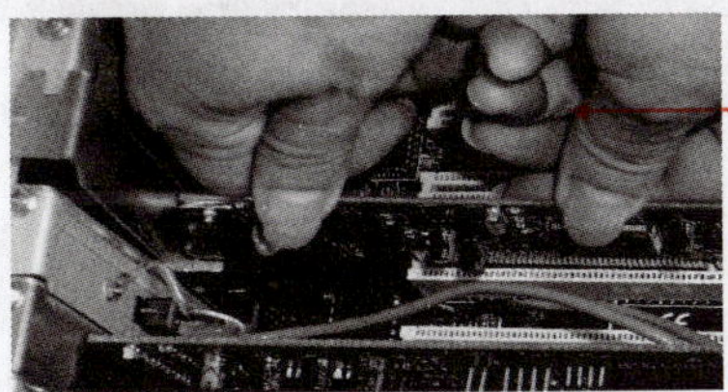

01 打开机箱，将网卡对准主板上的可用 PCI 插槽，轻缓地把它按下去。注意用力要均衡。

图 2-6　插入网卡

02 打开机箱，将网卡对准主板上的可用PCI插槽，轻缓地把它按下去，注意用力要均衡，然后拧紧固定网卡的螺丝即可。

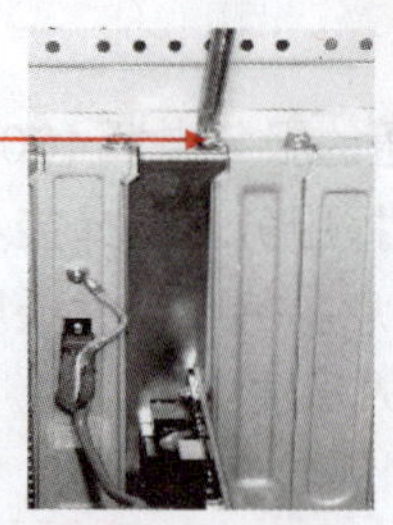

图 2-7　固定网卡

安装好网卡后，还需要安装网卡驱动程序，这样网卡才能正常运行。具体操作步骤如下。

REALTEK Gigabit and Fast Ethernet NIC Driver Setup -- L...

欢迎使用 REALTEK Gigabit and Fast Ethernet NIC Driver InstallShield

InstallShield(r) Wizard 将在计算机中安装 REALTEK Gigabit and Fast Ethernet NIC Driver。若要继续，请单击"下一步"。

01 启动网卡驱动安装程序。

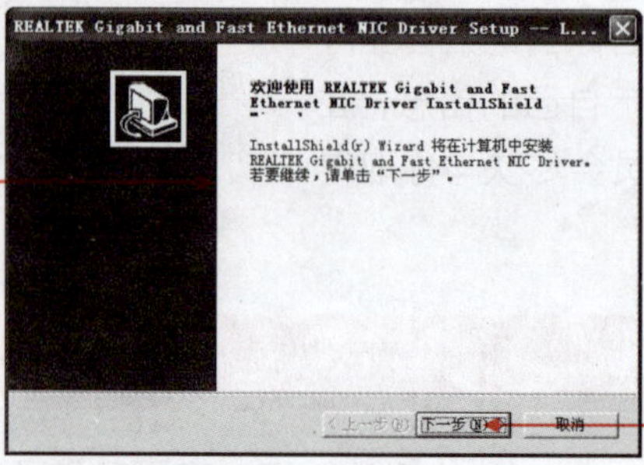

02 单击"下一步"按钮。

图 2-8　安装向导

HYDRAVISION 安装

安装状态

ATI HYDRAVISION 安装程序正在执行所请求的操作。

100%

03 开始安装。

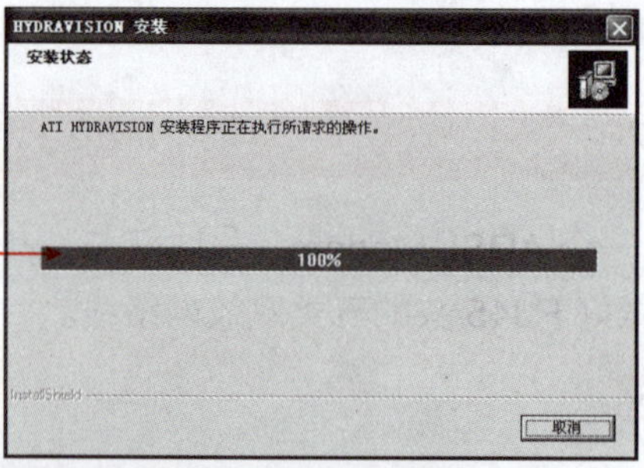

图 2-9　开始安装

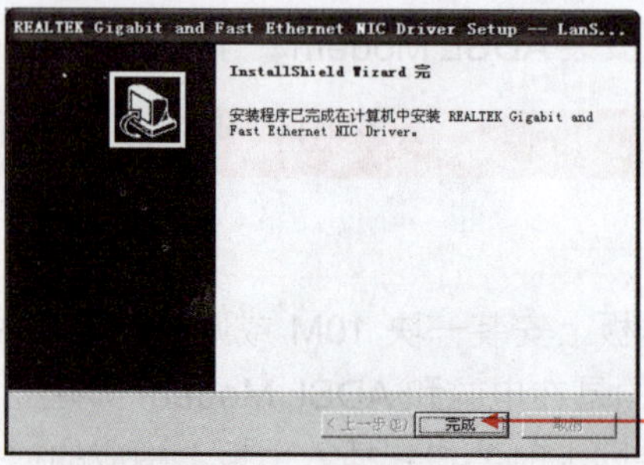

REALTEK Gigabit and Fast Ethernet NIC Driver Setup -- LanS...

InstallShield Wizard 完

安装程序已完成在计算机中安装 REALTEK Gigabit and Fast Ethernet NIC Driver。

04 安装完成后，单击"完成"按钮。

图 2-10　完成设置

REALTEK Gigabit/Fast Ethernet Adapter Dr...

The Gigabit/Fast Ethernet Adapter Driver is now installed.

是，立即重新启动计算机。

不，稍后再重新启动计算机。

确定

05 点选"是，立即重新启动计算机"选项。

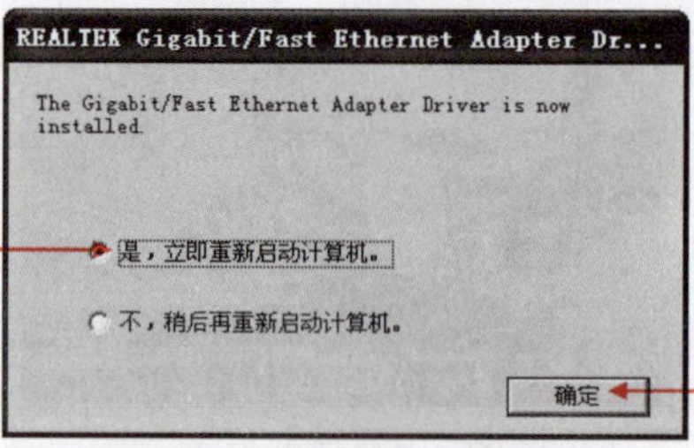

06 单击"确定"按钮，重新启动计算机。

图 2-11　重新启动计算机

2．安装 ADSL Modem

安装 ADSL Modem 分为两步。

01 用一根 RJ45 头的五类双绞网络线，一头连接电脑网卡中的网线插孔，另一头连接 ADSL Modem 的 10BaseT 插孔。

02 检验连接是否成功。打开电脑和 ADSL Modem 的电源，如果两边连接网线的插孔所对应的 LED 都亮了，那么就成功了。

连接好 ADSL Modem 后，还需要安装 ADSL Modem 驱动程序。具体操作步骤如下。

01 选择“开始”→“控制面板”命令，打开“控制面板”窗口并切换到经典视图模式下。

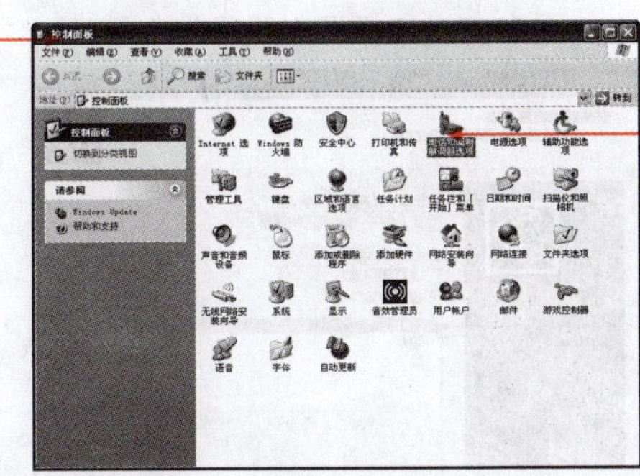

图 2-12　控制面板

02 双击“电话和调制解调器选项”图标。

03 选择“调制解调器”选项卡。

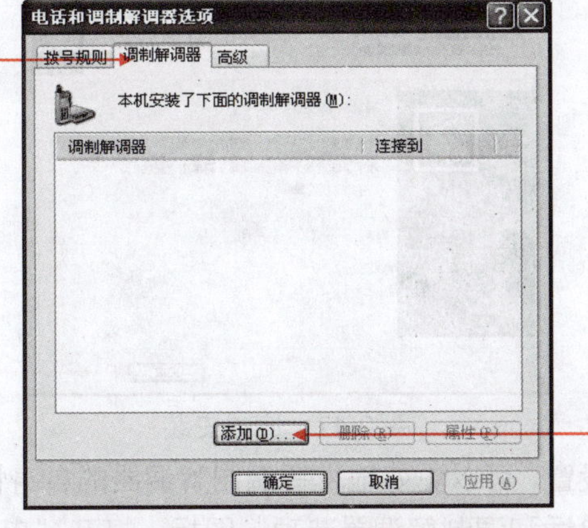

图 2-13　“调制解调器”选项卡

04 单击“添加”按钮。

05 按照提示，确认调制解调器已经连接到电脑上，并已开启调制解调器的电源。

06 勾选“不要检测我的调制解调器，我将从列表中选择”复选框。

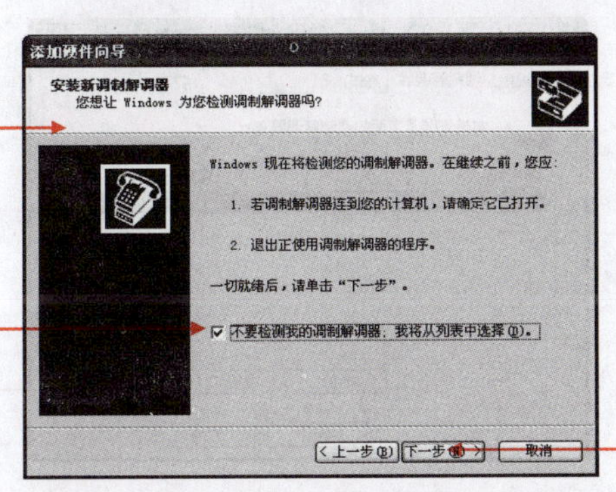

图 2-14　确认调制解调器已经连接到电脑

07 单击“下一步”按钮。

Days 1
Days 2
Days 3
Days 4
Days 5
Days 6
Days 7

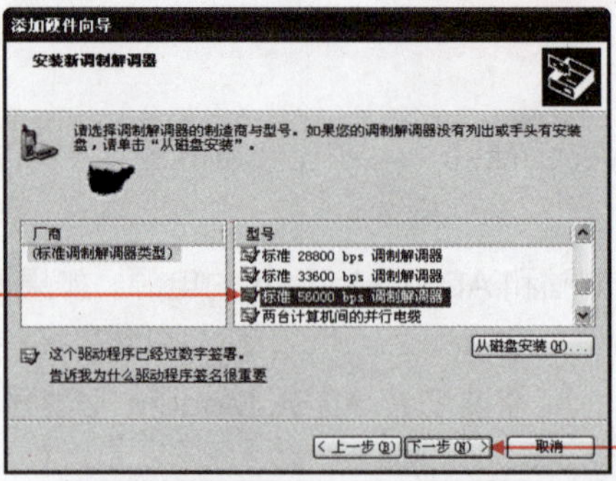

08 在“厂商”列表框中选择调制解调器的生产厂商，并从“型号”列表框中选择正确的驱动程序。

09 单击“下一步”按钮。

图 2-15　选择调制解调器类型

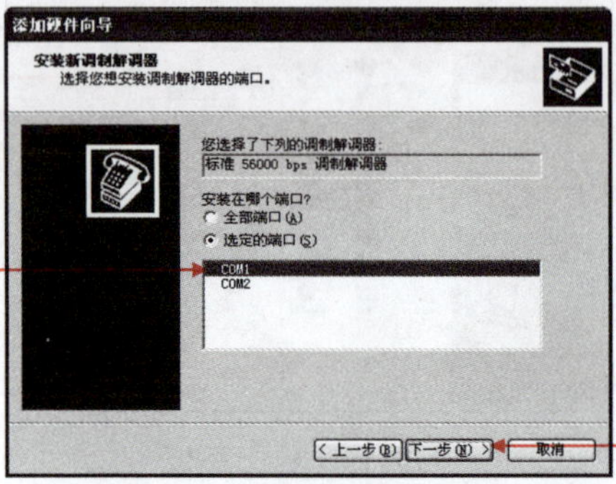

10 为调制解调器选择安装端口。

11 单击“下一步”按钮。

图 2-16　选择端口

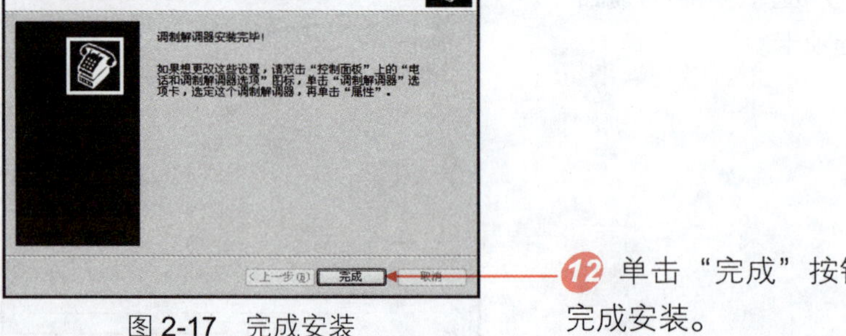

12 单击“完成”按钮完成安装。

图 2-17　完成安装

通过对调制解调器的设置，可以更好地发挥调制解调器的自身性能。具体的操作方法如下。

01 在控制面板中双击“电话和调制解调器选项”图标，打开“电话和调制解调器选项”对话框，如图 2-18 所示。

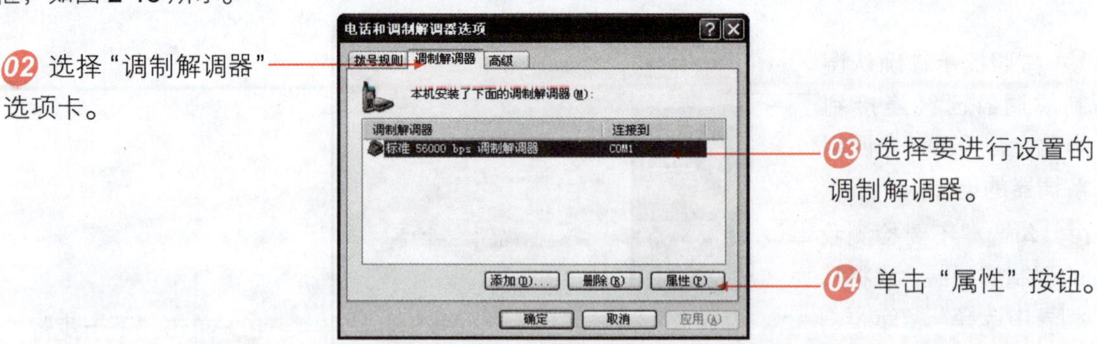

02 选择“调制解调器”选项卡。

03 选择要进行设置的调制解调器。

04 单击“属性”按钮。

图 2-18　“电话和调制解调器选项”对话框

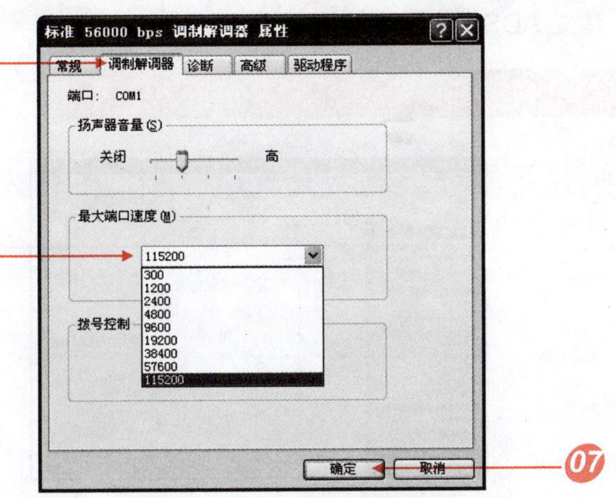

图 2-19 设置调制解调器

Days 1 Days 2 Days 3 Days 4 Days 5 Days 6 Days 7

3. 连接设备

信号分离器的功能是将电话线路中的高频数字信号和低频语音信号进行分离。低频语音信号由分离器连接电话机用来传输普通语音信息；高频数字信号则接入 ADSL Modem，用来传输上网信息和 VOD 视频点播节目。连接网络设备的操作如下。

01 将连接电信公司端的电话线插接到 ADSL 分离器上标注为 LINE 的接口上。

02 将一根电话线的一端插接到分离器上标注为“Modem”字样的接口上；另一端插接到 ADSL 调制解调器上标有“Phone”字样的接口上。

03 将另一根电话线的一端插接到分离器上标有“Phone”字样的接口上；另一端插接到电话上。如图 2-20 所示。

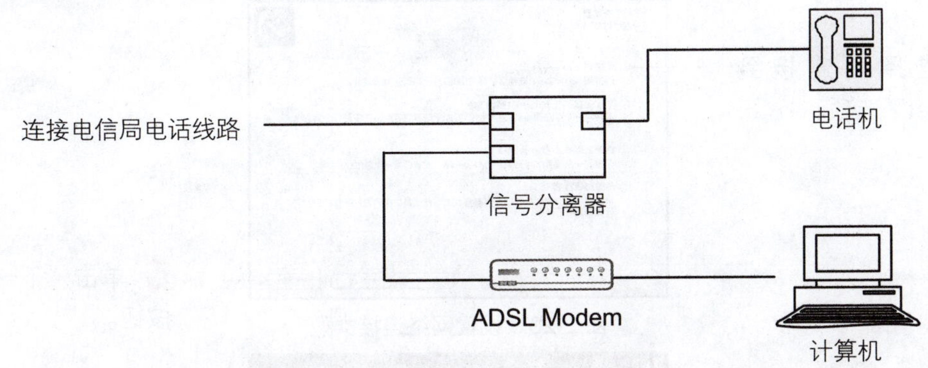

图 2-20 安装 ADSL Modem 的信号分离器示意图

2.2.2 建立 ADSL 拨号连接

在电脑中，建立 ADSL 连接的方法有两种：一种是通过专用拨号软件来进行建立，另外一种是通过 Windows XP 自带的拨号程序来进行。

学习时间 30 分钟

学习目的 建立ADSL拨号连接。

操作步骤

01 打开控制面板，进入“网络连接”窗口。

02 单击“创建一个新的连接”链接。

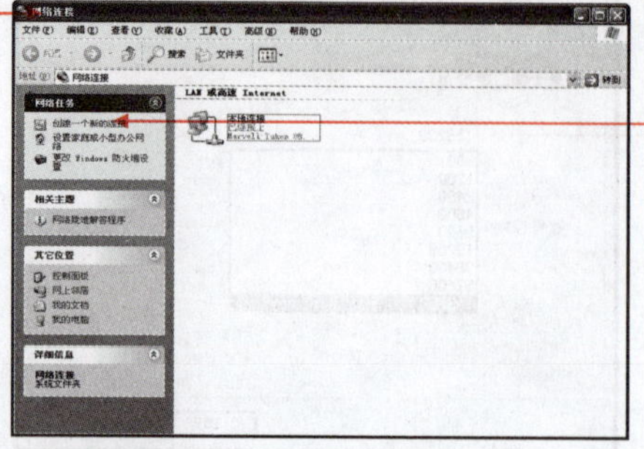

图 2-21 单击“创建一个新的连接”链接

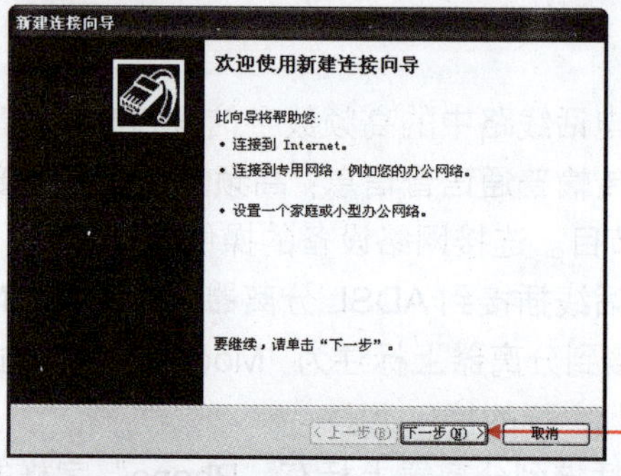

图 2-22 启动连接向导

03 单击“下一步”按钮。

04 选择“连接到Internet”选项。

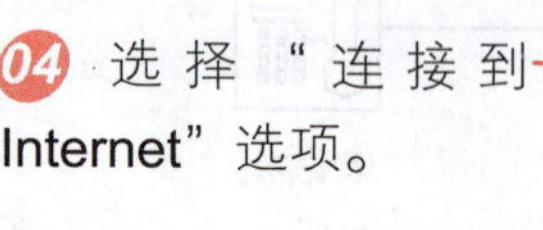

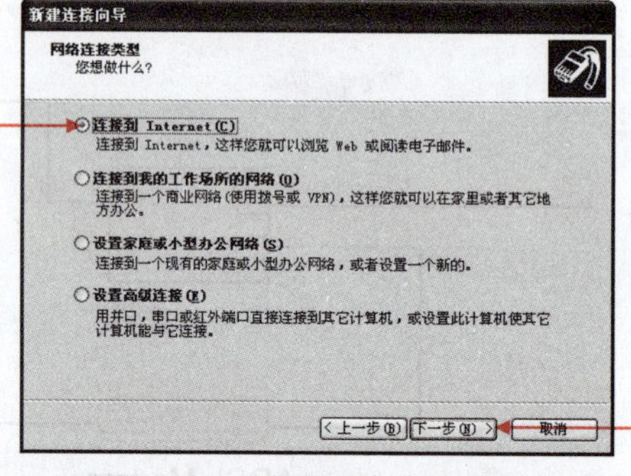

图 2-23 设置网络连接类型

05 单击“下一步”按钮。

06 选择“手动设置我的连接”选项。

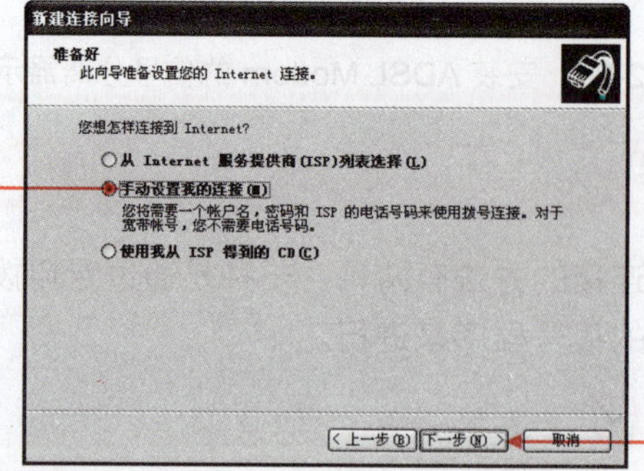

图 2-24 选择“手动设置我的连接”选项

07 单击“下一步”按钮。

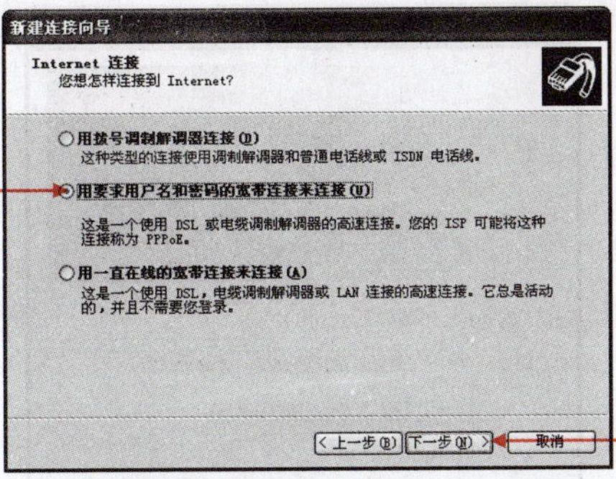

新建连接向导

Internet 连接
您想怎样连接到 Internet?

○用拨号调制解调器连接(D)
这种类型的连接使用调制解调器和普通电话线或 ISDN 电话线。

◉用要求用户名和密码的宽带连接来连接(U)
这是一个使用 DSL 或电缆调制解调器的高速连接。您的 ISP 可能将这种连接称为 PPPoE。

○用一直在线的宽带连接来连接(A)
这是一个使用 DSL，电缆调制解调器或 LAN 连接的高速连接。它总是活动的，并且不需要您登录。

< 上一步(B) 下一步(N) > 取消

08 选择“用要求用户名和密码的宽带连接来连接”选项。

09 单击“下一步”按钮。

图 2-25 选择 Internet 连接方式

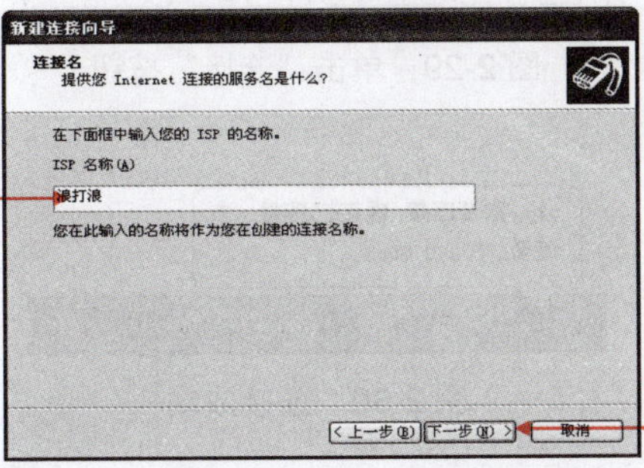

新建连接向导

连接名
提供您 Internet 连接的服务名是什么?

在下面框中输入您的 ISP 的名称。
ISP 名称(A)
滚打滚
您在此输入的名称将作为您在创建的连接名称。

< 上一步(B) 下一步(N) > 取消

10 输入 ISP 名称。

11 单击“下一步”按钮。

图 2-26 输入连接名

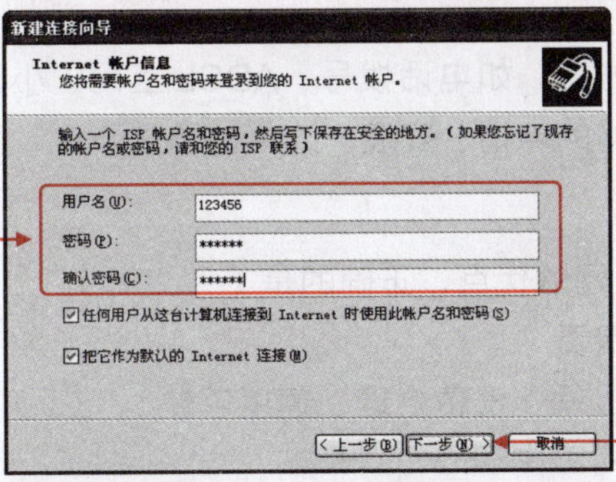

新建连接向导

Internet 帐户信息
您将需要帐户名和密码来登录到您的 Internet 帐户。

输入一个 ISP 帐户名和密码，然后写下保存在安全的地方。（如果您忘记了现存的帐户名或密码，请和您的 ISP 联系）

用户名(U): 123456
密码(P): ******
确认密码(C): ******

☑任何用户从这台计算机连接到 Internet 时使用此帐户名和密码(S)
☑把它作为默认的 Internet 连接(M)

< 上一步(B) 下一步(N) > 取消

12 输入用户名、密码等信息。

13 单击“下一步”按钮。

图 2-27 输入用户名和密码

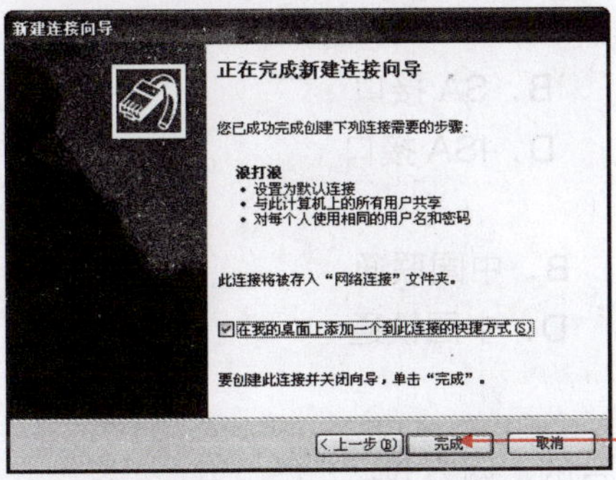

新建连接向导

正在完成新建连接向导

您已成功完成创建下列连接需要的步骤:

滚打滚
• 设置为默认连接
• 与此计算机上的所有用户共享
• 对每个人使用相同的用户名和密码

此连接将被存入“网络连接”文件夹。

☑在我的桌面上添加一个到此连接的快捷方式(S)

要创建此连接并关闭向导，单击“完成”。

< 上一步(B) 完成 取消

14 完成上述设置后，单击“完成”按钮。

图 2-28 完成新建连接

创建好连接后，就可以使用该连接进行上网了。

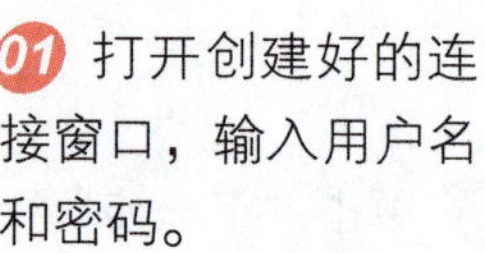

01 打开创建好的连接窗口，输入用户名和密码。

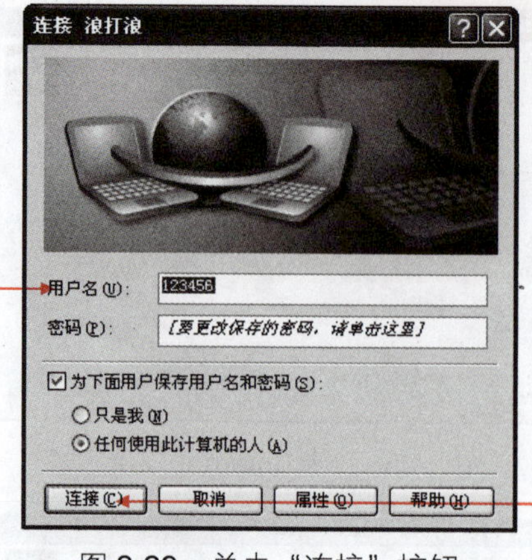

02 单击“连接”按钮。

图 2-29　单击“连接”按钮

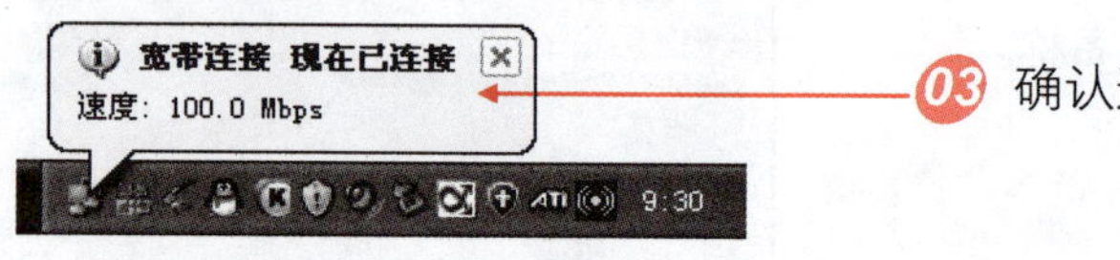

03 确认连接成功。

图 2-30　连接成功

2.3 巩固与练习

本章讲解了电脑上网的方式，如电话拨号、ADSL 上网、小区宽带上网、无线上网；还讲解了目前最流行的 ADSL 上网的申请、安装、连接的方法。

选择题

（1）下面叙述 ADSL 上网的优点，正确的是（　　）。

A．上网速度慢而且资费贵

B．适合大众的 ADSL 上网，资费合理、速度够快

C．可以随时随地地上网工作

D．是采用光缆加双绞线的方式进行综合布线的

（2）下面哪些是常用网卡的接口？（　）

A．PCI 接口　　B．SA 接口

C．USB 接口　　D．ISA 接口

（3）中国网络营运商有（　　）。

A．中国电信　　B．中国联通

C．中国网通　　D．中国铁通

操作题

（1）为自己选择一个适合的上网方式。

（2）试着自己安装网卡、ADSL Modem 设置。

（3）建立拨号连接，连接到 Internet。

让多台计算机同时上网

学习时间

本课主要讲解的是多台计算机同时上网的安装与连接，建议读者使用110分钟的时间来进行学习。

学习内容

- 了解局域网
- 局域网硬件设备
- 局域网硬件连接
- 设置服务器端
- 设置客户端

精彩实例效果展示

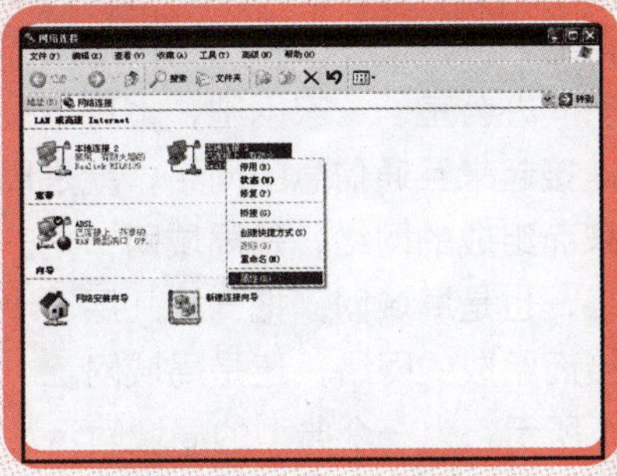

网络连接

连接属性

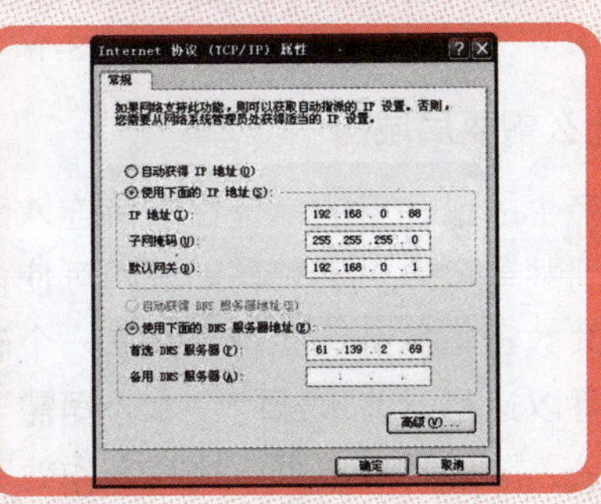

TCP/IP属性

3.1 基础导读

让多台计算机同时上网，就是将这几台计算机连接起来，组成一个局域网。下面将介绍关于局域网的知识。

3.1.1 了解局域网

网络发展至今，公司有公司的局域网，学校有学校的局域网，有些家庭也有局域网呢，可以说局域网无处不在。那么什么是局域网？局域网有什么用途？有些什么特点和区别呢？它们的组成和结构有什么不同吗？我们将在这一课作详细讲解。

1. 什么是局域网

局域网也称做局域网络（Local Area Networks，简称 LAN），是指将某一相对狭小区域内的 2 台以上的计算机，按照某种网络结构、使用特定的通信协议和传输介质互相连接起来，并实现相互间的数据通信、文件传递和资源共享的计算机集合。

这里所谓的“狭小”，只是一个相对的概念，不是特指绝对狭小的区域。一般来讲，可以是一个家庭、一间办公室、一家网吧，也可以是一个部门、一个公司、一个系统。只要有多台以上的计算机连接起来互通信息的网络，就是局域网；把一间办公室或某个家庭中的几台计算机互相连接起来而组成的网络，是局域网；把一个计算机机房或网吧内的几十台计算机互相连接而组成的网络，也是局域网；把一栋几层、十几层甚至几十层办公楼的上百台甚至上千台的计算机互相连接而组成的网络，还是局域网。

如图 3-1 所示，为一个典型的局域网示意图。

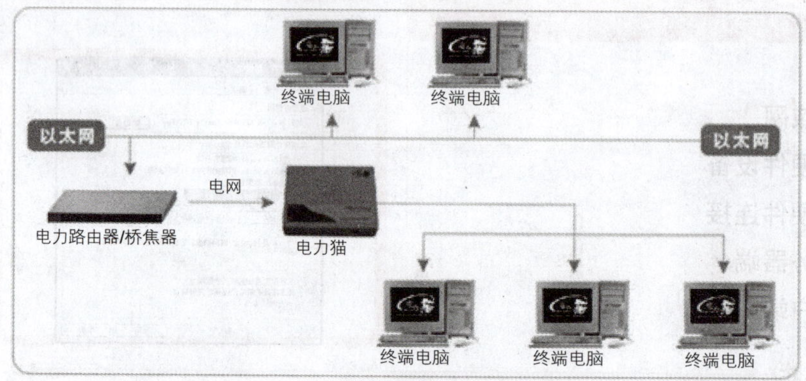

图 3-1　局域网示意图

2. 为什么需要局域网

局域网产生的最初目的，是在维持连入网络的各计算机本身原有的重要功能的同时，能够在若干用户间共享资源。例如，局域网可使多台计算机共享一台费用较高的激光打印机，可使用户共享公共数据，甚至可使用户共享一个硬盘，达到充分利用资源降低成本的目的。同时，在局域网内可以运行一些本部门、本公司需要保密的、独立的软件，强化规范管理的同时，实现无纸化办公、降低管理成本、提高工作效率，可以说局域网正成为各行业提高管理水平的重要载体。

3. 局域网的分类

局域网和其他计算机网络（如：城域网和广域网）比较起来，具有自己的特点和诸多的优点。首先简要介绍城域网和广域网。

（1）城域网

城域网（Metropolitan Area Network，简称 MAN），是一种大型的局域网，可以覆盖一组邻近的公司办公室和一个城市；既可能是私有的，也可能是公用的。城域网通常使用与局域网相似的技术，可以支持数据和语音，如有些城市的有线电视网。为了简化设计，城域网仅使用一条或两条电缆，并且不包含交换单元。

（2）广域网

广域网（Wide Area Network，简称 WAN），是一种跨越较大地域的网络，通常包含一个国家或州。在一个广域网中，按照传统的用法称每台使用的机器为主机（Host），有时也称为端点系统（End System）。主机通过通信子网（Communication Subnet，或简称子网）连接。子网的功能是把消息从一台主机传到另一台主机。为了简化设计，通常把网络分为通信部分（子网）和应用部分（主机）。

4. 局域网的特点

局域网是一个通信系统，它允许数台彼此独立的计算机在适当的区域内，以适当的传输速率直接进行沟通。局域网中任何两台计算机间应该都是没有界限、可以直接互通信息的。与城域网和广域网相比，局域网的特点如下。

- 传输速率高；
- 误码率低；
- 安全性能好；
- 网络的构型简单，数据以及图形、图像、声音等多媒体信息的传输和处理也容易；
- 便于扩展。

局域网还有诸如高可靠性、易扩缩和易于管理等多种特性。局域网一般都在同一栋建筑物内，甚至只局限于建筑物的同一层或几个房间；局域网的覆盖范围比较小，即使在最坏的情况下其传输时间也是有限的；可以最大限度使用优化设计方案，简化了网络的管理。

中小型企业通过局域网，对内可以实现数据库存取、集中式文件存取、电子邮件、交互式批量信息文件传输、软件资源共享等功能，对外可利用共享通信资源进入其他计算机网络，如 Internet，实现网络互联。

3.1.2　局域网硬件设备

局域网的构成要素包括硬件系统、软件系统和网络通信协议。局域网的硬件系统包括计算机、传输介质、网络适配器和网络连接设备。

- 网络传输介质包括双绞线、同轴电缆和光纤光缆，伴随着无线网络的诞生，还包括无线电、微波和红外线等。
- 网络适配器就是我们常说的网卡，无论是有线网络还是无线网络，都需要网卡。
- 网络连接设备包括调制解调器、集线器、交换机和路由器等。

- 局域网的软件系统包括网络操作系统和应用程序等。
- 网络通信协议是指网络设备用来通信的一套规则，常用的网络协议有 NetBEUI 协议、IPX/SPX 兼容协议、TCP/IP 协议等。

3.1.3　局域网硬件连接

如果使用双绞线电缆实现双机直连同时上网，则需要配置如下设备。

（1）3 块 10/100Mbps 以太网卡。

（2）两条双绞线缆，其中一条为交叉线（1~3，2~6 跳线法），另一条为直通线。交叉线用于直连两台电脑，直通线用于连接终端设备（如 ADSL Modem）到电脑。选择 5 类或超 5 类双绞线，最大长度不超过 100 米。

（3）ADSL Modem，目前主流的这两种 Modem 都有以太网接口，用网卡连接就行；小区局域网不需要用户配置宽带终端设备 ADSL Modem，但一台电脑中需安装两块网卡。

3.2　上机实战

前面我们介绍了局域网的相关知识，下面我们通过实际操作，学习如何安装设置局域网的方法，达到用户的最终目的。

3.2.1　设置服务器端

在双机直连共享上网中，接入 Internet 的电脑被称为服务器端，需要安装和配置两个网卡，并且进行详细的设置，其中与 ADSL Modem 连接的网卡无须其他的设置。

难度系数　☑ ☑ ☑

学习时间　60 分钟

学习目的　设置局域网的服务器端，包括宽带连接和本地连接。

操作步骤

1．设置本地连接

设置本地连接的具体步骤如下。

01 打开“网络连接”窗口。

02 右击用于与另外一台计算机相连接的网卡图标。

03 在弹出的菜单中选择“属性”命令。

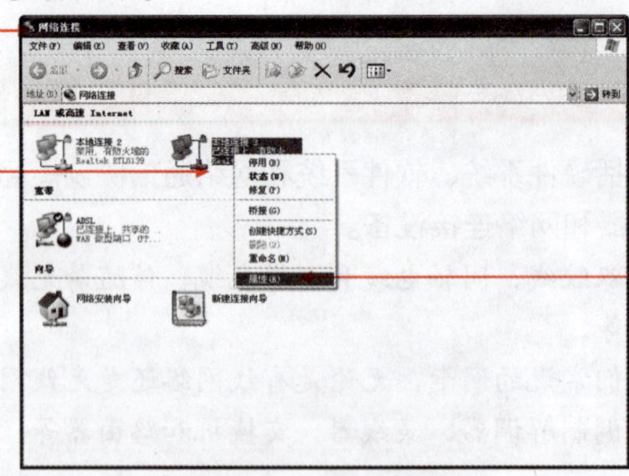

图 3-2　设置本地连接

04 打开“本地连接属性”对话框，选择“常规”选项卡。

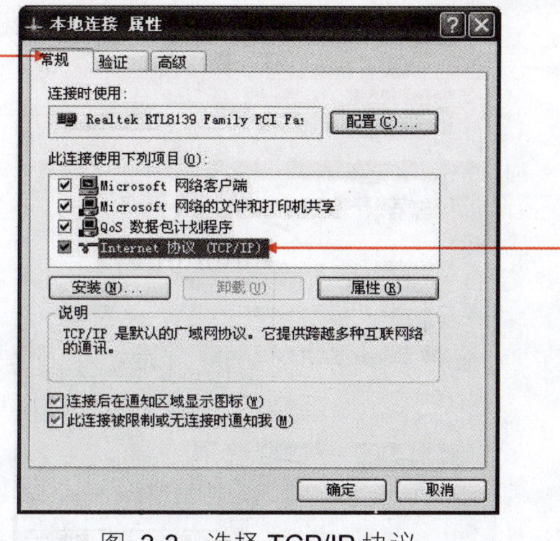

05 双击“Internet 协议（TCP/IP）”选项。

图 3-3　选择 TCP/IP 协议

06 选择“使用下面的 IP 地址”选项。

07 将网卡的“IP 地址”设置为 192.168.0.88，“子网掩码”设置为 255.255.255.0。

图 3-4　输入 IP 地址和子网掩码

2. 设置宽带连接

设置服务器端的具体步骤如下。

01 打开“网络连接”窗口。

02 右击宽带连接图标。

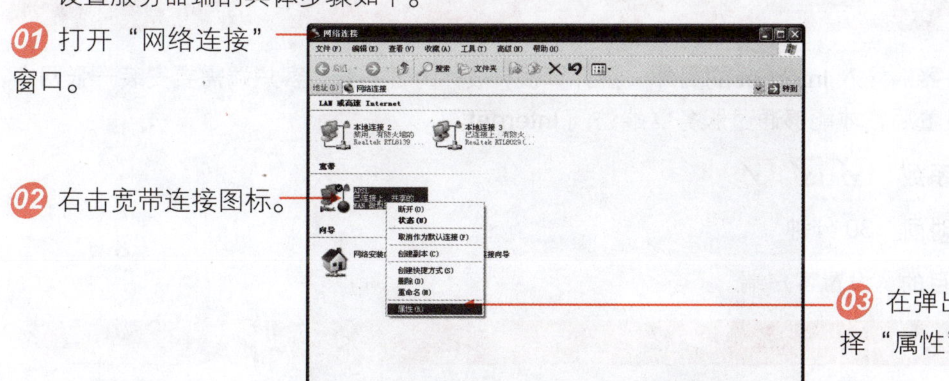

03 在弹出的菜单中选择“属性”命令。

图 3-5　设置宽带连接

04 打开“ADSL 属性”对话框，选择“高级”选项卡。

05 单击“设置”按钮。

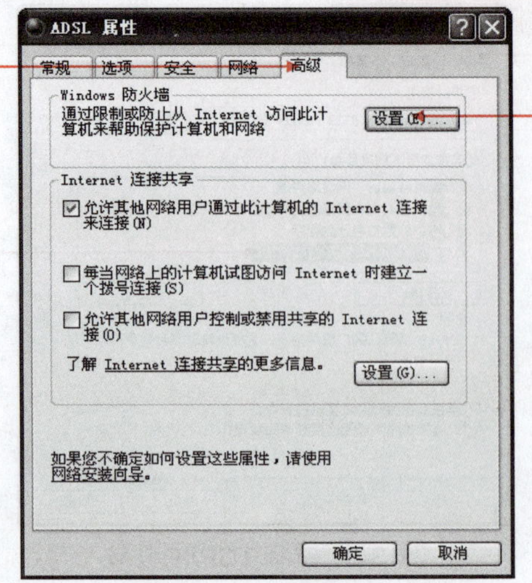

图 3-6　设置 ADSL 属性

06 选择刚才设置好的网卡（即与其他计算机连接的网卡）。

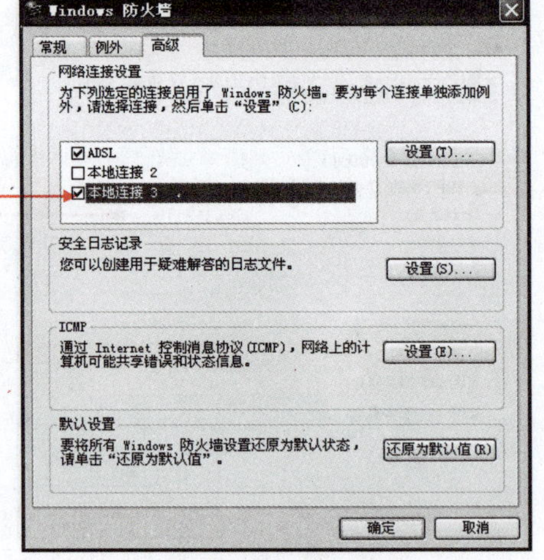

图 3-7　选择刚才设置好的网卡

07 单击“确定”按钮，再单击“确定”按钮，这样就完成了服务器端的设置。

3.2.2　设置客户端

通过服务器端接入 Internet 的另外一台计算机，被称为客户端。客户端需要安装一张网卡，并进行相应设置后，才能够通过服务器端访问 Internet。

难度系数 ☑ ☑ ☑

学习时间 30 分钟

学习目的 设置客户端。

操作步骤

设置客户端的具体步骤如下。

01 打开“网络连接”窗口。

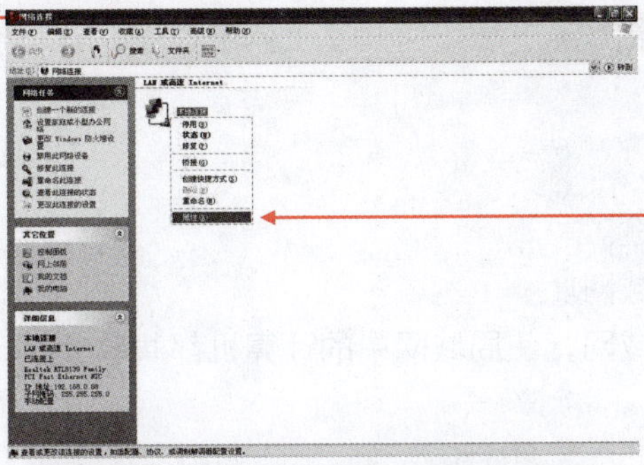

02 右击“本地连接”图标，在弹出的菜单中选择“属性”命令。

图 3-8　选择本地链接的属性命令

03 选择“常规”选项卡。

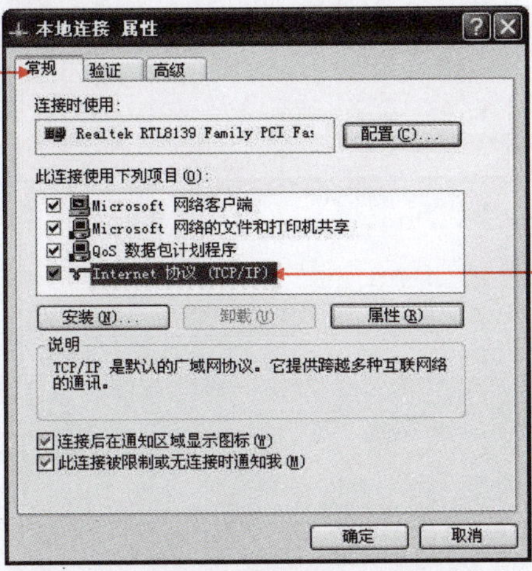

04 选择“Internet 协议(TCP/IP)”选项。

图 3-9　选择 TCP/IP 协议

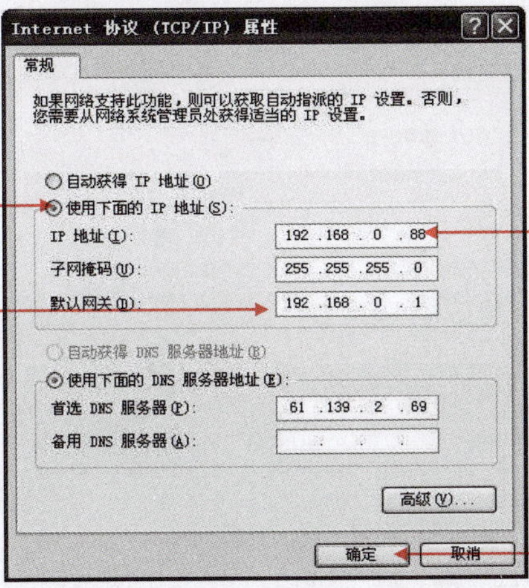

05 选择“使用下面的 IP 地址”选项。

06 将“IP 地址”设置为 192.168.0.88。

07 将“默认网关”设置为 192.168.0.1。

08 单击“确定”按钮。

图 3-10　设置 IP 地址、网关

设置好后，客户端电脑就可以通过服务器端连接 Internet 了。需要注意的是，使用客户端上网必须是在服务器端已经连接到 Internet 后的情况下才能实现。

3.3　巩固与练习

本章讲解了局域网的含义、分类、特点等相关知识，还介绍了要建立局域网的硬件设备与连接。最后还介绍了服务器、客户端如何共享上网的设置。让读者了解并掌握建立局域网的方法。

问答题

（1）简述局域网的用途。

（2）简述如何连接局域网。

（3）简述如何设置局域网，使局域网中的计算机都共享上网。

操作题

（1）在自己的计算机上共享一台打印机。

（2）在自己的计算机上共享一个文件夹。

Chapter 04

随意浏览网页

学习时间

本课主要讲解的是使用 IE 浏览器浏览网页的方法，建议读者使用 130 分钟的时间来进行学习。

学习内容

- 启动和退出 IE 浏览器
- IE 浏览器窗口界面
- 通过地址栏浏览网页
- 用工具按钮浏览网页
- 使用超级链接浏览网页
- 使用历史记录浏览网页
- 收藏需要的网页
- 整理收藏夹
- 脱机浏览网页

精彩实例效果展示

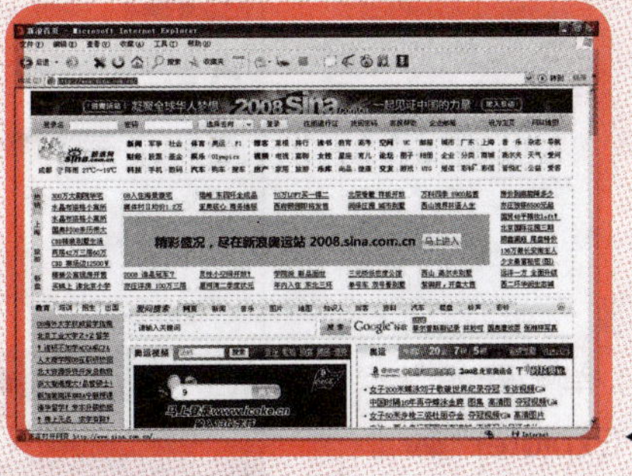
新浪网页

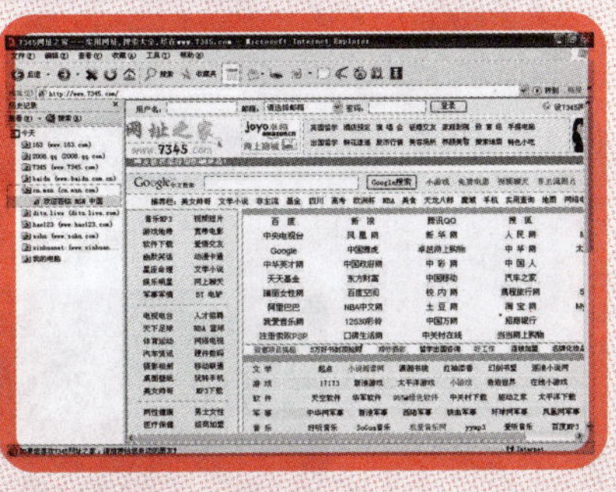
历史记录

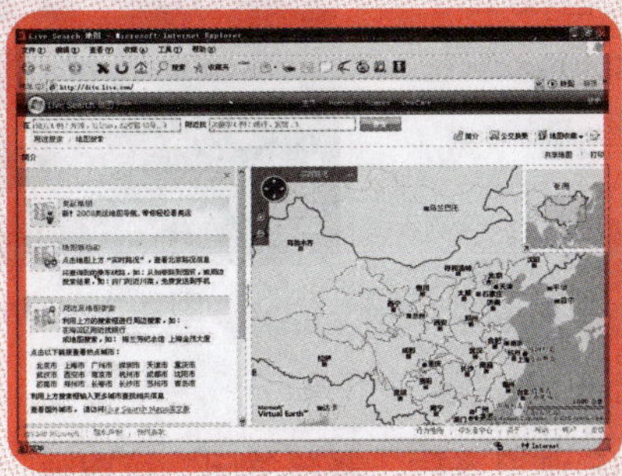
地图页面

4.1 基础导读

IE 浏览器是美国微软公司开发的一款免费的互联网浏览器软件，也是使用最广泛的浏览器软件，它的全英文名称为 Internet Explorer。

4.1.1 启动和退出 IE 浏览器

启动和退出 IE 浏览器是最为基础的操作之一，大家只有熟练地掌握了这两个操作后，才能够得心应手地使用 IE 浏览器。

1. 启动 IE 浏览器

启动 Internet Explorer，可以通过以下方法来实现。

方法一：选择“开始”“Internet Explorer”命令启动。

图 4-1 “开始”菜单

方法二：单击快速启动栏中的 IE 图标启动。

图 4-2 快速启动栏

方法三：双击桌面上 Internet Explorer 快捷图标启动。

图 4-3 Windows XP 桌面

2. 退出 IE 浏览器

使用完 IE 浏览器后，需要关闭，可以通过以下方法来实现。

方法一：单击 IE 浏览器右上方的“关闭”按钮关闭。

图 4-4　单击“关闭”按钮关闭 IE 浏览器

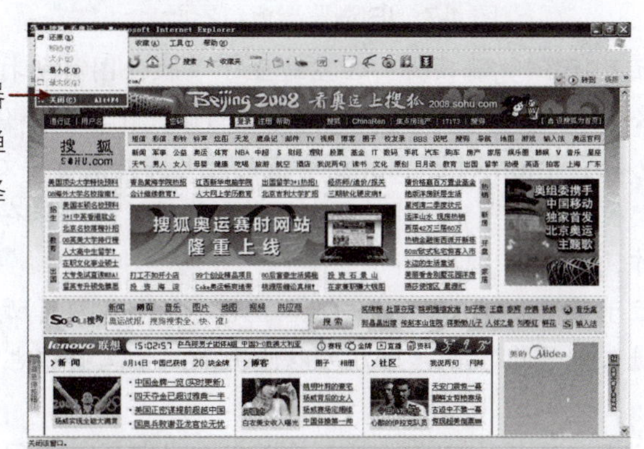

方法二：单击 IE 浏览器左上角系统图标，在弹出的快捷菜单中选择“关闭”命令关闭。

图 4-5　通过系统图标关闭 IE 浏览器

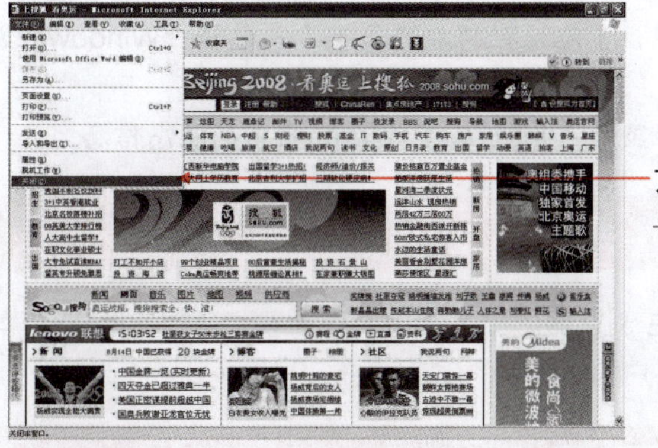

方法三：选择“文件”→“关闭”命令关闭。

图 4-6　执行“关闭”命令关闭 IE 浏览器

方法四：按 Alt+F4 组合键关闭。

方法五：双击 IE 浏览器左上角的图标关闭。

4.1.2　IE 浏览器窗口界面

只有在熟悉 IE 浏览器的窗口组成后，才能够更加高效地浏览网页。Internet Explorer 的窗口主要由菜单栏、链接栏、网页窗口、工具栏、地址栏和状态栏组成，如图 4-7 所示。

Days 1
Days 2
Days 3
Days 4
Days 5
Days 6
Days 7

图 4-7　IE 浏览器窗口界面

- **标题栏**：标题栏位于 IE 浏览器顶部。在左边显示了软件图标所打开网页的名称，如“微软（中国）有限公司”，在右边显示了控制窗口的最大化、最小化及还原按钮。
- **菜单栏**：菜单栏包括了 Internet Explorer 所有的操作命令，如“文件”、“编辑”、“查看”、“收藏”、“工具”和“帮助”。用户可以通过这些菜单，实现保存网页、收藏站点、脱机浏览、设置等操作。
- **工具栏**：工具栏位于菜单栏下面，其中包括了用户在浏览网页所需要的最常用的工具，如“后退”、“前进”、“停止”等。用户可以隐藏或显示工具栏也可以自定义工具栏上的按钮种类和个数。
- **地址栏**：地址栏位于工具栏的下方，用来显示用户当前所打开网页的地址，我们常称地址为网址。用户可以通过地址栏的下拉菜单，快捷地访问曾经访问过的 Web 站点。
- **浏览网页的主窗口**：显示网页的信息，用户主要通过它来达到浏览的目的。
- **链接栏**：链接栏位于地址栏的右边或下方，包括“Windows”、“免费的 Hot Mail”等链接。
- **状态栏**：状态栏显示了 Internet Explorer 当前的状态信息。

4.2　上机实战

前面我们介绍了 IE 浏览器的相关知识，下面我们通过实际操作学习如何使用 IE 浏览器浏览网页的方法，达到用户的最终目的。

4.2.1　通过地址栏浏览网页

通过地址栏浏览网页的方法有两种，一是在地址栏直接输入，另一种是在地址栏中选择曾经打开过的网页。

难度系数　☑ ☑

学习时间　10 分钟

学习目的　通过两种方法使用地址栏浏览网页。

1. 直接输入网址

在浏览器的地址栏直接输入网址，按回车键后即可打开此网页。此时，Internet Explorer 的标题栏显示该网页的名称，状态栏显示打开网页的进度。

直接输入网址的操作步骤如下。

01 在地址栏输入网址，如“http://www.sohu.com”。

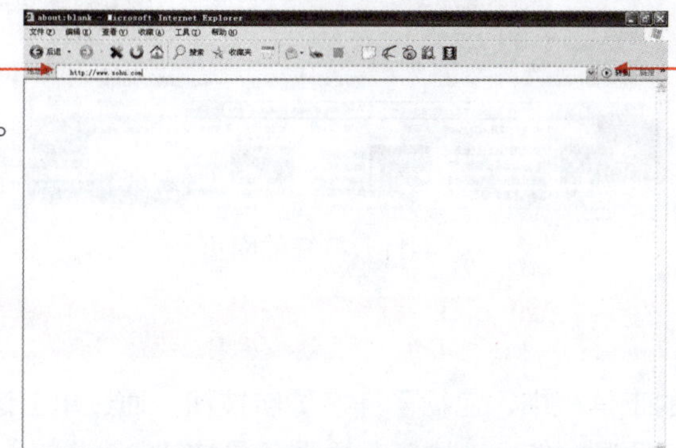

02 单击“转到”按钮或按回车键。

图 4-8 输入网址

03 打开网页进行浏览。

图 4-9 打开的网页

2. 选择曾经打开过的网址

在 Internet Explorer 地址栏的下拉菜单中，记录着用户曾经打开过的部分网页站点的地址，用鼠标选择所列出的地址，即可打开相应的网页站点。

在地址栏的下拉菜单中打开网址，具体操作步骤如下。

01 单击地址栏右边的下拉箭头，弹出下拉菜单。

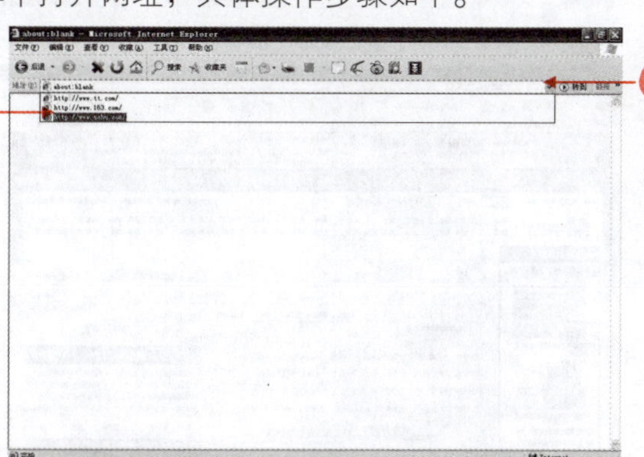

02 选择需要打开的网址。

图 4-10 选择地址栏下的网页

Days 1
Days 2
Days 3
Days 4
Days 5
Days 6
Days 7

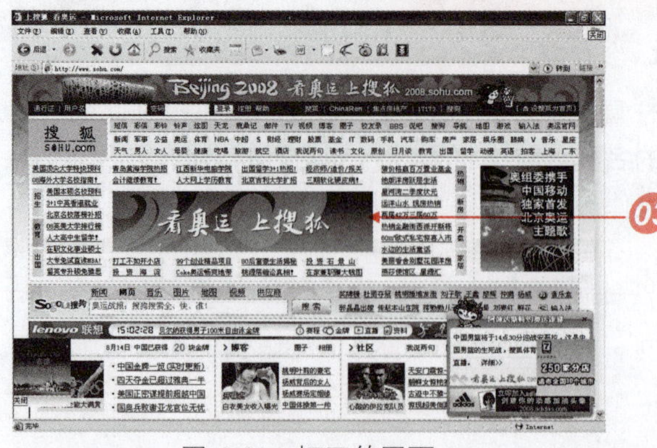

图 4-11　打开的网页

4.2.2　用工具按钮浏览网页

Internet Explorer 的工具栏中，包括了许多导航按钮，通过单击这些工具按钮可以达到访问网页的目的。如前进、后退、停止、刷新、主页工具按钮。

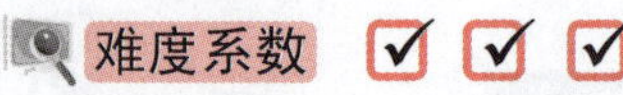

难度系数 ☑ ☑ ☑

学习时间　30 分钟

学习目的　使用前进、后退、停止、刷新、主页工具按钮浏览网页。

1．前进、后退浏览网页

通过前进、后退按钮浏览网页，具体操作步骤如下。

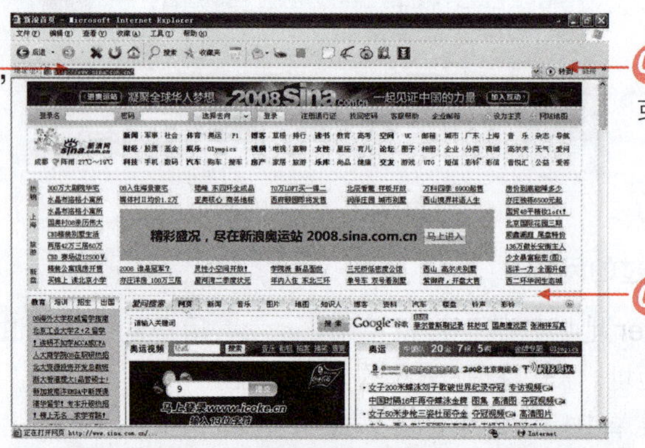

图 4-12　打开新浪主页

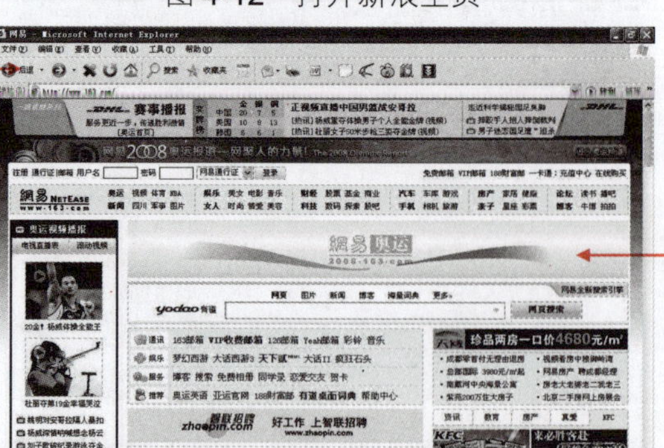

图 4-13　返回前面打开的网页

此时单击“前进”按钮又将返回到后面打开的新浪网站。由此可见“前进”按钮的功能与“后退”按钮正好相反。

2. 停止刷新网页

如果刚打开一个网站又不愿继续打开，单击“停止”按钮可以终止。如果又需要继续打开或网页最终未完全打开时，可以单击“刷新”按钮，将网页重新打开或完全打开，从而读取页面的内容。

停止刷新网页，具体操作步骤如下。

01 打开网易主页，单击“停止”按钮。

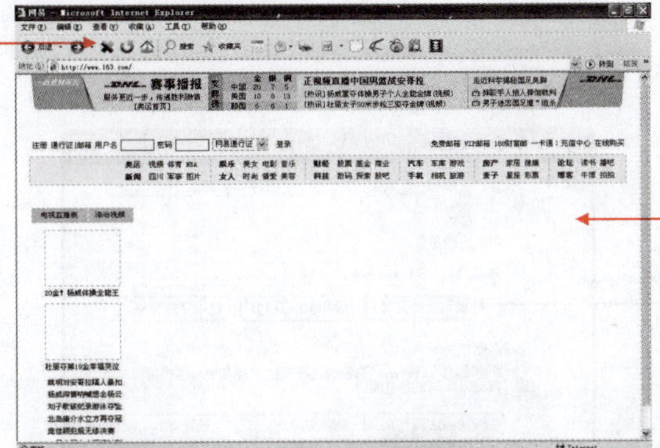

02 此时，网页上的元素没有完全打开。

图 4-14 未完全打开元素的网页

03 单击“刷新”按钮。

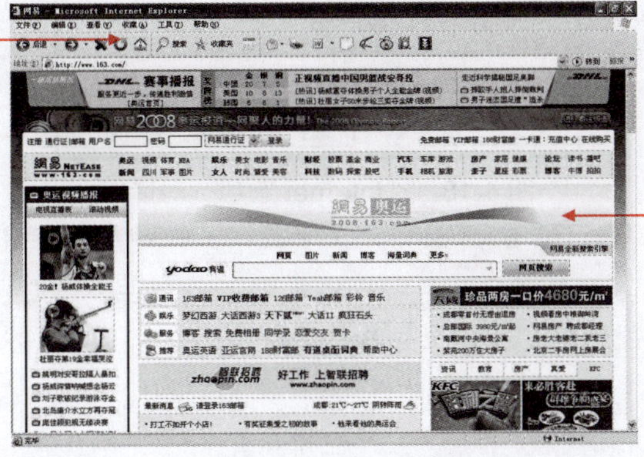

04 网页重新打开，直到完全打开。

图 4-15 重新打开网页

3. 浏览主页

我们可以将经常使用的网页设为主页，这样在打开 IE 浏览器时首先打开此网页，并且在任何时候单击“主页”按钮就可以快速打开此网页，以提高操作速率。

设置常用网页为主页，操作步骤如下。

01 打开想设置为主页的网页。

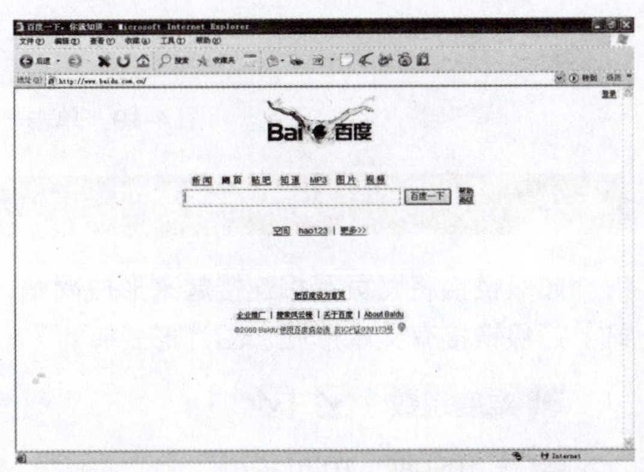

图 4-16 打开网页

Days 1
Days 2
Days 3
Days 4
Days 5
Days 6
Days 7

02 选择“工具”菜单。

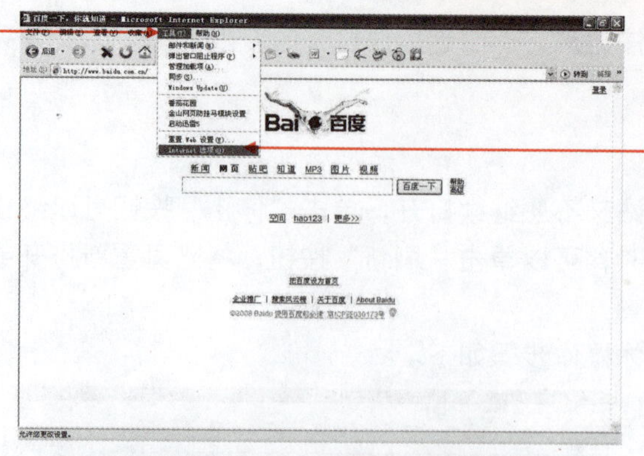

03 选择“Internet 选项”命令。

图 4-17　选择“Internet 选项”命令

04 在“Internet 选项”对话框中，单击“使用当前页”按钮。

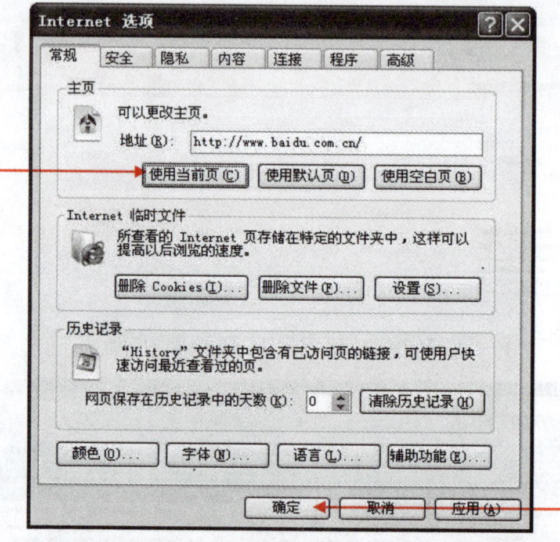

05 单击“确定”按钮。

图 4-18　“Internet 选项”对话框

06 在 IE 浏览器中，单击“主页”按钮，即可打开设置的主页。

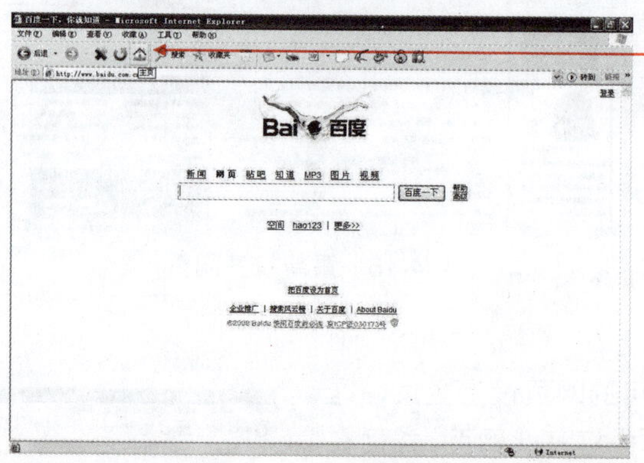

图 4-19　单击“主页”按钮打开主页

4.2.3　使用超级链接浏览网页

超级链接将网页互相连接起来形成网站，单击相应的超级链接可以到达任何一个国度的网站。超级链接有文本形式、图片形式等。

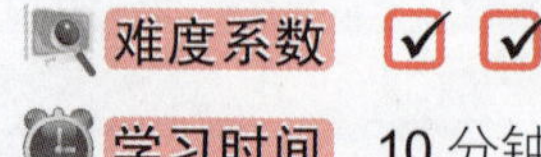

难度系数 ☑ ☑

学习时间　10 分钟

学习目的　单击超级链接浏览网页。

操作步骤

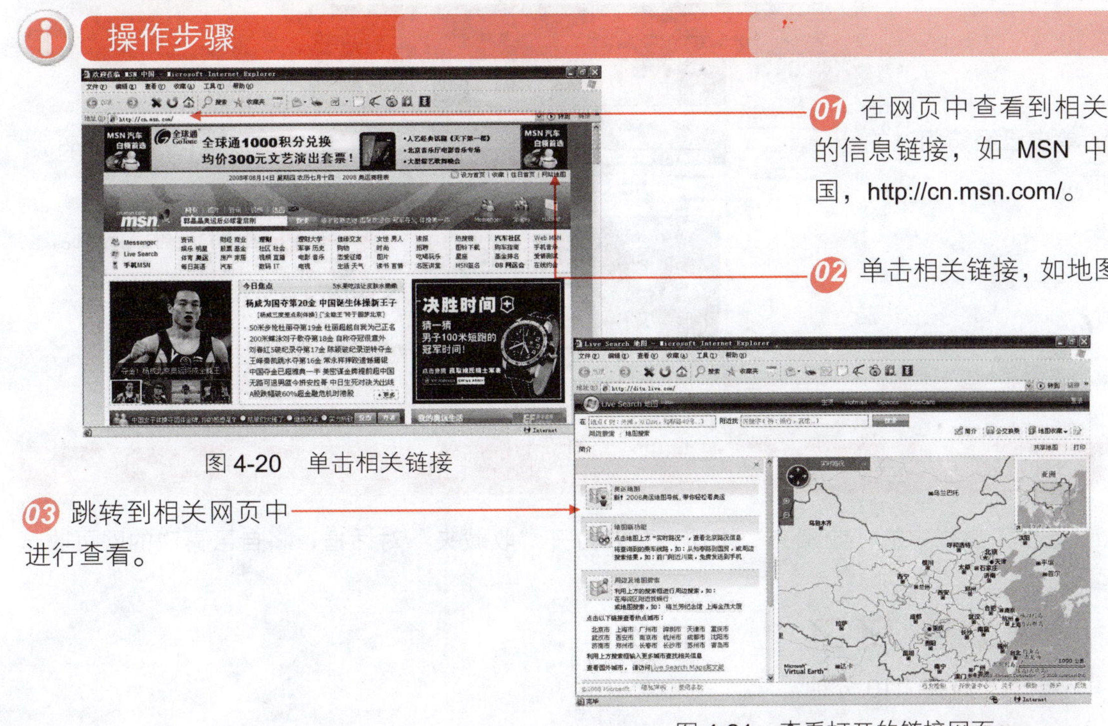

01 在网页中查看到相关的信息链接，如 MSN 中国，http://cn.msn.com/。

02 单击相关链接，如地图。

图 4-20　单击相关链接

03 跳转到相关网页中进行查看。

图 4-21　查看打开的链接网页

4.2.4　使用历史记录浏览网页

单击工具栏中的“历史记录”按钮，可以打开“历史记录”栏，从而能够方便、快捷地找到并打开以前浏览过的网页或网站。

难度系数　☑ ☑ ☑

学习时间　10 分钟

学习目的　使用历史记录栏浏览打开过的网页。

操作步骤

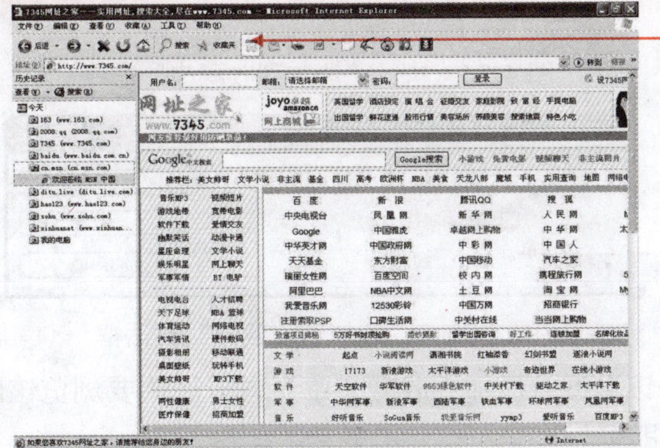

01 单击“历史”按钮。

图 4-22　单击“历史”按钮

02 在浏览器左边，会出现“历史记录”栏，在这里可以查看到已经访问过的网页。

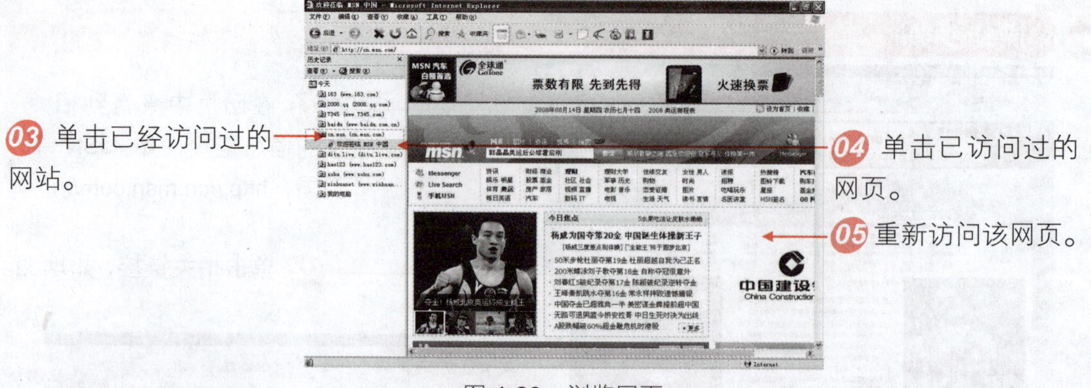

图 4-23　浏览网页

4.2.5　收藏需要的网页

单击工具栏中的“收藏夹”按钮，可以打开“收藏夹”对话框，将自己喜欢的网页收藏起来。

难度系数　☑ ☑

学习时间　10 分钟

学习目的　收藏喜欢或重要的网页资源。

操作步骤

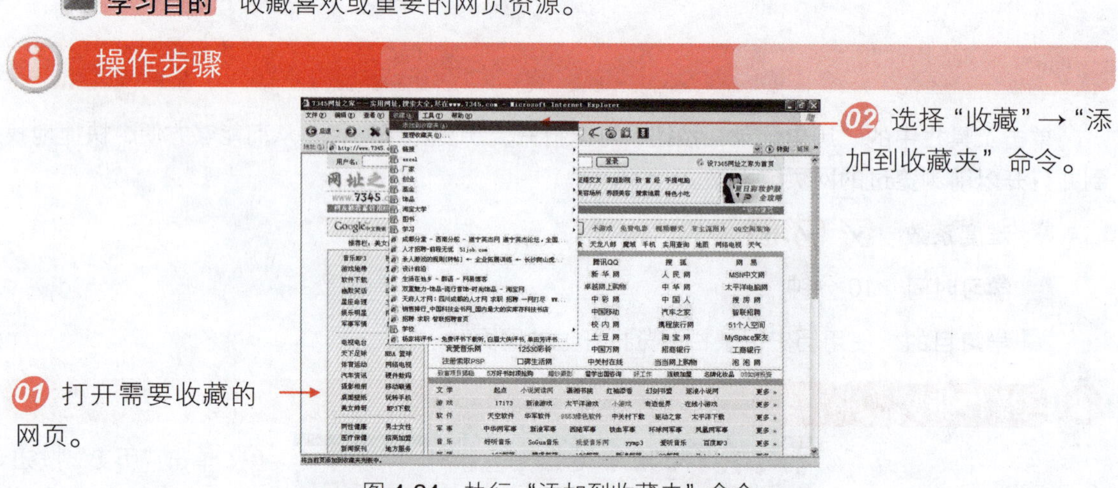

图 4-24　执行“添加到收藏夹”命令

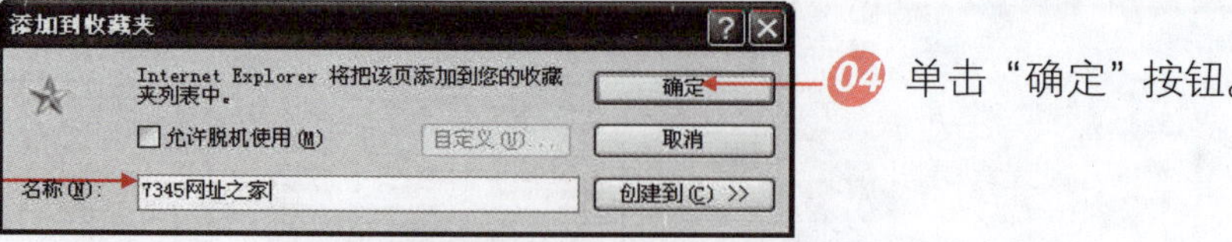

图 4-25　“添加到收藏夹”对话框

完成上述操作后，该网页就添加到收藏夹中了，以后需要浏览该网页时，选择“收藏”菜单，在下拉列表中单击即可。

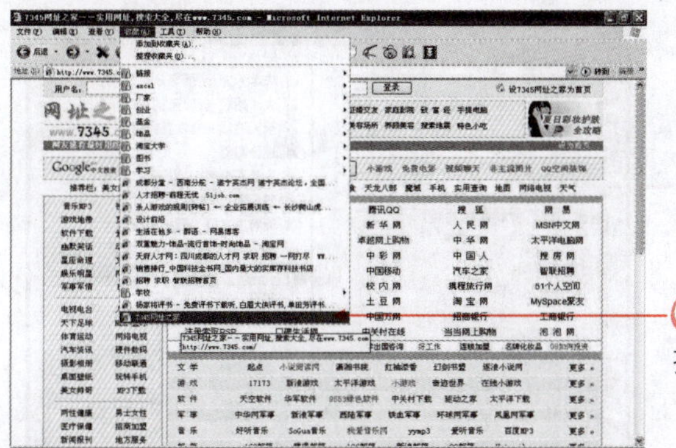

05 单击收藏的网页链接进行浏览。

图 4-26　成功添加到收藏夹

4.2.6　整理收藏夹

收藏夹相当于一个存储资料的文件夹。如果收藏的网页过多，不易快速查找需要打开的网页，可以采用分类方式收藏，达到能够快速及时访问网页的目的。

难度系数 ☑ ☑ ☑

学习时间 20 分钟

学习目的 把收藏后的网页分门别类存放，方便以后查找。

操作步骤

01 打开 IE 浏览器，选择“收藏”→“整理收藏夹”命令。

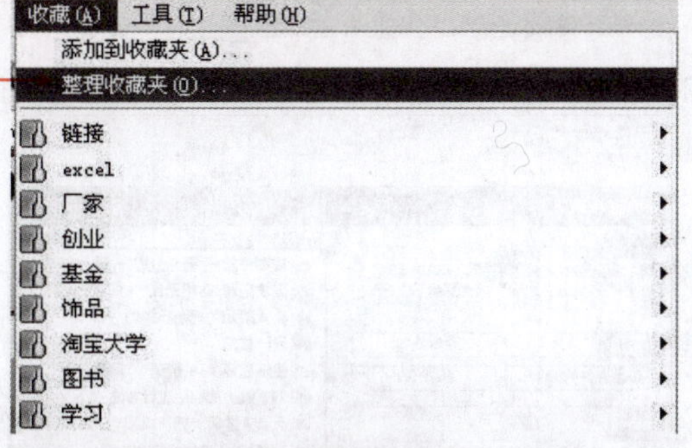

图 4-27　执行“整理收藏夹”命令

02 单击“创建文件夹”按钮。

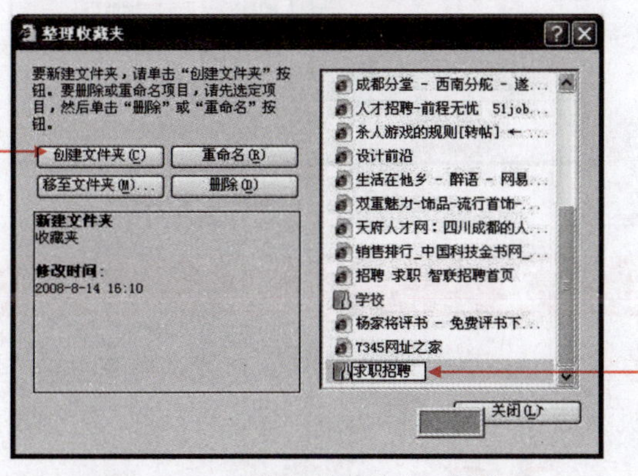

03 在创建的文件夹中输入文件夹名称。

图 4-28　“整理收藏夹”对话框

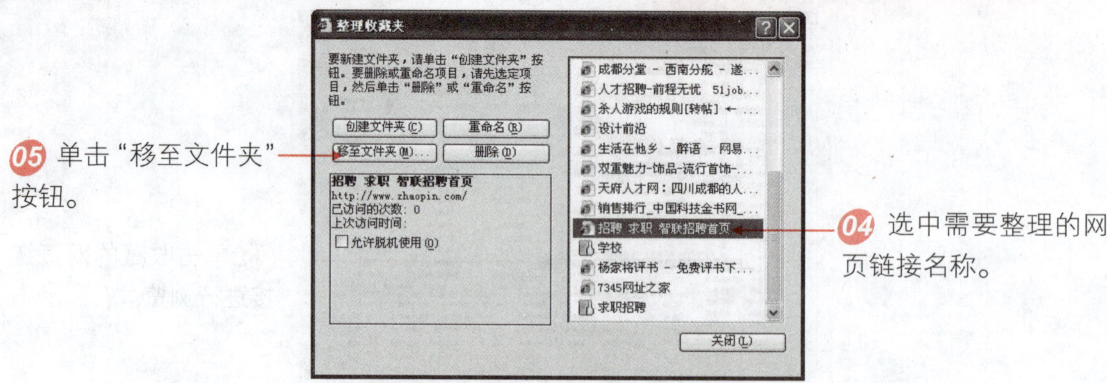

图 4-29 单击“移至文件夹”按钮

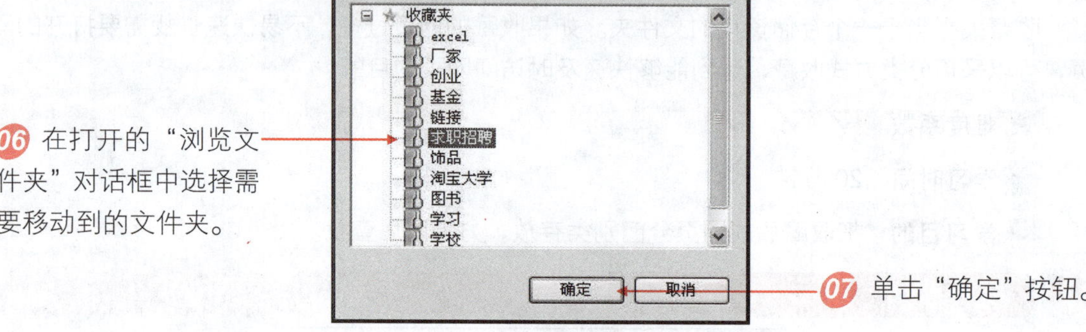

图 4-30 “浏览文件夹”对话框

08 返回“整理收藏夹”对话框，可以查看到想要收藏的网址已移动到相应文件夹中，按照此种方法将收藏夹整理一番。

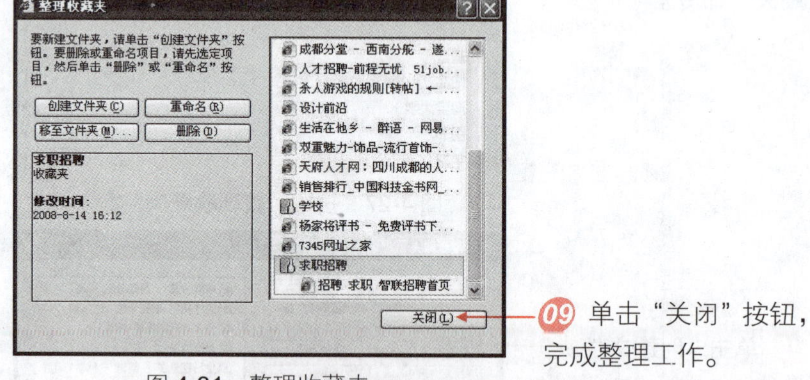

图 4-31 整理收藏夹

4.2.7 脱机浏览网页

脱机浏览网页是指在断开 Internet 的情况下，也能浏览某些特定的网页，首先要将网页设置为脱机使用，才可脱机浏览。

学习时间　40 分钟

学习目的　介绍脱机浏览网页的 3 种方法，以节省网络资源。

操作步骤

1．将当前网页设置为可脱机浏览

将当前网页设置为可脱机浏览，操作步骤如下。

01 打开要设置为脱机浏览的网页。

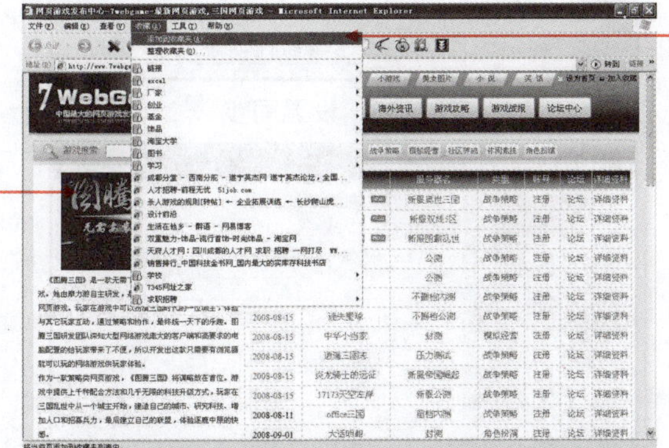

02 选择“收藏”→“添加到收藏夹”命令。

图 4-32　选择“添加到收藏夹”命令

03 勾选“允许脱机使用”选项。

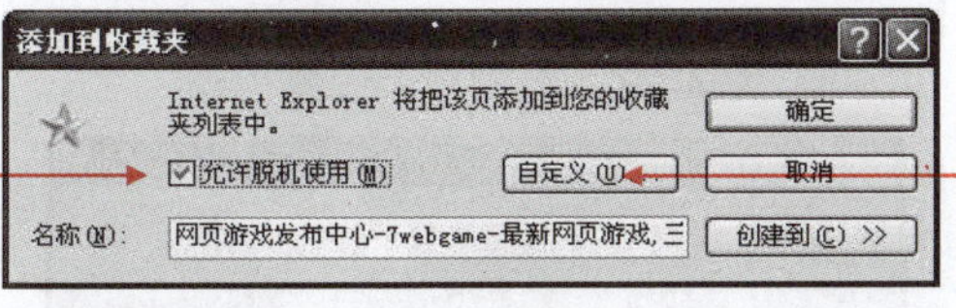

04 单击“自定义”按钮。

图 4-33　“添加到收藏夹”对话框

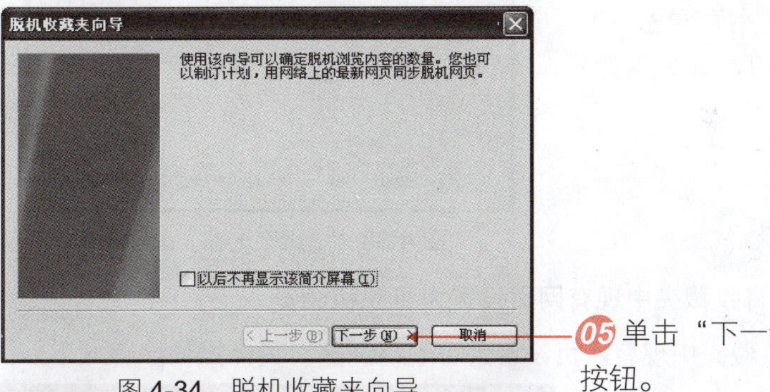

05 单击“下一步”按钮。

图 4-34　脱机收藏夹向导

06 设置网页链接的层数。

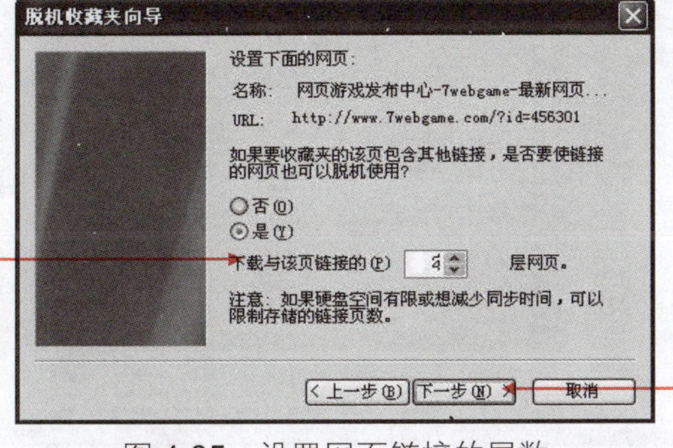

07 单击“下一步”按钮。

图 4-35　设置网页链接的层数

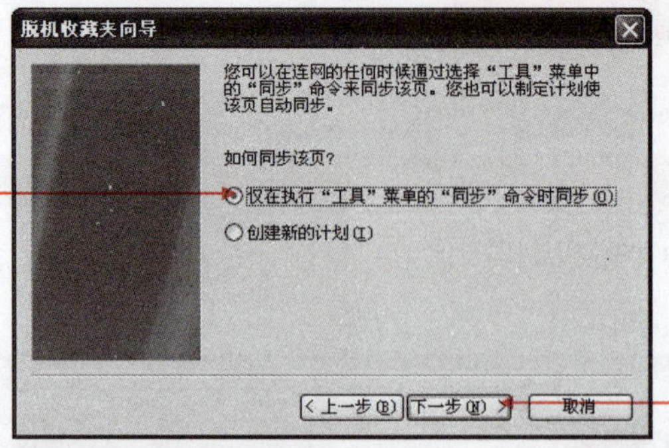

08 选择"仅在执行'工具'菜单'同步'命令时同步"选项。

09 单击"下一步"按钮。

图 4-36　设置同步

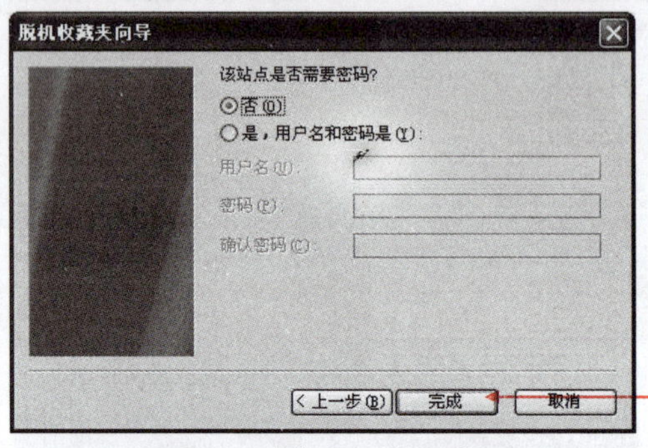

10 单击"完成"按钮。

图 4-37　选择是否设置密码

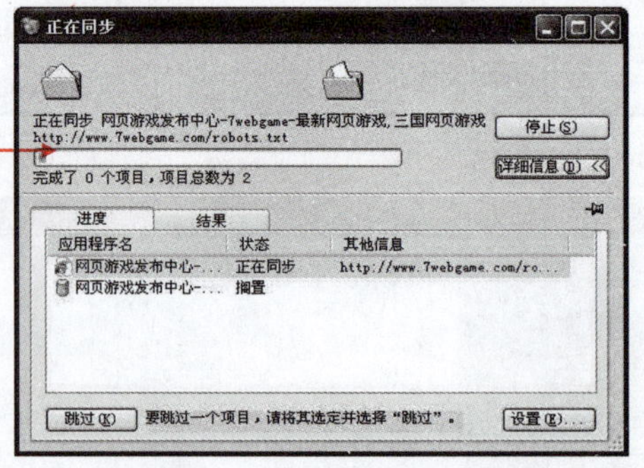

11 返回到"添加到收藏夹"对话框，单击"确定"按钮，开始保存网页。

图 4-38　"正在同步"对话框

2. 将收藏夹中现有网页设置为可脱机浏览

将收藏夹中现有网页设置为可脱机浏览，具体操作步骤如下。

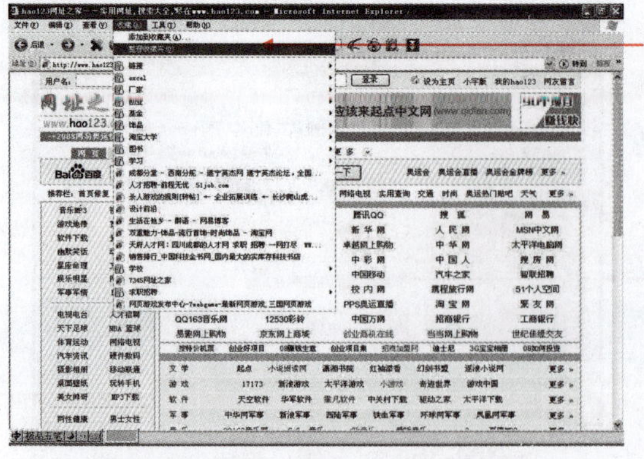

01 选择"收藏"→"整理收藏夹"命令。

图 4-39　选择"整理收藏夹"命令

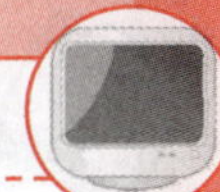

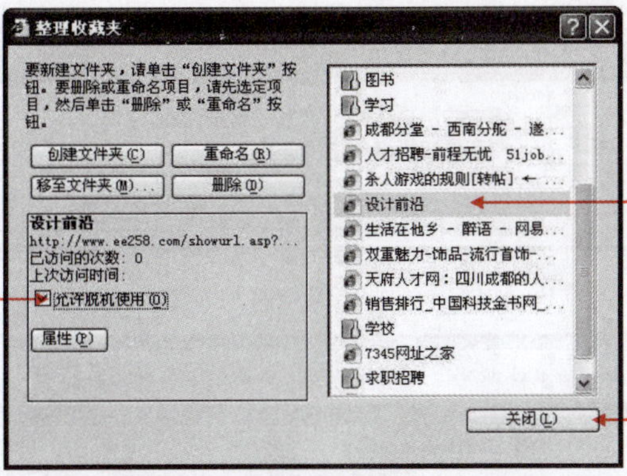

02 勾选“允许脱机使用”选项。

03 选择要设置为可脱机浏览的网页。

04 单击“关闭”按钮。

图 4-40　“整理收藏夹”对话框

05 返回到“添加到收藏夹”对话框，单击“确定”按钮，开始同步网页。

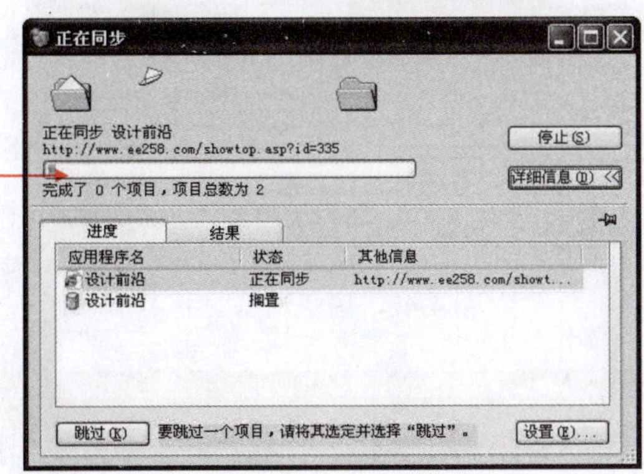

图 4-41　同步网页

3. 脱机浏览网页

脱机浏览网页的方法如下。

01 打开 IE 浏览器。

图 4-42　选择“脱机工作”命令

02 选择“收藏”菜单。

03 单击设置为脱机浏览的网页。

图 4-43　单击设置为脱机浏览的网页

Days 1
Days 2
Days 3
Days 4
Days 5
Days 6
Days 7

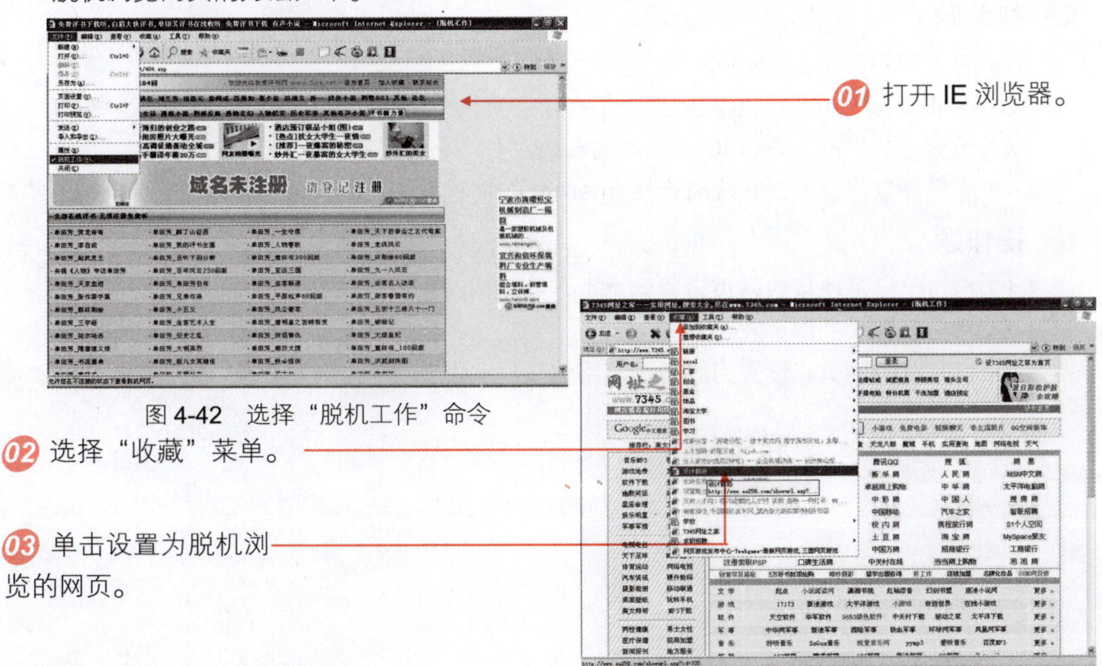

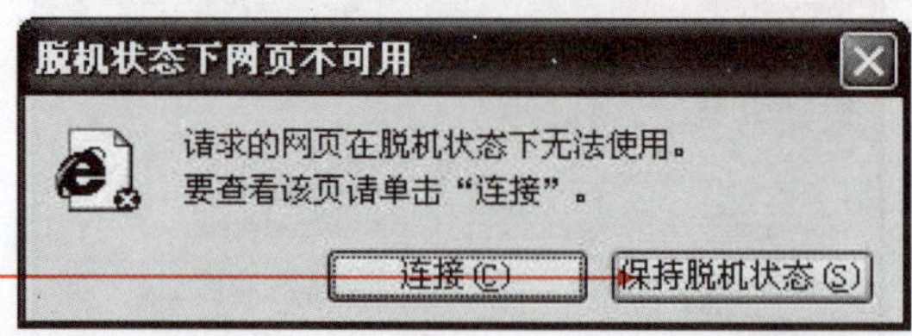

04 单击“保持脱机状态”按钮。

图 4-44 单击“保持脱机状态”按钮

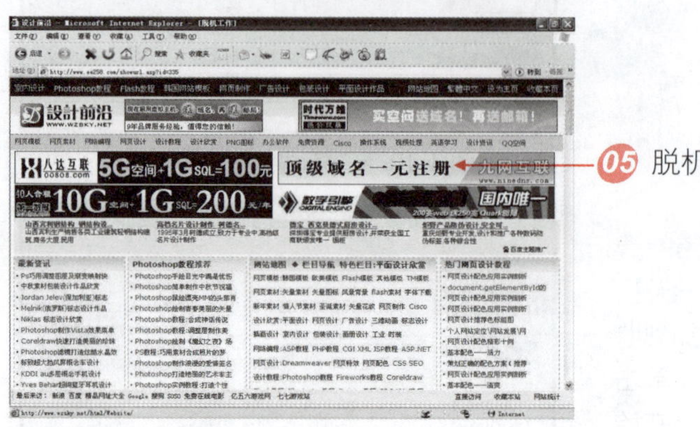

05 脱机浏览此网页。

图 4-45 脱机浏览网页

4.3 巩固与练习

本章讲解了 IE 浏览器的启动、退出以及界面介绍相关知识，还讲解了如何快速浏览网页的方法，如通过地址栏、工具按钮、超链接等。让读者在实际应用中能够选择最为方便快捷的操作方法浏览网页。

判断题

（1）IE 浏览器是美国微软公司开发的。（ ）

（2）在 IE 浏览器中添加收藏网页，是在“工具”菜单中实现的。（ ）

（3）历史记录栏打开后在 IE 浏览器的右边。（ ）

（4）脱机浏览网页就是在没有连接 Internet 的情况下浏览网页。（ ）

操作题

（1）将自己经常使用的网页设置为主页，并利用“主页”按钮打开。

（2）将自己喜欢的网页收藏。

（3）打开一个网页，设置为脱机浏览网页。

Chapter 05

收发电子邮件

学习时间

本课主要讲解的是利用电子邮箱收发电子邮件的方法，建议读者使用 140 分钟的时间来进行学习。

学习内容

- 认识电子邮件
- 电子邮件地址的格式
- 电子邮箱协议
- 申请免费电子邮箱
- 登录免费电子邮箱
- 编写并发送邮件
- 发送带附件的邮件
- 阅读、回复电子邮件
- 转发电子邮件
- 删除电子邮件
- 自动回复电子邮件

精彩实例效果展示

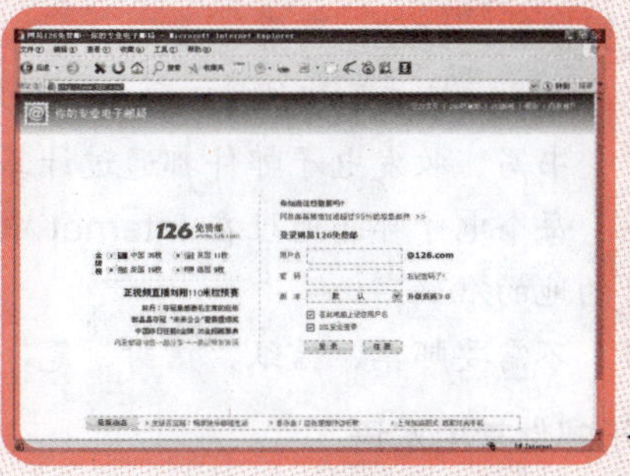

登录页面

发送贺卡

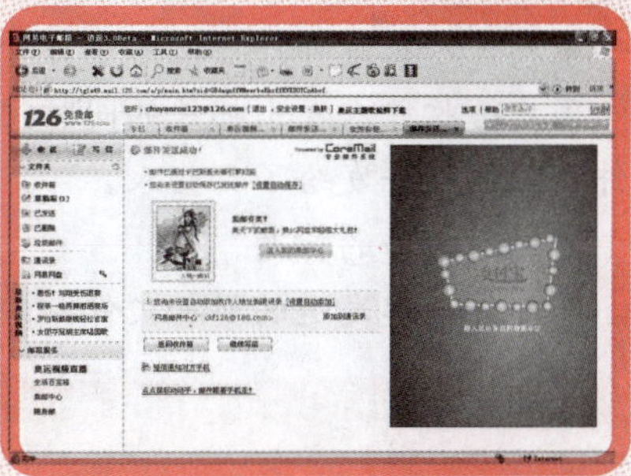

发送成功

5.1 基础导读

电子邮件（E-mail）又名“伊妹儿”，是 Internet 应用中重要的服务之一。下面讲解关于电子邮件的相关知识。

5.1.1 认识电子邮件

电子邮件系统，可以将文字、图像以及视频、音频等多种格式的信息，通过 Internet 快速发送到世界的各个角落。邮寄一封普通信件的传统方式，需要一周或一个月左右的时间，但发送一封电子邮件只需几秒至几分钟的时间，不管目的地是同一个城市，还是地球的另一边。电子邮件不但极大地提高了我们的生活、工作效率，还可以得到大量免费的新闻、专题邮件，以及实现轻松的信息搜索，丰富了我们的信息面。

1. 电子邮件的优点

电子邮件与普通信件的发送方式相同，都是将写好的信件发送到指定的位置，但电子邮件比普通信件更快速、方便、可靠、廉价。

- 快速：发送一封电子邮件，只需几秒至几分钟就可通过网络传送到接收人的电子邮箱中。
- 方便：书写、收发电子邮件都通过计算机完成，并且无时间和地点的限制。
- 可靠：每个电子邮箱地址在 Internet 中都是唯一的，输入的邮件地址准确即保证了发送到目的地的准确。
- 廉价：不需要邮票、信纸、信封、笔，只需支付网费即可。

2. 电子邮件常用术语

- 收费邮箱：是指网站上提供给用户但需要支付一定费用才能得到一个用户账号和密码的电子邮箱，收费邮箱有容量大、安全性高、通信可靠等特点。
- 免费邮箱：是指网站上提供给用户的一种不需要支付任何费用的电子邮箱，用户只需填写申请资料就可以获得用户账号和密码。它是人们较广泛选用的一类邮箱。随着免费邮箱网站的发展，免费邮箱也发展到了与收费邮箱一样，具备容量大、安全性高等优点的程度。
- 收件人：邮件的接收者，相当于收信人。
- 发件人：邮件的发送人，相当于发信人。一般来说，就是用户自己。
- 抄送：用户给收件人发出邮件的同时把该邮件抄送给另外的人。在这种抄送方式中，收件人知道发件人把该邮件抄送给了另外哪些人。
- 暗送：用户给收件人发出邮件的同时把该邮件暗中发送给另外的人，但“收件人”不知道发件人把该邮件发给了哪些人。
- 主题：即这封邮件的标题。
- 附件：同邮件一起发送的附加文件。

5.1.2 电子邮件地址的格式

一个电子邮箱包括一个电子邮箱地址和一个密码。电子邮箱地址是用于接收电子邮件的。

密码是用于用户登录电子邮箱时核对帐号的。

电子邮箱地址有一个通用的格式，如图 5-1 所示。

zhangyinwan @ 163.com

图 5-1　电子邮箱地址格式

其中，zhangyinwan 代表用户的帐号；@是电子邮箱地址的特殊符号，表示“在”的意思，读“at”，可理解为 Internet 上的某台邮箱服务器上的一个用户地址；163.com 代表邮箱服务器主机的地址。用户帐号可由用户自己选定，从而保证了它容易记住。邮箱地址是固定的，选择了邮箱服务器，就选定了邮箱地址。

用户需要收发电子邮件的时候，可以上网打开自己的电子邮箱所在网址，在“用户名”输入栏中输入帐号，在“密码”输入栏中输入密码，就可登录到自己的邮箱，并可在收件箱中查找邮件并查阅，或写信发给收件人。

5.1.3　电子邮箱协议

电子邮件系统存在较多的协议，正是通过这些协议保证了用户能够发送和接收需要的电子邮件。下面对一些主要的电子邮件协议进行简要的介绍。

（1）SMTP 协议（Simple Mail Transfer Protocol）：即简单邮件传输协议。这是 Internet 上传输电子邮件的标准协议，规定了主机之间传输电子邮件的标准交换格式和邮件在链路层上的传输机制，通常用于把电子邮件从客户机传输到服务器，以及从某一服务器传输到另一个服务器，实现电子邮件的提交和传送。

（2）POP3 协议（Post Office Protocol）：即邮局协议，“3”是指第 3 版。它为客户机提供发送信任状（用户名和口令），规范对电子邮件的访问；同时提供信息存储功能，负责为用户保存收到的电子邮件，并能从邮件服务器上下载这些邮件。

（3）IMAP4 协议（Internet Message Access Protocol）：即网际消息访问协议，“4”是指第 4 版。它帮助用户可以有选择地下载电子邮件，甚至只是下载部分邮件。

（4）RFC 822 邮件格式：定义用于电子邮件报文的格式——信封和邮件内容。也就是说，它定义了 SMTP、POP3、IMAP 以及其他电子邮件传输协议所提交、传输的内容。

（5）MIME 协议：多用途的网际邮件扩展。Internet 上的 SMTP 传输机制是以 7 位二进制编码的 ASCII 码为基础的，适合传送文本邮件。但使用 8 位二进制编码的声音、图像、中文等信息，需要进行 ASCII 转换（编码）才能够在 Internet 上正确传输。

5.2　上机实战

前面我们介绍了电子邮件的相关知识，下面我们通过实际操作学习如何申请、使用免费电子邮件的方法，达到用户的最终目的。

5.2.1　申请免费电子邮箱

Internet 上有许多提供电子邮箱的服务商，要发送接收电子邮件，首先要在邮件服务商那里注册一个邮箱。下面就以申请 126 的免费邮箱为例。

难度系数 ☑ ☑ ☑

学习时间 20 分钟

学习目的 在网站中申请免费电子邮箱。

操作步骤

01 登录 126 邮箱主界面，http://www.126.com/，如图 5-2 所示。

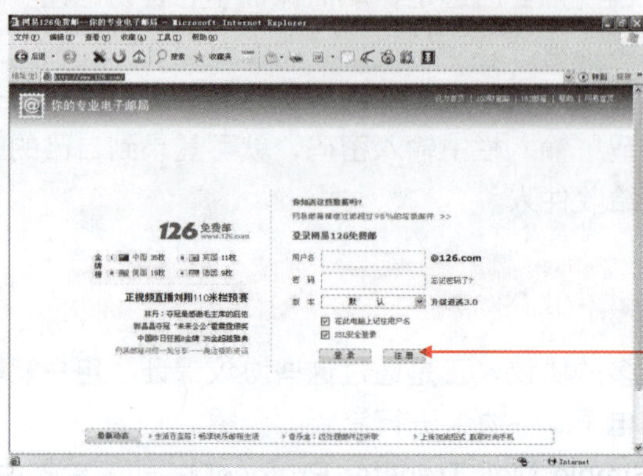

02 单击“注册”按钮。

图 5-2 126 邮箱主页

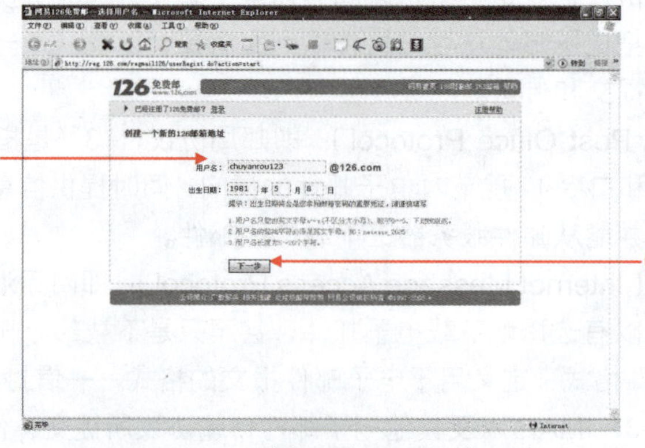

03 输入通行证用户名，也就是帐号。

04 单击“下一步”按钮。

图 5-3 选择通行证用户名

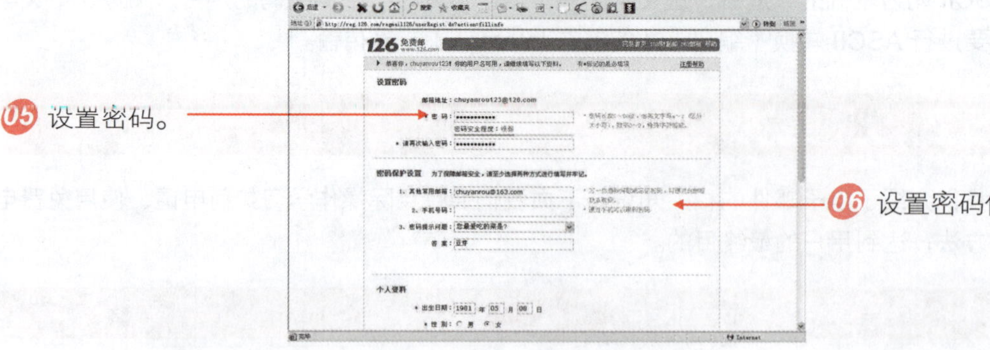

05 设置密码。

06 设置密码保护。

图 5-4 设置密码及密码保护

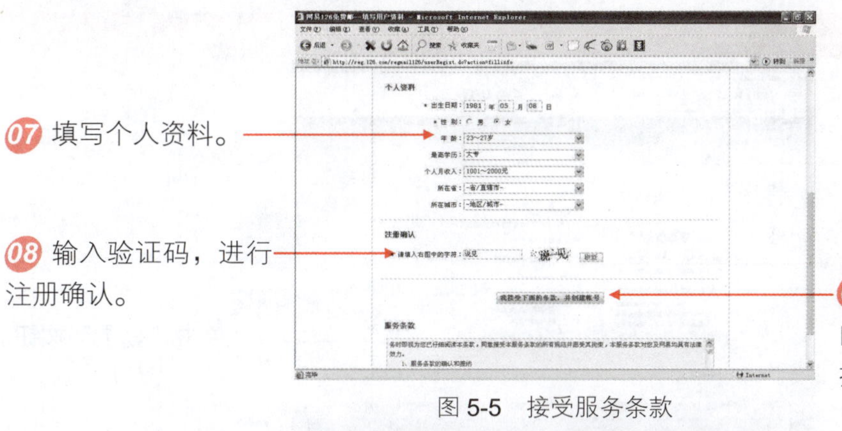

07 填写个人资料。

08 输入验证码，进行注册确认。

09 单击“我接受下面的条款，并创建帐号”按钮。

图 5-5　接受服务条款

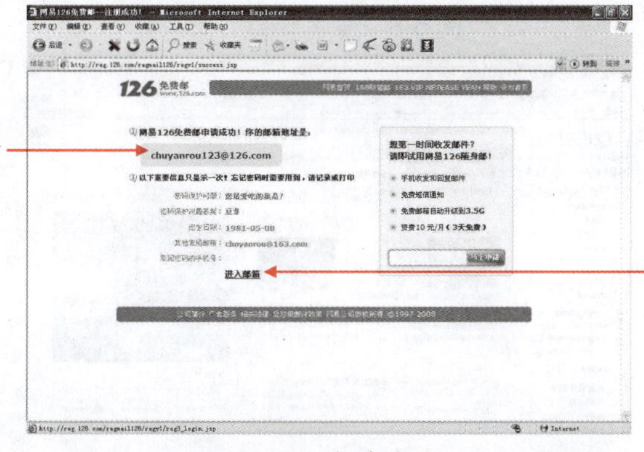

10 126 免费邮箱申请成功。

11 单击“进入邮箱”按钮。

图 5-6　申请成功

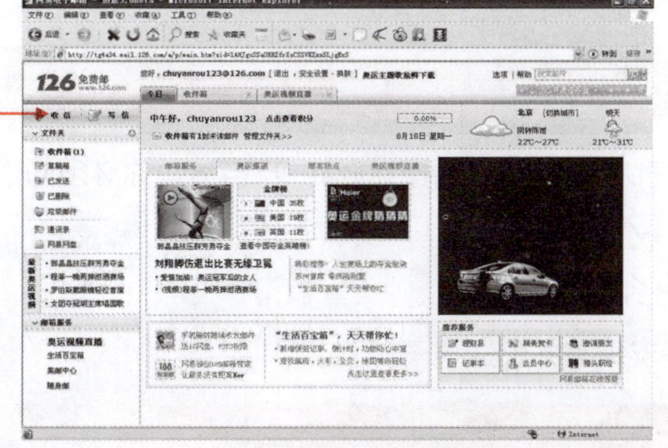

12 进入自己的邮箱。

图 5-7　进入邮箱

5.2.2　登录免费电子邮箱

登录电子邮箱的方法非常简单，只需 3 步就完成。

难度系数　☑

学习时间　5 分钟

学习目的　登录自己的免费邮箱。

操作步骤

01 登录126免费邮箱界面。

02 输入邮箱名和密码。

03 单击"登录"按钮。

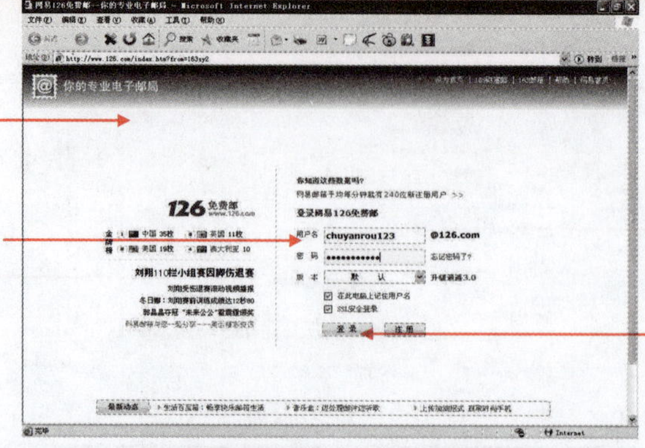

图 5-8　登录邮箱界面

04 进入126免费邮箱页面。

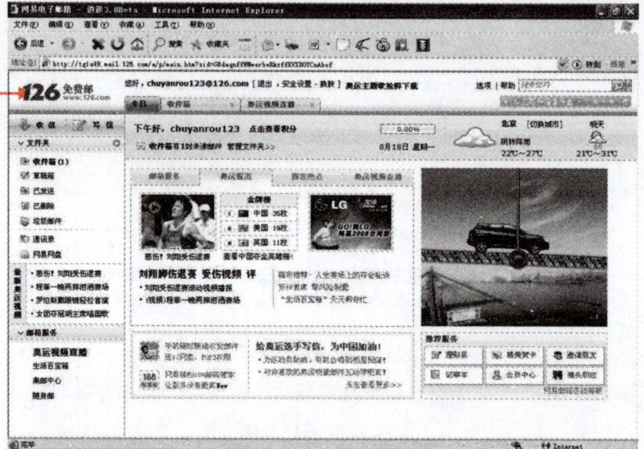

图 5-9　进入邮箱

5.2.3　编写并发送邮件

有了自己的邮箱，赶快给朋友发一封慰问信吧！当然，你必须知道朋友的电子邮箱地址。

难度系数 ✓ ✓

学习时间 10分钟

学习目的 给好友编写并发送电子邮件。

操作步骤

02 单击"写信"按钮。

01 登录到自己的邮箱。

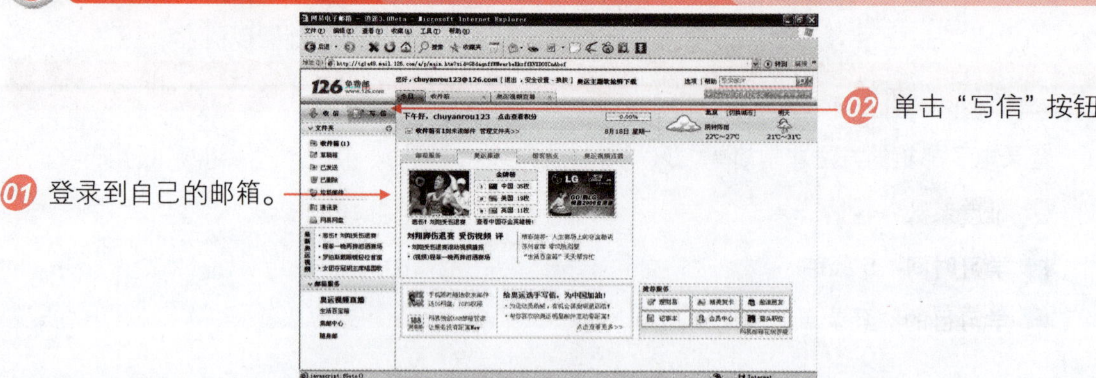

图 5-10　单击"写信"按钮

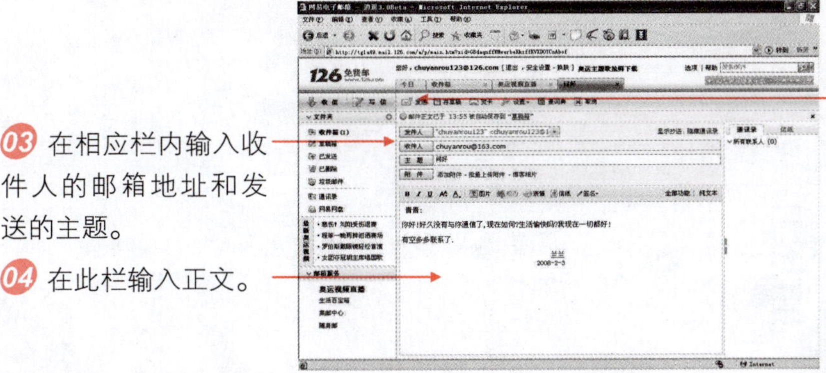

03 在相应栏内输入收件人的邮箱地址和发送的主题。

04 在此栏输入正文。

05 单击“发送”按钮，即可发送邮件。

图 5-11　撰写邮件

5.2.4　发送带附件的邮件

前面介绍了发送文字邮件的方法，那么，要发送图片、音乐、程序等文件给朋友呢？电子邮件提供了附件功能，使用它可解决此问题。

难度系数　☑ ☑ ☑

学习时间　20 分钟

学习目的　给好友编写并发送带图片或音乐的电子邮件。

操作步骤

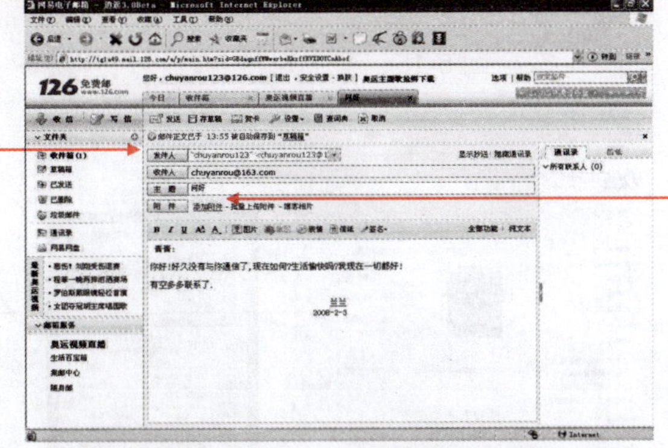

01 进入发送邮件的界面。

02 单击“添加附件”链接。

图 5-12　单击“添加附件”链接

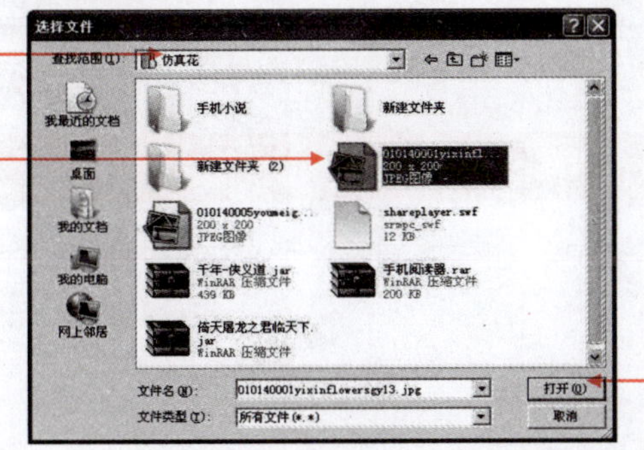

03 查找文件所在的位置。

04 选择需要发送的附件文件。

05 单击“打开”按钮。

图 5-13　“选择文件”对话框

Days 1
Days 2
Days 3
Days 4
Days 5
Days 6
Days 7

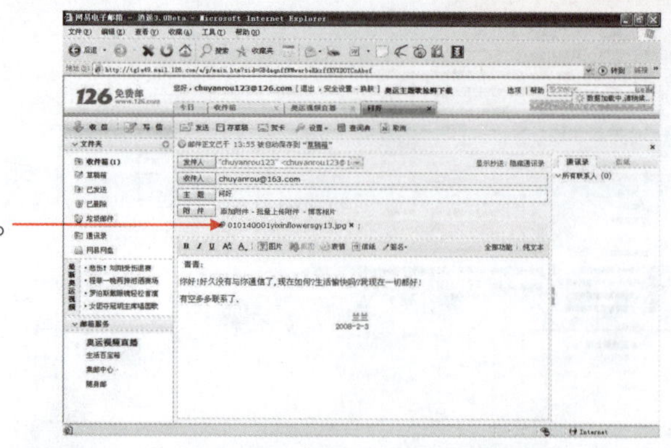

06 查看添加的附件。

图 5-14　查看已经添加的附件

如果需要发送多个附件，只需多次单击“添加附件”即可，但要注意附件总量不能超过发送限制的大小。

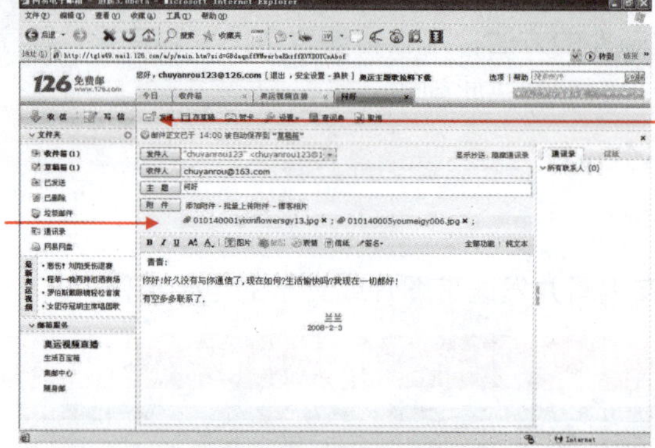

07 添加多个附件文件。

08 单击“发送”按钮。

图 5-15　添加多个附件

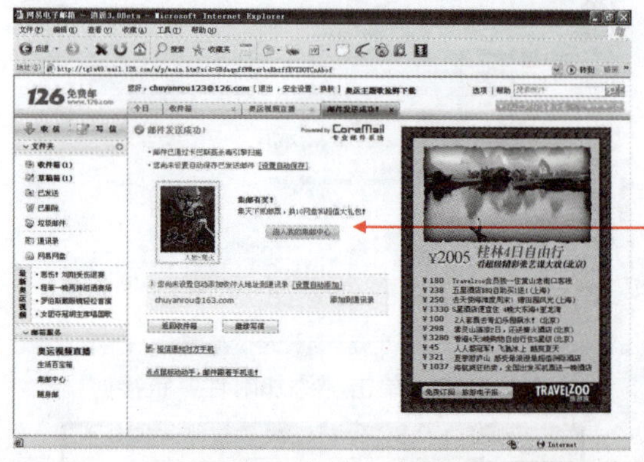

09 带附件的邮件发送成功。

图 5-16　发送附件成功

5.2.5　阅读、回复电子邮件

接收到邮件后，都想查看吧，如何查看呢？如果还要回复朋友的来信，怎么办呢？

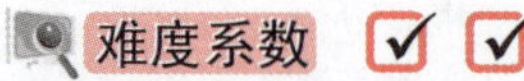

难度系数 ☑ ☑

学习时间　10 分钟

学习目的　学习收到来信后，如何阅读、回复电子邮件。

操作步骤

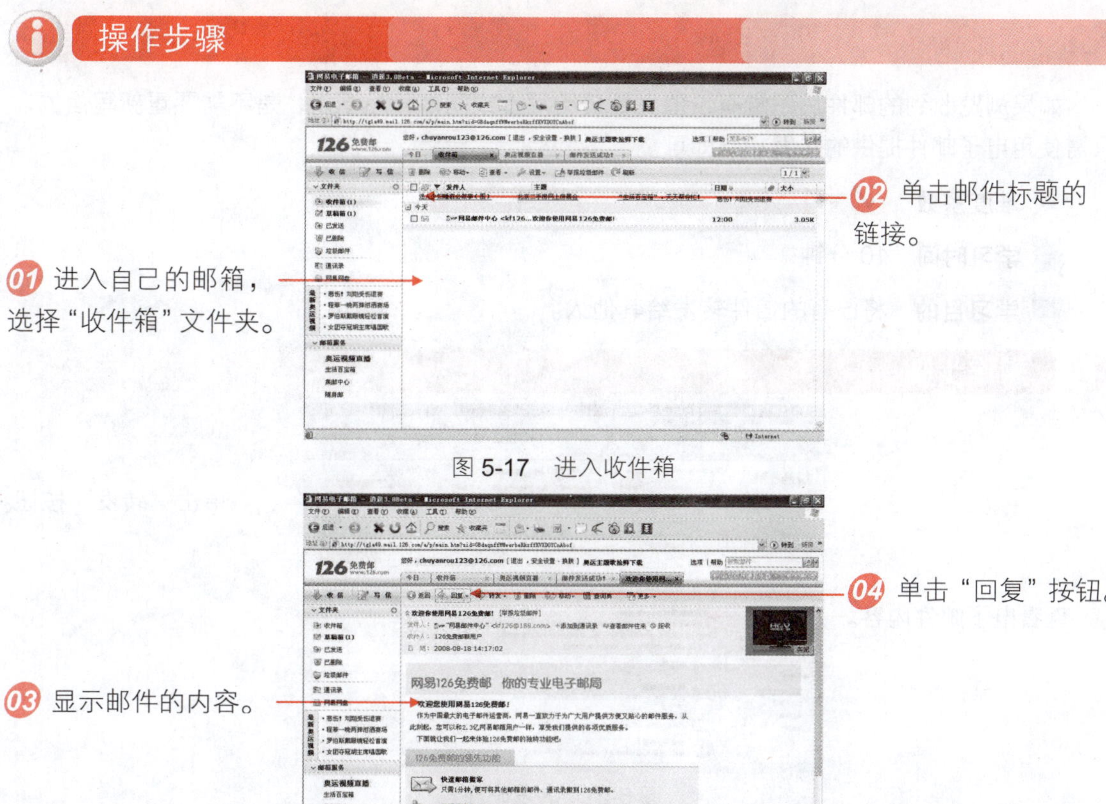

图 5-17　进入收件箱

图 5-18　查看邮件详细内容

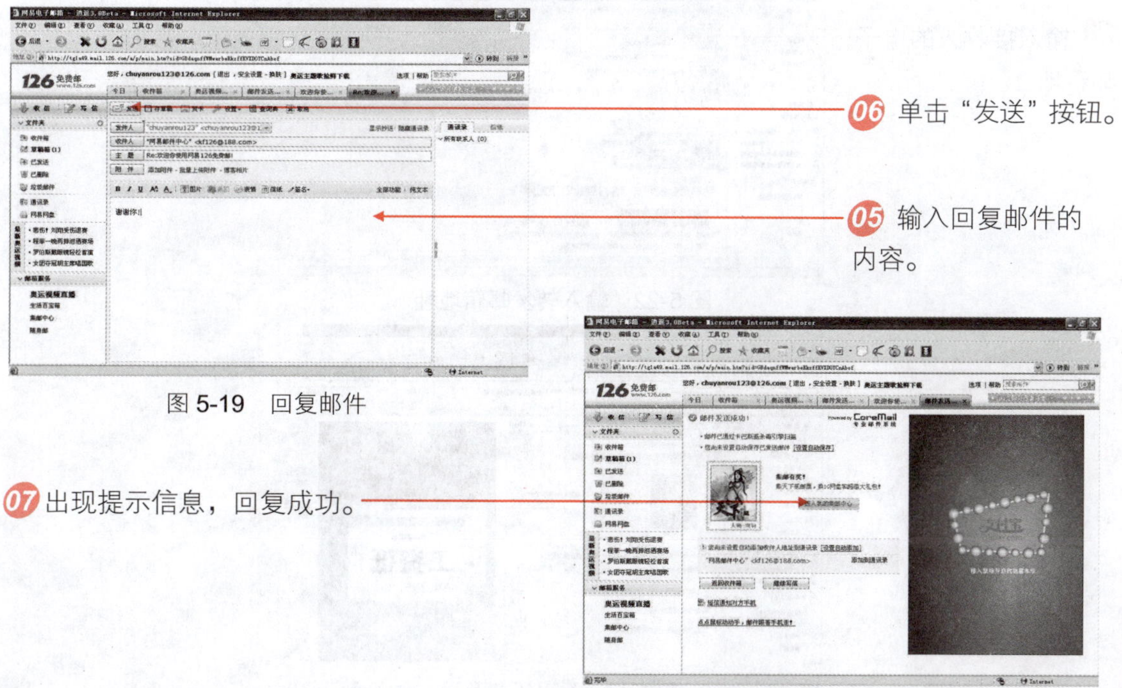

图 5-19　回复邮件

图 5-20　回复成功

5.2.6 转发电子邮件

如果浏览收到的邮件后感觉有价值，需传给朋友或同事一起享用，是不需要重新写信的，只需使用电子邮件提供的转发功能即可。

难度系数 ☑ ☑

学习时间 10分钟

学习目的 将已有的信件转发给其他人。

操作步骤

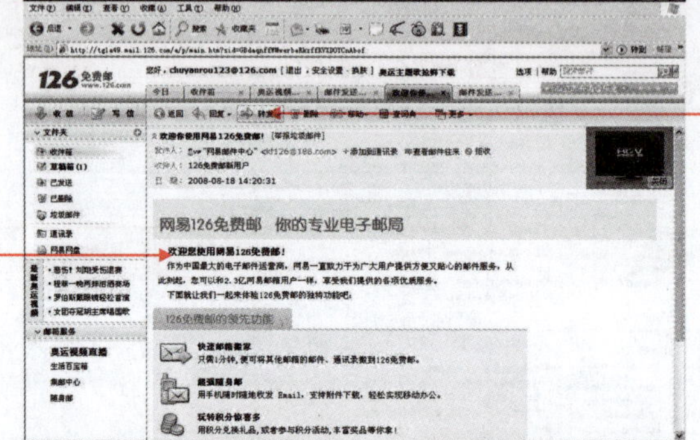

图5-21 转发邮件

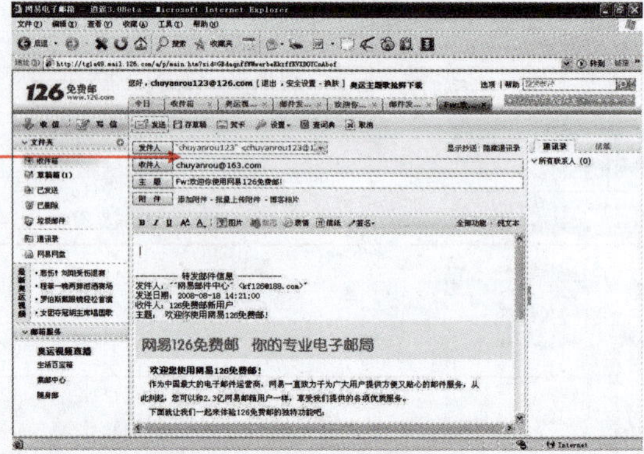

图5-22 输入转发邮箱地址

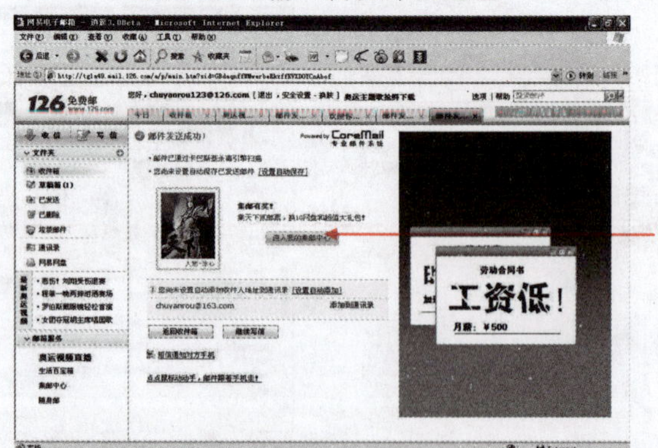

图5-23 转发成功

5.2.7　发送贺卡

电子邮箱提供有电子贺卡功能，可以在节日前为朋友发送包含动画、文字、声音的电子贺卡，送上你的祝福。

难度系数　✓ ✓ ✓

学习时间　20 分钟

学习目的　学习如何发送贺卡。

操作步骤

01 登录自己的邮箱。

02 单击“写信”按钮。

03 单击“贺卡”按钮。

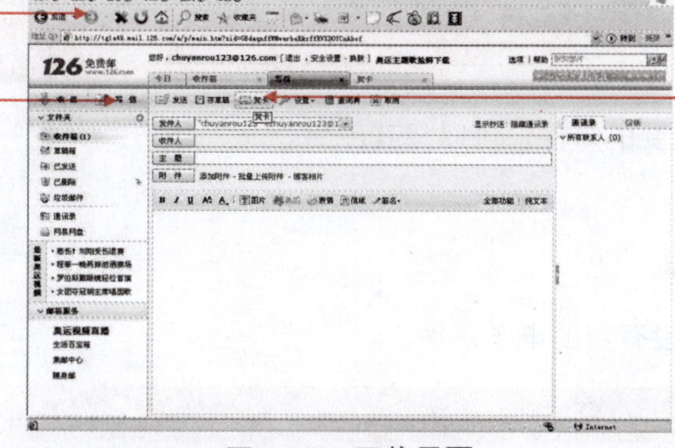

图 5-24　写信界面

04 进入贺卡窗口，选择贺卡，如夏日的祝福。

图 5-25　选择贺卡

05 输入发送到的邮件地址，如“chuyanrou@163.com”。

06 输入主题，如“祝福”。

07 输入内容。

08 单击“发送”按钮。

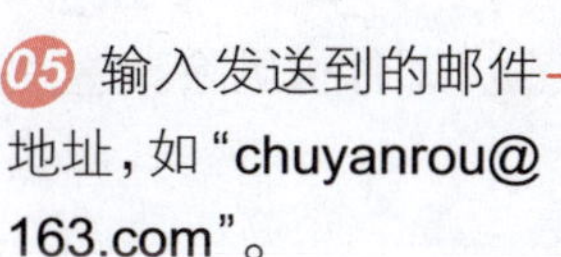

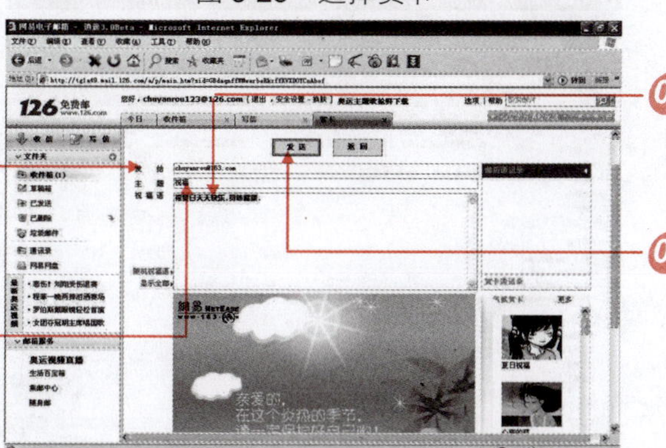

图 5-26　输入贺卡信息

09 系统提示贺卡发送成功。

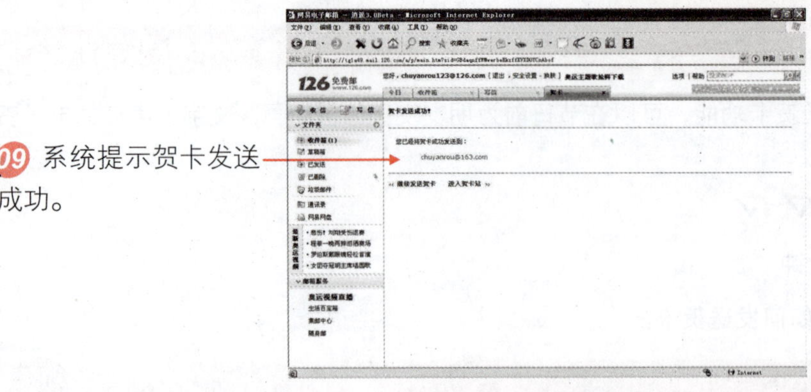

图 5-27　贺卡发送成功

5.2.8　删除电子邮件

对于一些浏览后不重要的邮件，可以将其删除。

难度系数　✓

学习时间　5 分钟

学习目的　删除没有用的电子邮件。

操作步骤

01 登录自己的邮箱。

02 选择“收件箱”文件夹。

03 勾选要删除邮件前的复选框。

04 单击“删除”按钮。

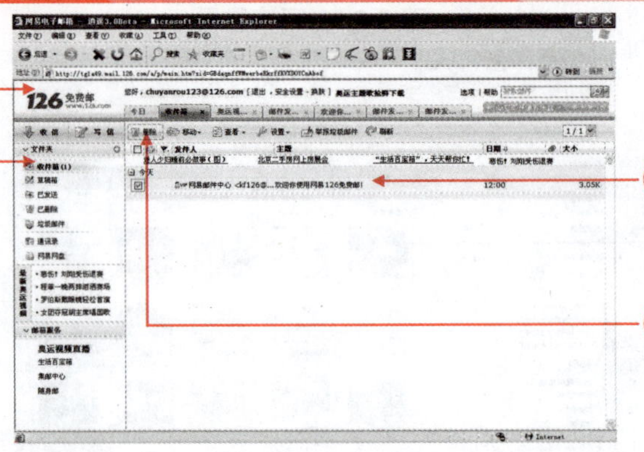

图 5-28　选择要删除的邮件

05 邮件被删除。

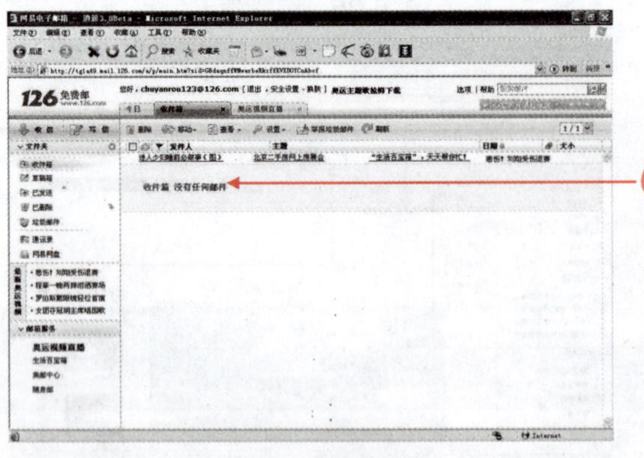

图 5-29　删除邮件

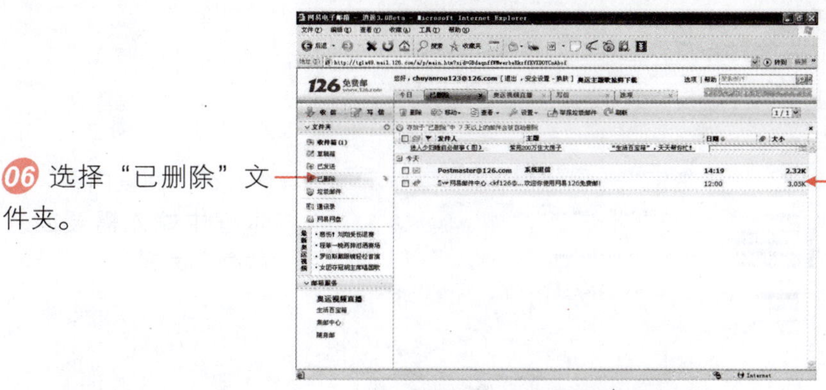

图 5-30　“已删除”文件夹

5.2.9　自动回复电子邮件

在收到别人发来的邮件后，如果我们不能及时回信，可以在电子邮箱中设置邮件的自动回复，告知发信人已收到信并会及时回复，以宽慰发信者。

难度系数　☑ ☑

学习时间　10 分钟

学习目的　设置自动回复电子邮件功能。

操作步骤

01 登录自己的邮箱。

02 单击“选项”链接。

图 5-31　邮箱界面

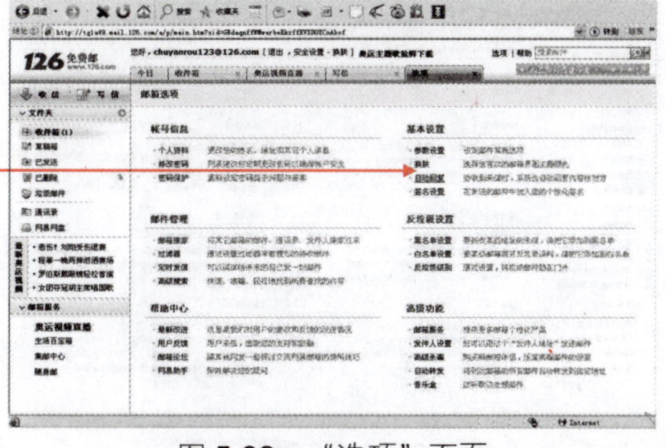

03 单击“基本设置”中的“自动回复”链接。

图 5-32　“选项”页面

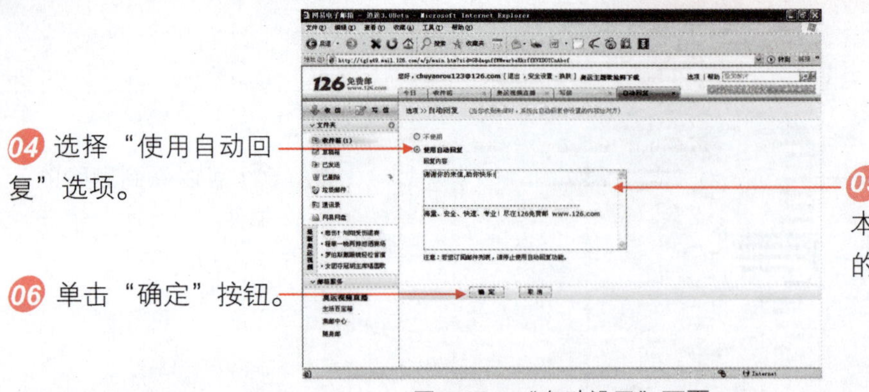

图 5-33 “自动设置”页面

5.2.10 更换界面

电子邮箱服务商非常人性化地为用户提供了多种界面，用户可以按照自己的喜好装扮自己的邮箱。

难度系数 ☑ ☑

学习时间 10 分钟

学习目的 更改邮箱的界面。

操作步骤

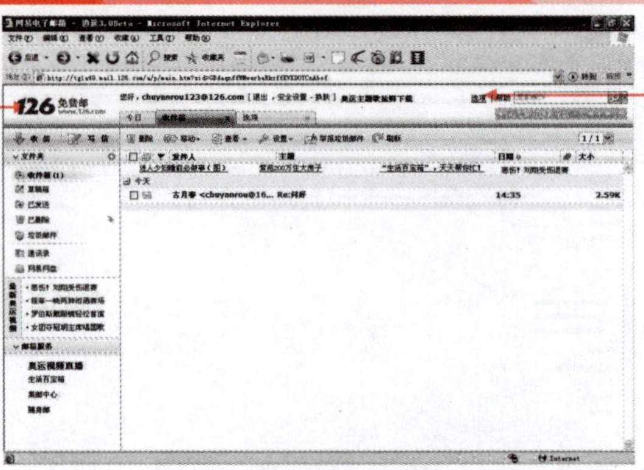

图 5-34 邮箱界面

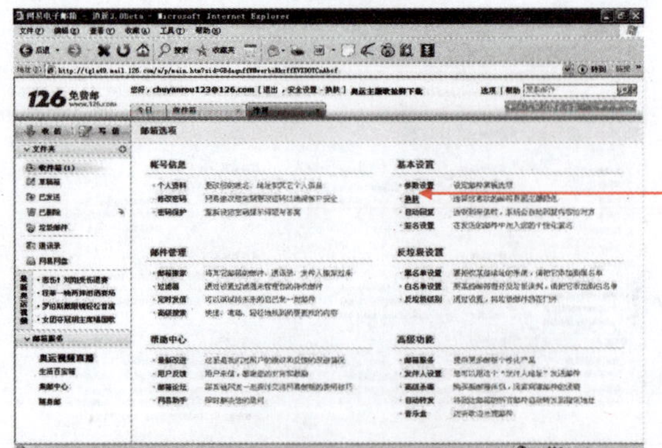

图 5-35 “选项”页面

04 选择“淡雅紫”选项。

05 单击“确定”按钮。

06 换肤之后的效果。

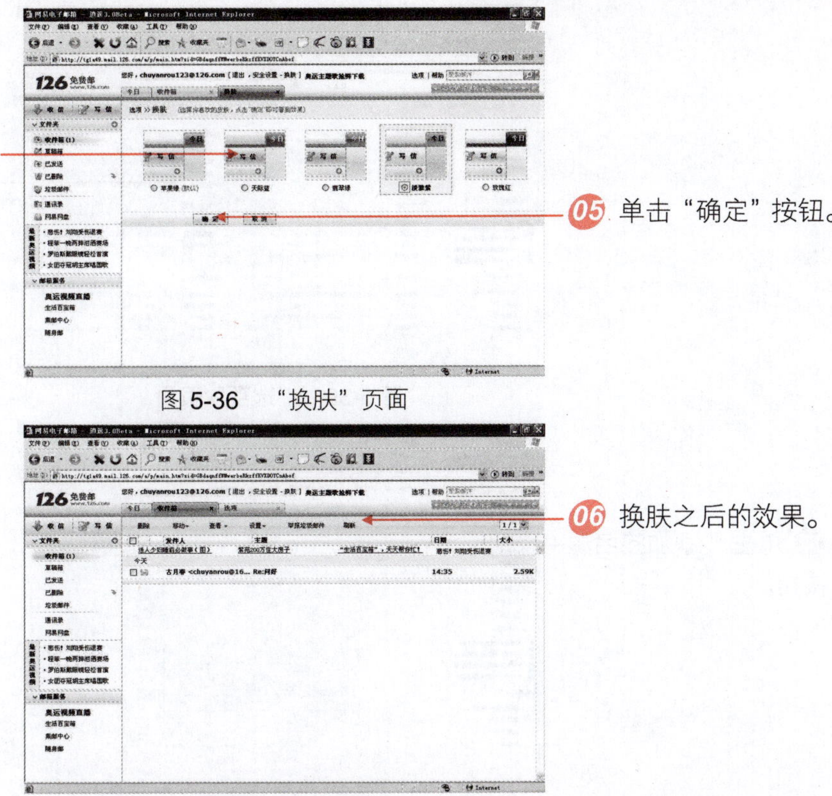

图 5-36 “换肤”页面

图 5-37 完成换肤

5.2.11 设置个性签名

电子邮件服务器还提供了个性签名功能，让用户的签名打上自己的喜好、审美观等个性烙印。

难度系数 ☑ ☑ ☑

学习时间 20 分钟

学习目的 设置个性签名并发送有个性签名的信件。

操作步骤

01 登录自己的邮箱。

02 单击“选项”链接。

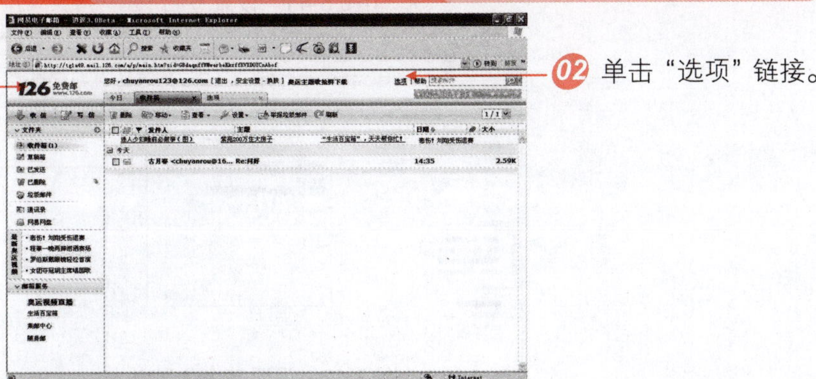

图 5-38 邮箱界面

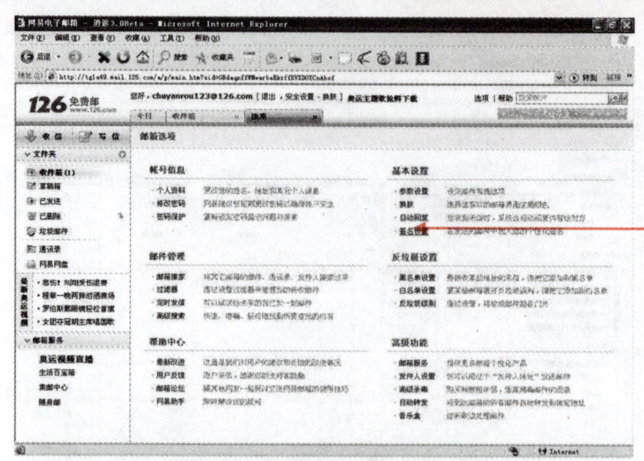

03 单击“基本设置”下的“签名设置”链接。

图 5-39 “选项”页面

04 单击“添加签名”按钮。

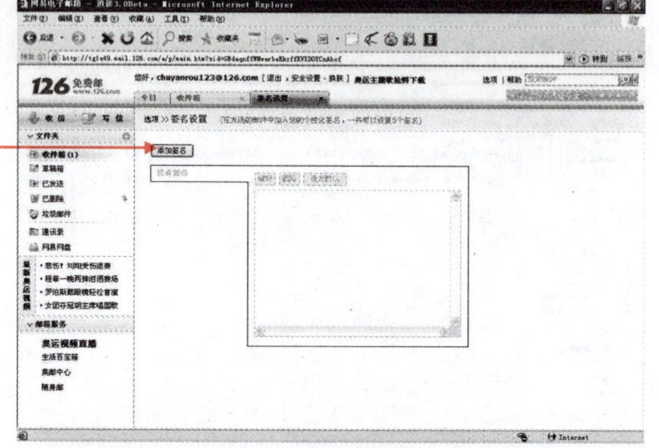

图 5-40 “签名设置”页面

05 输入签名提示。

06 输入签名内容，可以设置字体、大小、字体颜色和背景颜色等。

07 单击“确定”按钮。

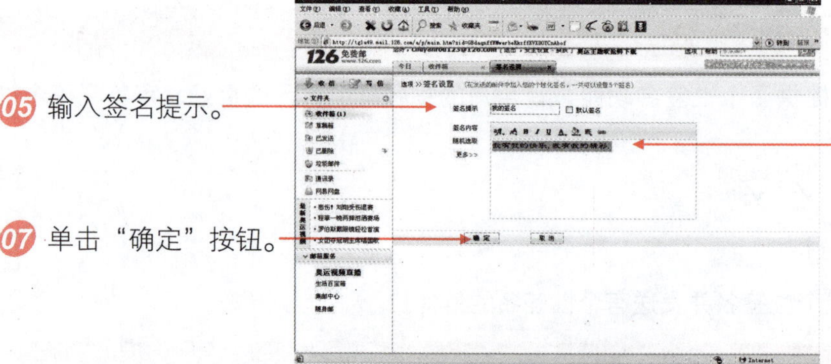

图 5-41 设置签名

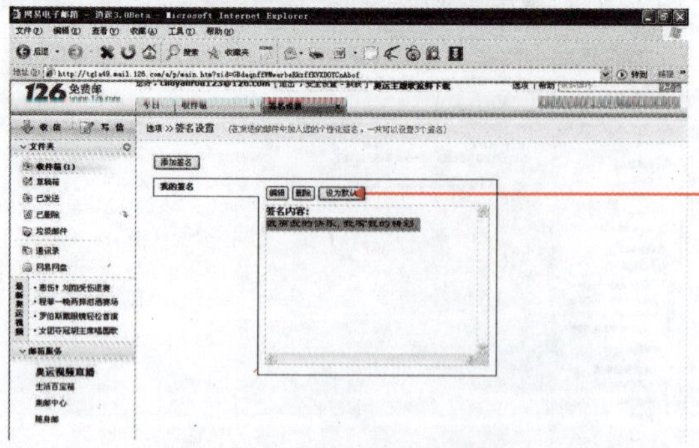

08 单击“设为默认”按钮。

图 5-42 设置签名为默认

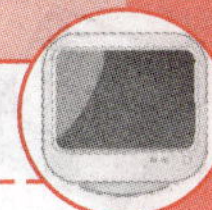

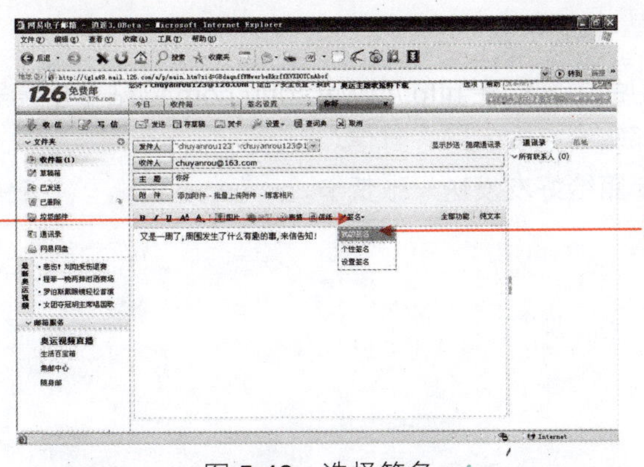

09 写完信后，单击“签名”按钮。

10 在弹出的下拉菜单中选择“我的签名”选项。

图 5-43　选择签名

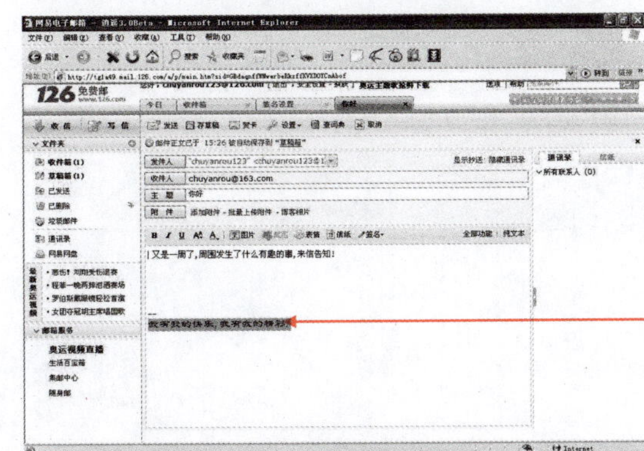

11 在信件中出现设置好的个性签名。

图 5-44　写信后显示的签名

5.3　巩固与练习

本章介绍了电子邮件的一些相关知识，并以 126 免费邮箱为例，讲解电子邮件的撰写、发送、回复、转发、个性设置等操作。让读者能够熟练使用免费邮箱，做到电子邮箱就是网络生活中的一部分。

选择题

（1）下面的电子邮箱名正确的是（　　　）。

A．yin2008$163.com　　B．yin2008@163.com.cn

C．http://yin2008@163.com　　D．yin2008#163.com

（2）下面哪些属于电子邮件协议？（　　　）

A．SMTP 协议　　B．POP3 协议

C．TCP/IP 协议　　D．NetBEUI 协议

（3）电子邮箱中的附件的解释正确的是（　　　）。

A．附件可以是一个程序　　B．附件不可以是一张图片

C．附件可以是 Word 文档　　D．同邮件一起发送的附加文件

（4）电子邮箱 liling2000@126.com 的含义正确的是（　　　）。

A．liling2000 代表用户的账号　　B．@表示“在”的意思，读“at”

C．163.com 代表邮箱服务器主机的地址　　D．163.com 代表邮箱网站地址

操作题

（1）根据前面学习的内容，在 http://www.sohu.com 网站中申请一个自己的免费邮箱。

（2）利用申请的邮箱给好友发送一封信。

（3）利用申请的邮箱给好友发送一张贺卡。

Chapter 06

搜索网上信息

学习时间

本课主要讲解的是如何在网上搜索需要的信息的方法，建议读者使用 210 分钟的时间来进行学习。

学习内容

- 如何选择搜索引擎
- 使用地址栏搜索
- 使用搜索引擎搜索
- 使用百度搜索图片
- 使用百度搜索 MP3 音乐
- 使用百度计算
- 使用百度度量转换
- 使用 Google 搜索视频
- 使用 Google 查找语言翻译
- 使用 Google 查找地图
- 使用 Google 转换货币
- 使用 Google 查询手机号码归属地

精彩实例效果展示

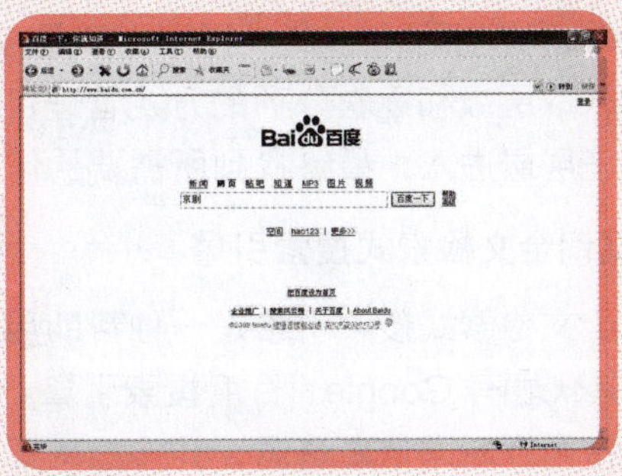
◀ 百度主页

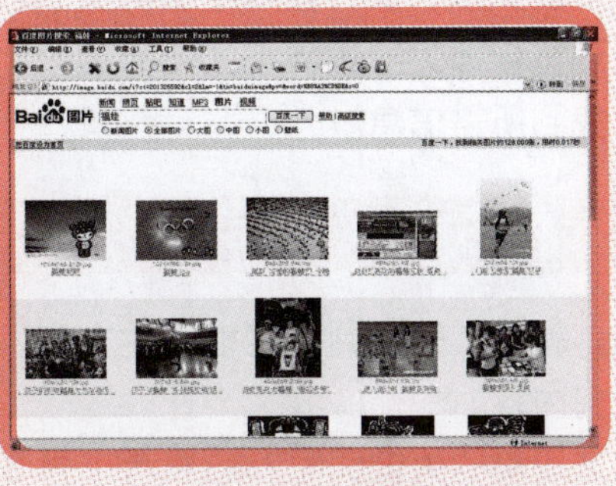
◀ 搜索图片

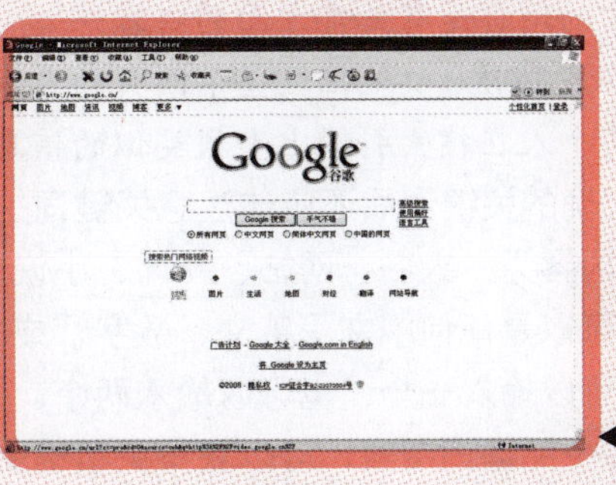

◀ Google 主页

6.1 基础导读

要搜索网络上的信息资源，现目前采用的是搜索引擎的方式。什么是搜索引擎，又如何搜索呢？下面将一一解答。

6.1.1 什么是搜索引擎

搜索引擎是WWW环境中的信息检索系统，它通过对互联网信息资源进行搜集、整理和分类。储存在网络数据库中供互联网用户查询，帮助互联网用户快捷、充分的利用互联网信息资源。搜索引擎包括信息搜集、信息分类、用户查询3部分。目前流行的搜索引擎有两大类：分类目录式搜索引擎和关键词全文检索式搜索引擎。著名搜索引擎服务商有百度、Google、雅虎等。

1. 分类目录式搜索引擎

分类目录式搜索引擎是一种帮助用户按照一定的结构，条理清晰地查找资源的检索系统，其代表有yahoo 搜索引擎。此类搜索引擎是按照一定的标准，收集和分类互联网信息，并编入相应目录，采取层级和逐次分项的方式管理目录的。用户使用此类搜索引擎查找信息，可以按照分类目录一层层进入，最终找到所需要的信息。

2. 关键词全文检索式搜索引擎

关键词全文检索式搜索引擎是一种帮助用户通过一个或多个特定关键字或词组查找资源的检索系统，其代表有Google、百度搜索引擎。此类搜索引擎利用内部搜索机器人spider (蜘蛛)程序，自动搜索互联网信息资源，并按照网页相关性原理在每一个关键词和所有相关的网页之间建立一个对应关系，储存在网络服务器的数据库中。用户使用此类搜索引擎，只要输入关键词就可以找到符合该关键词特征的所有被索引的网页，点击相应的链接就可以进入相应的网络资源网站，找到所需信息。

6.1.2 什么是关键词

关键词，就是你输入到搜索框中的文字，也就是你命令搜索引擎寻找的东西，并且可以搜索寻找到任何内容。

如何挑选正确的关键词呢？应思考下面3个问题。

- 搜索的网页是有关哪方面的内容？
- 哪些词能够准确地描述整个网页的内容？
- 当某个人在搜索引擎上查找类似的信息时，他可能使用哪些关键词？

挑选正确的关键词后还应该注意关键词的用法，才能搜索出精确的信息。

（1）内容为：人名、网站、新闻、小说、软件、游戏、星座、工作、购物、论文……

（2）可以是任何中文、英文、数字，或中文英文数字的混合体。

（3）可以输入一个，也可以输入两个、三个、四个，你甚至可以输入一句话。

输入多个关键词搜索，可以获得更精确更丰富的搜索结果。因此，当你要查的关键词较为冗长时，建议将它拆分成几个关键词来搜索，词与词之间用空格隔开。多数情况下，输入两个

关键词搜索，就已经有很好的搜索结果。

例如，在搜索引擎中搜索［四川 旅游］，可以找到几万篇关于四川或旅游的资料。而搜索［四川旅游］，只搜索到“四川旅游”的网页，不但找到的资料少，而且准确性也比前者差得多。

根据上面的方法，就可以利用正确的关键词，搜索出精确的信息了。

6.1.3　如何选择搜索引擎

互联网上的搜索引擎站点数以千计，既有精品，也有“豆腐渣”，通过比较以下 5 个方面，孰优孰劣，自然明了。

1. 速度

速度包括两方面——信息查询速度和信息更新速度，两者都应该越快越好。谁也不喜欢慢慢等待搜索结果；谁也不喜欢搜索到的信息是过时无用的。信息更新速度反映的是一个搜索引擎站点数据更新的频率，搜索引擎数据库中搜集的应当是最新的信息，才能与更新非常快的互联网信息相匹配，也才能更好地帮助用户。

2. 返回的信息量

这是衡量一个搜索引擎站点的信息数据库的信息范围、数据容量大小的重要指标。返回的有效信息量大，就能给用户提供更多的帮助。

3. 信息相关度

一个搜索引擎站点返回的信息还应当是准确的，要与用户所要求的信息关联度高。

4. 易用性

查询操作的方式是否简便易行？对查询结果能否实施控制和选择？这也是衡量一个搜索引擎站点优劣的重要指标，简单易用才好。

5. 稳定性

优秀搜索引擎站点的服务器和数据库应具备良好的稳定性，才能保证为用户提供安全可靠的查询服务。

6.2　上机实战

前面我们介绍了搜索引擎的相关知识，下面我们通过实际操作学习如何搜索资源、图片、音乐等方法，达到用户的最终目的。

6.2.1　使用地址栏搜索

利用 IE 浏览器中的地址栏搜索资料是最早的一种搜索方法。

难度系数　☑ ☑

学习时间　10 分钟

学习目的　使用地址栏直接搜索资源。

操作步骤

01 双击桌面上的 Internet Explorer 图标，打开 IE 浏览器窗口。

02 在地址栏中输入要搜索的关键字，如“新浪”。

03 单击“转到”按钮或按“回车”键。

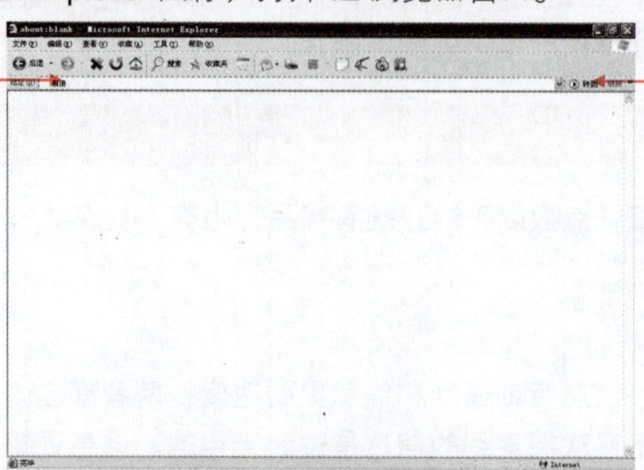

图 6-1 IE 浏览器窗口

04 自动搜索并转到搜索结果页面。

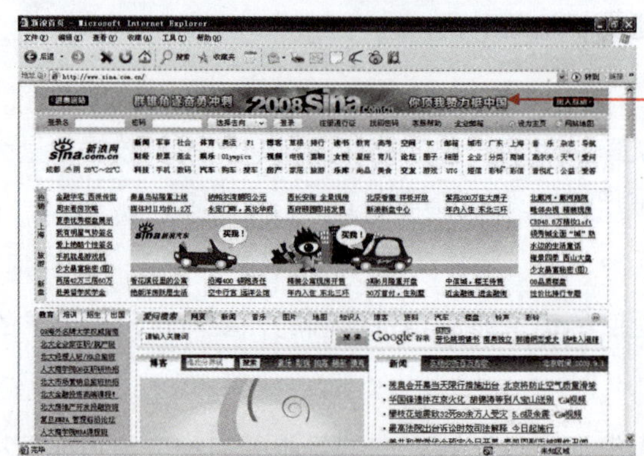

图 6-2 新浪主页

6.2.2 使用搜索引擎搜索

搜索引擎的出现，让大家在浩瀚的网海中能及时、精确地搜索到自己需要的资源。下面以百度搜索引擎为例讲解搜索引擎的一般搜索方法。

难度系数 ✓ ✓ ✓ ✓

学习时间 40 分钟

学习目的 完全了解搜索引擎中使用关键字搜索资源的方法。

操作步骤

1. 单个关键字搜索

利用搜索引擎搜索资源，最常用的方法是直接在搜索引擎的搜索栏中输入需要的资源即可。在百度中搜索资源的操作步骤如下。

01 在 IE 浏览器的地址栏中输入网址 http://www.baidu.com，按回车键，登录百度主页。

02 输入关键字“京剧”。

03 单击“百度一下”按钮。

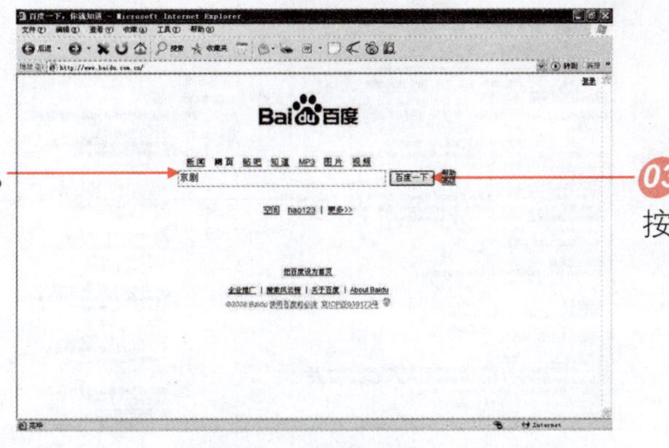

图 6-3　百度主页

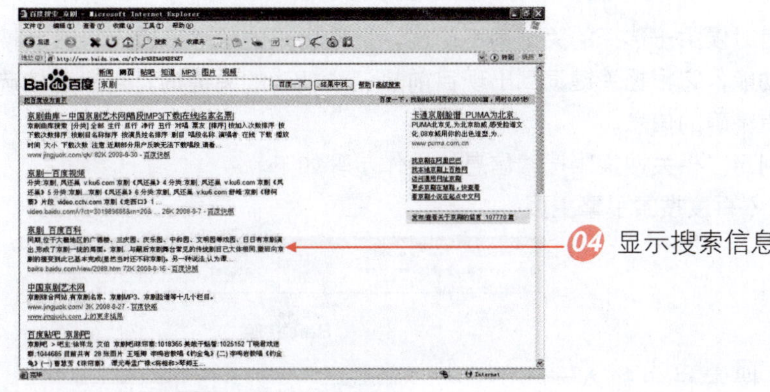

图 6-4　显示搜索结果

2. 多个关键字搜索

利用多个关键词搜索资源可以搜获到更精确的搜索结果。如想了解北京的天气，在搜索栏中输入“天气”找到的结果没有输入“北京 天气”得到的结果精确。

利用多个关键字搜索资源的操作步骤如下。

01 进入百度搜索引擎主页。

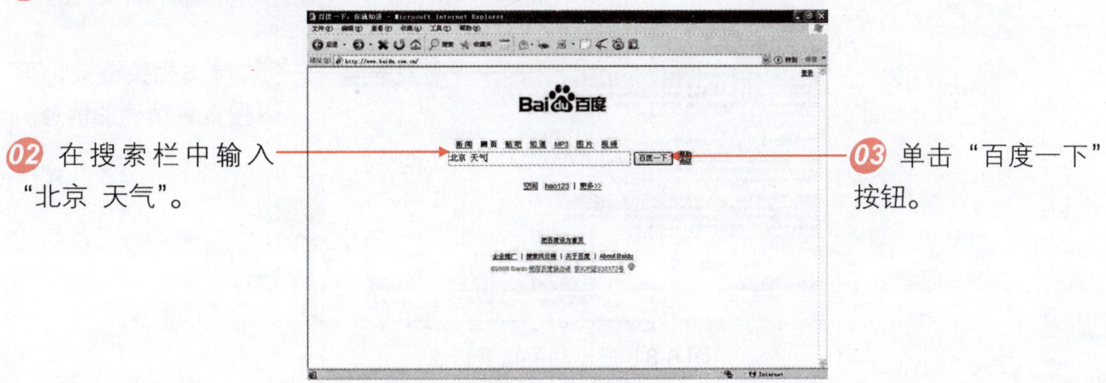

图 6-5　百度主页

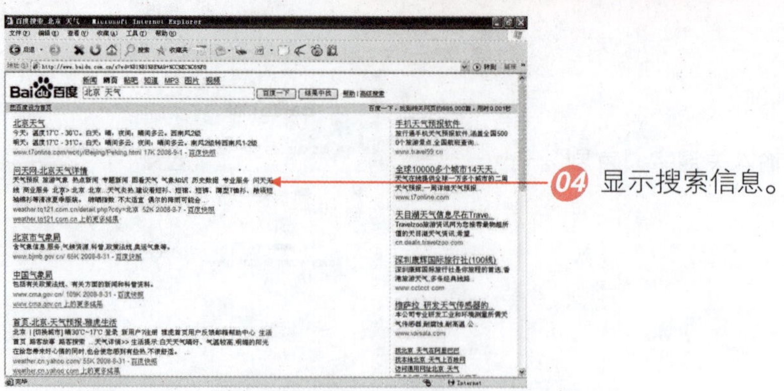

图 6-6　同时显示两个关键词的信息

3. 相关搜索

有时候由于选择的关键词不恰当，搜索出来的信息不精确，百度搜索引擎提供了“相关搜索”功能，它根据关键词列出现目前热门或精确的关键词，用户直接选择提供的关键词即可搜索出更精确的信息。

利用“相关搜索”搜索信息的操作步骤如下。

01 进入百度搜索引擎主页。

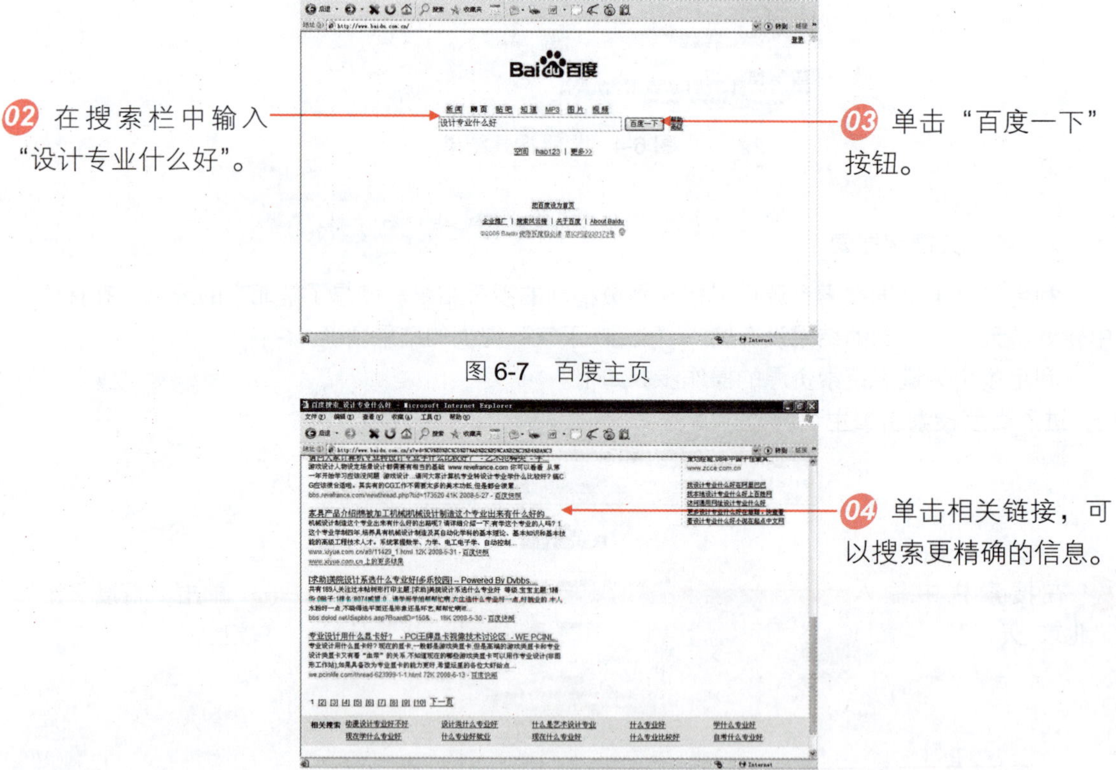

图 6-7　百度主页

图 6-8　显示相关搜索信息

4. 筛选搜索

如果要搜索与“小吃”相关的信息，但是又不包括北京的小吃，我们可以利用“-”号来

筛选信息达到最终目的。

筛选搜索信息的操作步骤如下。

01 进入百度搜索引擎主页。

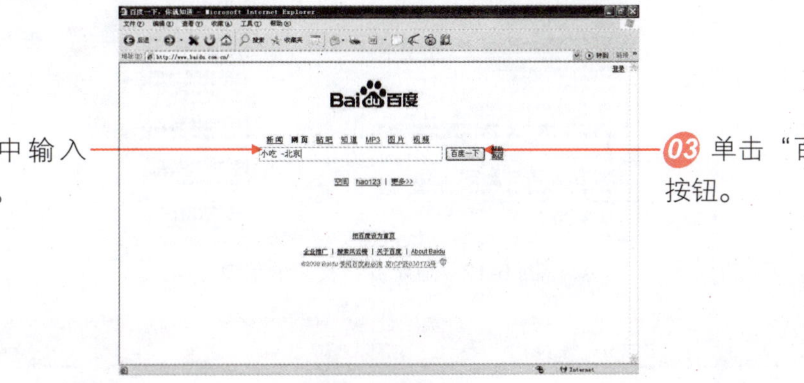

02 在搜索栏中输入“小吃 -北京”。

03 单击“百度一下”按钮。

图 6-9　百度主页

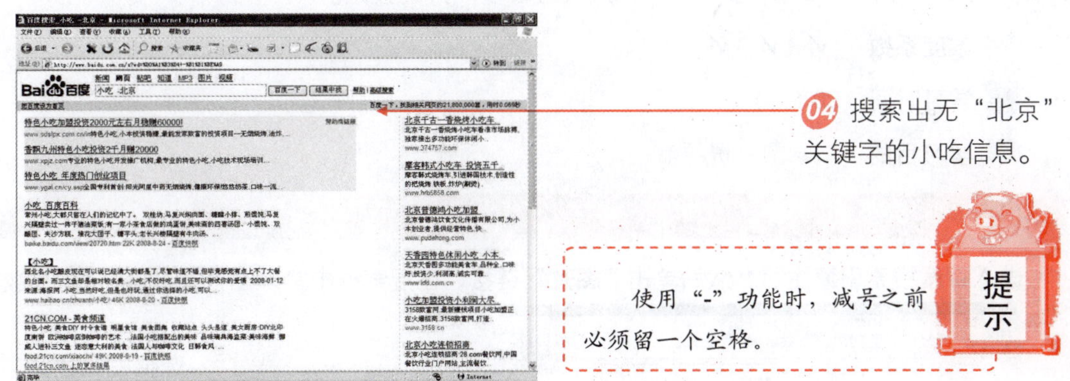

04 搜索出无“北京”关键字的小吃信息。

提示

使用“-”功能时，减号之前必须留一个空格。

图 6-10　显示筛选后的信息

5．并行搜索

如果要搜索满足两个关键词信息，可以使用“A/B”格式来搜索，操作步骤如下。

01 进入百度搜索引擎主页。

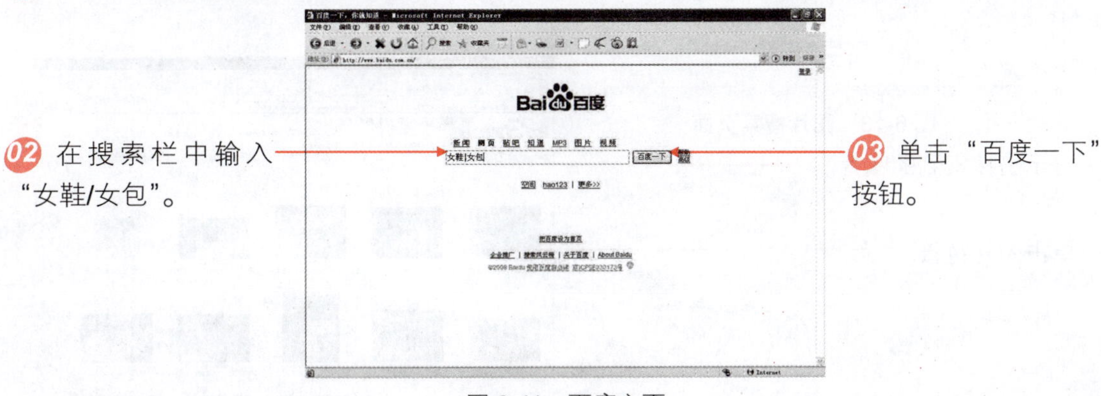

02 在搜索栏中输入“女鞋/女包”。

03 单击“百度一下”按钮。

图 6-11　百度主页

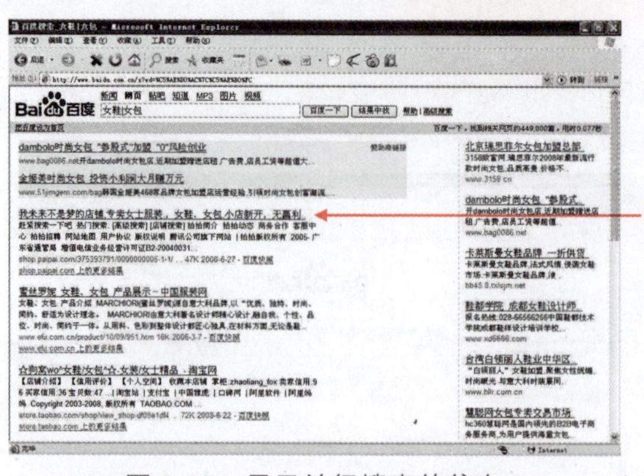

04 查找出包括女鞋和女包的相关信息。

图 6-12　显示并行搜索的信息

6.2.3　使用百度搜索图片

我们时常在网络中搜索如壁纸、动漫等相关的图片，起初只能在图库网站中寻找。现在许多搜索引擎都提供了图片的搜索功能，大大方便了图片的搜索。

难度系数 ✓ ✓ ✓

学习时间　20 分钟

学习目的　搜索图片资源。

操作步骤

01 进入百度搜索引擎主页，然后单击“图片”链接，在搜索框中输入图片关键词，如“福娃”。

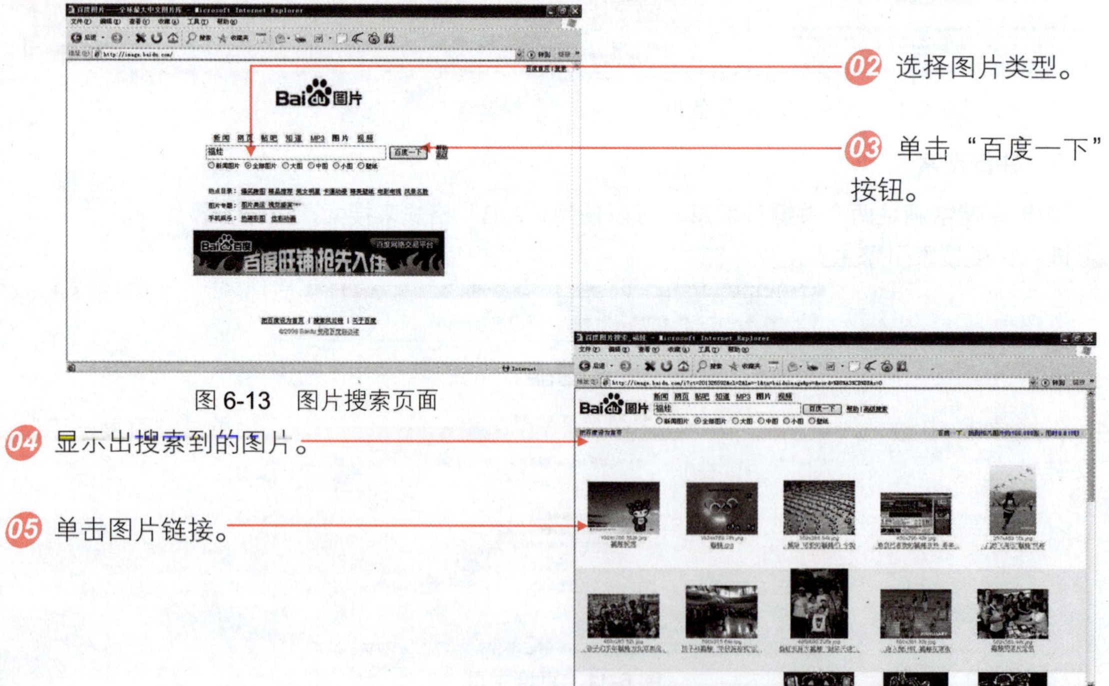

02 选择图片类型。

03 单击“百度一下”按钮。

图 6-13　图片搜索页面

04 显示出搜索到的图片。

05 单击图片链接。

图 6-14　搜索结果

06 打开该图片。

图 6-15　查看图片

6.2.4　使用百度搜索 MP3 音乐

MP3 音乐已成为网民们不可缺少的一部分，不管是下载到电脑中、下载到 MP3 播放器中，还是在网络中在线听，都必须先在网络中找到此 MP3 音乐。现在，很多搜索引擎都提供了专门搜索 MP3 的功能，下面就以百度搜索引擎为例。

难度系数 

学习时间　20 分钟

学习目的　搜索音乐资源。

操作步骤

01 进入百度搜索引擎主页，单击“MP3”链接，在搜索框中输入歌手或音乐的名称，如“甜蜜蜜”。

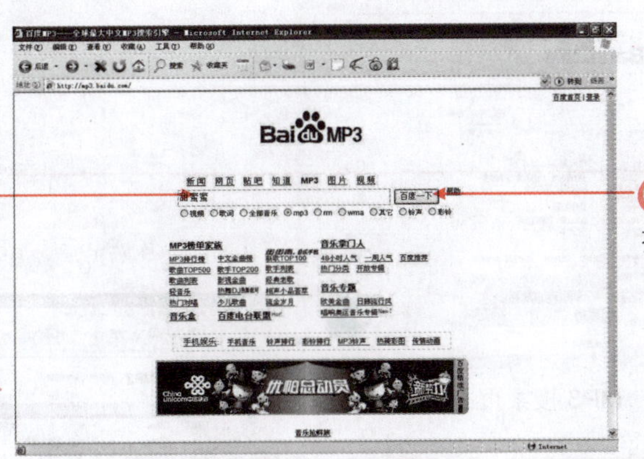

02 选择音乐类型。

03 单击“百度一下”按钮。

图 6-16　MP3 搜索页面

在选择文件类型中，如果选择“歌词”选项，将仅搜索该歌曲的歌词；如果选择“全部音乐”则显示所有文件类型的歌曲；如果选择后面的选项，只是选择单一文件类型的歌曲。

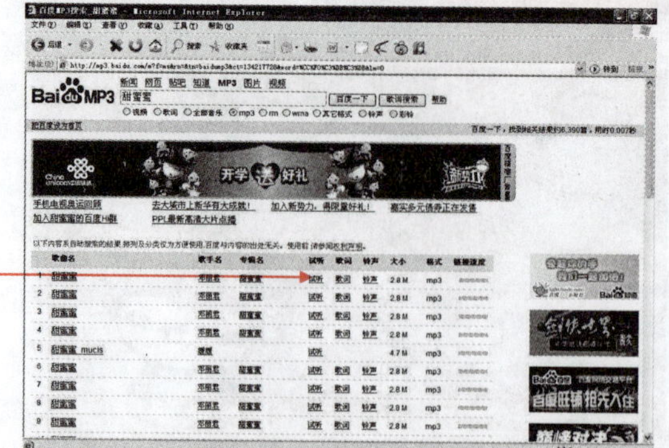

04 显示搜索到的信息，单击相关链接实现目的，如试听。

图 6-17　搜索结果

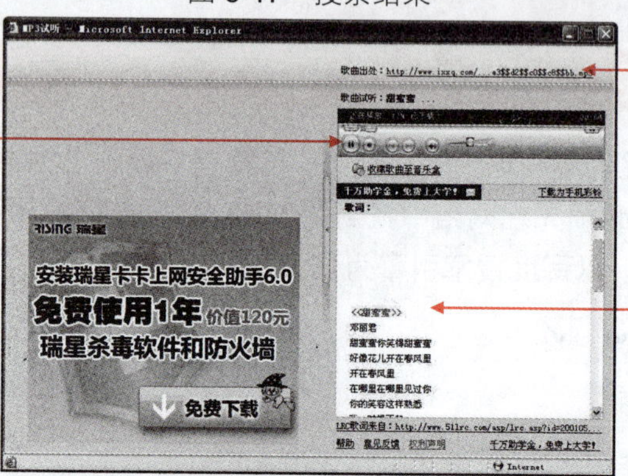

05 音乐播放器，可调节音乐声音大小、暂停等。

06 歌曲网络地址，单击可下载此歌曲。

07 显示的歌词。

图 6-18　播放歌曲

也可以在百度提供的目录引擎中搜索更多的音乐。其操作步骤如下。

01 进入百度搜索引擎主页。

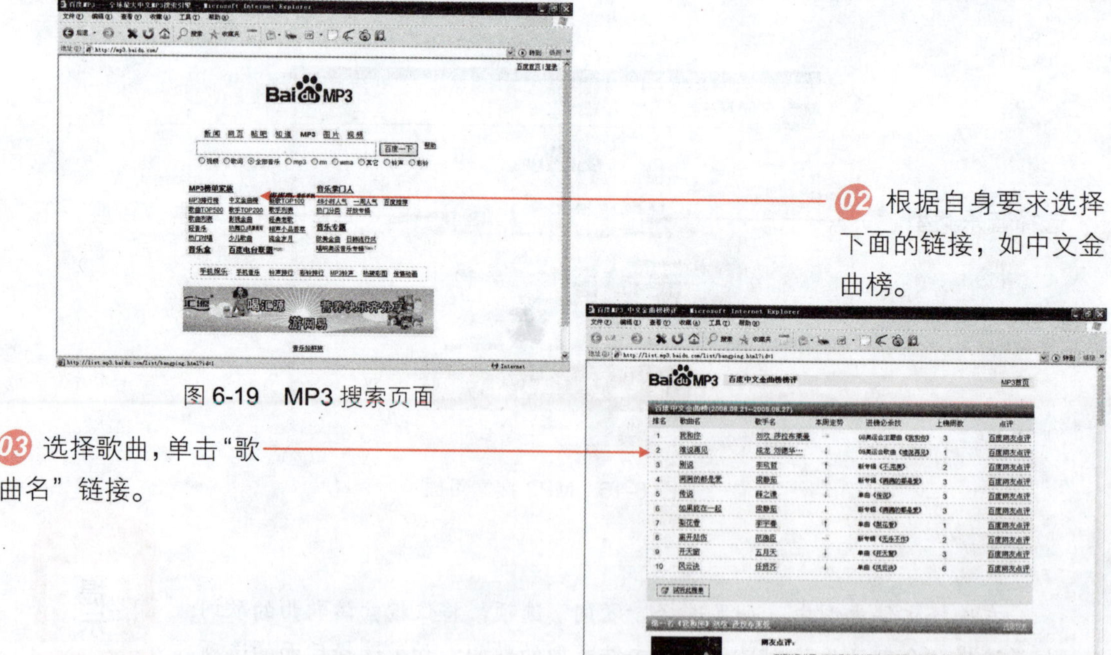

02 根据自身要求选择下面的链接，如中文金曲榜。

图 6-19　MP3 搜索页面

03 选择歌曲，单击“歌曲名”链接。

图 6-20　选择歌曲名

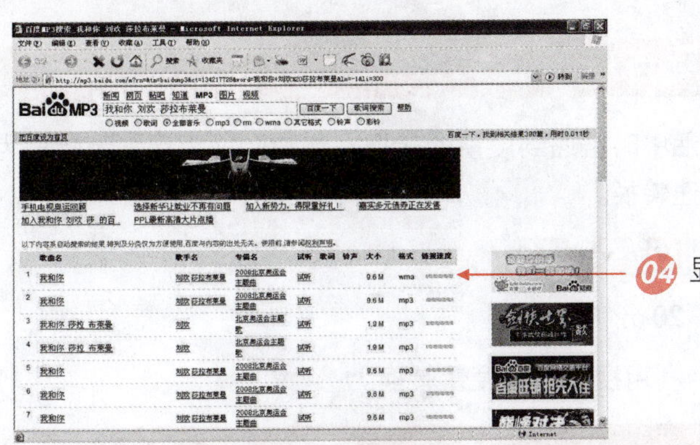

04 显示搜索到的歌曲。

图 6-21　搜索到的歌曲

6.2.5　使用百度计算

百度提供的计算机功能，可以进行一般的加、减、乘、除、乘方、幂等计算，为用户提供了很大的方便。

难度系数 ☑ ☑ ☑

学习时间 20 分钟

学习目的 利用搜索引擎计算数字。

操作步骤

01 进入百度搜索引擎主页。

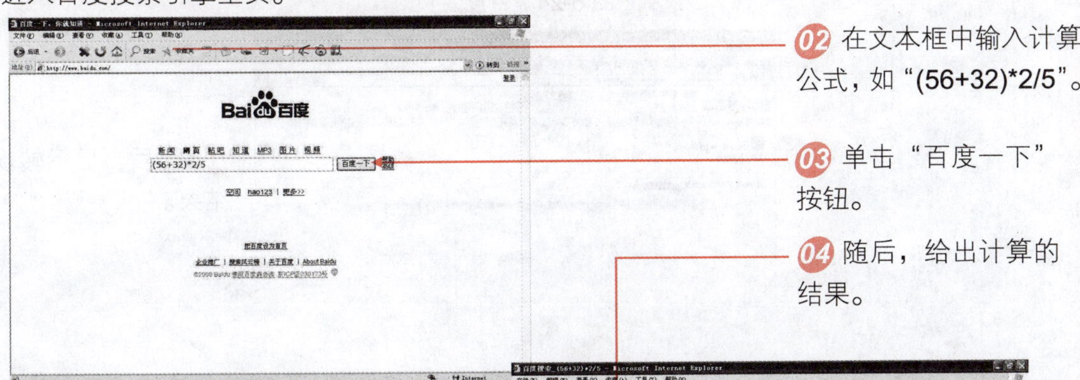

02 在文本框中输入计算公式，如“(56+32)*2/5”。

03 单击“百度一下”按钮。

04 随后，给出计算的结果。

图 6-22　百度主页

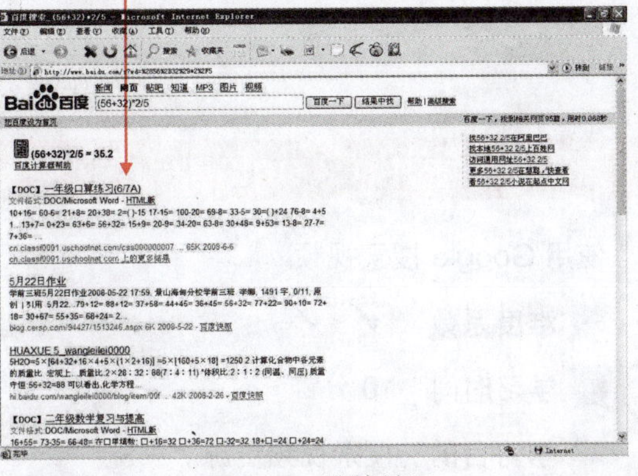

图 6-23　计算结果

提示

百度搜索引擎计算功能包括：加法（+或＋）、减法（-或－）、乘法（*或×）、除法（/）、幂运算（^）、阶乘（!或！）、正弦、余弦、正切、对数、弧度转化为角度以及混合运算。

6.2.6 使用百度度量转换

在日常工作生活中时常遇到度量的转换，如吨转换为斤、米转换为尺等。可以利用百度搜索引擎的计算器快速转换。

难度系数 ✓ ✓ ✓

学习时间 20 分钟

学习目的 利用搜索引擎度量转换。

操作步骤

01 进入百度搜索引擎主页。

02 在搜索栏中输入要进行度量转换的公式，如 30 公里=?米。

03 单击“百度一下”按钮。

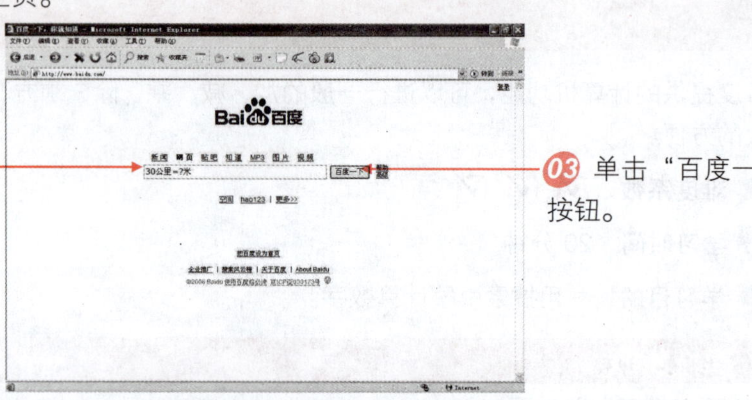

图 6-24 百度主页

04 随后，显示转换的结果。

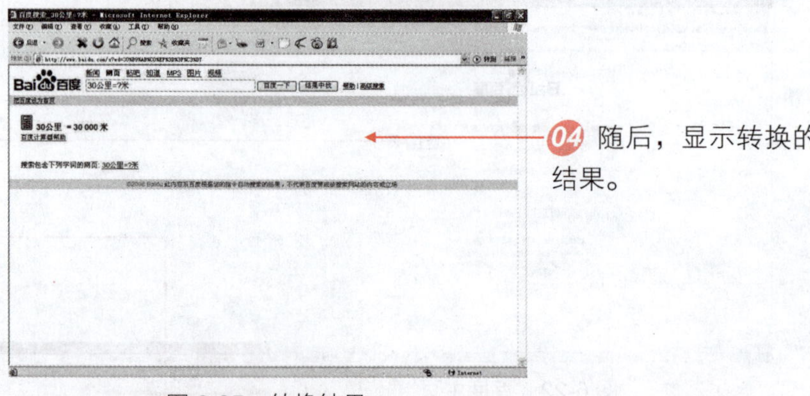

图 6-25 转换结果

6.2.7 使用 Google 搜索视频

使用 Google 搜索视频。

难度系数 ✓ ✓

学习时间 10 分钟

学习目的 搜索视频资源。

操作步骤

01 进入 Google 搜索引擎主页。

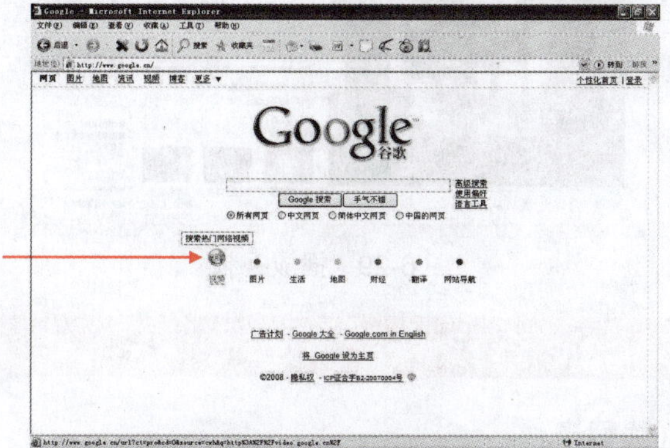

02 单击“视频”按钮。

图 6-26　Google 搜索主页

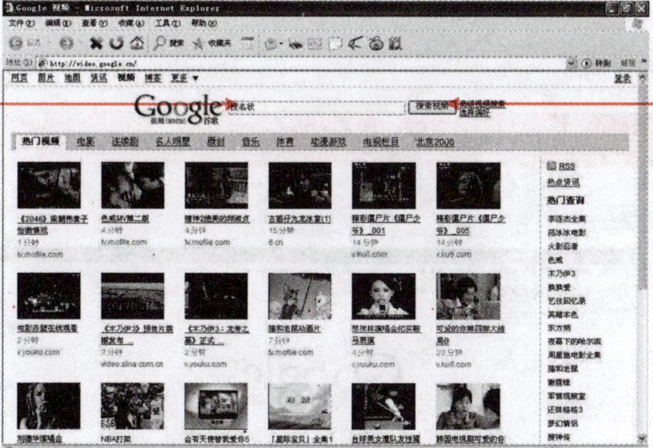

03 在搜索栏输入“投名状”。

04 单击“搜索视频”按钮。

图 6-27　输入搜索信息

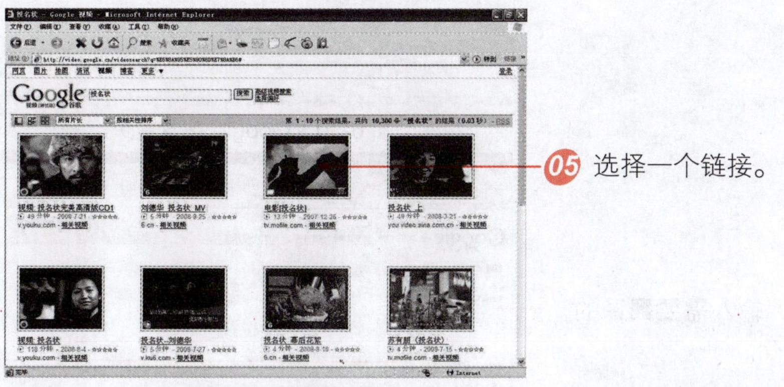

05 选择一个链接。

图 6-28　显示搜索的信息

06 显示视频基本信息并播放。

图 6-29 播放视频

6.2.8 使用 Google 查找语言翻译

利用 Google 进行在线翻译。

难度系数 ✓✓✓

学习时间 20 分钟

学习目的 翻译语言。

操作步骤

01 进入 Google 搜索引擎主页。

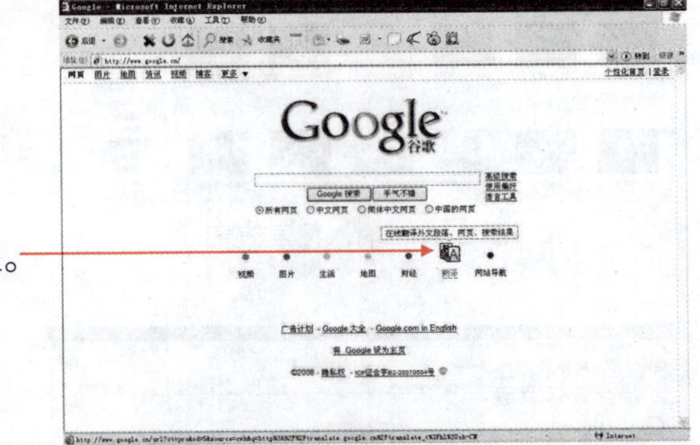

02 单击“翻译”按钮。

图 6-30 Google 搜索主页

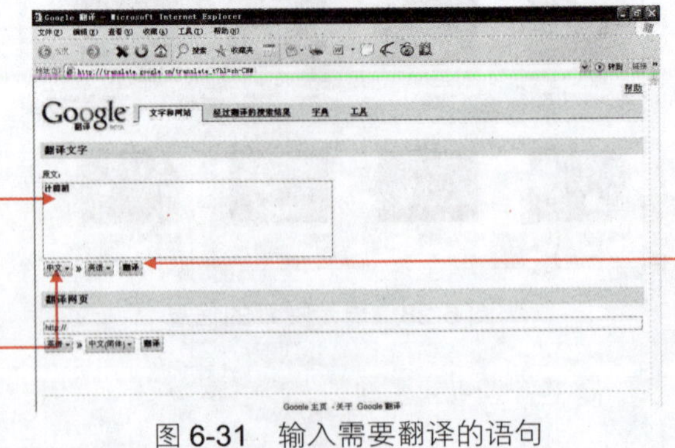

03 输入需要翻译的语句。

04 选择翻译的类型，如中文翻译为英文。

05 单击“翻译”按钮。

图 6-31 输入需要翻译的语句

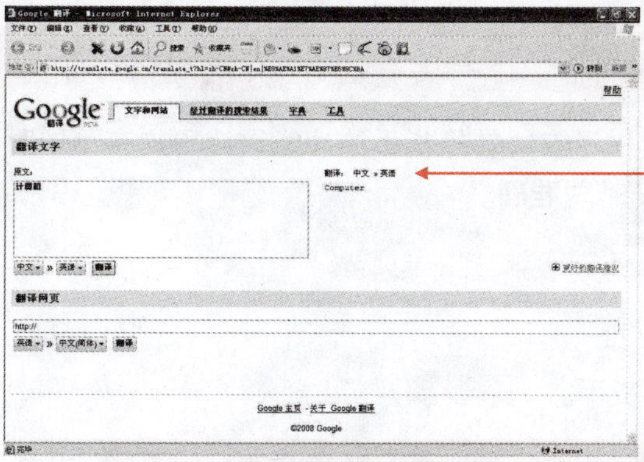

06 查看翻译后的结果。

图 6-32　查看翻译后的结果

6.2.9　使用 Google 查找地图

在 Google 中，可以查找世界各地的地图，只需在搜索栏中输入地址，Google 便会反馈出高质量的地图链接，即可直接查看地图。

难度系数 

学习时间　20 分钟

学习目的　查找地图。

操作步骤

01 进入 Google 搜索引擎主页。

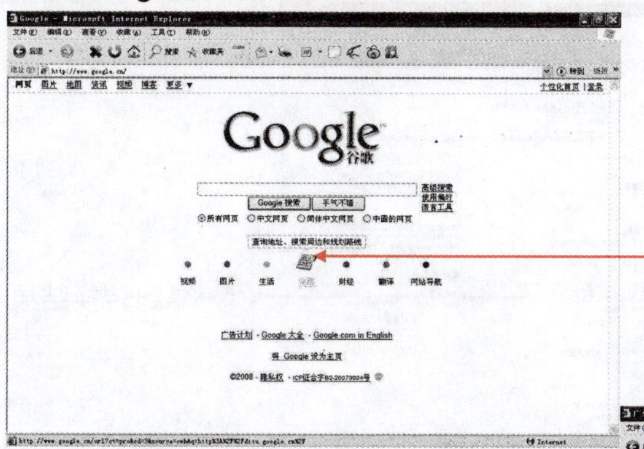

02 单击“地图”按钮。

图 6-33　Google 搜索主页

03 输入地址，如“广州白云机场”。

04 单击“搜索地图”按钮。

05 搜索到的地图。

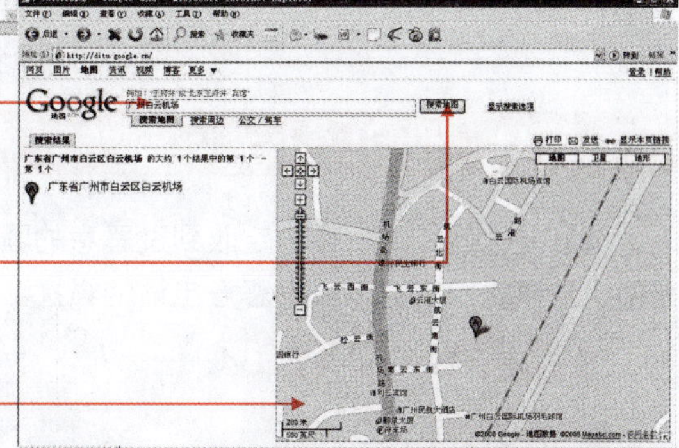

图 6-34　搜索到的地图

6.2.10 使用 Google 转换货币

Google 搜索引擎提供了在线转换货币的功能，让用户在第一时间知道了货币转换后的价值，真可谓网络信息的及时与准确。

难度系数 ✓✓

学习时间 10 分钟

学习目的 转换货币。

操作步骤

01 进入 Google 搜索引擎主页。

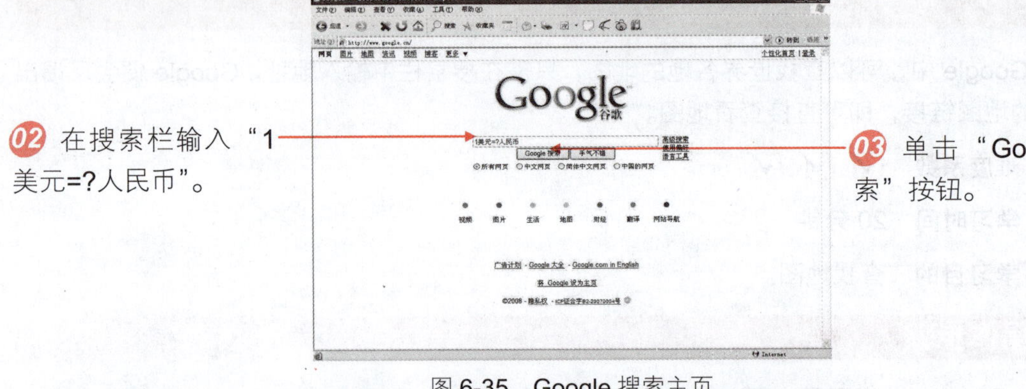

图 6-35 Google 搜索主页

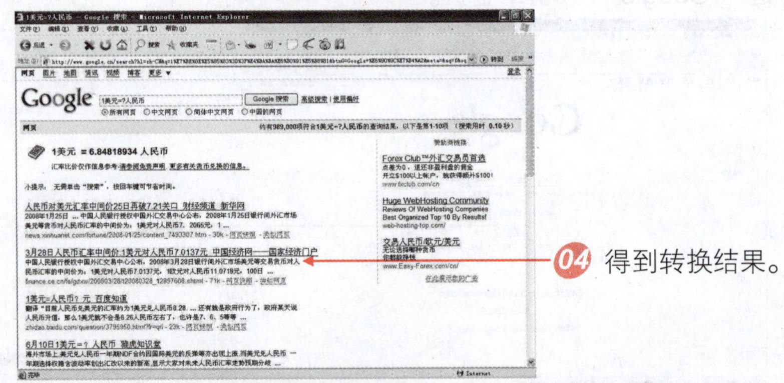

图 6-36 查看货币换算结果

6.2.11 使用 Google 查询手机号码归属地

信息发达的今天，你一定收到过恶意的骚扰、付费电话，可以利用 Google 搜索引擎查看该手机号码的归属地，减少恶意电话的骚扰。

难度系数 ✓✓✓

学习时间 20 分钟

学习目的 查找手机号码归属地。

操作步骤

01 进入 Google 搜索引擎主页。

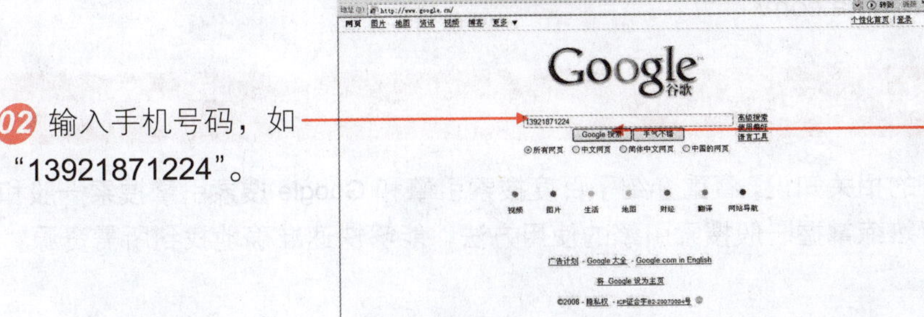

02 输入手机号码，如“13921871224”。

03 单击“Google 搜索”按钮。

图 6-37　Google 搜索主页

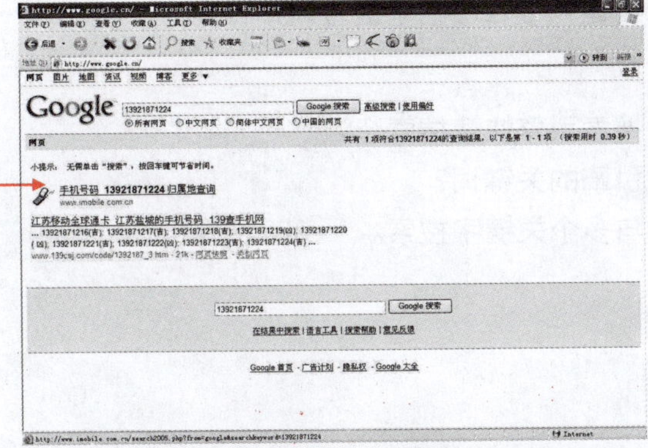

04 单击“手机号码……归属地”链接。

图 6-38　单击链接

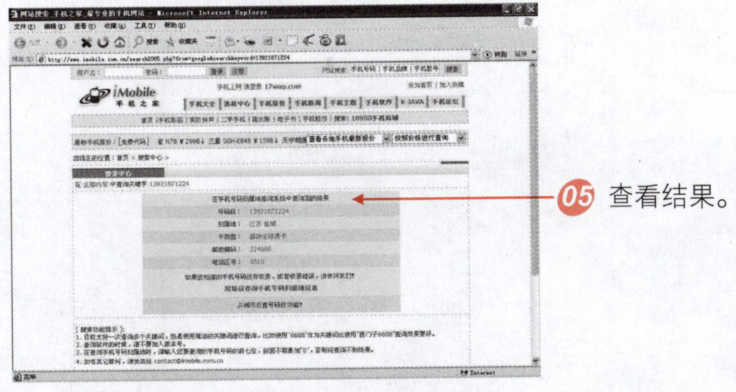

05 查看结果。

图 6-39　返回手机归属地结果

精典搜索引擎网址。

百度搜索引擎：http://www.baidu.com

Google 搜索引擎：http://www.google. com

雅虎：http://www.yahoo.cn/

中搜：http://www.zhongsou.com/

搜狗：http://www.sogou.com/

新浪爱问知识人：http://iask.sina.com.cn/

奇虎网：http://www.qihoo.com/

网易有道：http://www.yodao.com/

电信 114：http://114.vnet.cn/

中华搜索：http://sou.china.com/

6.3 巩固与练习

本章讲解了搜索引擎的相关知识，着重介绍了百度搜索引擎和 Google 搜索引擎搜索一般和特定资源的方法。让读者熟练掌握一般搜索引擎的使用方法，能够快速准确地找到所需资源。

操作题

（1）查找一首叫“北京欢迎你”的 MP3 歌曲。

（2）利用搜索引擎将“搜索引擎”翻译成英文。

（3）利用搜索引擎查询一下自己的手机号码归属地。

问答题

（1）简述如何使用搜索引擎快速搜索资源。

（2）如何选择搜索引擎的关键词?

（3）区别并行搜索与多个关键字搜索。

Chapter 07

上传下载

学习时间

本课主要讲解的是下载软件、上传软件、压缩软件的使用方法，建议读者使用200分钟的时间来进行学习。

学习内容

- 网上资源下载常用方法
- 下载软件简介
- 常用压缩格式简介
- 使用IE浏览器下载
- 使用网际快车下载
- 使用迅雷下载
- 使用BitComet下载
- CuteFTP软件
- 解压文件
- 压缩文件

精彩实例效果展示

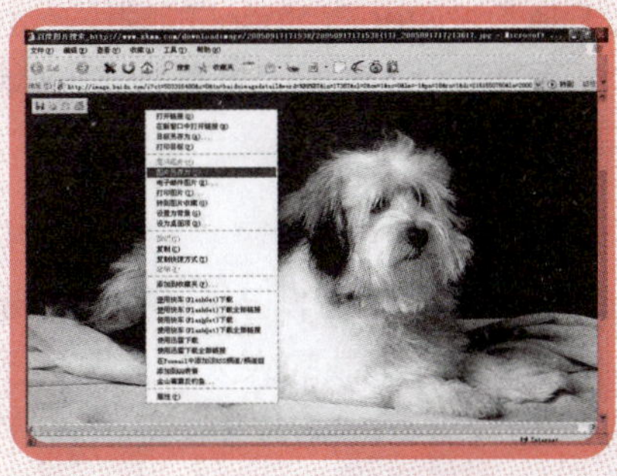

下载图片

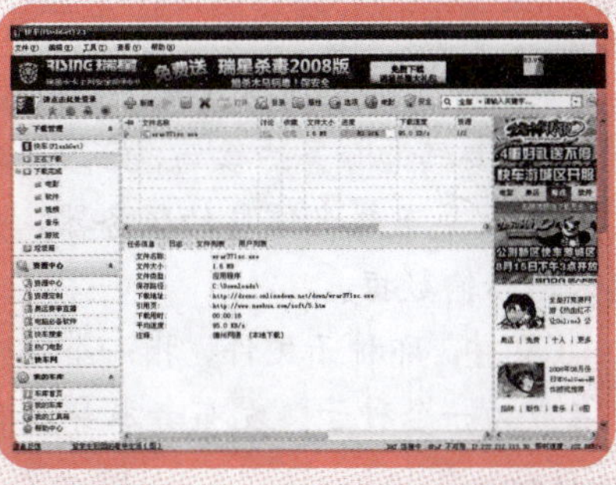

网际快车

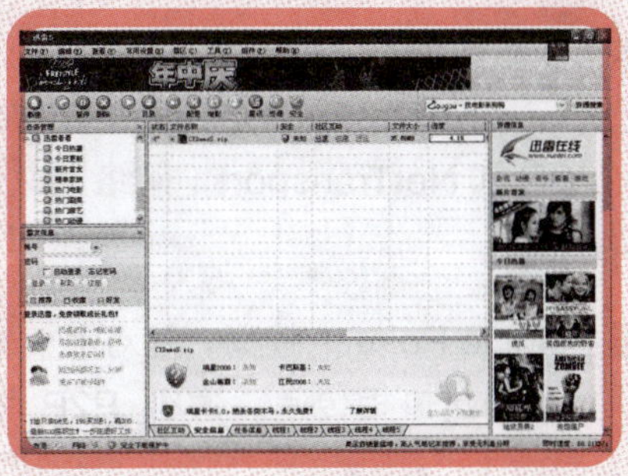

迅雷下载

7.1 基础导读

要下载上传资源时，我们需要了解网络上常用的下载上传方式以及一些常用的下载上传软件，还有网络上流行的压缩文件格式。

7.1.1 网上资源下载常用方法

现目前，网上流行的下载方法有：HTTP 下载、FTP 下载、BT 下载、流媒体下载以及 P2P 下载。

1．HTTP 下载

HTTP 是最常见的网络下载方式之一，大部分的下载软件都采用这种下载方式，如迅雷、QQ 旋风下载等。

2．FTP 下载

FTP 是 File Transfer Protocol 的缩写，也是一种很常用的网络下载方式。它的优点是容易控制、操作灵活、限制下载数、屏蔽指定 IP 地址、控制用户下载速度等，比较适合大文件的传输（如影片、大型软件等）。

3．BT 下载

BT 是 BitTorrent 的缩写，它是一种内容分发协议。一般的 HTTP/FTP 下载，发布文件仅在某个或某几个服务器，下载的人太多，服务器的带宽很易不胜负荷，变得很慢。而 BitTorrent 协议下载的特点是，下载的人越多，提供的带宽也越多，种子也会越来越多，下载速度就越快。

下载时，BT 客户端首先解析.torrent 文件得到 Tracker 地址，然后连接 Tracker 服务器。Tracker 服务器回应下载者的请求，提供下载者、其他下载者（包括发布者）的 IP 地址。下载者再连接其他下载者，根据.torrent 文件，两者分别告知对方自己已经有的块，然后交换对方没有的数据。此时不需要其他服务器参与，分散了单个线路上的数据流量，因此减轻了服务器的负担。

- Tracker：收集下载者信息的服务器，并将此信息提供给其他下载者，使下载者们相互连接起来，传输数据。
- .torrent 文件：即种子文件，指一个下载任务中所有文件都被某下载者完整地下载，此时下载者成为一个种子。发布者本身发布的文件就是原始种子。也指.torrent 文件。

4．流媒体下载

流媒体下载有两种不同的流媒体传输协议，分别由 Real Networks 和微软所开发。针对影视或音乐资源，一般使用 Real player 或 Media player 在线收看或收听。但目前也能使用如 StreamBox VCR 和 NetTransport（网络传送带）下载收听或收看。

5．P2P 下载

P2P 是 Point to Point 的缩写，是对等传输协议，更通俗的可以理解为端对端协议，文件的传输总是从共同的端口相传递。遵循 P2P 协议的下载软件有卡盟、REALINK、电驴、电骡子等。

7.1.2　下载软件简介

专用下载软件，就是专门为从 Internet 上下载文件而设计的。特别是当浏览器没有断点续传功能时，如果不使用这类工具，下载文件总是让人提心吊胆。即便浏览器已具备断点续传功能，专门的断点续传工具软件仍然是硬盘中应保留的工具。

与浏览器相比，专用下载软件的优点如下。

- 能自动记录下载文件的 URL 内容。无论任何时候出现了下载中断，用户都可以随时启动这类工具，继续下载没有完成的文件。
- 定时自动连接网络连续下载。当用户设定了下载时间后，到这个设定时间，下载软件会自动启动拨号并开始下载。
- 消耗的系统资源与线路资源比浏览器要少得多。
- 比用浏览器下载软件的速度快些。

常用的专用下载工具软件有很多，如迅雷、网际快车、电驴、BitComet 等。

7.1.3　常用压缩格式简介

顾名思义，压缩就是节约存储空间。也就是说压缩后的文件比原来的文件小。现目前网络流行的压缩文件格式有 RAR 与 ZIP 两种。

1. RAR 格式文件

- 压缩的文件质量相对较高即压缩文件相对较小。
- 支持多卷压缩，把文件分为多个压缩文件。
- 管理文件的容量大，最大可达 8 亿 GB。
- 对记录的恢复不能与 ZIP 格式文件相比。

2. ZIP 格式文件

- 压缩速度快，质量不高。
- 网络上的通用格式。文件采用网络传递的方式，最好使用 ZIP 格式文件。

7.2　上机实战

前面我们介绍了上传下载、压缩格式的相关知识，下面我们通过实际操作学习如何下载、上传资源的方法，达到用户的最终目的。

7.2.1　使用 IE 浏览器下载

使用浏览器下载不需再借助任何第三方软件以减少资源，因为 IE 6.0 以上的版本提供了断点续传功能。但下载的速度没有耗用资源较少的断点续传工具软件快，而且若不记住站点名会导致不能续传，因此浏览器下载适合文字、图片、网页、小型文件的下载。

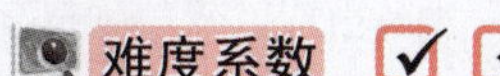

学习时间　10 分钟

学习目的 使用IE浏览器下载文字、图片、网页以及小型文件。

操作步骤

1. 保存网页文字

保存网页文字的具体操作如下。

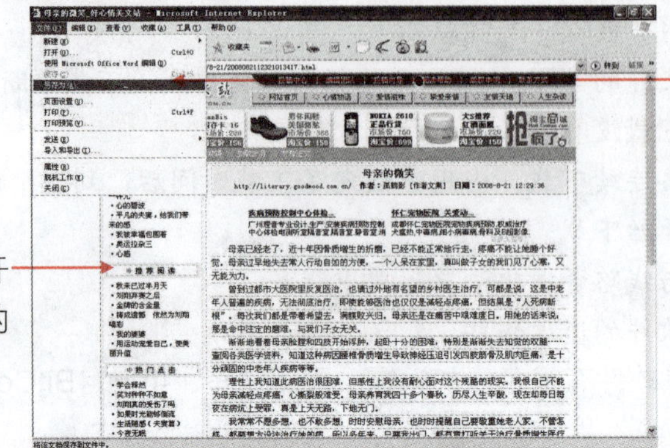

01 使用IE浏览器打开一篇文字非常优美的网页。

02 选择“文件”→“另存为”命令。

图7-1 选择“文件”→“另存为”命令

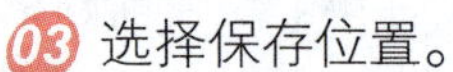

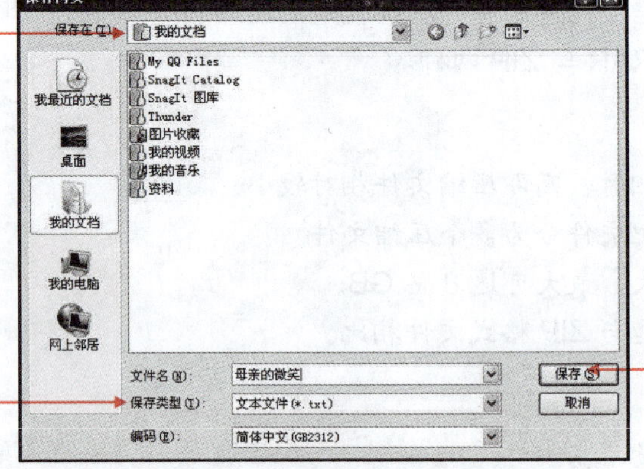

03 选择保存位置。

04 选择保存类型为“文本文件”。

05 单击“保存”按钮。

图7-2 “保存网页”对话框

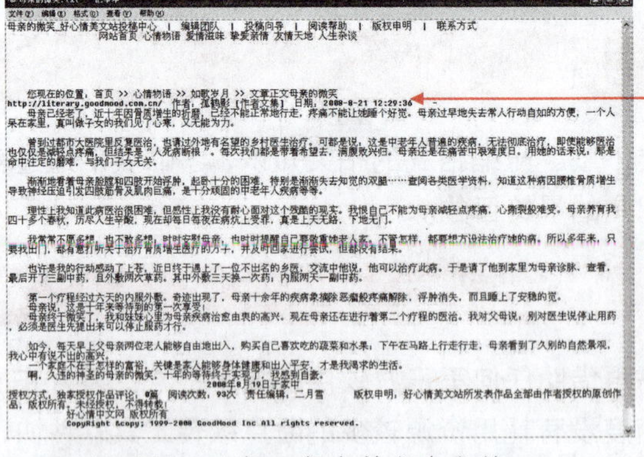

06 打开刚才保存的文本文件，看到相关的文字内容。

图7-3 打开保存的文本文件

2. 保存网页中的图片

在网页中发现一张漂亮的图片后，想将其保存到计算机中欣赏或设为桌面，可以利用IE浏览器自带的功能下载。保存网页中图片的操作方法如下：

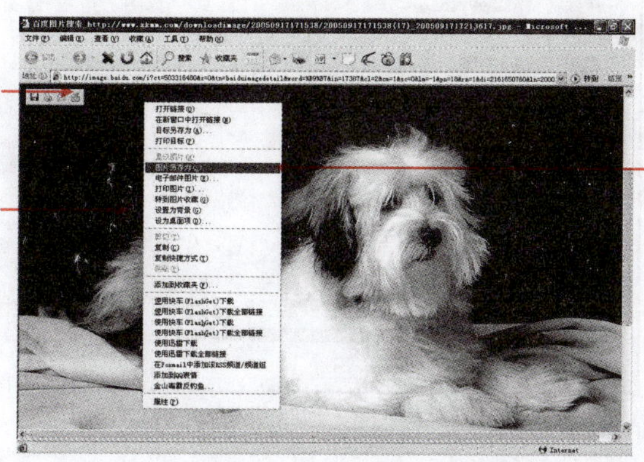

图 7-4 选择“图片另存为”命令

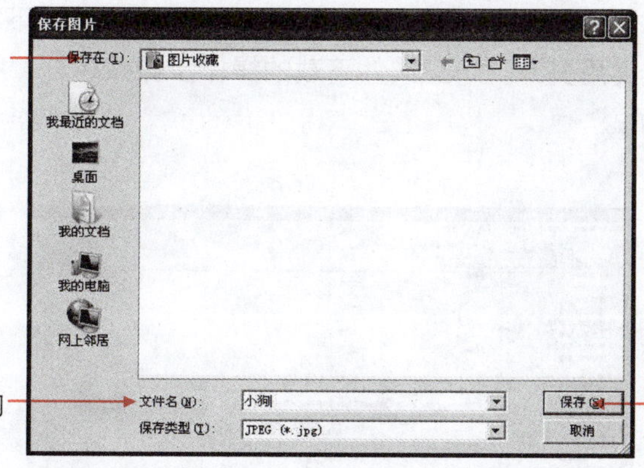

图 7-5 “保存图片”对话框

3．保存整个网页

当用户浏览到自己十分喜欢的网页的时候，可以将其保存到计算机中，以便随时查看。保存整个网页的操作步骤如下。

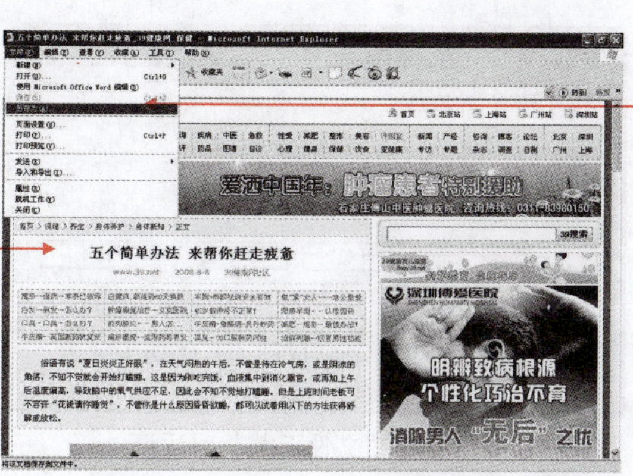

图 7-6 选择“另存为”命令

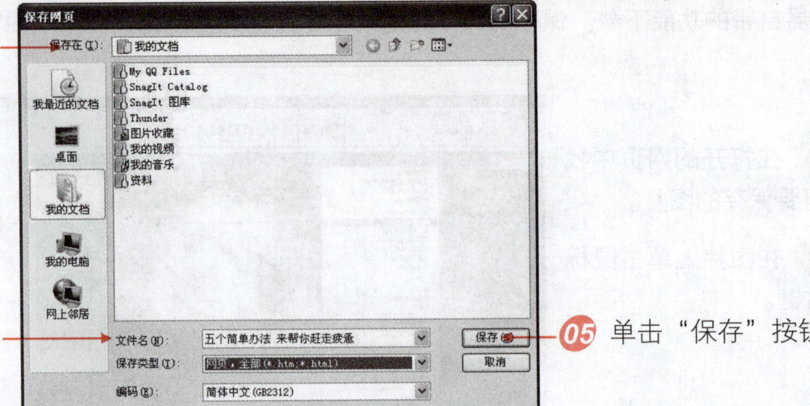

图 7-7 “保存网页”对话框

4. 小型文件下载

一些小型文件，如文档、音乐、小程序等可以直接利用 IE 浏览器下载，免去了打开其他下载软件的步骤以及减少了占用资源。小型文件下载的操作步骤如下。

01 打开要下载文件的网页。

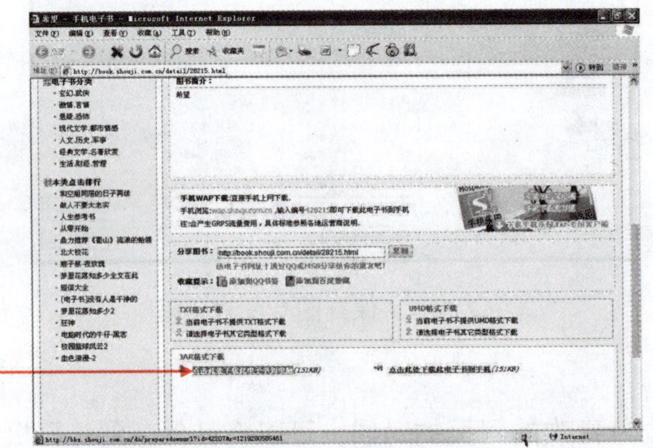

图 7-8 单击下载链接

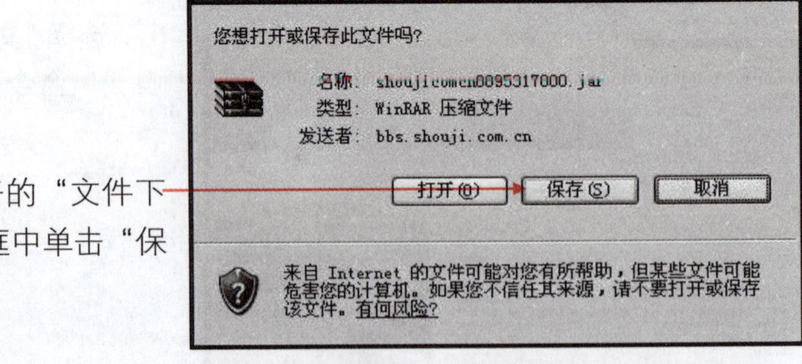

图 7-9 “文件下载”对话框

04 在打开的“另存为”对话框中，选择保存位置。

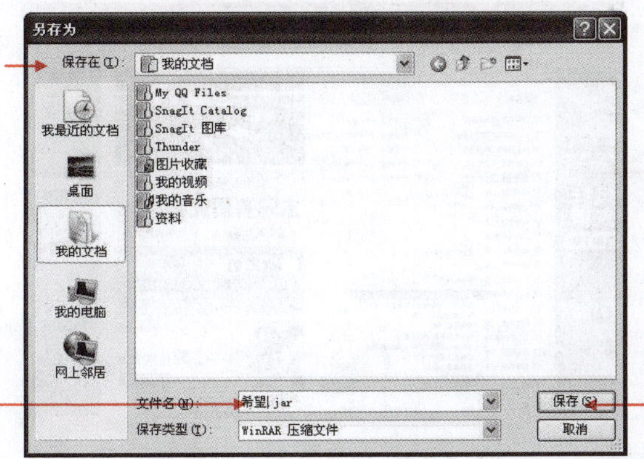

05 输入保存文件名。

06 单击“保存”按钮。

图 7-10　“另存为”对话框

07 下载完毕，单击“关闭”按钮，关闭窗口。

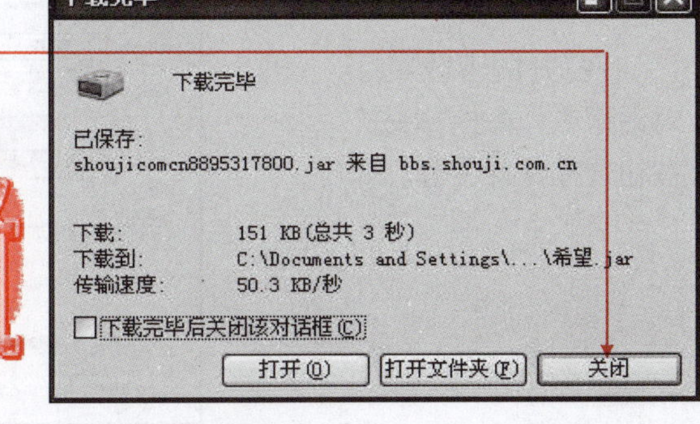

图 7-11　“下载完毕”对话框

> **提示**
>
> 单击“打开文件夹”按钮，进入文件下载的文件夹；单击“打开”按钮打开下载的文件。

7.2.2　使用网际快车下载

网际快车是一款非常不错的下载软件，其集成了资源下载客户端、资源门户网站、资源搜索引擎、资源社区等多种服务，在互联网资源分享平台中占有一席之地。

难度系数　☑ ☑ ☑

学习时间　30 分钟

学习目的　学习使用网际快车下载网络一般资源和 BT 文件。

操作步骤

1．使用 IE 快捷菜单下载文件

将网际快车安装到计算机中以后，在网页链接的右键菜单中就会出现下载命令选项，选择此命令即可启动网际快车进行下载。

使用 IE 快捷菜单下载文件，操作步骤如下。

01 打开 IE 浏览器，找到需要下载的文件。

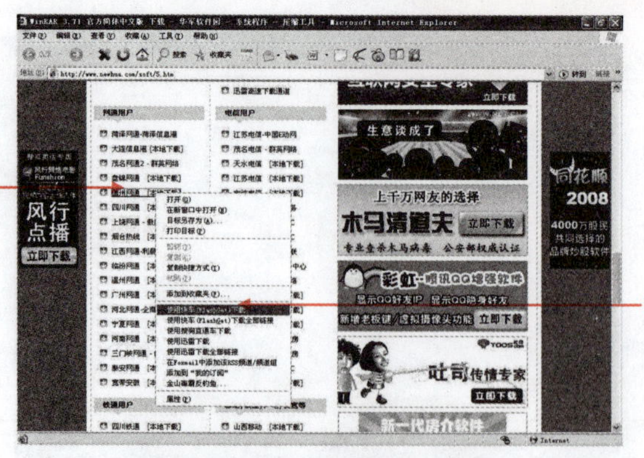

02 右击下载链接。

03 在快捷菜单中选择“使用网际快车下载”命令。

图 7-12 单击下载文件链接

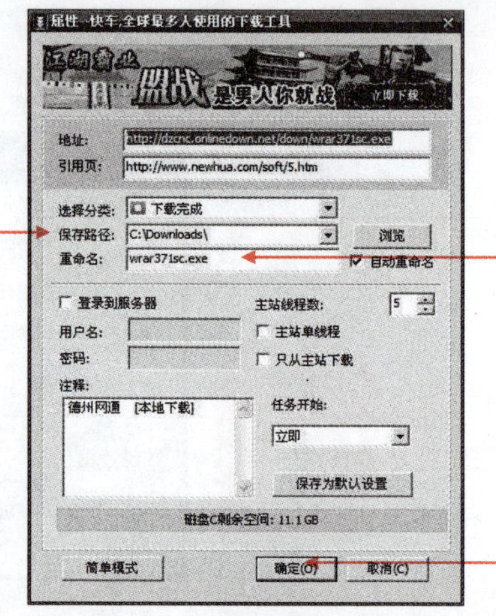

04 在打开的下载属性对话框中，单击“浏览”按钮选择保存位置。

05 在“重命名”文本框中输入新名字。

06 单击“确定”按钮。

图 7-13 属性对话框

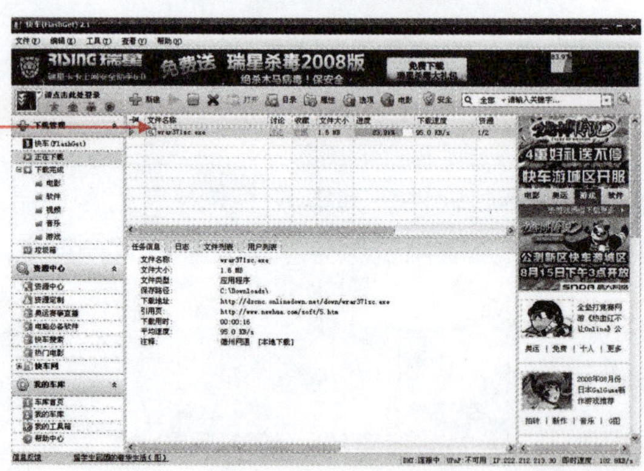

07 新建的任务出现在目录栏的“正在下载”文件夹中。

图 7-14 正在下载

网际快车可以同时进行多个下载任务。下载过程中，可以根据需要暂停、删除下载任务，或者调整任务的先后顺序。这些操作可以通过先选中任务，再单击工具栏上的相应按钮完成。

2. 拖动链接到悬浮窗口下载

在 FlashGet 启动后，会看到一个小窗口，名为悬浮窗口。悬浮窗口总在一般文件和程序窗口的前面，可以在浏览器中将一个文件下载的链接地址拖动到悬浮窗口中。此时，FlashGet 同样会打开“属性”窗口，并自动填写拖动的链接地址，单击“确定”按钮即可开始下载。

7.2.3　使用迅雷下载

迅雷是一款基于多资源超线程技术的下载工具，Web 迅雷在设计上更多的考虑了初级用户的使用需求，使用了全网页化的操作界面，更符合互联网用户的操作习惯，带给用户全新的互联网下载体验！

难度系数 ☑ ☑ ☑

学习时间　30 分钟

学习目的　学习使用迅雷下载网络一般资源和 BT 文件，并设置为默认下载软件。

操作步骤

1．添加下载任务

添加下载任务，具体操作步骤如下。

01 在网页中找到需要下载的链接，将鼠标移动到该链接上方。

02 右击。

03 在弹出的快捷菜单中选择“使用迅雷下载”命令。

图 7-15　选择“使用迅雷下载”命令

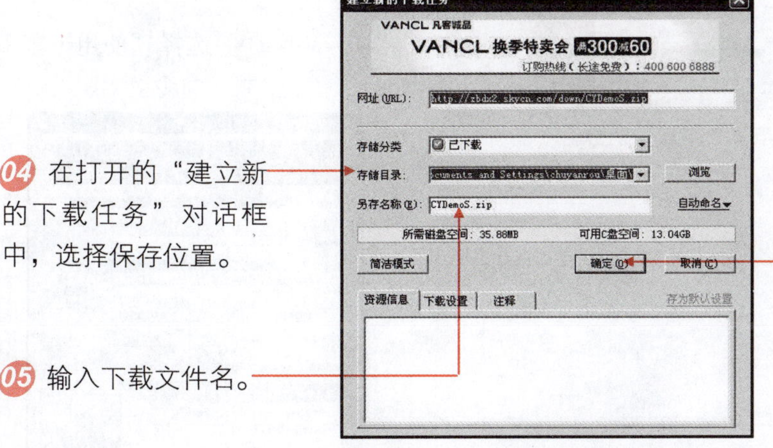

04 在打开的“建立新的下载任务”对话框中，选择保存位置。

05 输入下载文件名。

06 单击“确定”按钮。

图 7-16　“建立新的下载任务”对话框

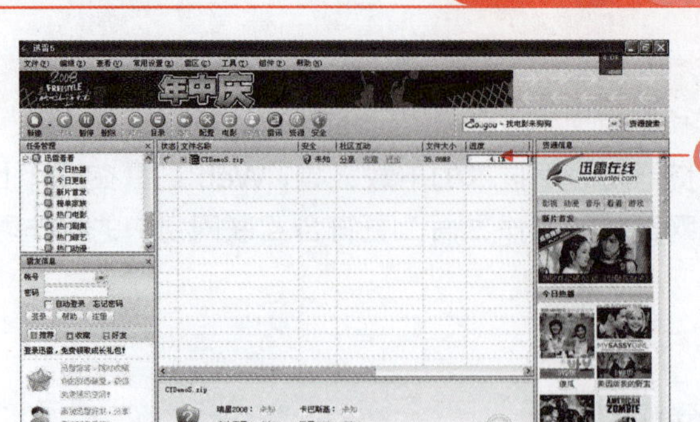

07 在下载窗口中开始下载，并可查看到下载进度。

图 7-17 查看下载进度

在添加链接的时候，要查看这个下载地址是否是一个直接连接到你想要下载的文件的地址，也就是查看地址最后是否是这个文件的扩展名，这是能够正常下载一个文件的首要条件。

此外，还可以直接通过拖动链接地址来添加下载任务。

只要用左键按住链接地址，拖放至悬浮窗口，释放鼠标就可以了，和右击“使用迅雷下载”链接一样，会打开存储目录的对话框，只要选择好存放目录就可以了。

在使用迅雷软件下载时，不会影响浏览网页、听歌甚至玩游戏，悬浮窗口还会显示下载百分比及线程图示，下载完成后还有声音提示，怎么样，即方便又快捷吧！

2. 下载 BT 资源

迅雷 5 最新版本（5.6.0.280 以上）支持 BT 资源下载，操作步骤如下。

01 找到一个 BT 资源下载地址。

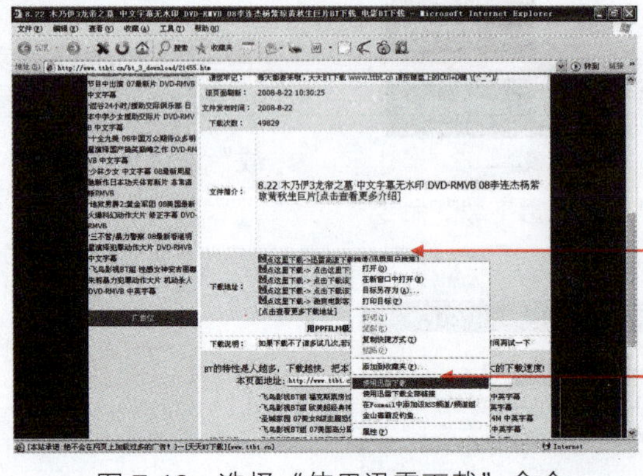

02 右击下载地址。

03 选择“使用迅雷下载”命令。

图 7-18 选择“使用迅雷下载”命令

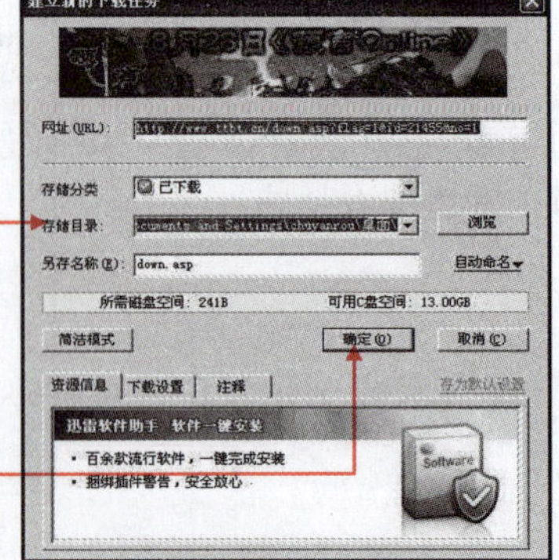

04 在打开的“建立新的下载任务”对话框中，选择保存位置。

05 单击“确定”按钮。

图 7-19 “建立新的下载任务”对话框

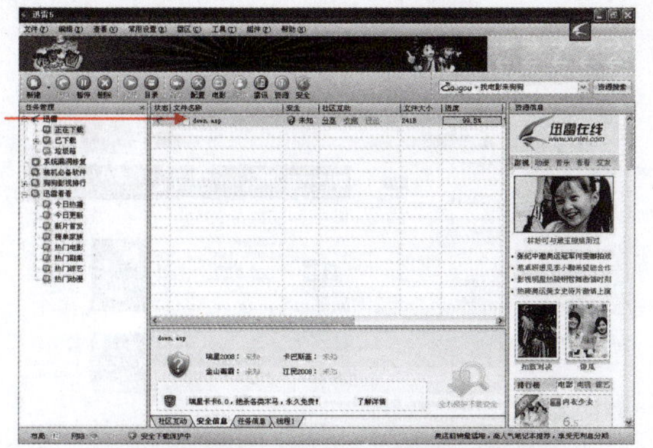

06 开始下载种子文件。

图 7-20　开始下载种子文件

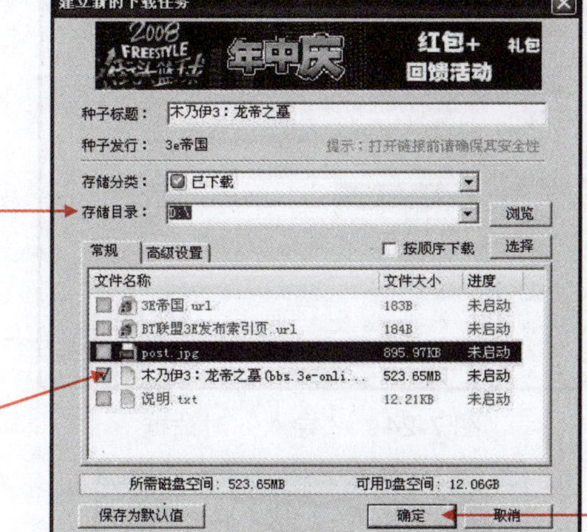

07 下载完成后，自动打开“建立新的下载任务”对话框，选择保存位置。

08 在要下载的文件前的复选框打上勾

09 单击“确定”按钮。

图 7-21　选择要下载的文件

由于许多种子文件包含多个文件，为了节省时间，其中一些附加文件不必下载，因此可以只选择需要的文件下载。

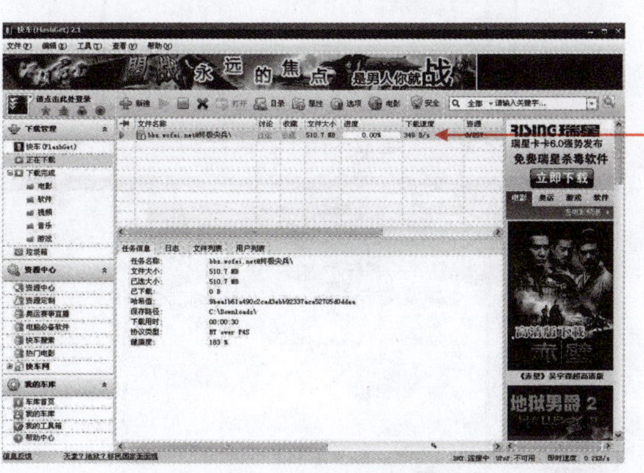

10 迅雷开始下载资源。

图 7-22　开始下载资源

有部分 BT 资源，右击下载地址，迅雷会自动分析种子文件，直接就可以下载，不需要先下载种子文件。

若已有下载好的种子文件，其操作方法如下。

01 选择“文件”菜单。

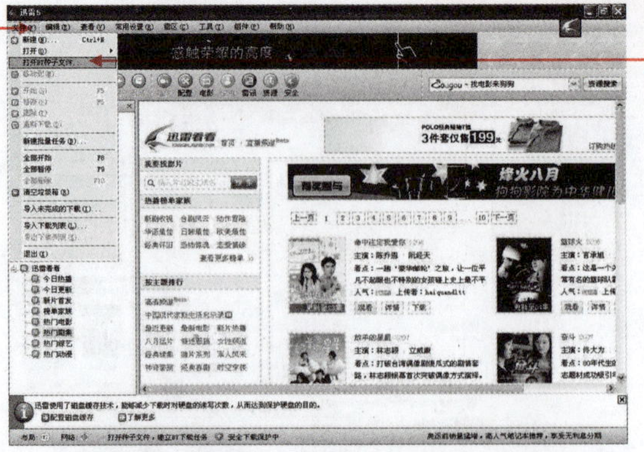

02 选择“打开 BT 种子文件”命令。

图 7-23 选择“打开 BT 种子文件”命令

03 在打开的“导入”对话框中，选择种子文件。

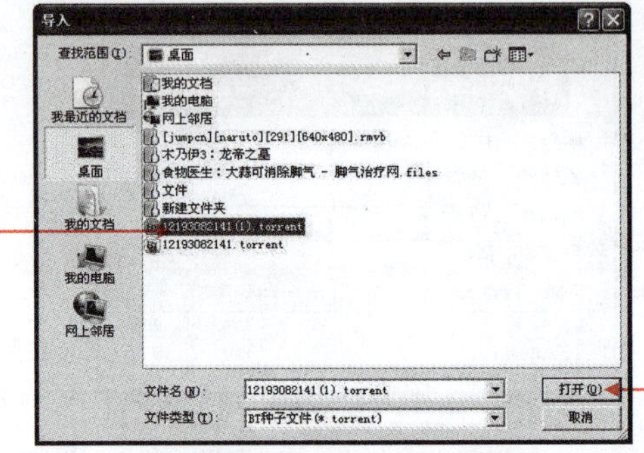

04 单击“打开”按钮。

图 7-24 “导入”对话框

05 打开“建立新的下载任务”对话框，选择保存位置。

06 在要下载的文件前的复选框打上勾。

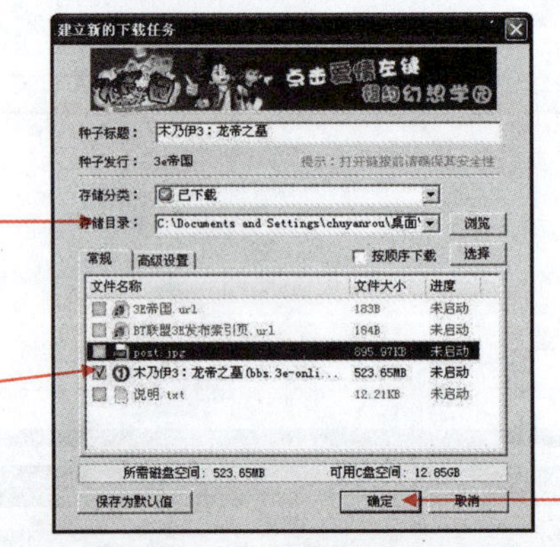

07 单击“确定”按钮。

图 7-25 “建立新的下载任务”对话框

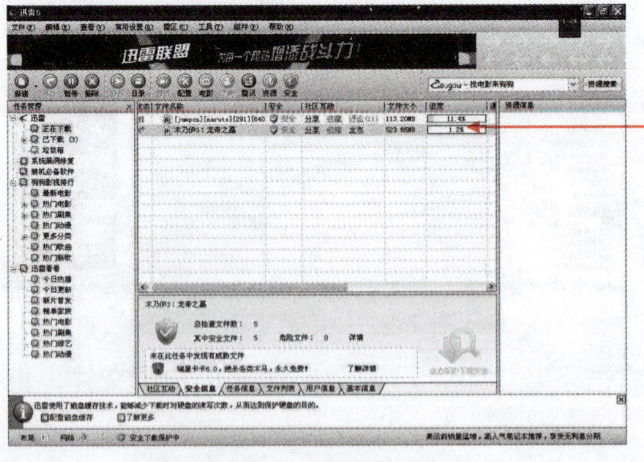

08 迅雷开始下载资源。

图 7-26 开始下载资源

3．如何设置迅雷作为默认下载工具

安装完迅雷之后，迅雷就会作为默认下载工具，单击一个下载地址时，迅雷就会下载。如果迅雷不是默认下载工具，就需要以下的步骤来更改。操作步骤如下。

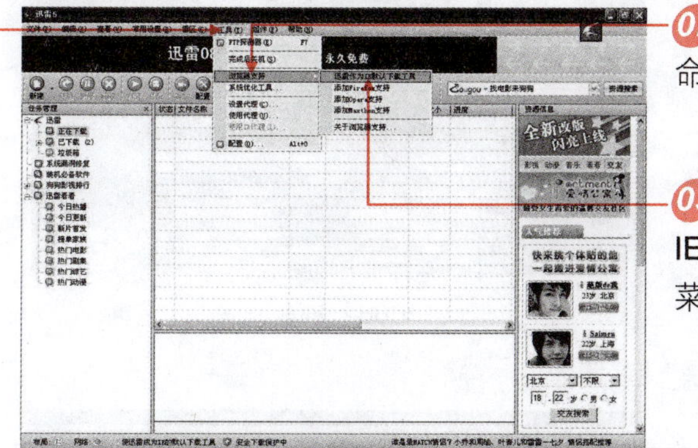

图 7-27　选择“迅雷作为 IE 默认下载工具”子菜单

04 接下来就会弹出“已经将迅雷设置为 IE 的默认下载工具！您需要关闭所有 IE 浏览器后，再重新打开使设置生效！”提示，这样就成功地将迅雷设置为默认下载工具了。

7.2.4　使用 BitComet 下载

BitComet 是基于 BitTorrent 协议的高效 P2P 文件分享免费软件（俗称 BT 下载），支持多任务下载；手工防火墙和 NAT/Router 配置；续传做种免扫描；速度限制等多项实用功能。

难度系数　✓ ✓ ✓

学习时间　30 分钟

学习目的　学习使用 BitComet 下载 BT 资源、制作种子以及设置下载参数。

操作步骤

1．寻找并下载 BT 资源

通常情况下，使用 BitComet 能够搜索到大量的 BT 资源并下载。

方法一：利用 BT 发布资源站点搜索。

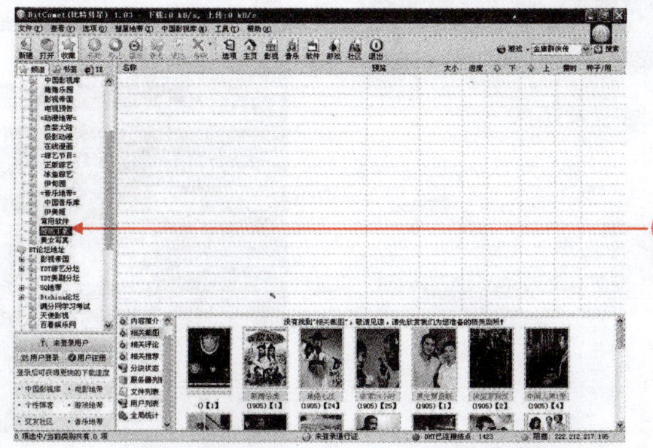

图 7-28　选择 BT 发布资源站点

Days 1
Days 2
Days 3
Days 4
Days 5
Days 6
Days 7

02 返回搜索结果。

图 7-29　搜索结果

方法二：利用搜索引擎搜索。

01 启动 BitComet，单击“搜索引擎”按钮。

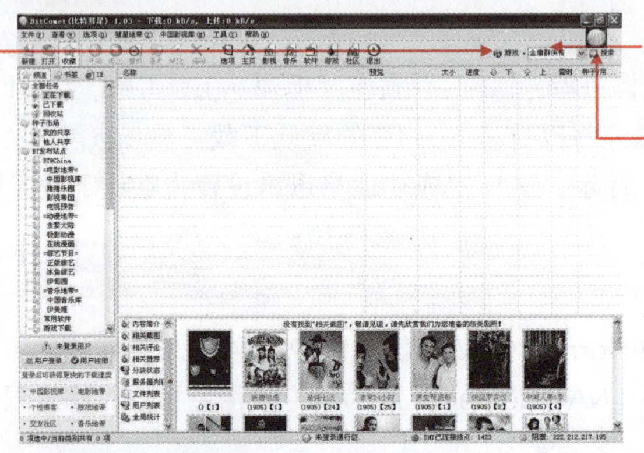

02 输入搜索条件。

03 单击“搜索”按钮。

图 7-30　搜索 BT 资源

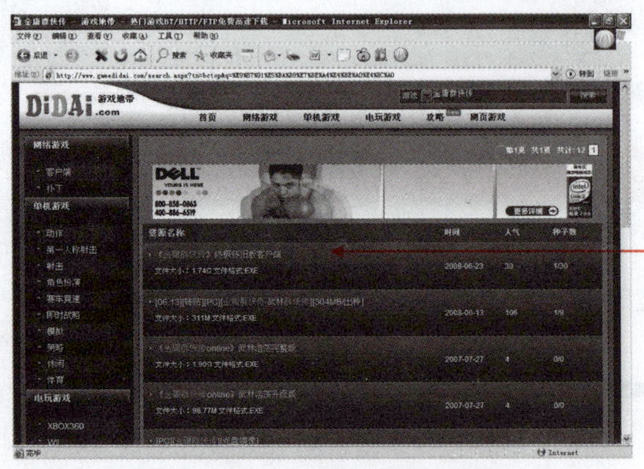

04 在搜索出的页面，单击链接。

图 3-31　返回搜索结果

05 单击“BitComet 高速下载”下方的“立即下载”按钮选择大类，如电影。

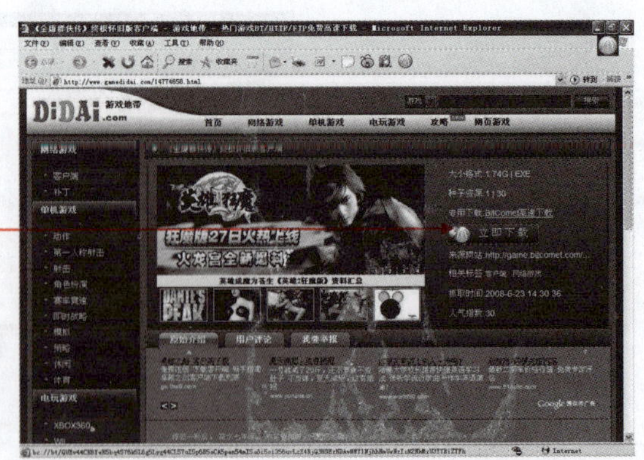

图 7-32　单击“立即下载”按钮

06 在“任务属性...”对话框中，选择保存位置。

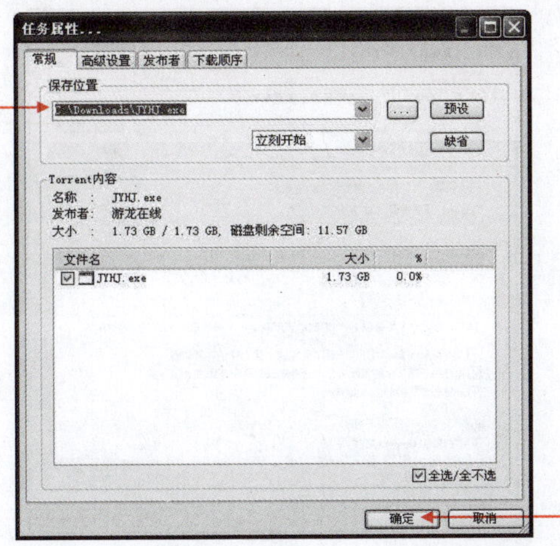

07 单击“确定”按钮。

图 7-33　“任务属性...”对话框

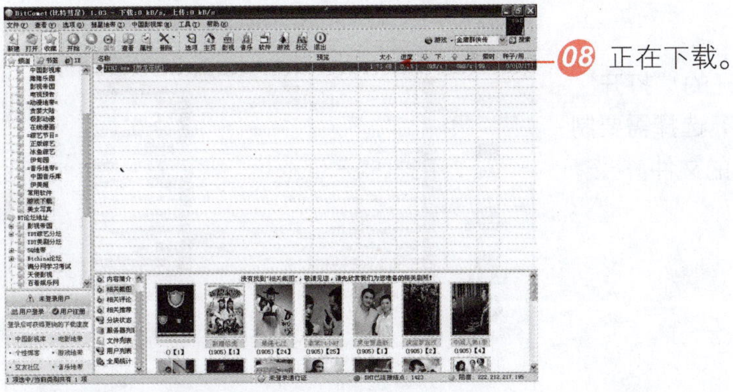

08 正在下载。

图 7-34　正在下载

2. 制作种子

使用 BitComet，还可以自己制作种子文件，以提供给其他下载的朋友使用。其操作步骤如下。

01 选择“文件”菜单。

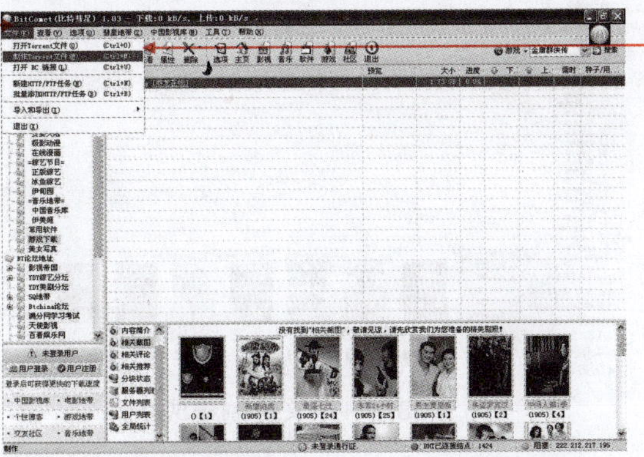

02 选择“制作 Torrent 文件”命令。

图 7-35　选择“制作 Torrent 文件”命令

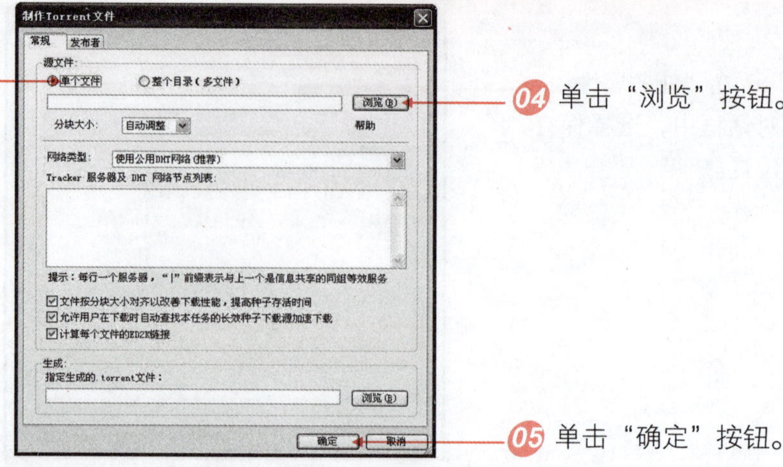

03 在“制作 Torrent 文件”对话框中，选择“单个文件”选项。

04 单击“浏览”按钮。

05 单击“确定”按钮。

图 7-36 “制作 Torrent 文件”对话框

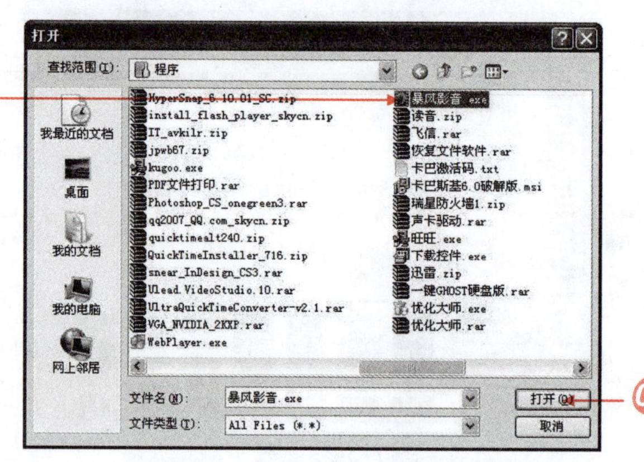

06 在打开的“打开”对话框中，选择需要制作为种子的文件。

07 单击“打开”按钮。

图 7-37 选择制作为种子的文件

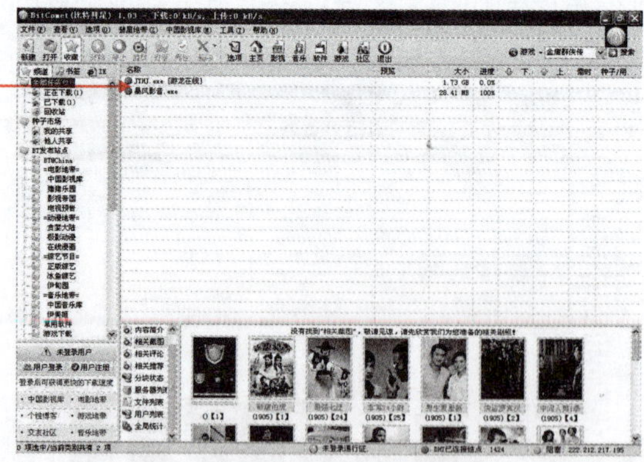

08 查看到已经制作好的种子文件。

图 7-38 种子文件制作成功

3. 下载参数设置

设置下载参数，具体操作步骤如下。

01 打开 BitComet 的“选项...”对话框，如图 7-39 所示。

02 选择“网络连接”选项。

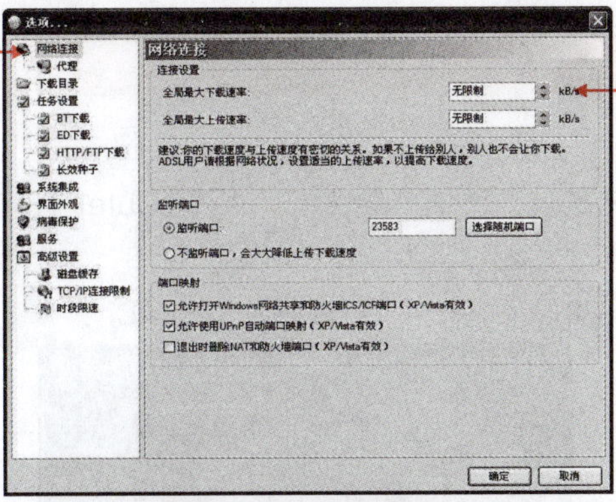

03 设置网络连接的相关选项，如“同时下载的任务数”等。

图 7-39　网络连接设置

04 选择“任务设置”选项。

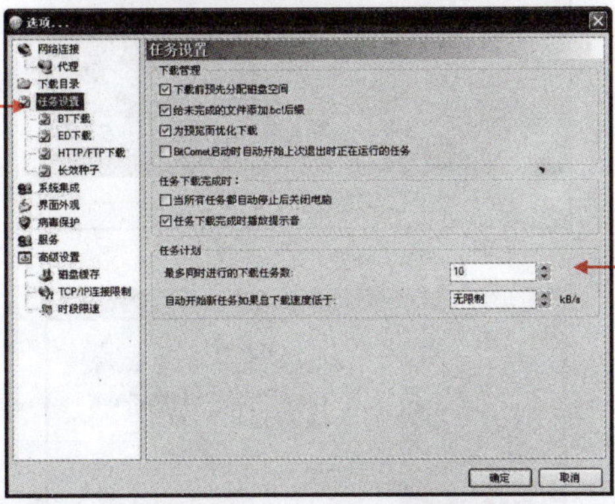

05 设置相关的任务选项。

图 7-40　任务设置

06 单击“高级设置”中的“磁盘缓存”选项，在其中设置网络连接的各种参数。

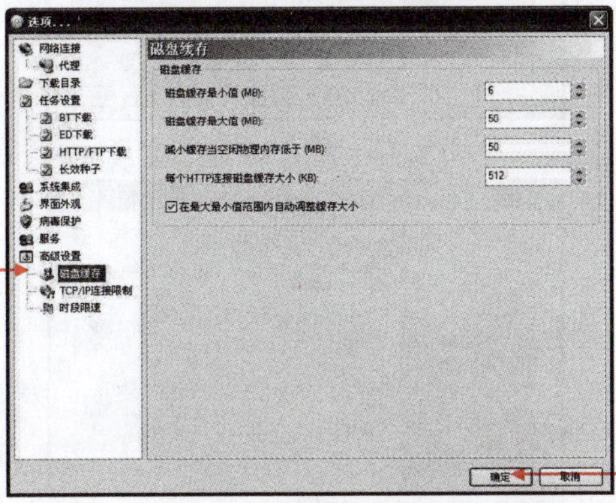

07 设置完成后，单击“确定”按钮。

图 7-41　高级设置

7.2.5　CuteFTP 软件

CuteFTP Pro 是一个 FTP 客户端程序，文件传输系统能够完全满足用户的需求。它提供了 Sophisticated Scripting、目录同步、自动排程、同时多站点连接、多协议支持（FTP、SFTP、HTTP、HTTPS）、智能覆盖、整合的 HTML 编辑器等功能特点以及更加快速的文件传输系统。

难度系数　✓ ✓ ✓

学习时间　30 分钟

学习目的　学习使用 CuteFTP 上传、下载资源。

操作步骤

1. 添加并连接站点

在这里我们以 CuteFTP 8 版本为例，给大家介绍在 CuteFTP 中连接站点的操作步骤。

01 双击 CuteFTP 程序，出现如图 7-42 所示的画面。此时，如果已经有产品密钥，请输入；如果没有，还可以免费试用 30 天，单击“继续”按钮即可。

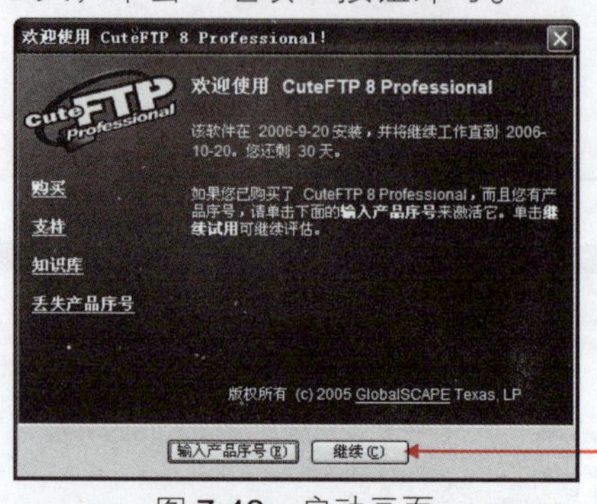

02 单击“继续”按钮。

图 7-42 启动画面

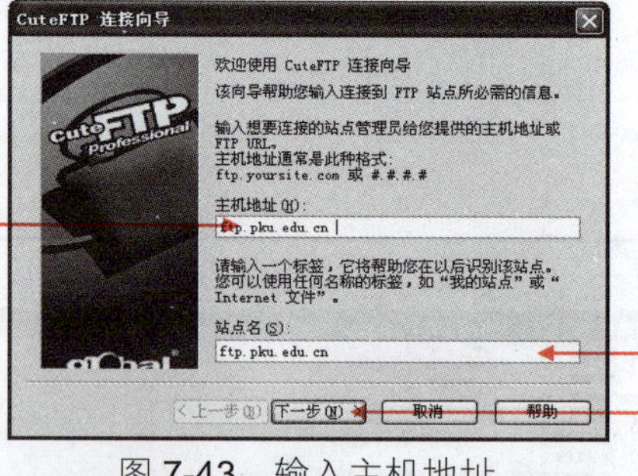

03 在“连接向导”对话框中，输入主机地址，如 ftp.pku.edu.cn。

04 输入站点名称。

05 单击“下一步”按钮。

图 7-43 输入主机地址

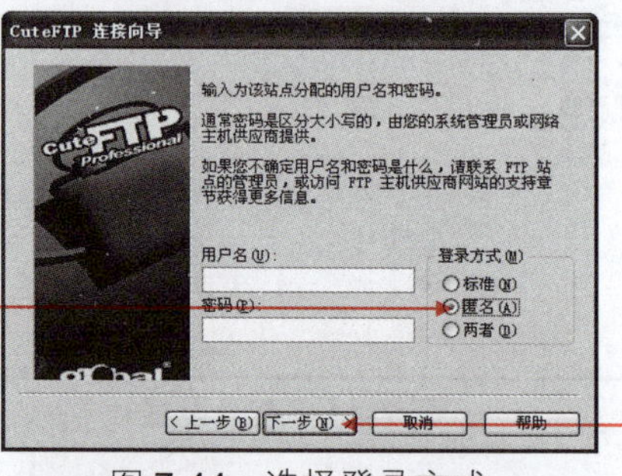

06 选择登录站点的方式，一般情况下，可以选择“匿名”选项。

07 单击“下一步”按钮。

图 7-44 选择登录方式

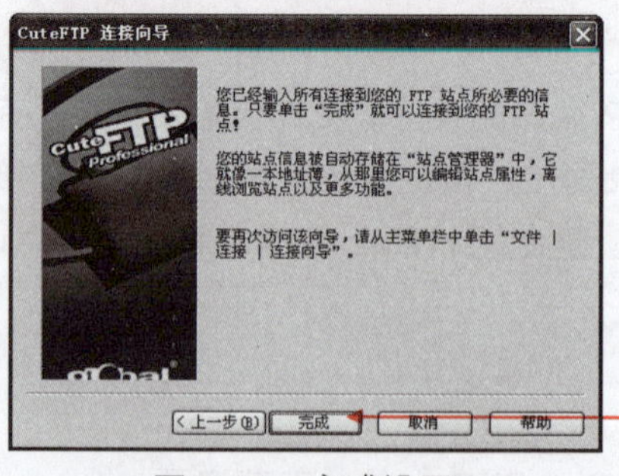

08 完成设置后，单击“完成”按钮即可。

图 7-45 完成设置

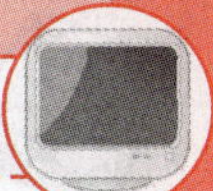

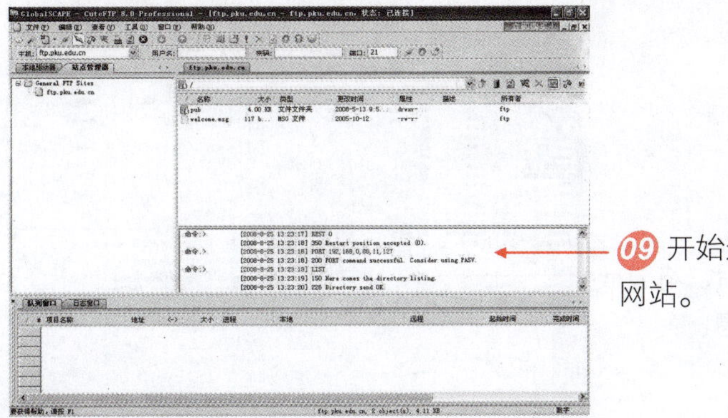

09 开始连接到该 FTP 网站。

图 7-46　CuteFTP 主界面

2．使用 CuteFTP 下载文件

使用 CuteFTP 可以方便地下载 FTP 上的各种资源，具体操作步骤如下。

01 选择“开始”→“所有程序”→“Global SCAPE”→“CuteFTP Professional”→“CuteFTP 8 Professional”命令，启动 CuteFTP。

02 单击“新建”按钮。

图 7-47　单击“新建”按钮

03 选择“常规”选项卡。

04 输入标签。

05 输入主机地址。

06 输入用户名。

07 输入密码。

08 单击“连接”按钮。

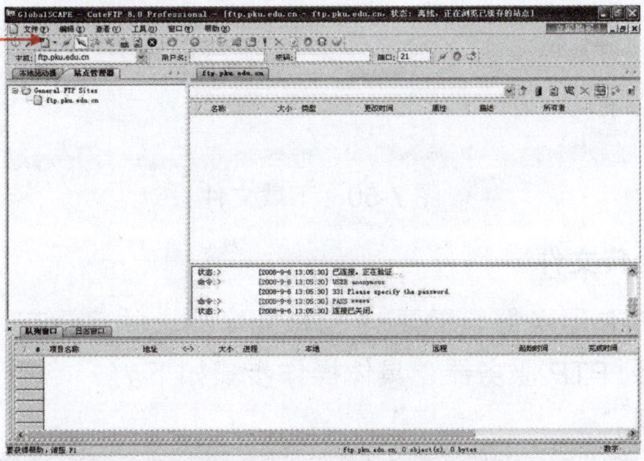

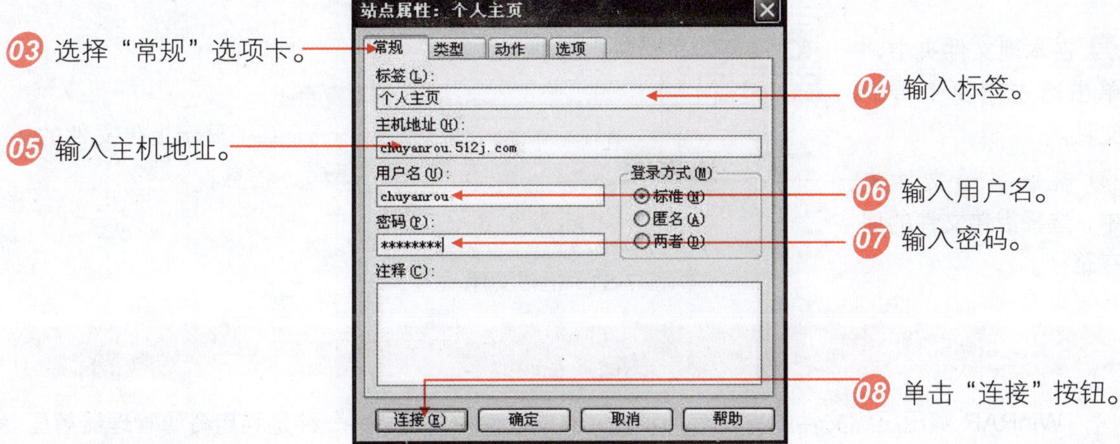

图 7-48　“站点属性：个人主页”对话框

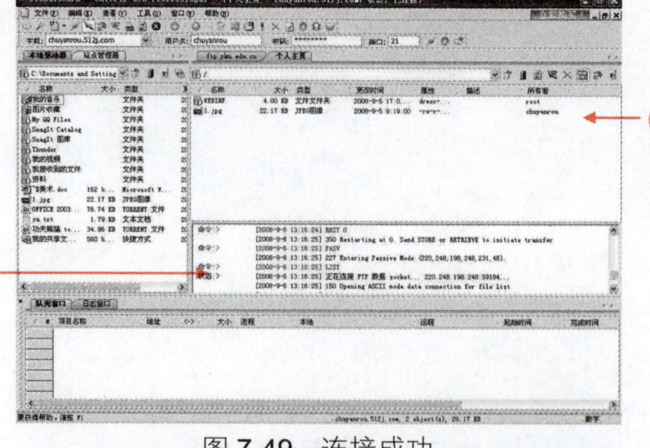

10 服务器文件夹将显示服务器中保存的文件。

09 连接成功后，将显示“完成”信息。

图 7-49 连接成功

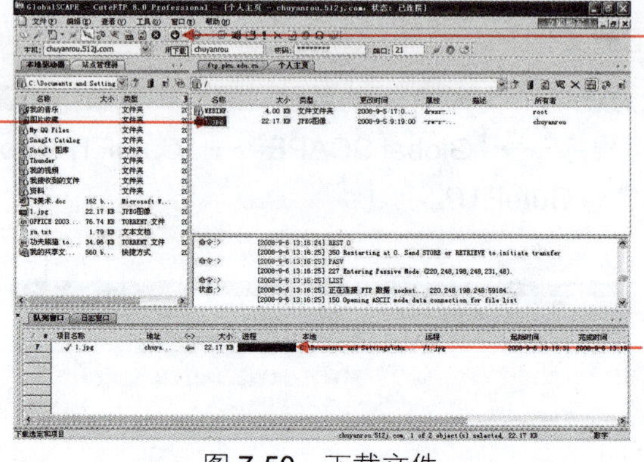

12 单击“下载”按钮。

11 在服务器文件夹中，选中需要下载的文件。

13 显示下载进度及下载信息。

图 7-50 下载文件

3. 使用 CuteFTP 上传文件

将本地文件上传到 FTP 服务器，需要对 FTP 服务器上的目录有写的权限。

使用 CuteFTP 上传到 FTP 服务器，具体操作步骤如下。

01 先连接到 FTP 服务器。

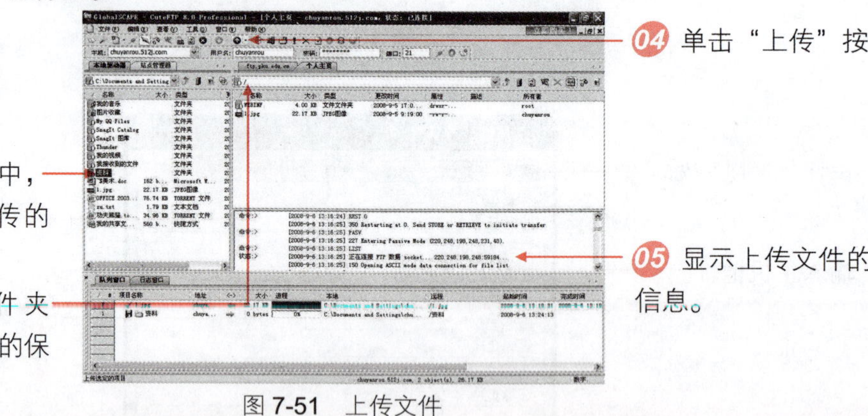

04 单击“上传”按钮。

02 在本地文件夹中，单击选中需要上传的文件。

03 在服务器文件夹中，选择上传文件的保存路径。

05 显示上传文件的信息。

图 7-51 上传文件

7.2.6 解压文件

WinRAR 解压压缩文件的方法有两种。一种是软件中解压，另一种是利用资源管理器解压。

难度系数 ☑ ☑

学习时间　20 分钟

学习目的　学习 WinRAR 解压文件。

操作步骤

1. 软件中解压

在 WinRAR 软件中解压压缩文件，操作方法如下。

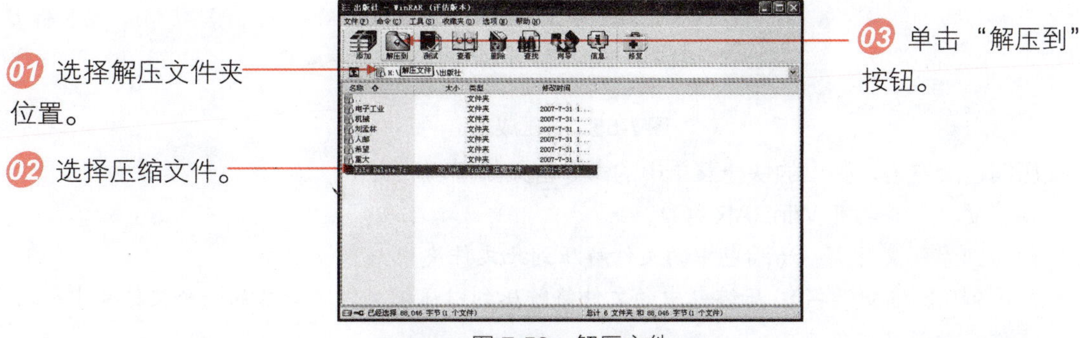

图 7-52　解压文件

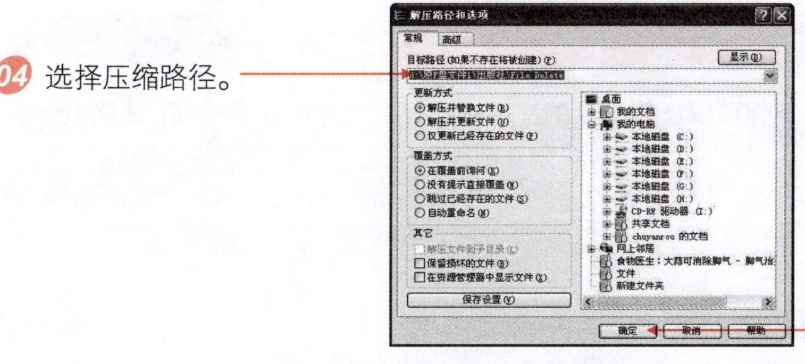

图 7-53　“解压路径和选项”对话框

2. 资源管理器解压

在资源管理器中选择压缩包，只需在压缩包上右击，在弹出的快捷菜单中选择“释放文件”、“释放到这里”命令，即可快速解压文件。具体操作方法如下。

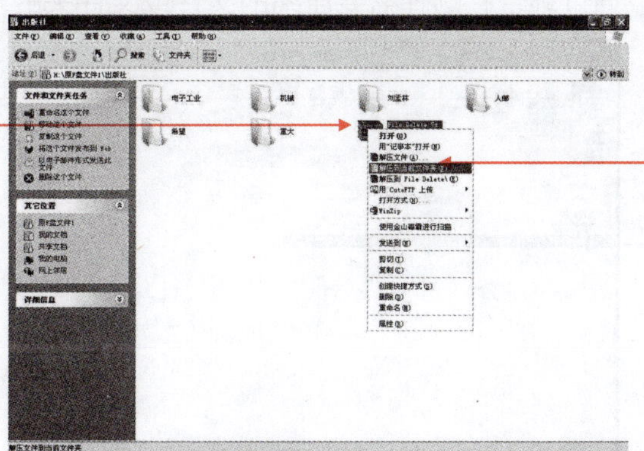

图 7-54　选择“解压到当前文件夹”命令

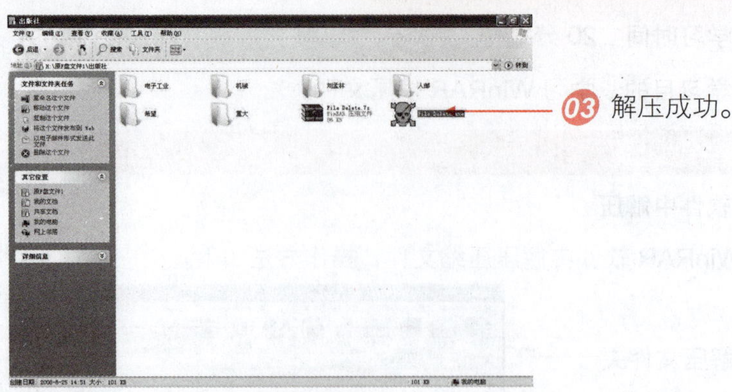

图 7-55 解压成功

在压缩包上右击，弹出的快捷菜单中的命令含义如下。

- **解压文件：** 将打开 WinRAR 窗口。
- **解压到当前文件夹：** 压缩包中的文件解压到此文件夹中。
- **解压到（压缩文件名）：** 压缩包中的文件将解压到以压缩文件名命名的一个文件夹中。此文件夹为新建文件夹。

7.2.7 压缩文件

利用 WinRAR 压缩文件，不但可以压缩单独的文件，还可把大文件分卷压缩，或将几个文件同时压缩。

难度系数 ☑ ☑

学习时间 30 分钟

学习目的 学习 WinRAR 压缩文件。

操作步骤

1. 软件中压缩

在 WinRAR 制作压缩包，操作步骤如下。

01 打开 WinRAR 程序，通过地址栏选择需要压缩的文件或文件夹的地址。

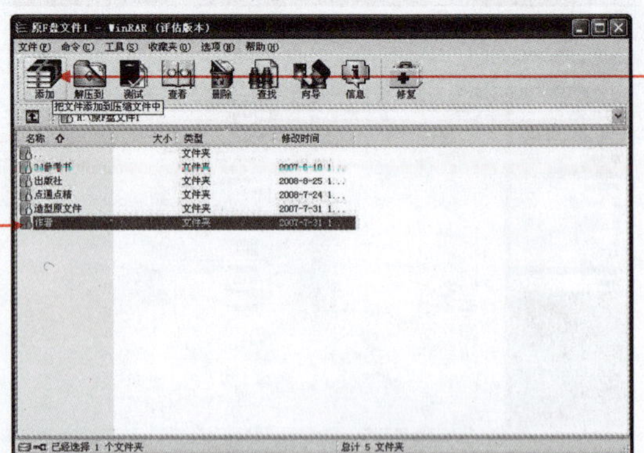

图 7-56 添加压缩文件

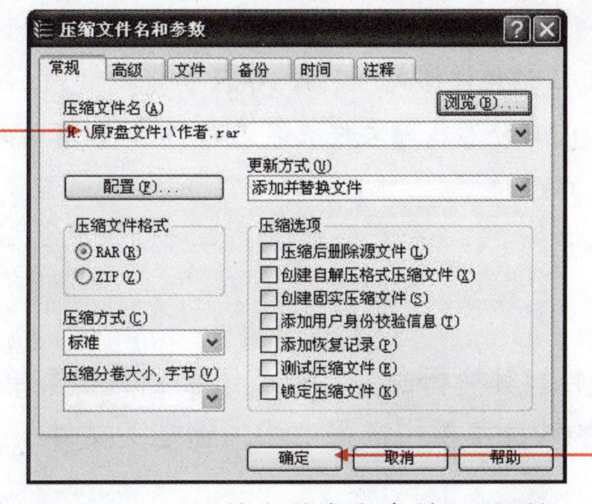

04 单击“浏览”按钮，选择压缩路径和文件名。

05 单击“确定”按钮，即可压缩。

图 7-57 “压缩文件名和参数”对话框

2. 分卷压缩

若文件容量太大，不易传递。可以把文件压缩为 RAR 格式的分卷文件。也就是把一个文件分为几个，容量减小了，传递方便也快速了。

其操作步骤如下。

01 在 WinRAR 中，选择要分卷压缩的文件夹。

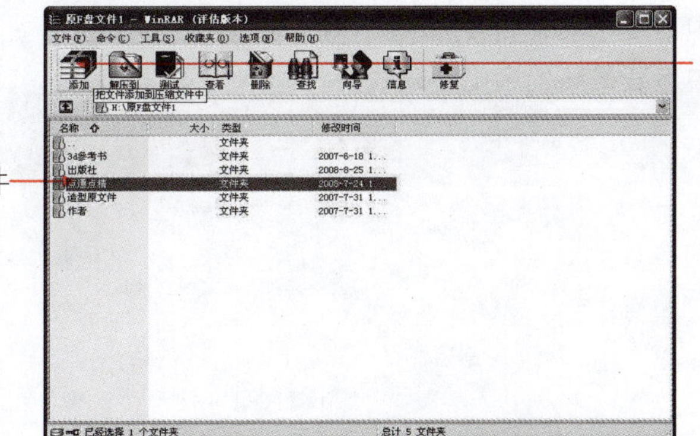

02 选择要压缩的文件或文件夹。

03 单击“添加”按钮。

图 7-58 添加分卷压缩文件

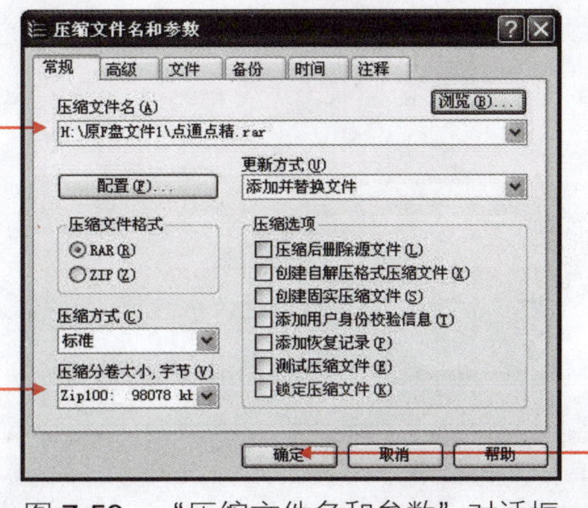

04 单击“浏览”按钮，选择压缩路径和文件名。

05 选择压缩分卷大小、字节，如 zip100:98078kb。

06 单击“确定”按钮，开始压缩。

图 7-59 “压缩文件名和参数”对话框

分卷压缩仅支持 RAR 压缩文件格式。默认 RAR 分卷以“11.partXXX.rar”格式命名，XXX 是卷号。如：需分卷压缩文件夹名是“11”，分卷后文件名分别为，“11.part1.rar”、“11.part2.rar”等。

3．资源管理器

安装了 WinRAR 压缩软件，其执行命令会自动添加到右键菜单中。在资源管理器中选择文件，在文件上右击，在弹出的快捷菜单中选择“添加到档案文件”或“添加到 5.rar”命令，即可快速产生压缩文件。

7.3 巩固与练习

本章介绍了网上资源上传下载的相关知识，并且详细讲解了网际快车、迅雷、eMule、BitComet 的下载方法，以及下载资源后的解压缩方式。让读者一步到位地学习并使用下载方法，能够熟练地传输文件。

操作题

（1）练习从网络中下载一部现如今热门的电影。

（2）练习从网络中下载最新的金山毒霸软件。

Chapter 08 网上交友与聊天

学习时间

本课主要讲解腾讯 QQ 聊天软件和校友录，建议读者使用 280 分钟的时间来进行学习。

学习内容

- 认识常用网络聊天工具
- 下载并安装腾讯 QQ
- 申请免费 QQ 号码
- 申请 QQ 密码保护
- QQ 基本设置
- 查找与添加好友
- 与好友聊天
- 使用 QQ 传送文件
- 语音与视频聊天
- 使用 QQ 发送手机短信
- 注册网上校友录
- 创建自己的班级

精彩实例效果展示

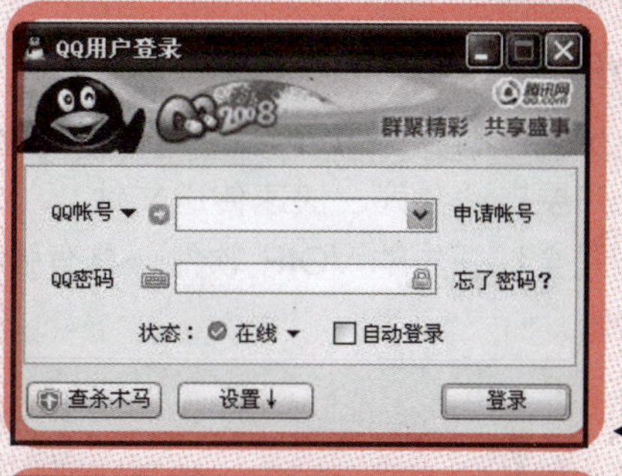

QQ 登录

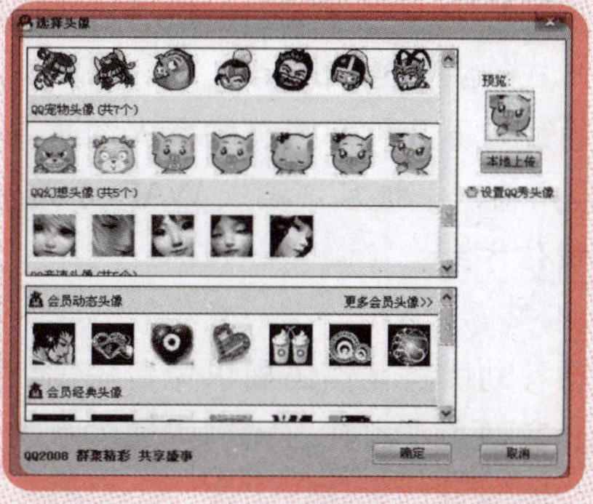

QQ 头像

校友录

8.1 基础导读

下面介绍一些网络常用的聊天工具，以及腾讯 QQ 的下载安装方法。

8.1.1 认识常用网络聊天工具

目前，常用的网络聊天软件有腾讯 QQ、Skype 下载、中国移动飞信、MSN Messenger、网易 POPO、UC、雅虎通等。其操作方式大同小异。

1. 腾讯 QQ

腾讯 QQ 是目前国内使用人数最多的即时通讯软件之一。其强大的功能和出色的服务深受人们的喜爱。

可以使用腾讯 QQ 和好友进行文字、语音、视频交流，即“面对面”聊天，功能非常全面。此外还有与手机发短信、聊天室、点对点断点续传传输文件、共享文件、QQ 邮箱、网络收藏夹、发送贺卡、QQ 游戏等功能。

2. Skype

Skype 是免费的全球语音沟通软件，用 Skype 可以与全球两亿好友进行免费的文字、语音、视频交流、开展电话会议、快速传送文件。

Skype 是全球领先的 VOIP 软件，具有强大的语音通讯功能，可以用它和好友进行免费通话，音质清晰。

3. 飞信

飞信是中国移动公司开发的，使用它可以将电脑和手机结合起来，实现消息、短信、语音等多种沟通方式的综合通信服务。

飞信可通过如下 3 种方式与联系人沟通。

- PC 客户端、手机客户端或 WAP 方式登录。
- 普通短信方式。
- 客户端。

凭借中国移动优势飞信还提供免费短信、超低语音资费、手机与计算机之间文件互传等诸多强大功能。实现永不离线、无缝沟通的状态。在为您提供稳定优质服务的同时，更为您带来前所未有的沟通快乐!

4. MSN Messenger

MSN Messenger 是微软公司推出的一款即时消息软件，界面简洁，易于使用，是与亲人、朋友、工作伙伴保持紧密联系的绝佳选择。只需使用一个 E-mail 地址，即可注册 MSN Messenger 的登录账号。使用 MSN Messenger 可以与他人进行文字聊天、语音对话、视频会议等即时交流，还可以查看联系人是否联机。

5. 网易 POPO

网易 POPO 是网易公司开发的一款免费的绿色多媒体即时通讯工具，网易 POPO 的功能

非常强大，可以做到全面地与朋友交流的目的。

它支持的功能有。

- 即时文字聊天、语音通话、视频对话。
- 文件断点续传。
- 邮件提醒、多人兴趣组。
- 在线及本地音乐播放、网络电台、发送网络多媒体文件。
- 网络文件共享、自定义软件皮肤。
- 与移动通讯终端等多种通信方式相连。
- 给网易博客用户发消息。
- 给网易论坛用户发消息。

6．新浪 UC

新浪 UC 是国内较早投入研发的即时通讯软件。新浪 UC 集传统即时通信软件功能于一体，是融合 P2P 思想的新一代开放式网络即时通信娱乐软件。其主要功能包括以下内容。

- 有声有色、图文并茂的场景聊天模式。
- 视频电话、可断点续传的文件传输。
- 多人聊天的多人世界。
- 消息群发功能。
- 在线游戏功能。
- 同学录（团体）等有机结合。

通过这些功能的结合完成了一个网上即时通讯娱乐平台，满足人们日常工作和生活的需要。

7．雅虎通

雅虎通是 Yahoo 开发的聊天软件，双向特殊音效和 MP3 播放功能，营造语音聊天新天地！雅虎通提供的百宝箱，功能更多、更精彩。

雅虎通主要的功能包括以下内容。

- 语音聊天。
- 多方会谈。
- 好友清单显示谁在线上。
- 传送即时信息。
- 来信提醒。
- 支持防火墙。

8.1.2　下载并安装腾讯 QQ

使用腾讯 QQ 之前，需要到网上下载并安装，它可以在搜索引擎中搜索下载，也可以在专门的下载网站中下载，还可以到腾讯 QQ 官方网站下载。

操作步骤

01 登录“腾讯官方下载”主界面，选择 QQ 最新版本的安装程序。

02 单击“立即下载”按钮。

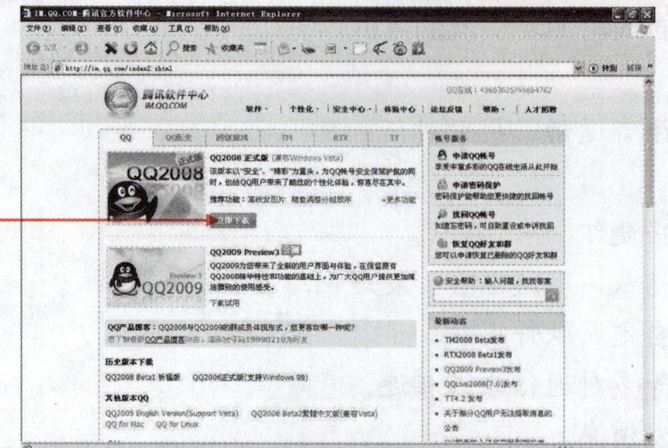

图 8-1　QQ 官方下载页面

03 下载完成后，双击安装程序，进入 QQ 安装向导。

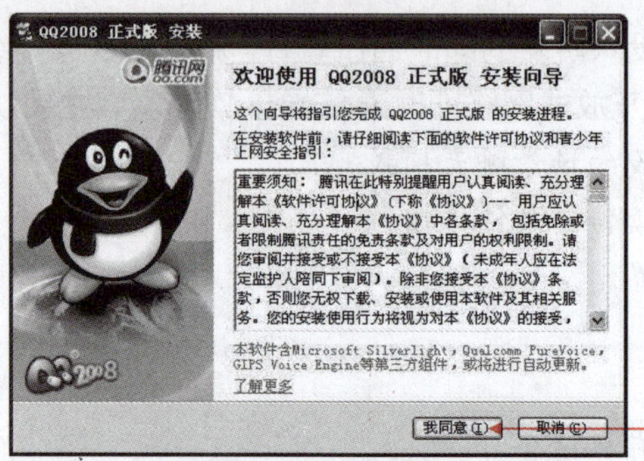

04 单击“我同意”按钮。

图 8-2　启动安装向导

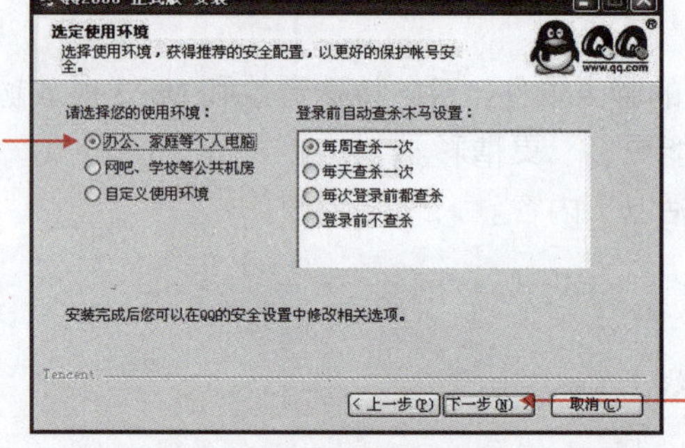

05 选择使用环境，如“办公、家庭等个人电脑”。

06 单击“下一步”按钮。

图 8-3　选择使用环境

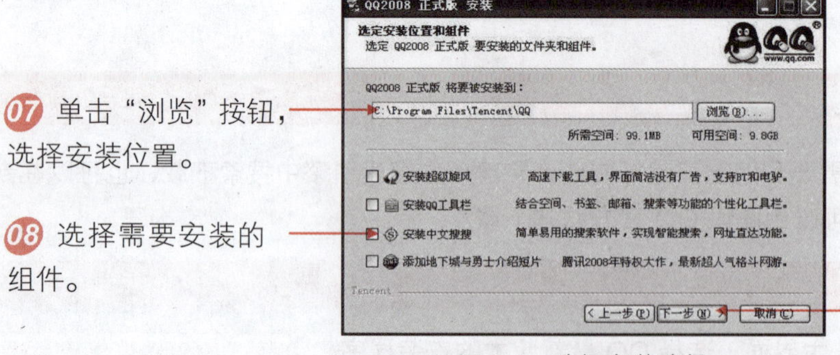

07 单击“浏览”按钮，选择安装位置。

08 选择需要安装的组件。

09 单击“下一步”按钮。

图 8-4　选择安装路径

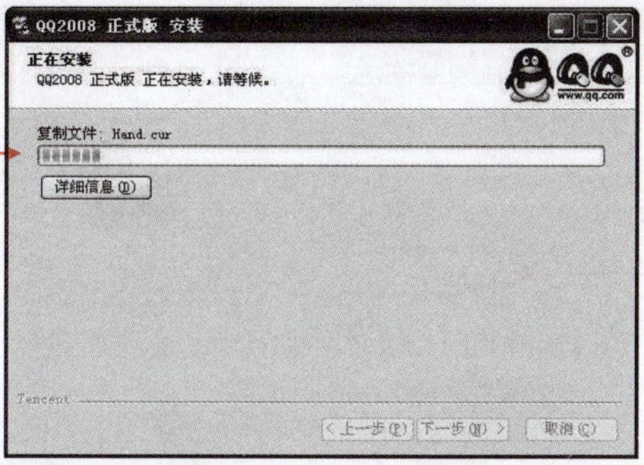

⑩ 正在安装。

图 8-5　开始安装

⑪ 选择想要执行的附加操作任务。

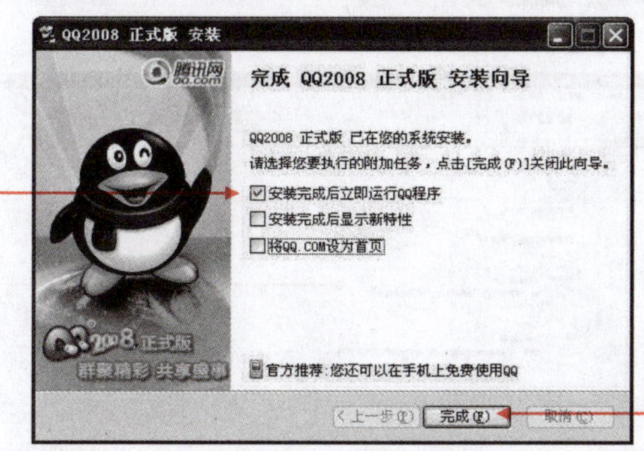

⑫ 系统安装后，单击“完成”按钮。

图 8-6　安装完成

8.2　上机实战

前面我们介绍了常用网络聊天软件的相关知识，下面我们通过实际操作学习如何申请、使用腾讯 QQ 的方法，达到用户的最终目的。

8.2.1　申请免费 QQ 号码

申请 QQ 号码的方法有很多，这里以申请免费号码为例，给大家讲解申请的步骤。

难度系数　☑ ☑ ☑

学习时间　30 分钟

学习目的　申请免费腾讯 QQ 号码。

操作步骤

01 启动腾讯 QQ，打开腾讯 QQ 用户登录界面，选择“申请帐号”选项，如图 8-7 所示。

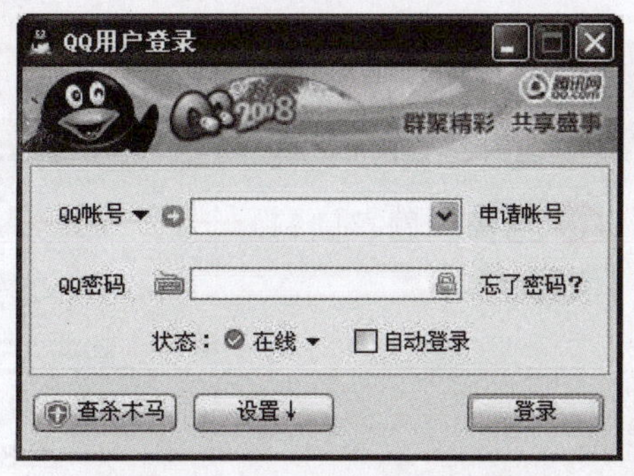

图 8-7　“QQ 用户登录”对话框

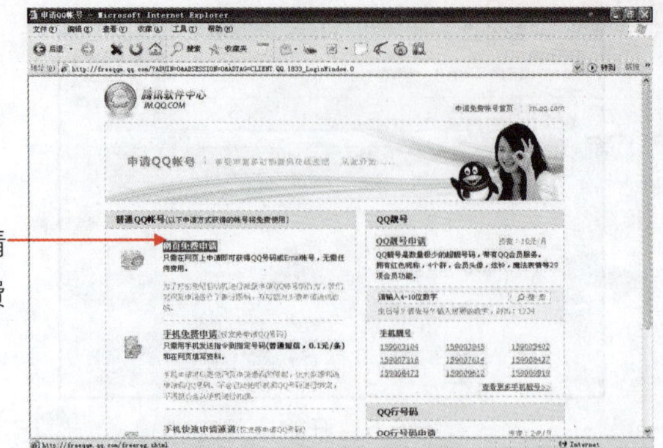

02 打开腾讯 QQ 申请页面，单击“网页免费申请”链接。

图 8-8　申请号码页面

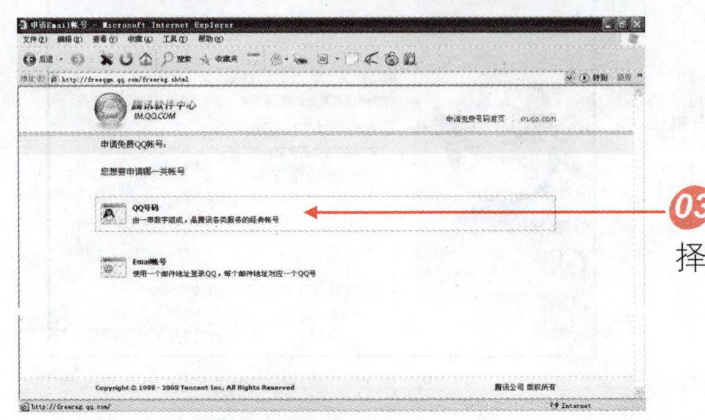

03 选择申请类型，选择“QQ 号码”选项。

图 8-9　选择申请类型

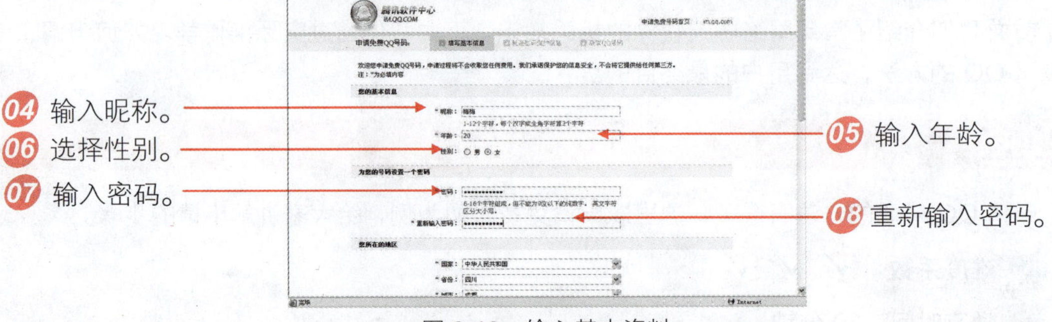

04 输入昵称。

05 输入年龄。

06 选择性别。

07 输入密码。

08 重新输入密码。

图 8-10　输入基本资料

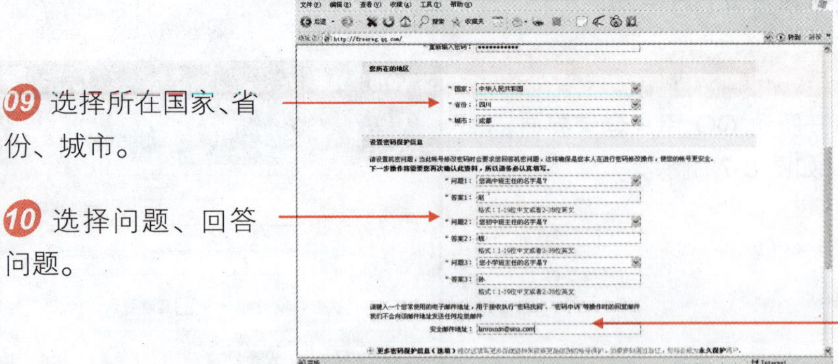

09 选择所在国家、省份、城市。

10 选择问题、回答问题。

11 输入安全邮箱地址。

图 8-11　输入安全保护资料

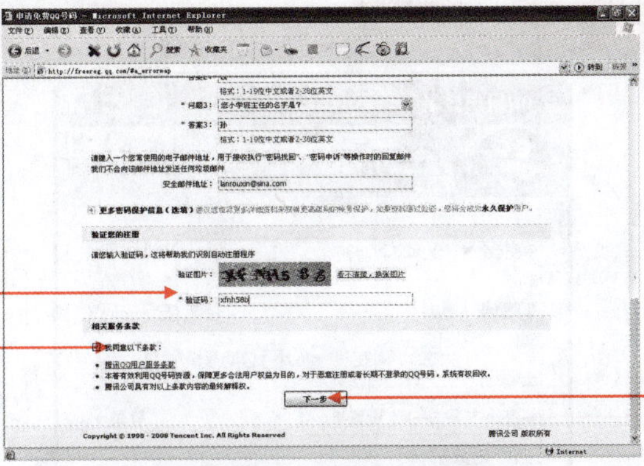

12 输入验证码。

13 同意服务条款。

14 单击“下一步”按钮。

图 8-12 同意服务条款

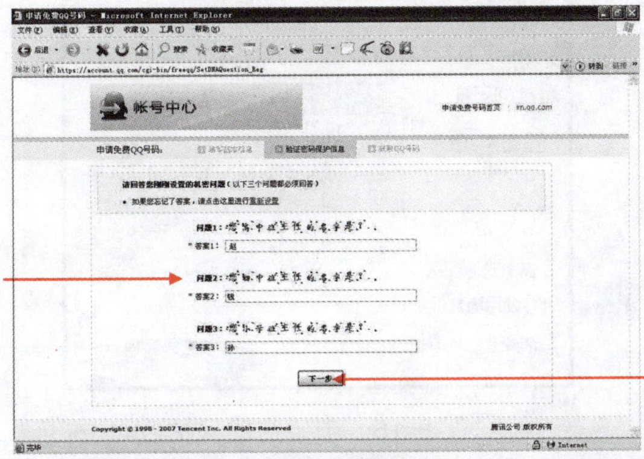

15 根据提示回答问题。

16 单击“下一步”按钮。

图 8-13 根据提示回答问题

17 申请成功。

图 8-14 申请成功

8.2.2 申请 QQ 密码保护

腾讯 QQ 为大家提供了密码保护功能，只要申请密码保护，你的 QQ 号码就安全了。

难度系数 ✓ ✓ ✓ ✓

学习时间 30 分钟

学习目的 申请腾讯 QQ 号码密码永久保护。

操作步骤

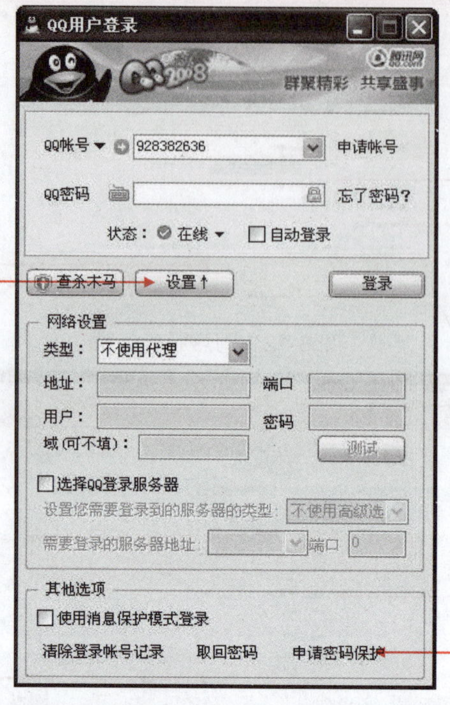

01 在QQ登录界面，单击“设置”按钮，弹出设置项。

02 单击“申请密码保护”链接。

图 8-15 申请密码保护

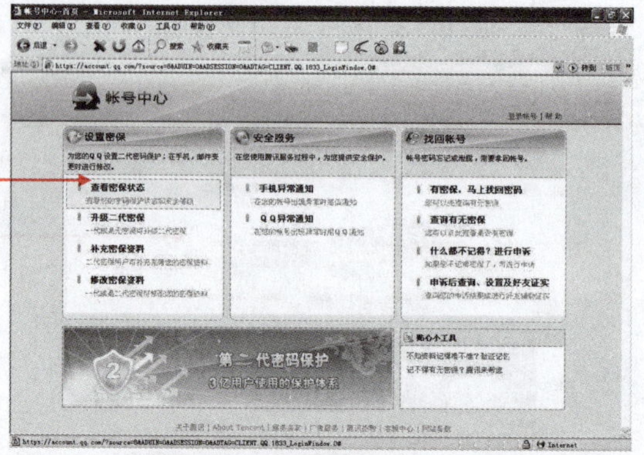

03 打开“帐号中心”页面，选择“查看密保状态”链接。

图 8-16 “账号中心”页面

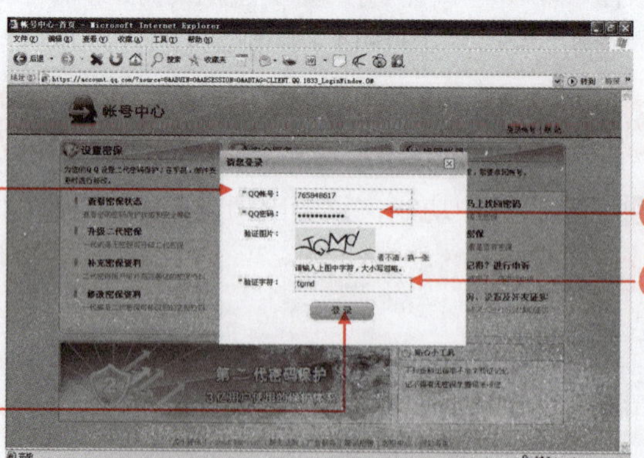

04 在弹出的“请您登录”窗口中，输入QQ帐号。

05 输入QQ密码。

06 输入验证码。

07 单击“确定”按钮。

图 8-17 登录 QQ

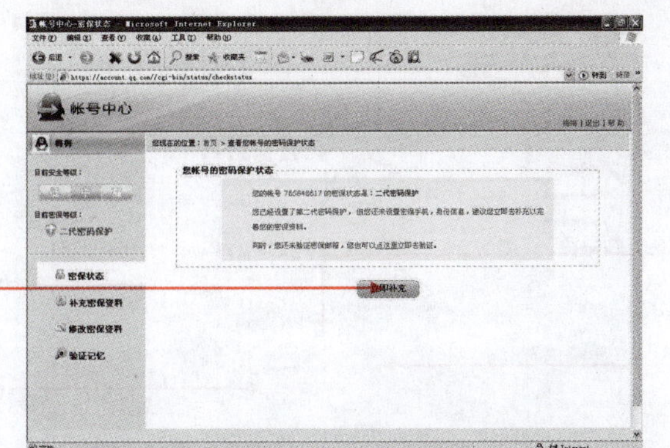

08 单击“立即补充”按钮。

图 8-18　补充资料

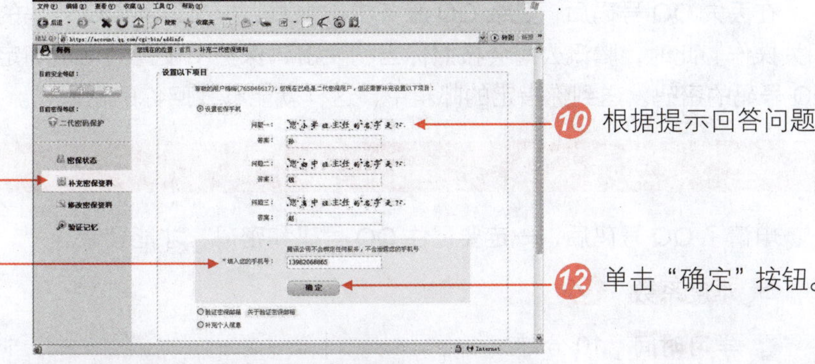

09 单击“补充密保资料”链接。

10 根据提示回答问题。

11 输入手机号码。

12 单击“确定”按钮。

图 8-19　设置密保手机

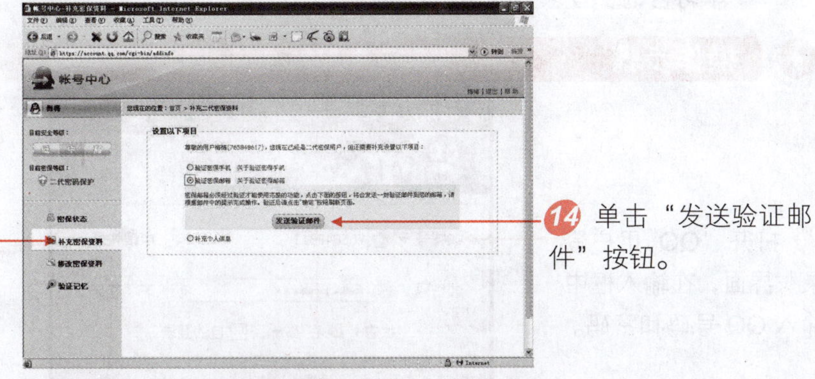

13 单击“补充密保资料箱”链接。

14 单击“发送验证邮件”按钮。

图 8-20　验证密保邮箱

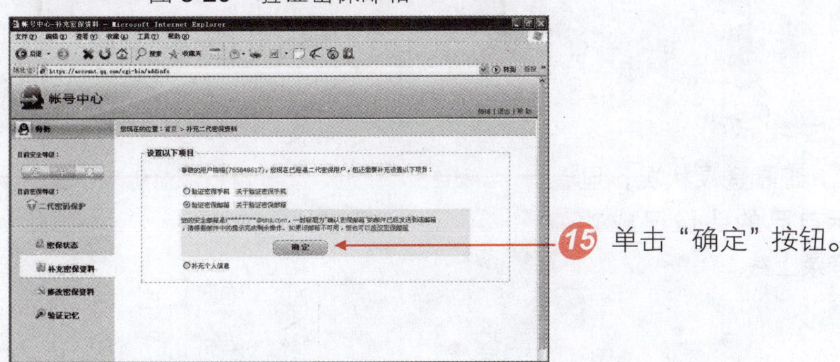

15 单击“确定”按钮。

图 8-21　密保手机设置成功

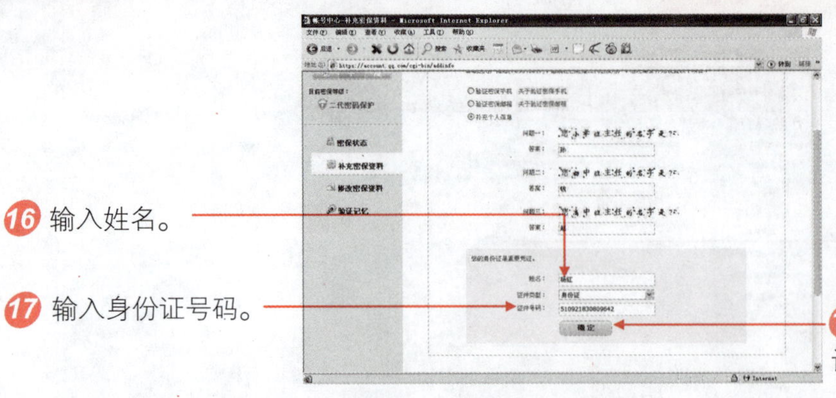

图 8-22　设置完成

在丢失 QQ 号码后，登录 QQ 服务中心主页，提交取回 QQ 号码的申请后，按照提示进行相关操作。此时，腾讯公司会按照你当初在密码保护中设置的信息确定你的身份，然后将这个 QQ 号码的密码发送到你指定的邮箱中，这样就能够找回你的密码了。

8.2.3　登录 QQ

申请了 QQ 号码后，一定要记住 QQ 号码和密码，才能登录。

难度系数 ✓

学习时间　10 分钟

学习目的　登录 QQ 面板。

操作步骤

01 打开“QQ 用户登录”界面，在输入框中输入 QQ 号码和密码。

02 选择自己喜欢的登录方式。

03 单击“登录”按钮。

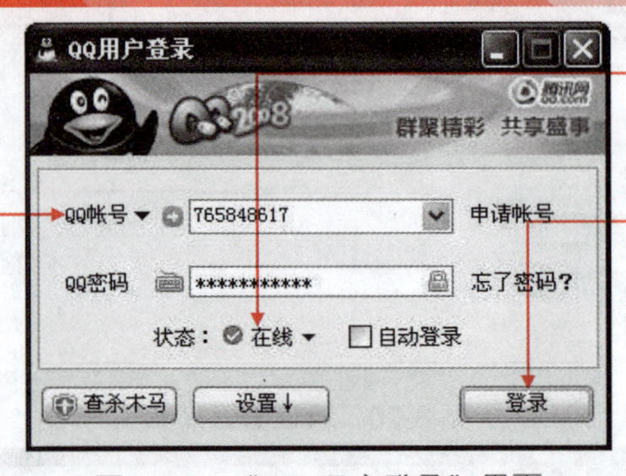

图 8-23　“QQ 用户登录”界面

04 查看登录状况，显示自己的头像已成功登录上线。

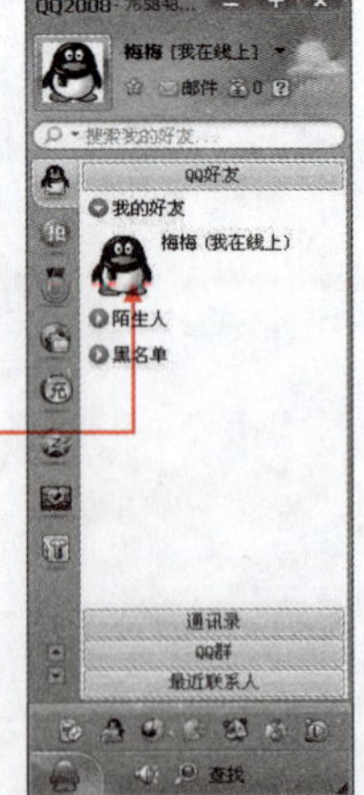

图 8-24　登录成功

8.2.4　QQ 基本设置

登录成功的 QQ 就代表了自己，一定要设置一些基本信息，这样才能让网友初步了解你，进一步与你做朋友。

难度系数 ☑☑

学习时间 20 分钟

学习目的 设置 QQ 的基本信息。

操作步骤

01 单击“系统菜单”按钮。

02 在弹出的菜单中，选择“设置”菜单。

03 选择“个人设置”命令。

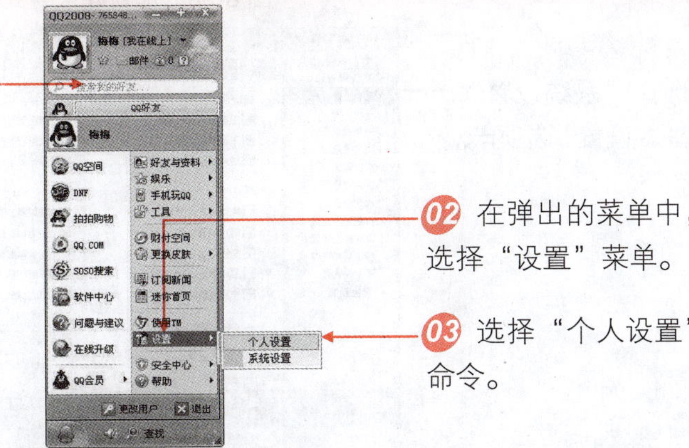

图 8-25　选择“个人设置”命令

04 在“个人资料”选项卡中设置自己的信息，如个性签名等。

05 单击“更改头像”链接。

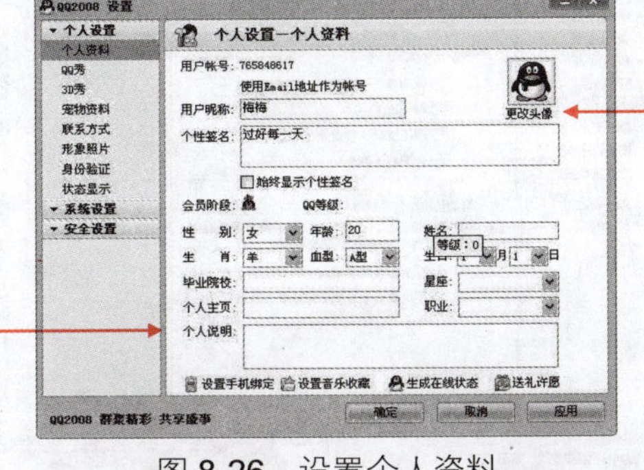

图 8-26　设置个人资料

06 在“选择头像”窗口中，选择喜欢的头像。

07 单击“确定”按钮。

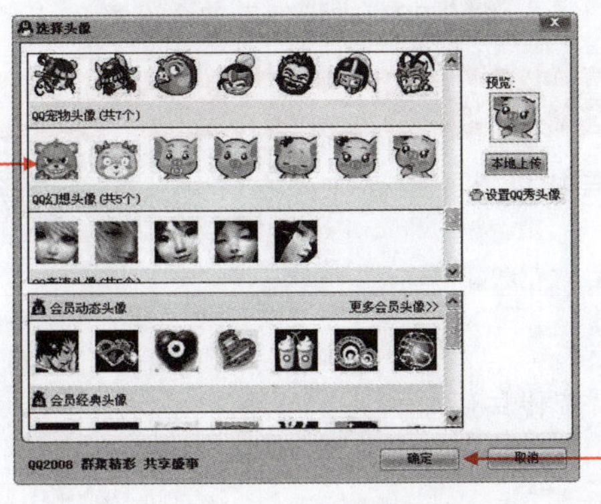

图 8-27　“选择头像”窗口

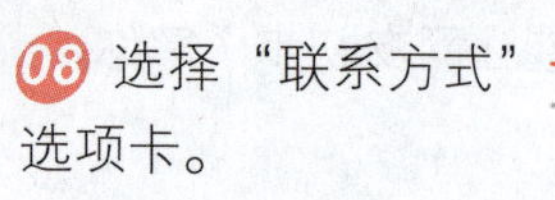

08 选择“联系方式”选项卡。

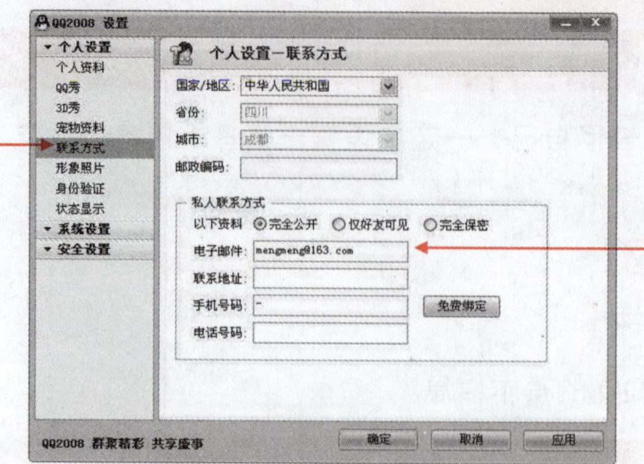

09 填写自己的联系方式。

图 8-28 填写联系方式

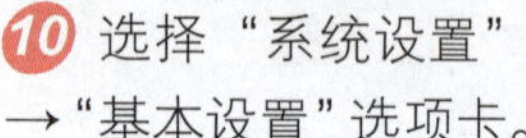

10 选择“系统设置”→“基本设置”选项卡。

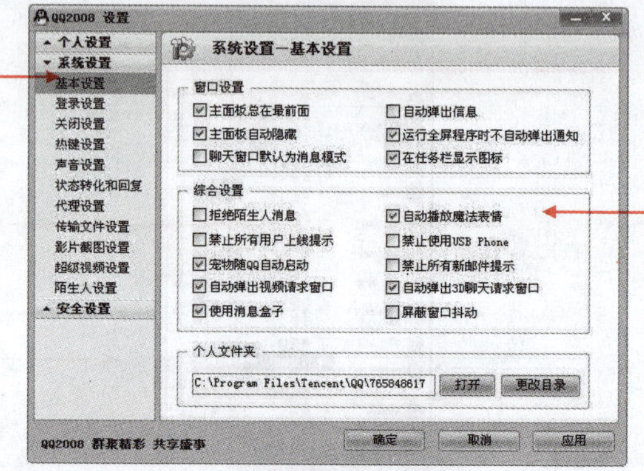

11 在 QQ 系统中进行简单的基本设置，如窗口设置等。

图 8-29 系统基本设置

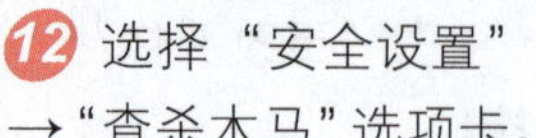

12 选择“安全设置”→“查杀木马”选项卡。

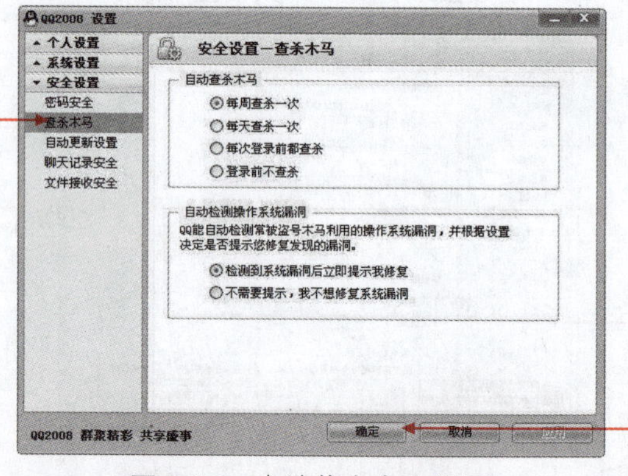

13 完成设置后，单击“确定”按钮即可。

图 8-30 本地信息安全设置

8.2.5 查找与添加好友

因为是第一次使用这个号码登录，里面还没有好友，下面讲解如何添加好友。

难度系数 ☑ ☑

学习时间 20 分钟

学习目的 在网络中查找与添加好友。

操作步骤

图 8-31　单击“查找”按钮

01 登录 QQ 面板，单击“查找”按钮。

02 选择最适合自己的查找方式，如精确查找。

03 在精确条件框中输入相应信息，如对方帐号。

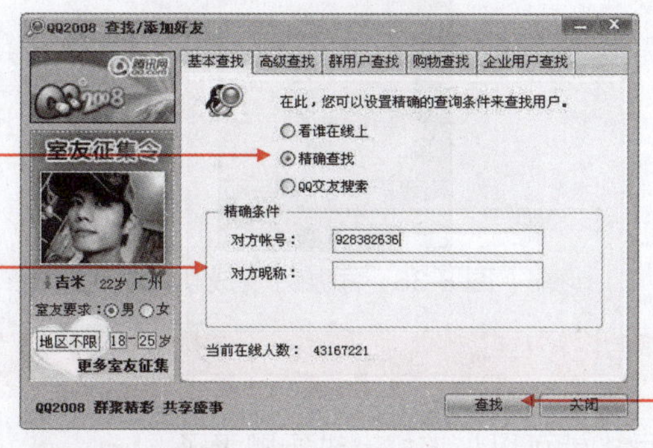

图 8-32　输入查找信息

04 单击“查找”按钮。

05 确定查找到的结果，并选中该用户。

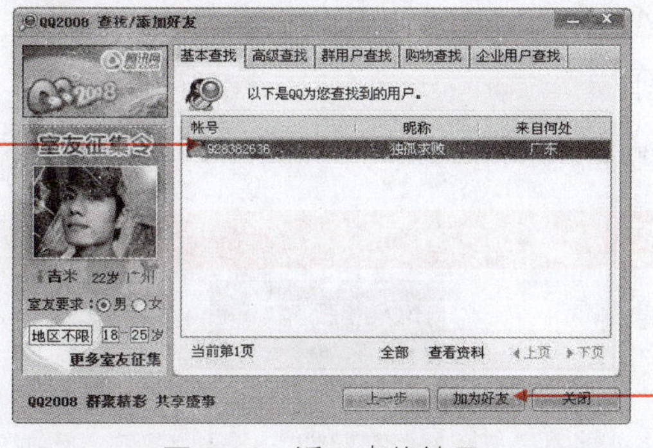

图 8-33　返回查找结果

06 单击“加为好友”按钮。

07 为您添加的好友进行分组，便于以后在列表框中进行查找。

08 输入您的请求信息，向对方表明身份。

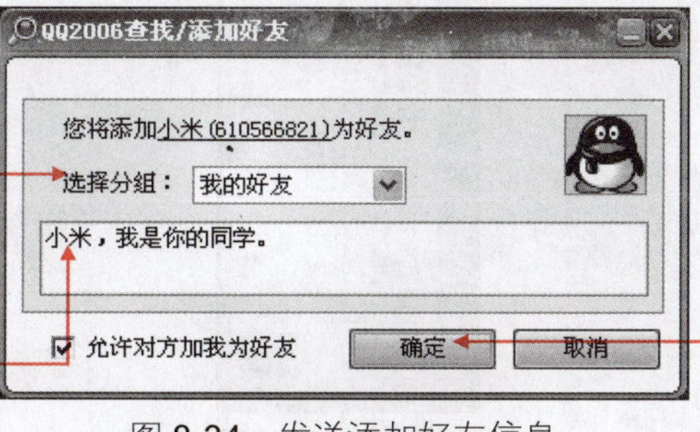

图 8-34　发送添加好友信息

09 单击“确定”按钮，发送请求信息。

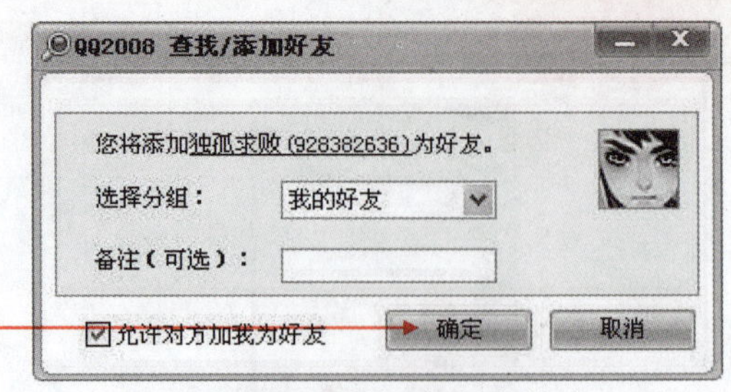

10 对方接受请求后，返回系统信息，单击"确定"按钮。

图 8-35　返回添加好友信息

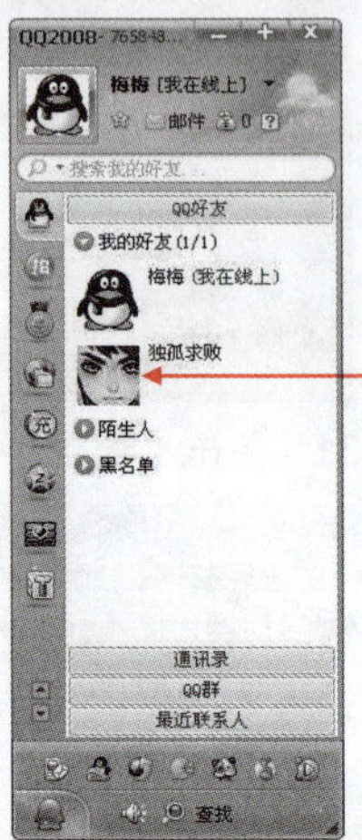

11 好友添加成功，在我的好友列表中查看该好友状态。

图 8-36　添加好友成功

8.2.6　与好友聊天

成功添加 QQ 好友以后，就可以与该好友进行聊天了。

难度系数 ☑ ☑

学习时间 20 分钟

学习目的 与好友聊天。

操作步骤

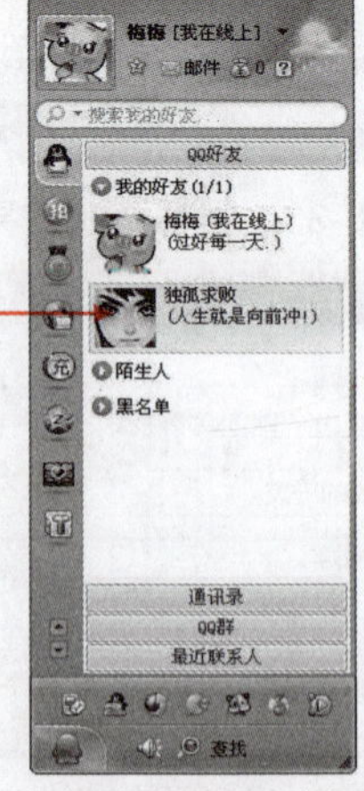

01 双击聊天对象，打开聊天对话框。

图 8-37　QQ 好友面板

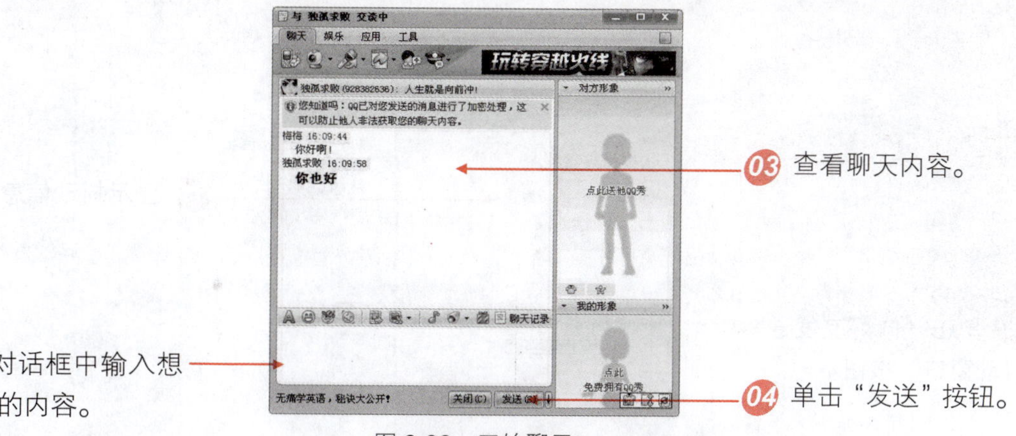

02 在对话框中输入想要交谈的内容。

03 查看聊天内容。

04 单击“发送”按钮。

图 8-38 开始聊天

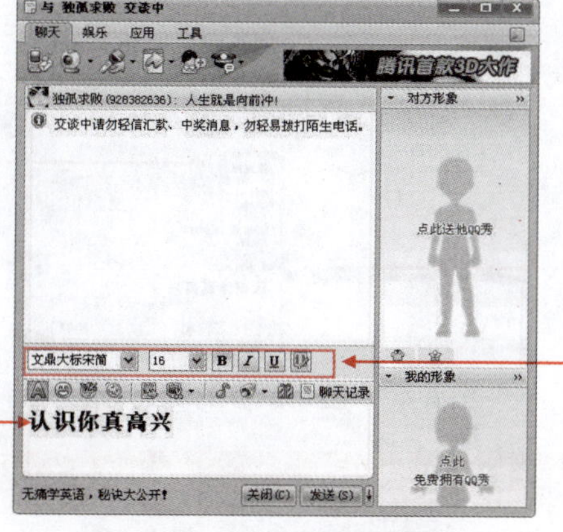

05 输入文字。

06 设置字体格式。

图 8-39 设置聊天文字样式

07 在表情菜单中，单击想要的表情。

图 8-40 插入表情

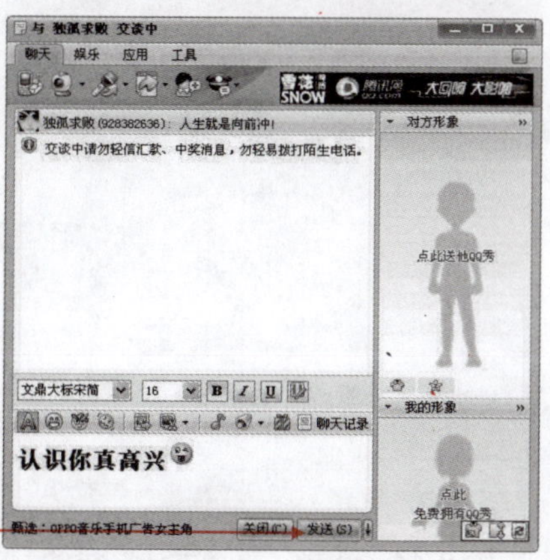

08 单击“发送”按钮。

图 8-41 发送信息

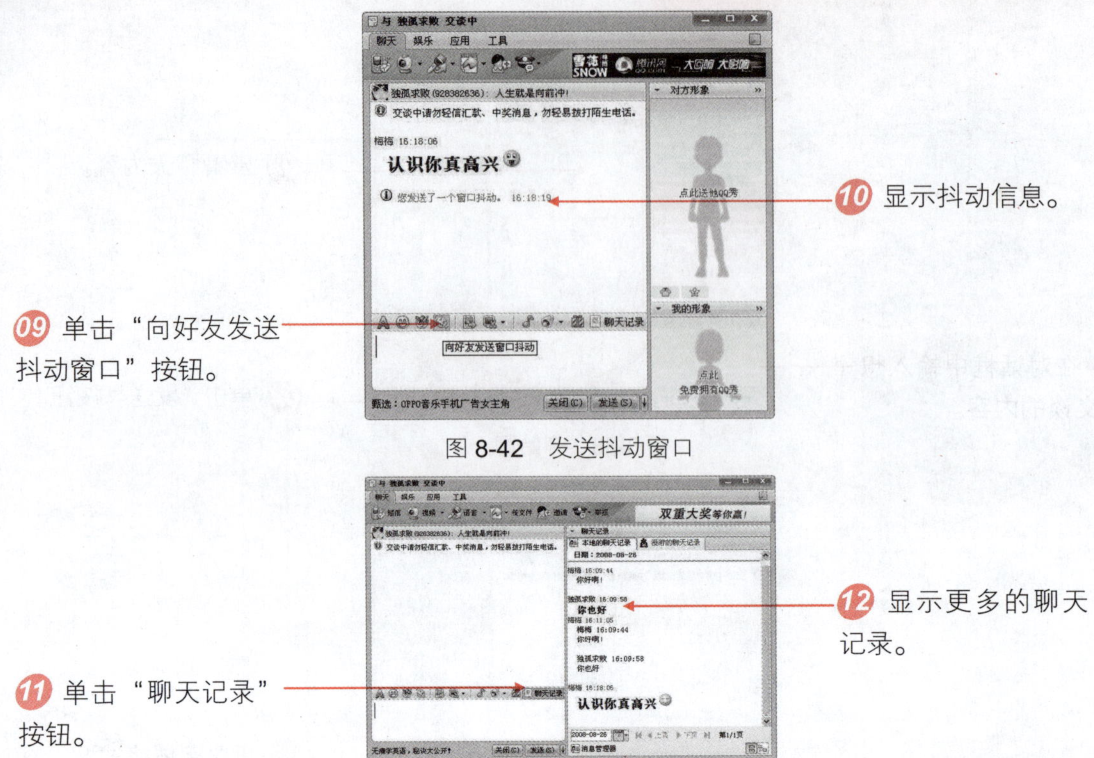

图 8-42　发送抖动窗口

图 8-43　显示更多的聊天记录

8.2.7　使用 QQ 传送文件

QQ 提供的文件传送功能，以快速、稳定的优点为大家带来了很大的方便。

难度系数　☑ ☑ ☑

学习时间　20 分钟

学习目的　同好友互传文件。

操作步骤

01 单击“传送文件”按钮。

02 在弹出的菜单中选择“直接发送”命令。

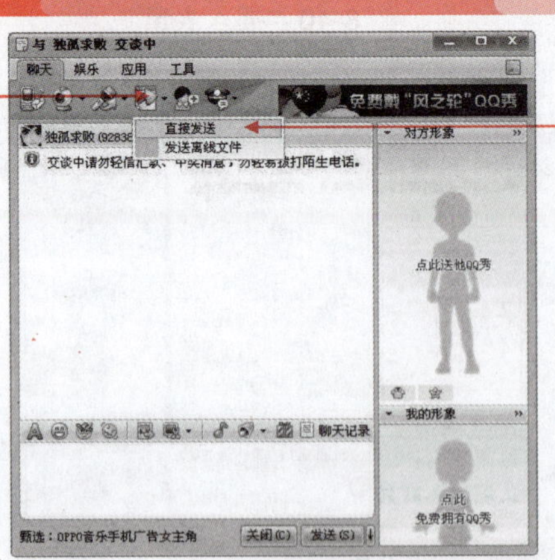

图 8-44　选择“直接发送”命令

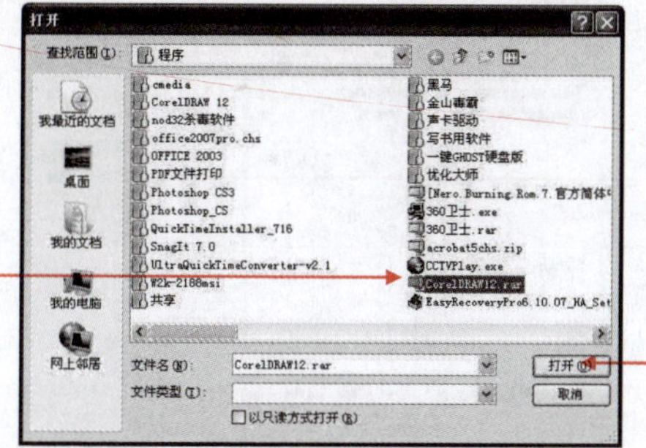

03 在打开的对话框中选择需要传送的文件。

04 单击“打开”按钮。

图 8-45　“打开”对话框

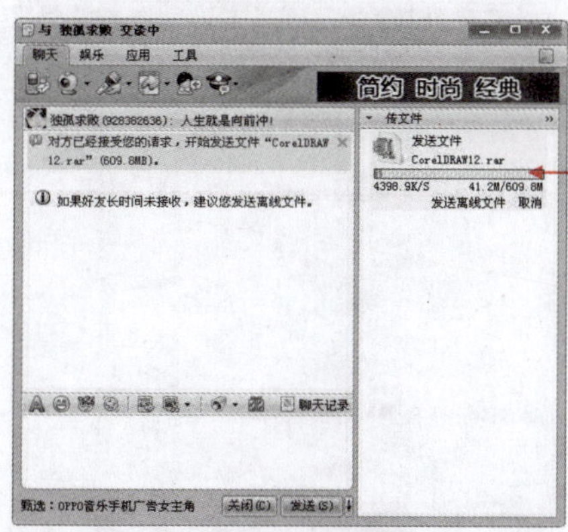

05 好友同意接收传送文件，查看文件传送的速度、进度。

图 8-46　开始传送

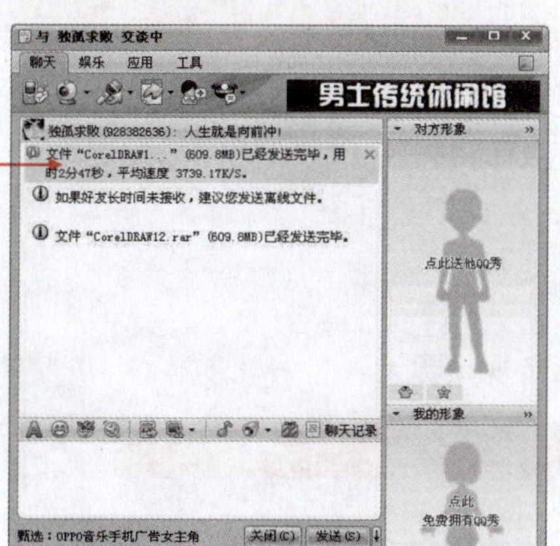

06 返回完成信息，文件传送完毕。

图 8-47　传送完毕

提示

腾讯 QQ 中不能传执行文件，如.exe、.com 格式，此时，可将这类文件压缩，再进行传送。

那又如何接收好友传送来的文件呢？操作步骤如下。

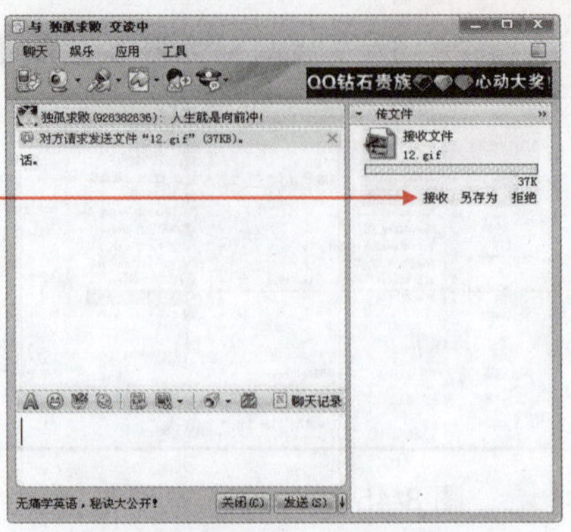

01 当好友传送文件过来时，聊天窗口会出现文件传送提示，单击“接收”链接。

图 8-48 单击“接收”链接

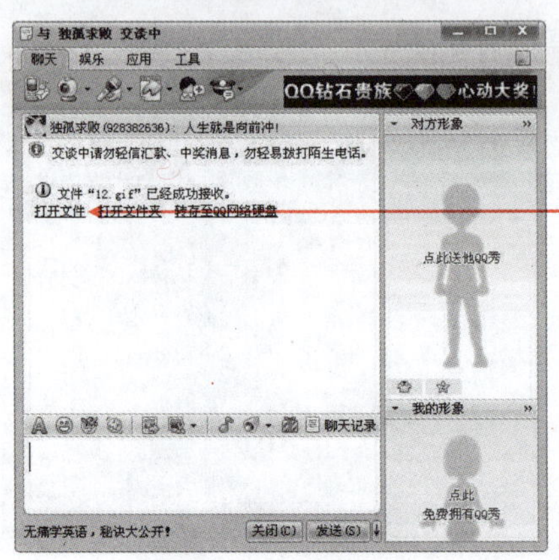

02 单击“打开文件”链接，直接打开文件。

图 8-49 文件接收成功

8.2.8 语音与视频聊天

腾讯 QQ 提供了语音与视频聊天功能，在网络中我们就可以听到好友、亲人的声音，并看到他们的表情，让你们就像面对面聊天一样。

难度系数 ☑☑☑

学习时间 20 分钟

学习目的 与好友语音视频聊天。

操作步骤

1. 语音聊天

在腾讯 QQ 中与好友语音聊天，操作步骤如下。

01 在与好友聊天的界面中，单击“语音聊天”按钮，在弹出的快捷菜单中，选择“超级语音”命令。

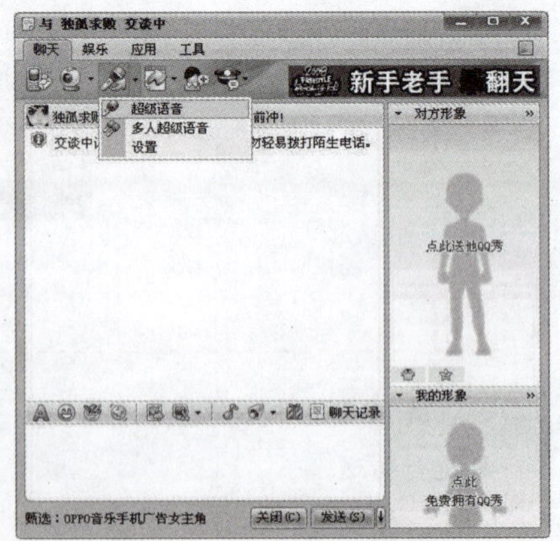

图 8-50 选择“超级语音”命令

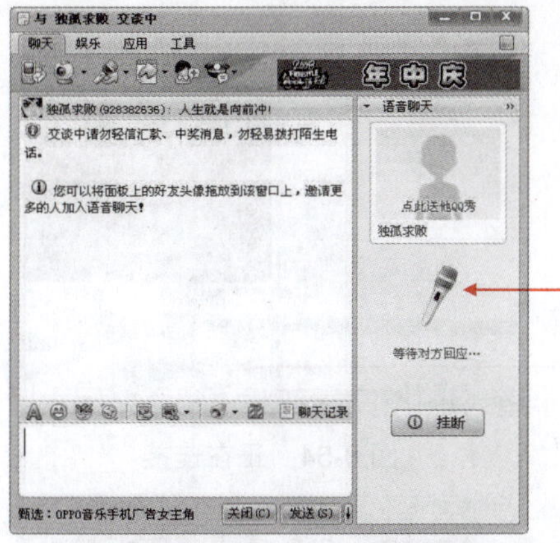

02 等待与好友的语音连接。

图 8-51　等待好友同意请求

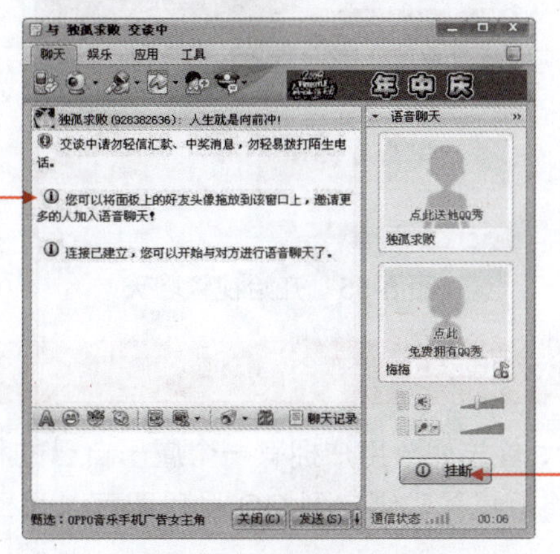

03 与好友进行语音对话，享受网络语音聊天的乐趣，同时能进行文字聊天。

04 若取消语音聊天，单击“挂断”按钮。

图 8-52　开始语音聊天

2．视频聊天

用腾讯 QQ 与好友视频聊天，具体操作步骤如下。

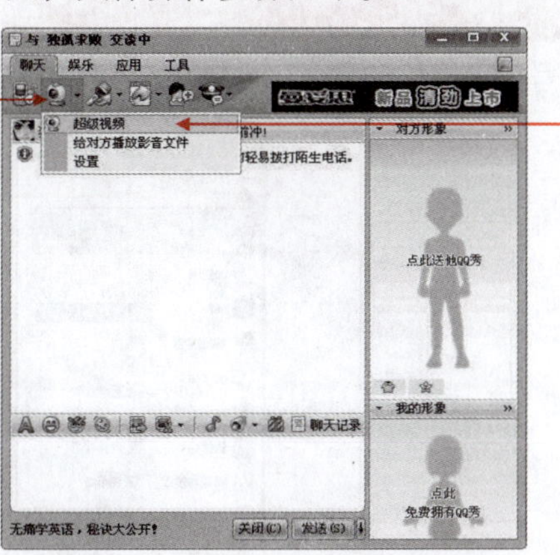

01 单击“视频聊天”按钮。

02 在弹出的快捷菜单中选择“超级视频”命令。

图 8-53　选择“超级视频”命令

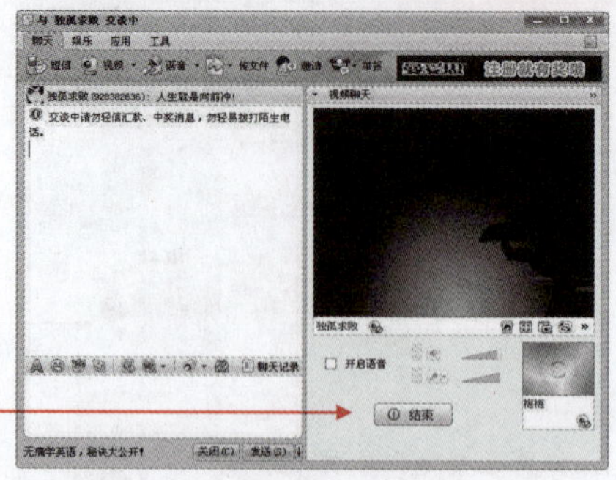

03 正在建立与好友的视频连接。

图 8-54 正在连接

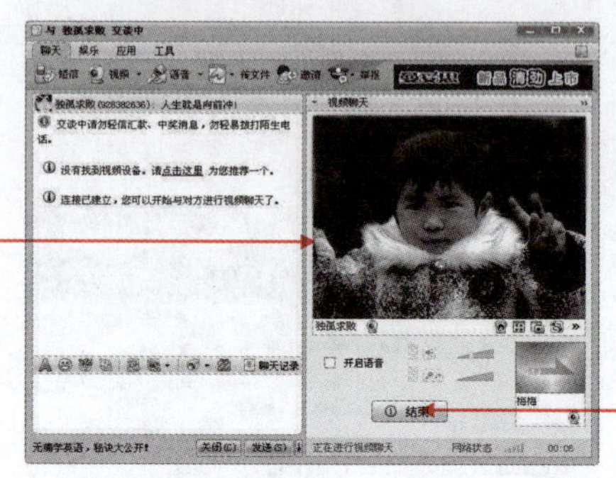

04 查看视频音像状况，在此观看好友影像，进行语音及视频聊天。

05 若要取消视频聊天，单击“结束”按钮即可。

图 8-55 开始视频聊天

8.2.9 使用 QQ 发送手机短信

使用 QQ 发送手机短信时，首先需要用户拥有一个属于自己的移动手机号码，可以是国内任何一家移动运营商的号码。将手机号码绑定到 QQ 号码即可以互相发送短信。

难度系数 ☑ ☑ ☑

学习时间 30 分钟

学习目的 绑定 QQ 与手机，使用 QQ 与手机发短信。

操作步骤

将手机号码绑定到 QQ 号码，操作步骤如下。

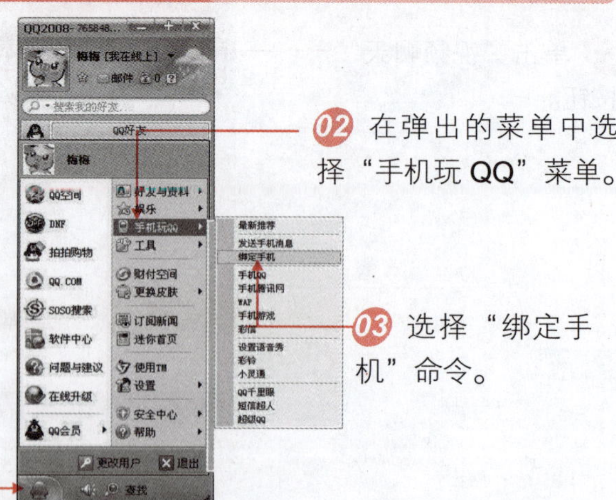

02 在弹出的菜单中选择“手机玩 QQ”菜单。

03 选择“绑定手机”命令。

01 单击“系统菜单”按钮。

图 8-56 选择“绑定手机”命令

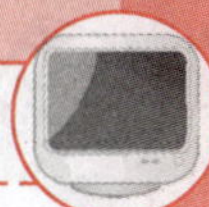

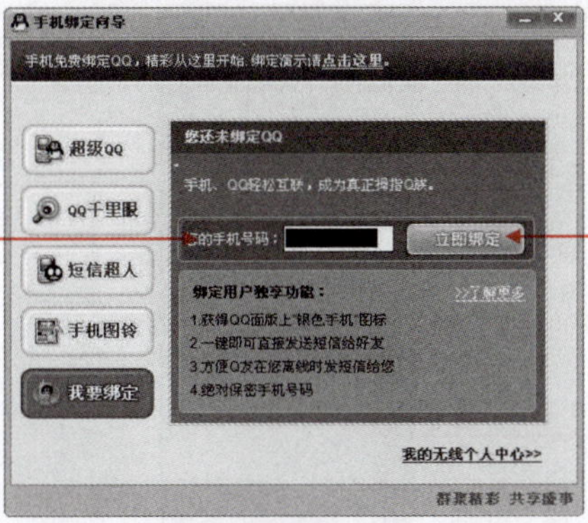

04 输入手机号码。

05 单击“立即绑定”按钮。

图 8-57　绑定手机

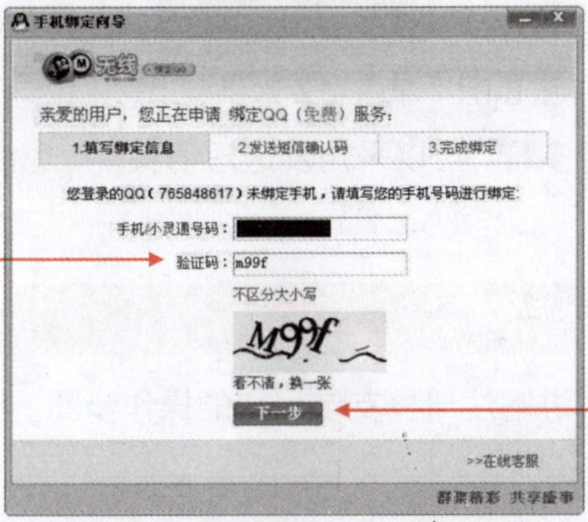

06 输入验证码。

07 单击“下一步”按钮。

图 8-58　输入验证码

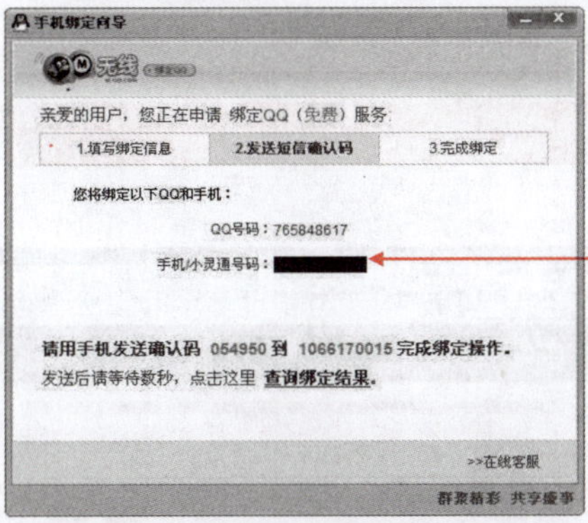

08 请用手机发送确认码 054950 到 1066170015 完成绑定操作。

图 8-59　发送手机短信

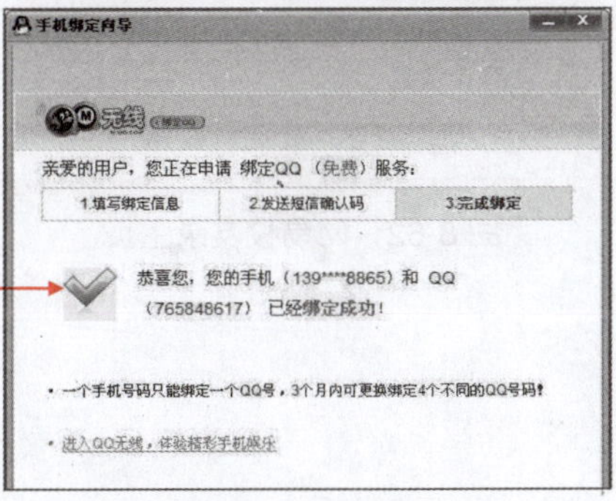

09 绑定成功。

图 8-60　绑定成功

Days 1
Days 2
Days 3
Days 4
Days 5
Days 6
Days 7

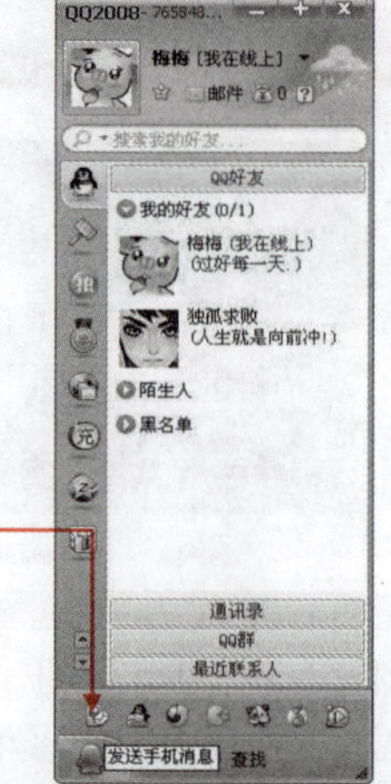

10 单击“发送手机消息”按钮，就可以用 QQ 给手机发送短消息了。

图 8-61　单击“发送手机消息”按钮

取消手机绑定的方法多种多样，可以采用发送短信实现，也能够在网上通过相关设置实现。

8.2.10　注册网上校友录

下面以网易校友录为例，讲解注册校友录用户的操作步骤。

难度系数 ☑ ☑

学习时间 20 分钟

学习目的 学习如何注册网上校友录。

操作步骤

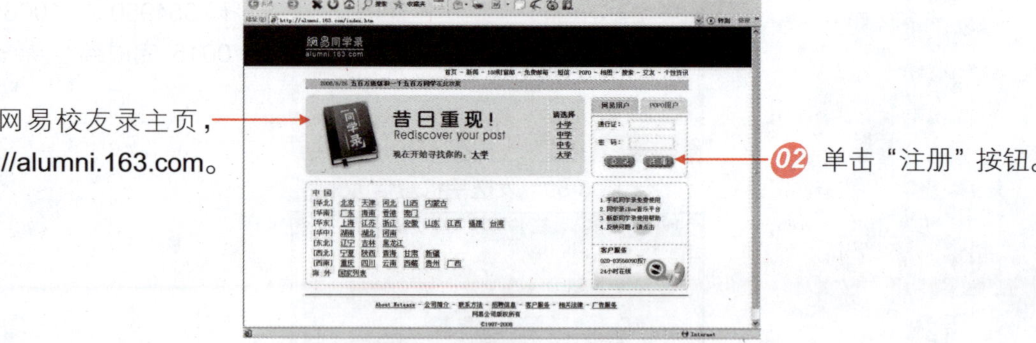

01 网易校友录主页，http://alumni.163.com。

02 单击“注册”按钮。

图 8-62　网易校友录主页

03 输入用户名。

04 输入密码。

05 回答密码保护问题。

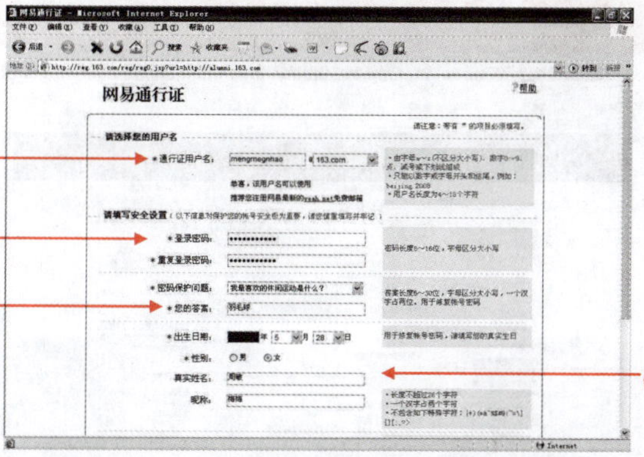

06 输入其他信息。

图 8-63　输入信息

07 输入保密邮箱。

08 输入验证码。

09 单击“注册帐号”按钮。

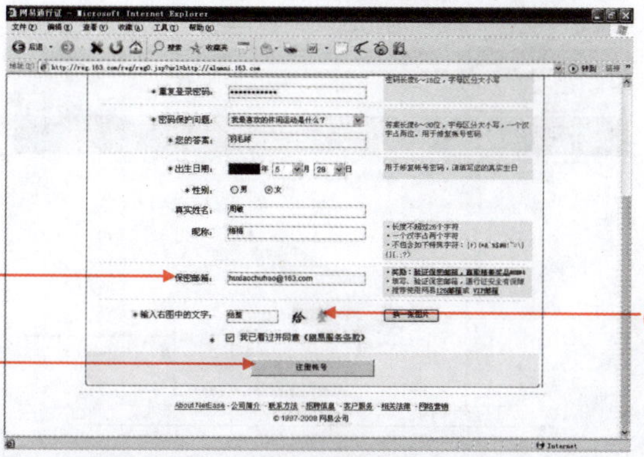

图 8-64　输入保密邮箱与验证码

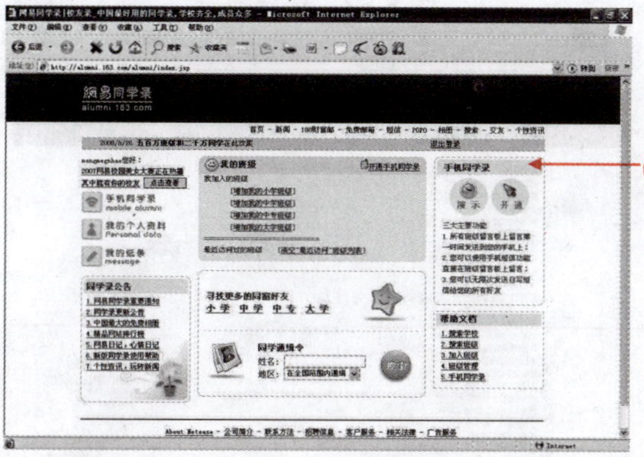

10 注册成功，进入校友录。

图 8-65　注册成功

8.2.11　加入班级

使用自己的用户名在校友录中查找自己的学校和班级。

难度系数 ✓ ✓

学习时间 20 分钟

学习目的 查找自己的班级并加入。

Days 1
Days 2
Days 3
Days 4
Days 5
Days 6
Days 7

操作步骤

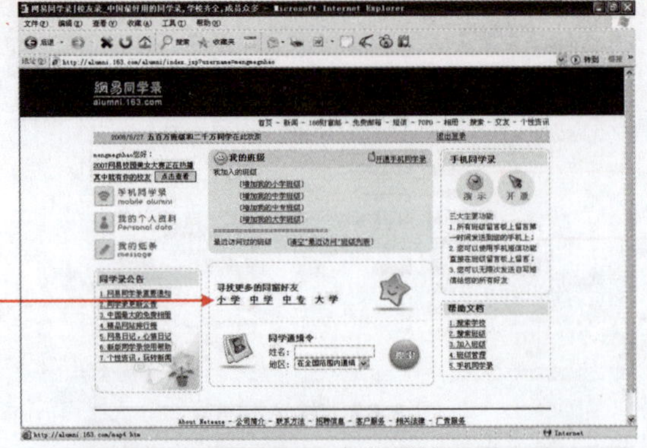

01 选择“寻找更多的同窗好友”选项，如大学。

图 8-66　查找学校

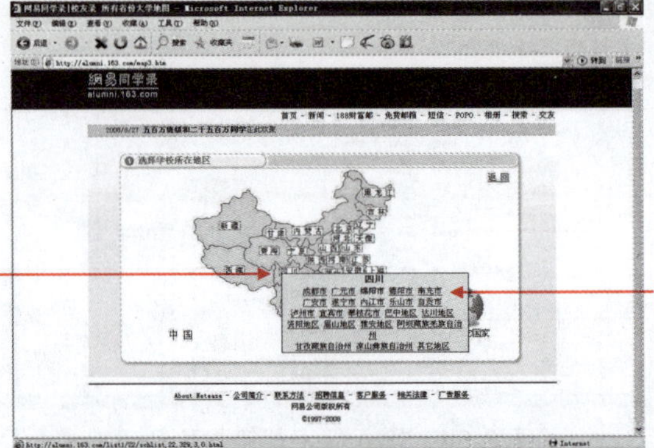

02 在地图上，单击学校所在省份，如四川。

03 在弹出的菜单中选择城市，如绵阳。

图 8-67　选择省份

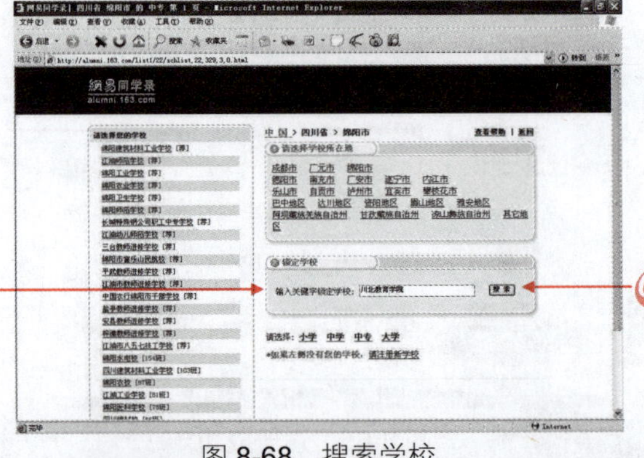

04 输入学校名称，如川北教育学院。

05 单击“搜索”按钮。

图 8-68　搜索学校

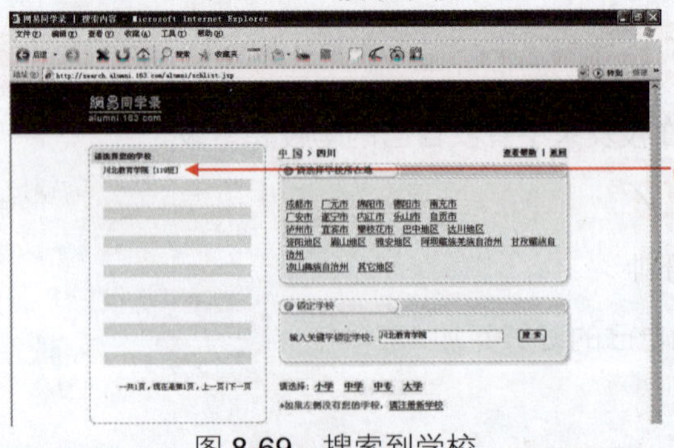

06 单击“川北教育学院”链接。

图 8-69　搜索到学校

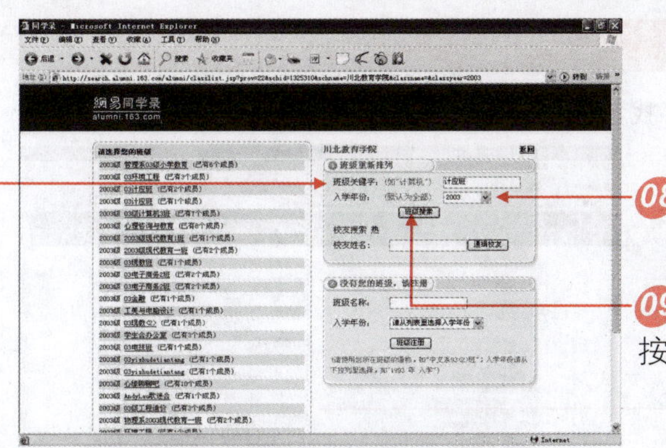

图 8-70　搜索班级

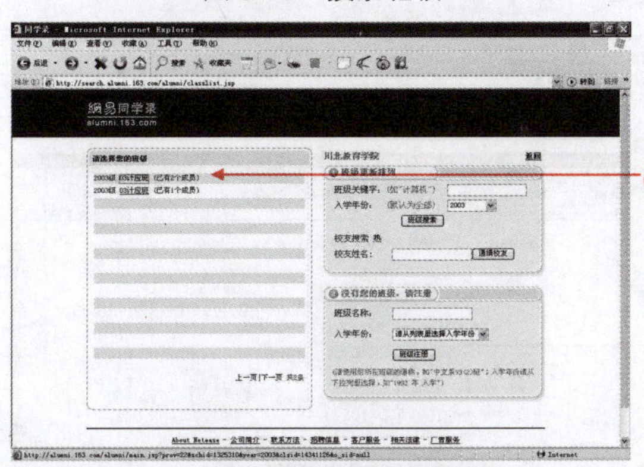

图 8-71　选择班级

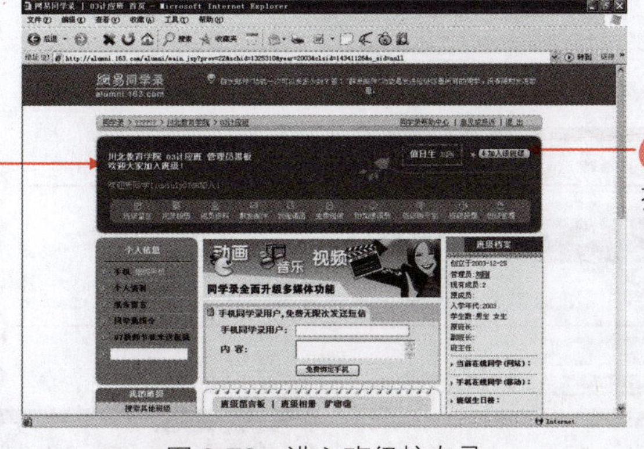

图 8-72　进入班级校友录

8.2.12　创建自己的班级

如果没有查找到自己的班级，可以新创建一个班级，再告知其他同学。在自己的班级空间中，可以发表留言、发布照片等操作。

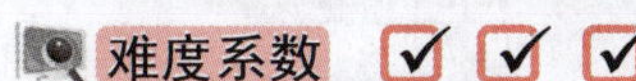

难度系数 ☑ ☑ ☑

学习时间　30 分钟

学习目的　创建自己的班级校友录。

操作步骤

01 按照前面的方法寻找创建的班级的省市、学校。

02 输入班级名称。

03 单击“班级注册”按钮。

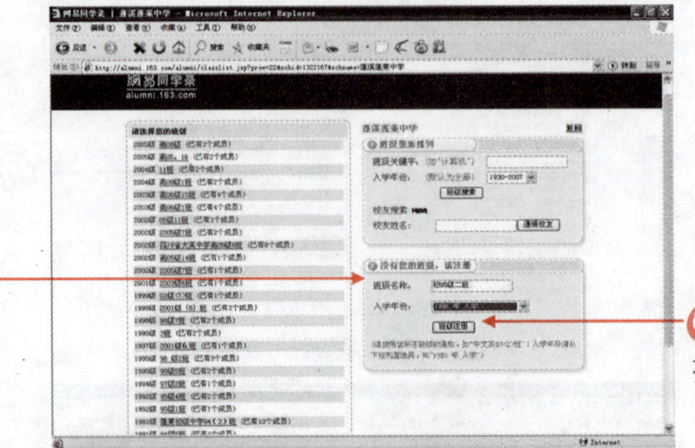

图 8-73 单击“班级注册”按钮

04 单击“确认无误，请点这里建立班级”按钮，班级建立成功。

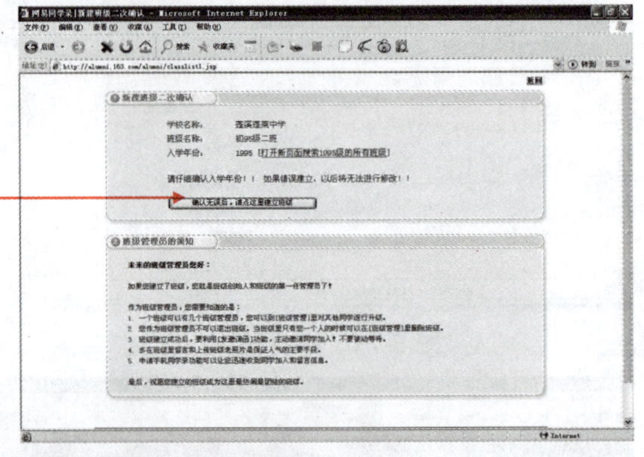

图 8-74 建立成功

05 输入邀请人的邮箱地址。

06 单击“发送邀请邮件”按钮。

07 单击“班级留言”按钮。

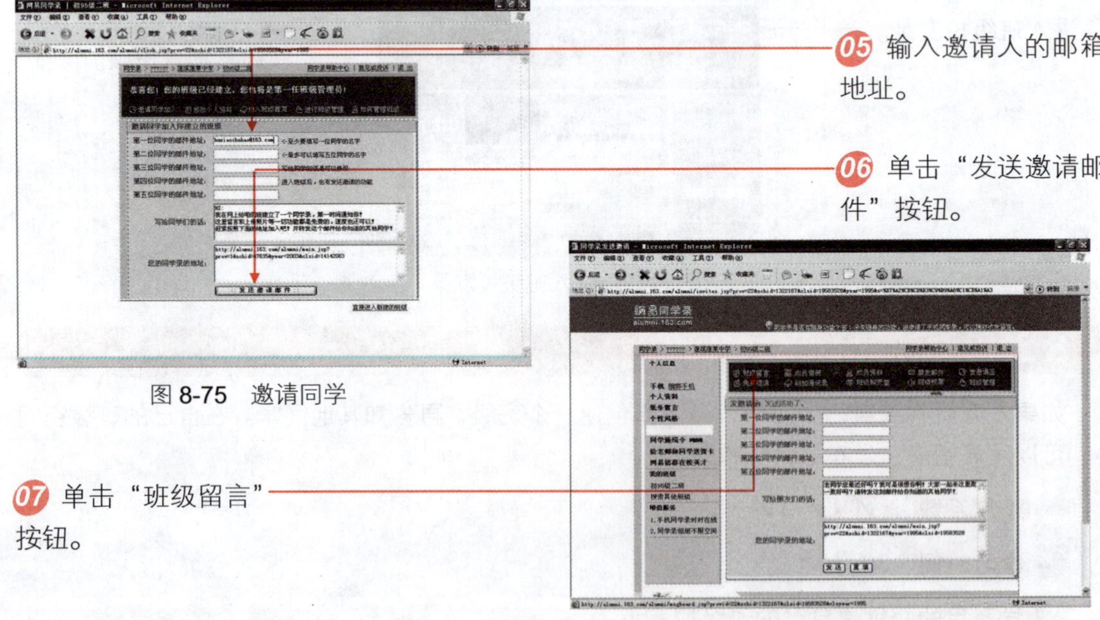

图 8-75 邀请同学

图 8-76 在校友录留言

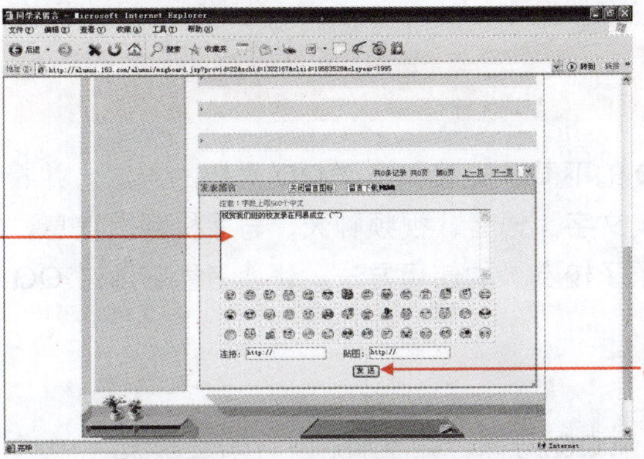

08 输入留言内容。

09 单击“发送”按钮。

图 8-77 输入留言内容

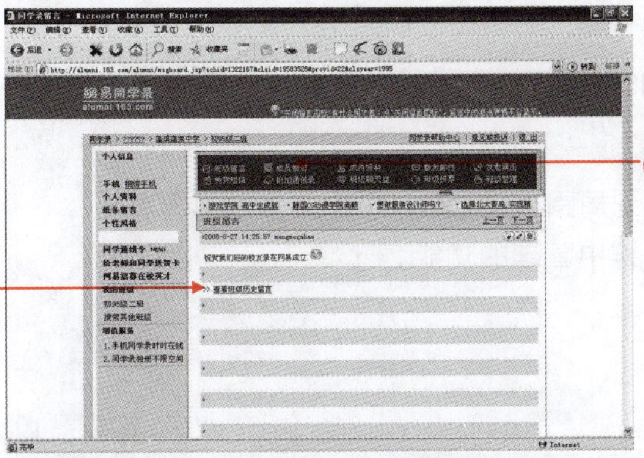

10 查看发送成功的留言。

11 单击“成员相册”按钮。

图 8-78 查看留言

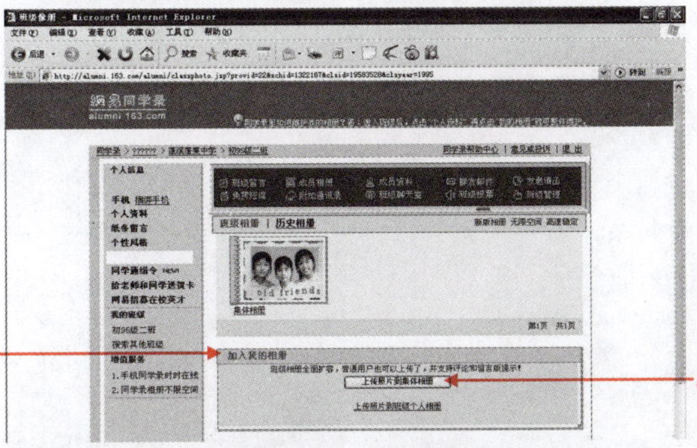

12 单击“浏览”按钮，选择要上传的照片。

13 单击“上传照片到集体相册”按钮。

图 8-79 相册页面

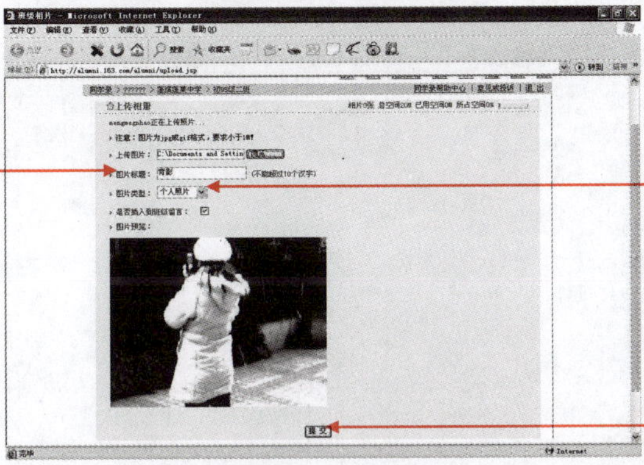

14 输入图片标题。

15 选择图片类型。

16 单击“提交”按钮，相片上传成功。

图 8-80 上传照片

8.3 巩固与练习

本章讲解了腾讯 QQ 的下载、安装和申请 QQ 号码的方法，并着重讲解腾讯 QQ 的使用方法，如添加好友，与好友文字、语音、视频聊天，与手机互发信息，QQ 邮箱、QQ 群、网络硬盘的使用，并且还介绍了校友录的使用方法。让读者能够通过 QQ 的使用得到扩展，也能运用其他聊天软件。

操作题

（1）为自己申请一个 QQ 号码，并添加好友，与之聊天。

（2）在 Chinaren 校友录中，搜索自己的班级并加入，若没有则创建一个自己的班级校友录。

（3）下载并安装 MSN Messenger，比较一下它与腾讯 QQ 的使用方法。

问答题

（1）你一定时常听到周围人说 QQ，想想关于它的趣事。

（2）讲述一下 QQ 群中管理的功能。

Chapter 09

论坛与博客

学习时间

本课主要讲解的是论坛和博客的申请以及使用，建议读者使用 220 分钟的时间来进行学习。

学习内容

- 什么是论坛
- 什么是博客（Blog）
- 注册和登录 BBS
- 发布图片和视频文件
- 制作 BBS 个性签名
- 浏览别人的博客
- 注册并登录博客
- 装扮博客
- 撰写博客
- 管理博客
- 博客相册

精彩实例效果展示

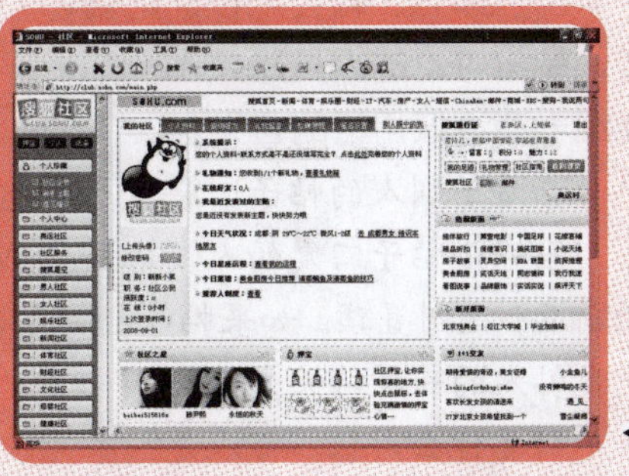

搜狐社区

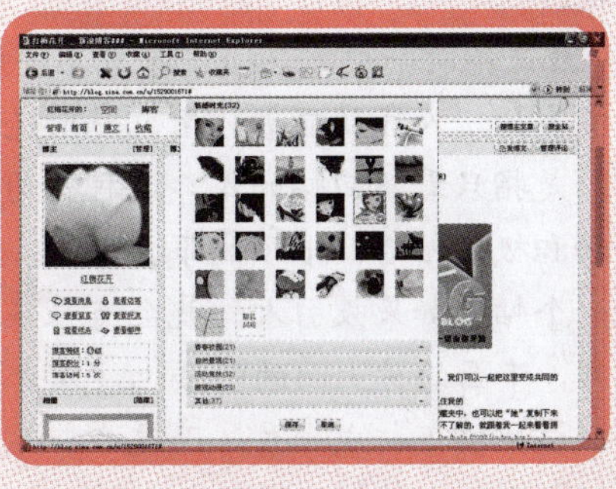

博客风格

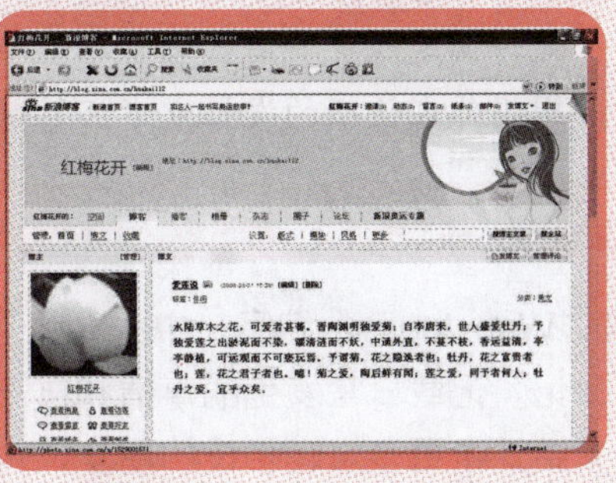

浏览博文

9.1 基础导读

论坛和博客一直都是网民在网络中的热门生活方式。论坛是根据版块发表主题，主题是多人参与的。而博客相当于自己的记事本，内容、主题自己做主。

9.1.1 什么是论坛

论坛又名BBS，全称为Bulletin Board System(电子公告板）或者Bulletin Board Service（公告板服务），是Internet上的一种电子信息服务系统。它提供一块公共电子白板，每个用户都可以在上面书写、发布信息或提出看法。用户在BBS站点上可以获得各种信息服务，发布信息，进行讨论，聊天等等。

论坛按不同的主题分为许多版块，版块是依据网民的要求和喜好来设立的。论坛也提供邮件功能，如果需要私下的交流，也可以将想说的话直接发到某个人的电子信箱中。

在论坛里，人们之间的交流打破了空间、时间的限制。在与别人进行交流时，无须考虑自身的年龄、学历、知识、社会地位、财富、外貌、健康状况，也无从知道交谈对方的真实社会身份。这样，参与讨论的人可以处于一个平等的位置与其他人进行任何问题的探讨。

下面介绍一些论坛用语的含义。

- 回帖：指看了别人的帖子，将自己的意见回复到帖子下面。也叫跟帖。
- 置顶：当一个帖子回复的人多，成了热门帖。一般论坛的版主，会把此帖子放到所有帖子的前面，这叫置顶。如果帖子的回复率还在不断增加，论坛就会将此帖保留到精华区，这是发帖人的一种特大光荣。
- 顶：不回复什么内容，可以是一个“顶”字或是图，仅仅表示支持一下，这是看帖的基本美德。
- 灌水：就是指同一文章在同一版或不同版重复发表3次以上，无论有内容还是没有内容。它有提高论坛人气的显著作用，一般论坛都是允许或鼓励的。
- 潜水：是指只看不回帖的人。这种行为对论坛人气提升极为不利，所以这也是论坛管理者们和积极发帖者们很烦的事。
- 楼 一个帖子如果吸引人，就会有很多人回帖。第一个帖子和回帖，从上到下以时间顺序排列，下面的称上面的叫楼上，或者按次序称之为第N楼的。回帖的人有时也会相互讨论，楼上楼下打成一片，而这个一系列帖子的发起者(原帖)就成了楼主。
- ID：一般的浏览者都称为游客，要成为正式成员，需注册ID，也就是你在论坛的用户名。
- 签名：允许固定成员使用代表自己ID的可爱头像和个性签名，为Gif动画图片。
- 头衔：根据你在论坛的发帖或者回帖数量，自动产生的，发帖越多，头衔越高。

9.1.2 什么是博客（Blog）

Blog是“Web log”的缩写，中文译为“网志”、“博客”。简单地说，Blog就是个人在网络上书写的日记，记载日常发生的事情和自己的兴趣爱好，把自己的思想和知识与他人分享、交流，同时又结识了更多志趣相投的朋友，也就是一种简易的网络个人信息发布方式，以不断更新的个性化内容吸引来访者。而越来越多的专业知识的Blog的出现，让我们看到了 Blog所

蕴涵的更多的巨大的信息价值。

博客一般以 3 种方式存在。

一是托管博客，无须自己注册域名、租用空间和编写程序，免费注册申请即可马上拥有自己的博客空间；

二是建立自己独立的博客网站，有独立的域名、空间和页面风格；

三是附属博客，将博客页面作为某网站的一部分，常见于企业博客。

随着博客人数的增加，Blog 作为一种新的生活方式、新的工作方式、新的学习方式已经被越来越多的人所接受，并且正在改变传统的网络和社会结构。

网络信息不再是虚假不可验证的，交流和沟通更有明确的选择性和方向性，单一的思想和群体的智慧结合变得更加有效，个人出版变成人人都可以实现的梦想—— Blog 正在影响和改变着我们的生活。

9.2　上机实战

前面我们介绍了论坛和博客的相关知识，下面我们通过实际操作学习如何申请、使用论坛和博客的方法，达到用户的最终目的。

9.2.1　注册和登录 BBS

我们可以任意浏览 BBS 中的帖子，但是如果看到一个感兴趣的话题，自己也想来说几句，这就需要注册并登录，才能发帖。下面就来讲解如何注册并登录 BBS。

难度系数　☑ ☑ ☑

学习时间　30 分钟

学习目的　注册并登录 BBS。

操作步骤

1．匿名访问 BBS

下面以搜狐社区为例，介绍匿名访问 BBS 的操作步骤。

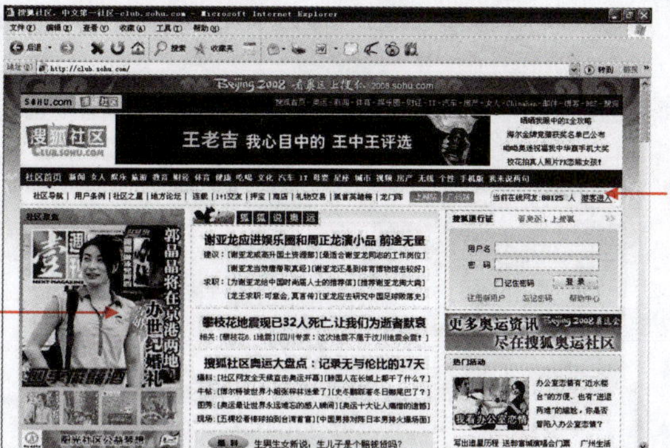

01 进入搜狐社区主页，http://club.sohu.com/。

02 单击“游客进入”链接。

图 9-1　进入搜狐社区主页

Days 1
Days 2
Days 3
Days 4
Days 5
Days 6
Days 7

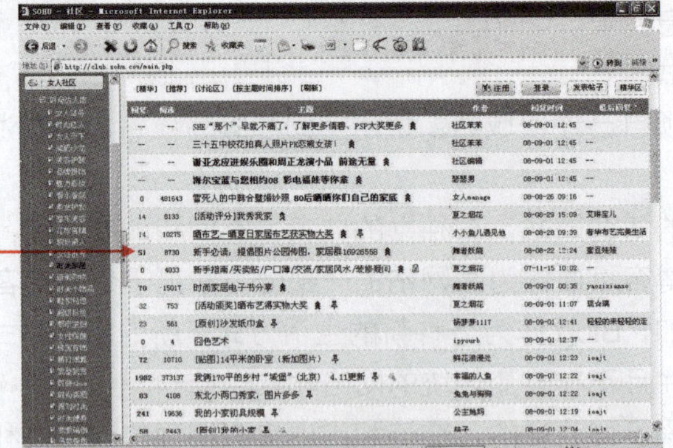

图 9-2　选择相关主题

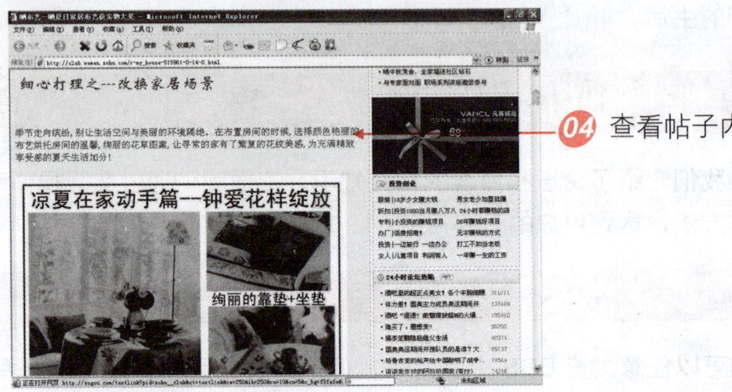

图 9-3　查看帖子

提示

匿名访问与会员访问的不同之处在于匿名访问不能对查看的帖子发表自己的看法，也就是不能回帖，也不能自己发布帖子。但现目前许多论坛也开放了可以匿名发帖的功能。

2. 注册 BBS

在 BBS 中，注册为会员的步骤大同小异，主要包括用户名的选择、密码的设置、基本信息的输入等。在搜狐社区注册会员用户的操作步骤如下。

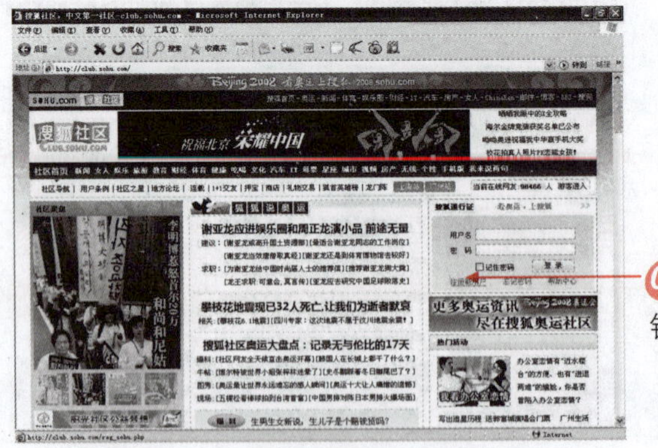

图 9-4　单击“注册新用户”链接

02 输入用户名和密码。

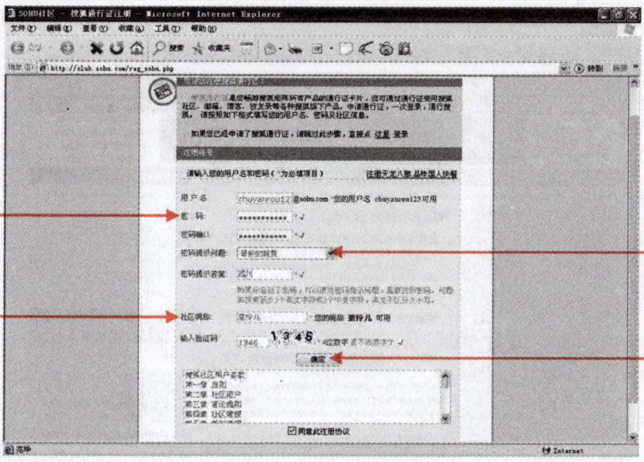

03 选择填写密码提示问题。

04 填写验证码。

05 单击“确定”按钮。

图 9-5　输入用户名

06 完善资料。

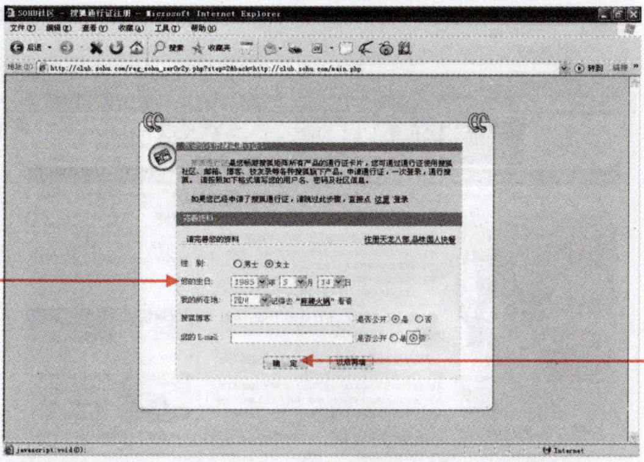

07 单击“确定”按钮。

图 9-6　完善资料

08 注册成功，记住用户名和密码。

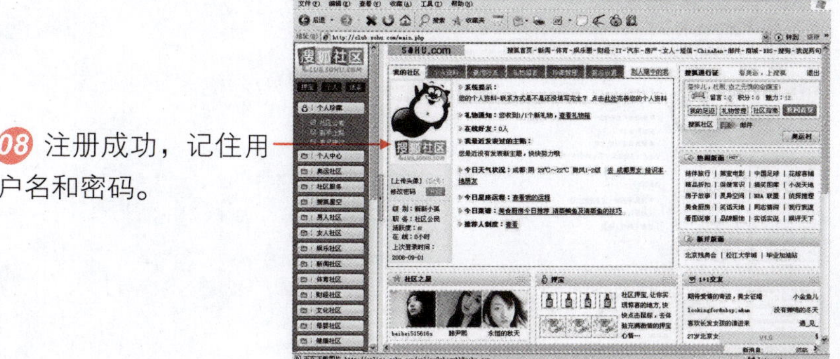

图 9-7　注册成功

提示

由于 BBS 的注册量大，且会员名要求唯一性，因此在填写会员名时，系统都会出现自检会员名是否唯一，当填入的会员名已使用，可在会员名后添加数字用以区别。

3. 登录 BBS

注册成功后，就可以登录 BBS，写下自己的看法了。登录 BBS 的步骤如下。

01 在“用户名”文本框中输入用户名。

02 在“密码”文本框中输入密码。

03 单击“登录”按钮。

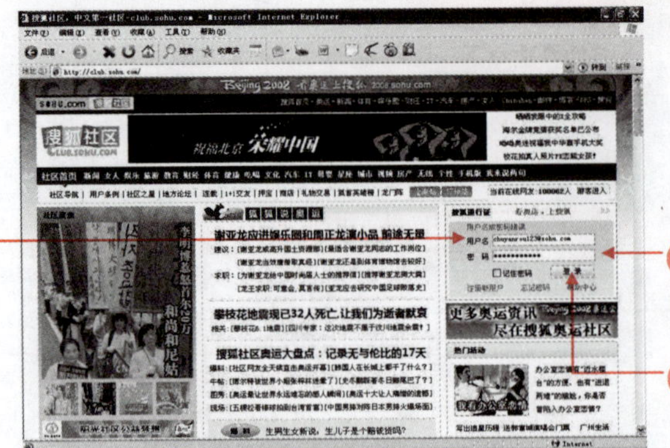

图 9-8　登录搜狐社区

04 登录成功。

05 单击“进入社区”按钮。

图 9-9　登录成功

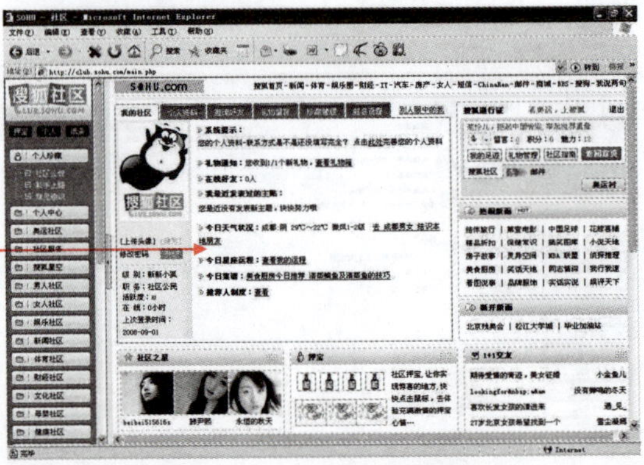

06 进入搜狐社区。

图 9-10　进入搜狐社区

9.2.2　阅读并回复帖子

在论坛中阅读并回复帖子。

难度系数　✓ ✓

学习时间　10 分钟

学习目的　阅读并回复帖子。

操作步骤

01 选择 BBS 大类。

02 选择 BBS 主题。

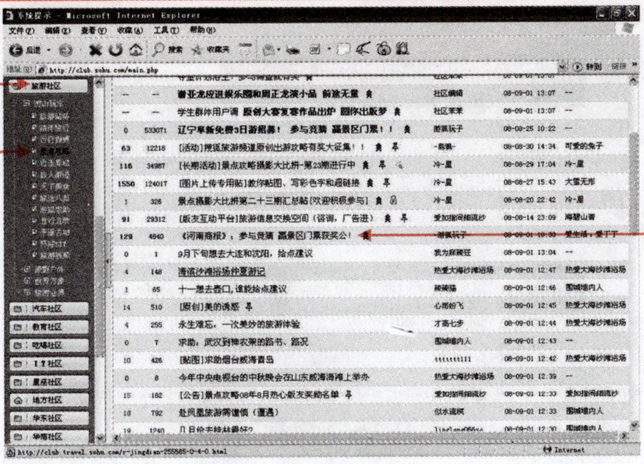

03 选择感兴趣的帖子。

图 9-11 选择帖子

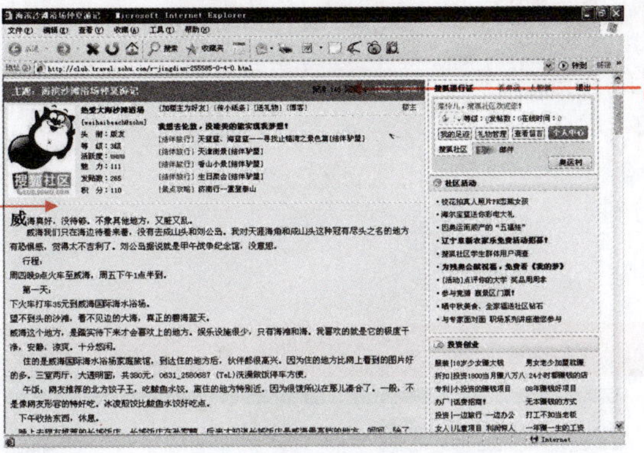

05 单击“回复”链接。

04 浏览帖子。

图 9-12 查看帖子

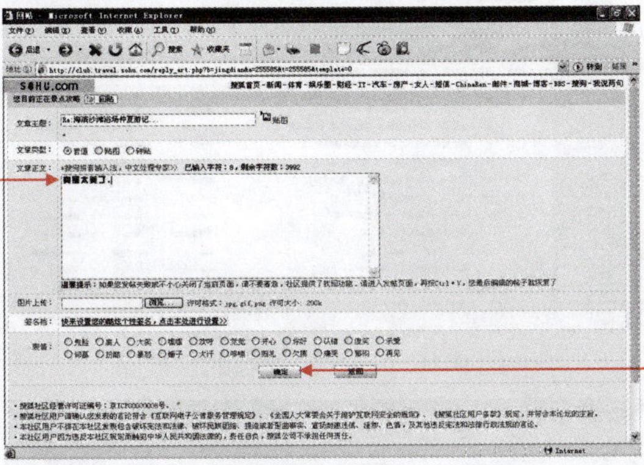

06 输入回复内容。

07 单击“确定”按钮。

图 9-13 回复成功

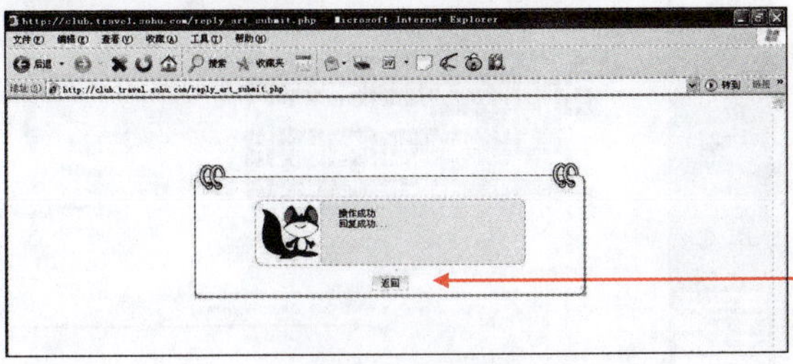

08 回复成功，自动返回。

图 9-14 回复成功

Days 1
Days 2
Days 3
Days 4
Days 5
Days 6
Days 7

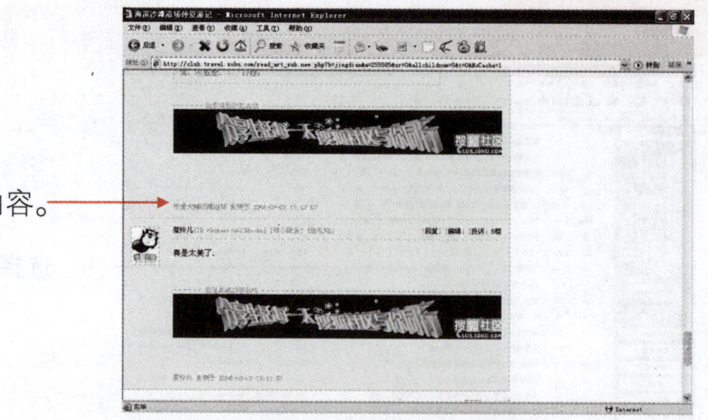

09 查看回复内容。

图 9-15 查看回复

9.2.3 发表文章

在 BBS 中发表自己的主题。

难度系数 ☑ ☑ ☑

学习时间 10 分钟

学习目的 发表帖子。

操作步骤

01 选择要发表的论坛大类。

02 选择要发表的主题。

03 单击“发表帖子”按钮。

图 9-16 选择要发表的主题

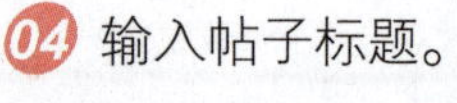

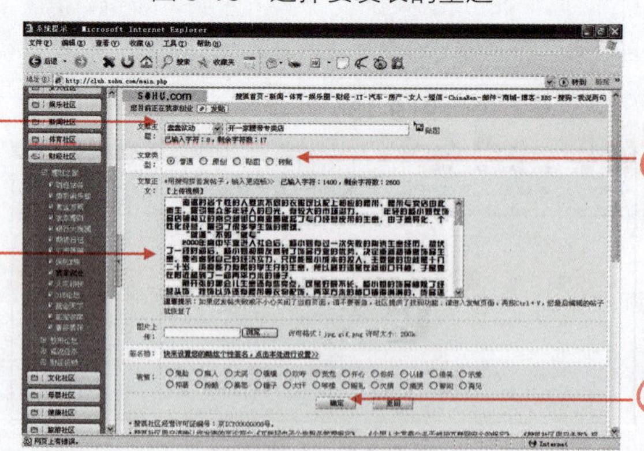

04 输入帖子标题。

05 选择文章主题，如普通。

06 输入帖子内容。

07 单击“确定”按钮。

图 9-17 发表帖子

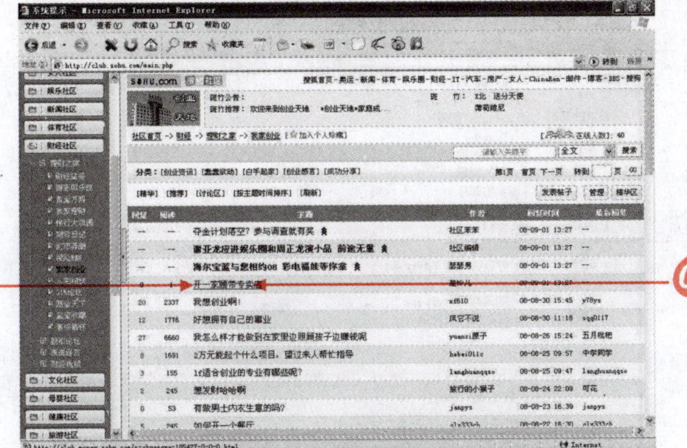

08 返回到论坛页面，帖子发表成功。

09 单击帖子链接。

图 9-18　帖子发表成功

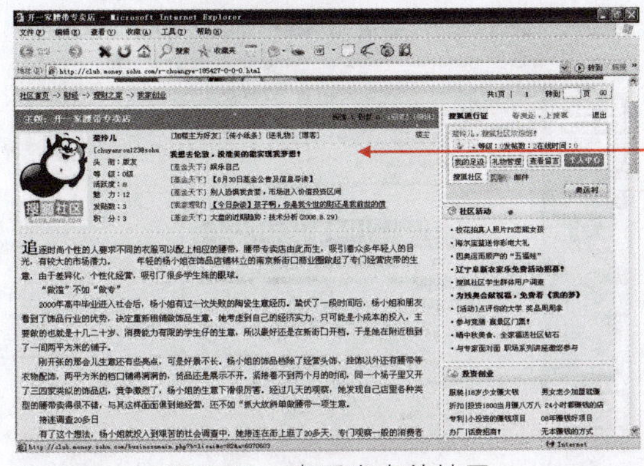

10 查看到自己发表的帖子。

图 9-19　查看发表的帖子

Days 1
Days 2
Days 3
Days 4
Days 5
Days 6
Days 7

9.2.4　发布图片和视频文件

在 BBS 中，不但可以发表文字型的帖子，还可以发表图片、视频等。

难度系数　☑ ☑ ☑ ☑

学习时间　30 分钟

学习目的　发表带图片和视频的帖子。

操作步骤

01 进入发帖页面，选择文章类型、输入标题与文字内容。

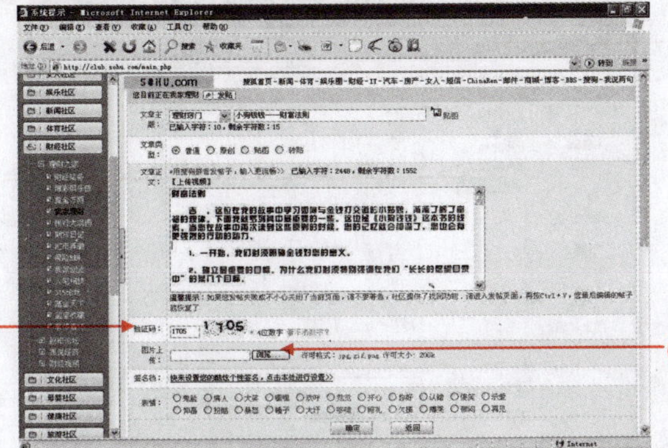

02 根据右边的提示输入验证码。

03 单击“浏览”按钮。

图 9-20　准备上传图片

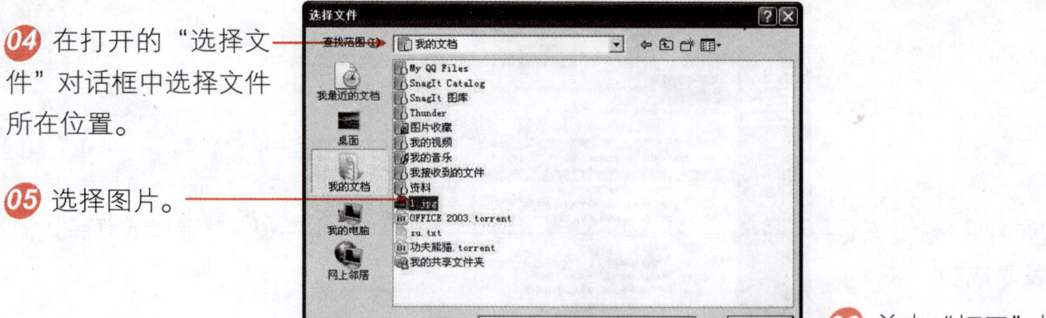

04 在打开的“选择文件”对话框中选择文件所在位置。

05 选择图片。

06 单击“打开”按钮。

图 9-21　选择图片

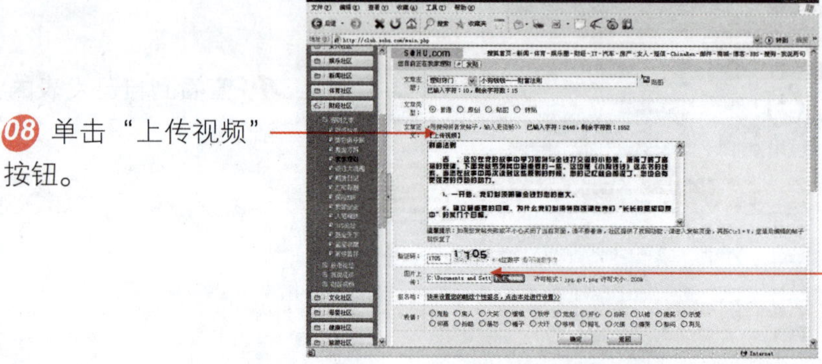

08 单击“上传视频”按钮。

07 显示上传图片的路径。

图 9-22　上传图片成功

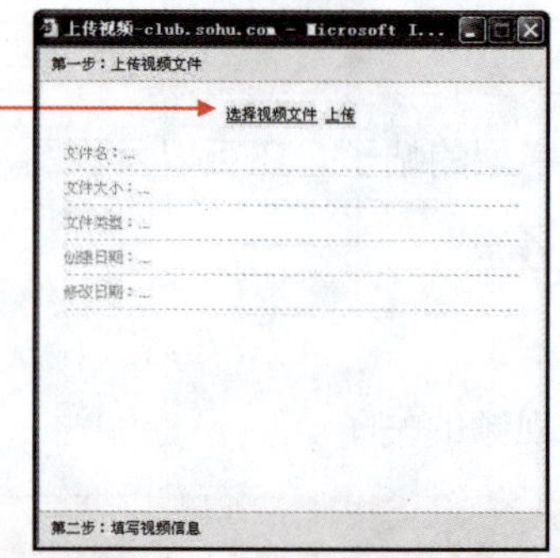

09 在打开的“上传视频”对话框中，单击“选择视频文件”链接。

图 9-23　“上传视频”对话框

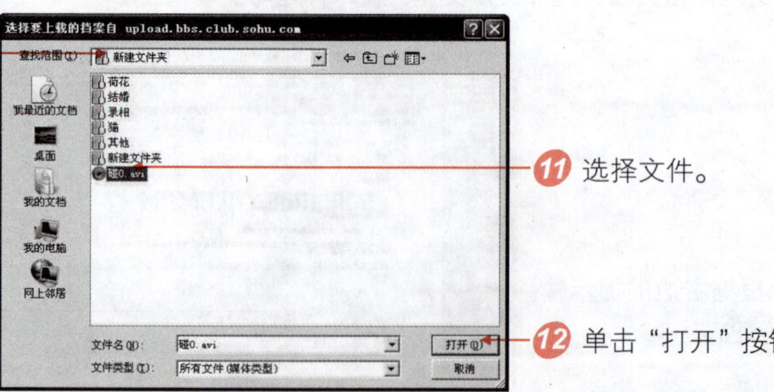

10 在打开的对话框中，选择视频文件所在位置。

11 选择文件。

12 单击“打开”按钮。

图 9-24　选择视频文件

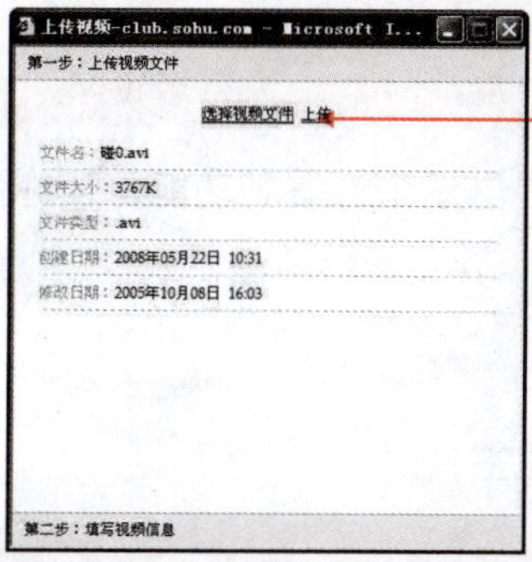

13 返回“上传视频”对话框，单击“上传”按钮。

图 9-25 单击“上传”按钮

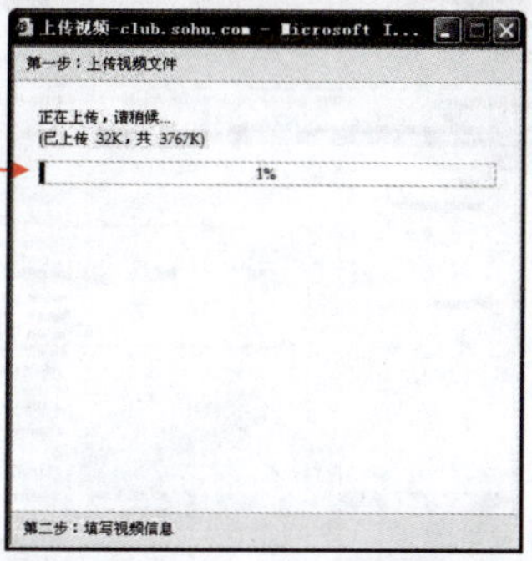

14 正在上传。

图 9-26 正在上传

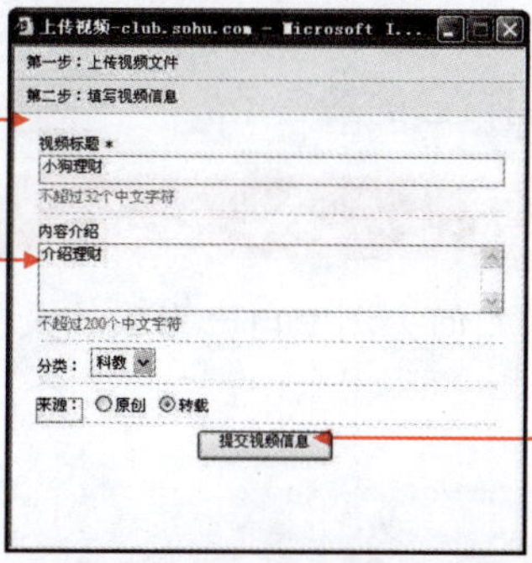

15 显示上传完成。

16 输入基本信息，如视频标题、内容介绍、分类与来源。

17 单击“提交视频信息”按钮。

图 9-27 输入视频基本信息

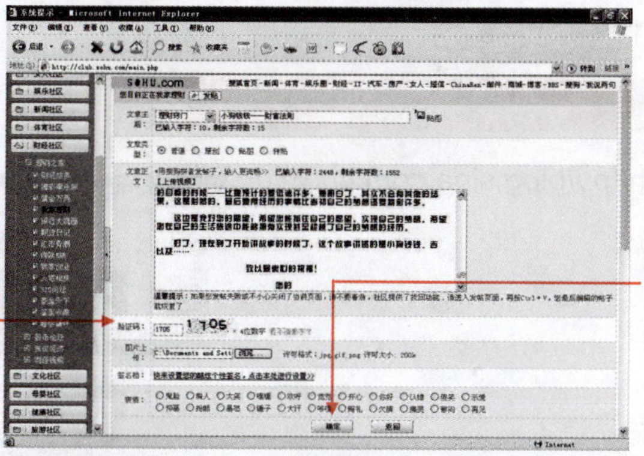

18 输入验证码。

19 单击“确定”按钮，发表。

图 9-28 发表带有图片、视频的帖子

许多论坛有级别限制，只有达到了一定的级别才能使用一些功能，这就需要你的经营了。

9.2.5 制作 BBS 个性签名

在这个性张扬的年代，BBS 提供了个性签名功能，让你张扬的个性达到极至。

难度系数 ✓ ✓

学习时间 20 分钟

学习目的 制作 BBS 个性签名。

操作步骤

01 选择“签名设置”选项卡。

02 输入个性签名内容。

03 勾选“发帖时默认使用签名档”选项。

04 单击“确定”按钮即设置成功。

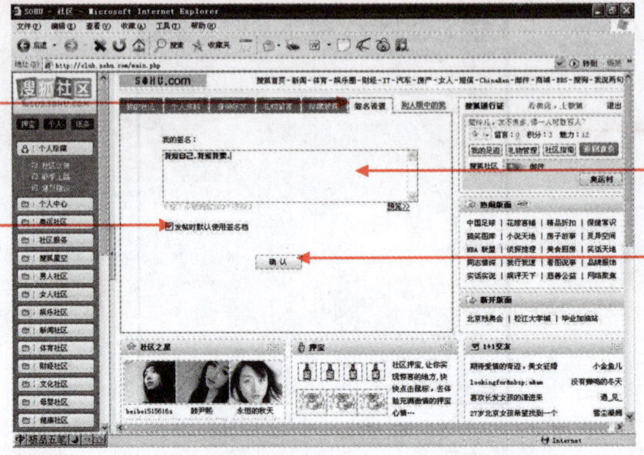

图 9-29 制作签名

05 以后在回帖或发帖时就可以使用自己的签名了。

9.2.6 浏览别人的博客

在这个人人都有博客的今天，如何去浏览自己喜欢的人、崇拜的人的博客呢？下面以“新浪博客”为例进行讲解。

难度系数 ✓ ✓

学习时间 10 分钟

学习目的 浏览博客。

操作步骤

01 进入新浪博客主页，http://blog.sina.com.cn/，单击“娱乐”导航按钮。

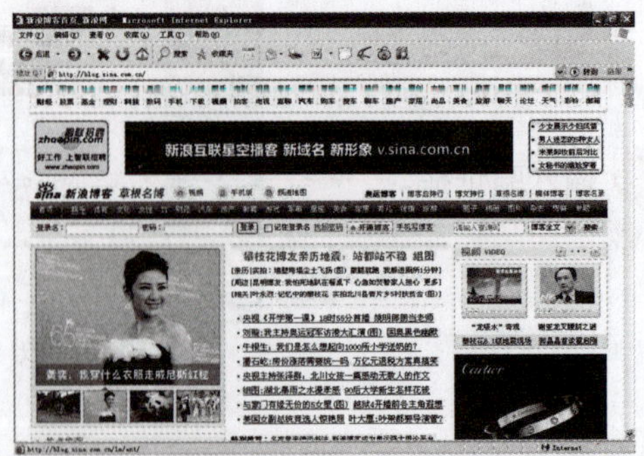

图 9-30 新浪博客主页

02 单击姓名排列拼音。

03 单击姓名链接，如李连杰。

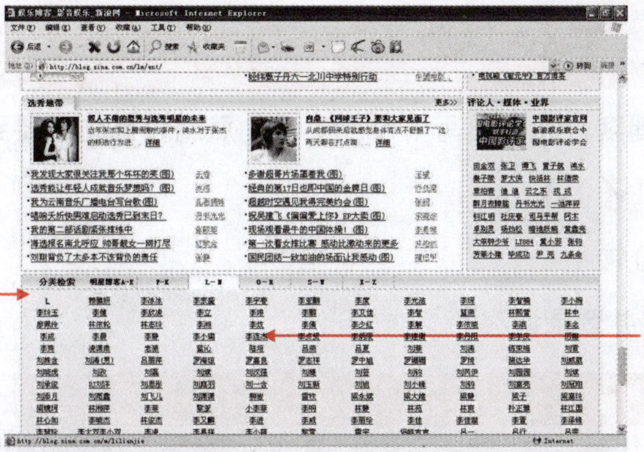

图 9-31 选择博客

04 进入博客。

05 单击“评论”链接。

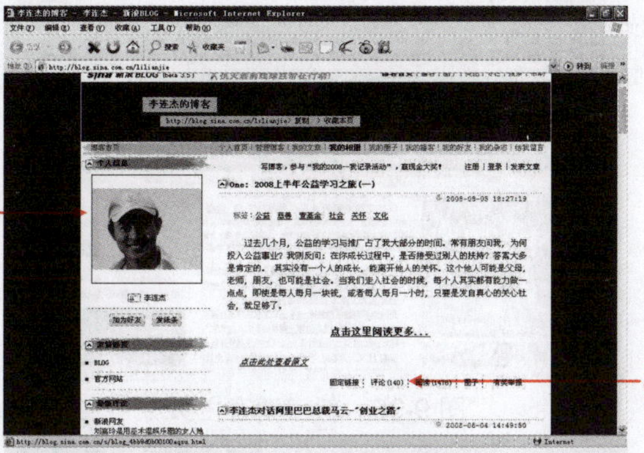

图 9-32 进入别人的博客

06 输入评论内容。

07 单击“发表评论”按钮。

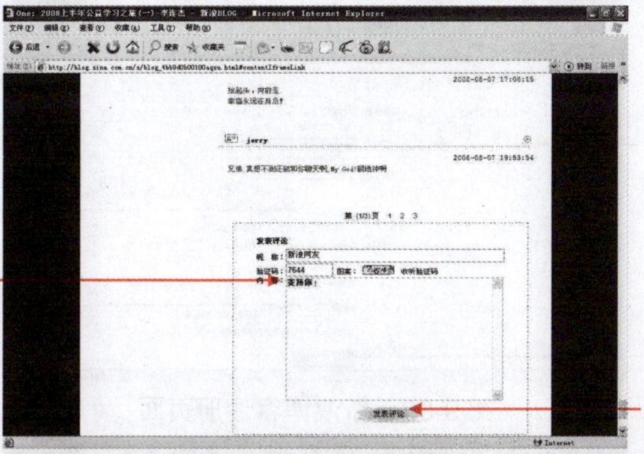

图 9-33 发表评论

08 评论成功。

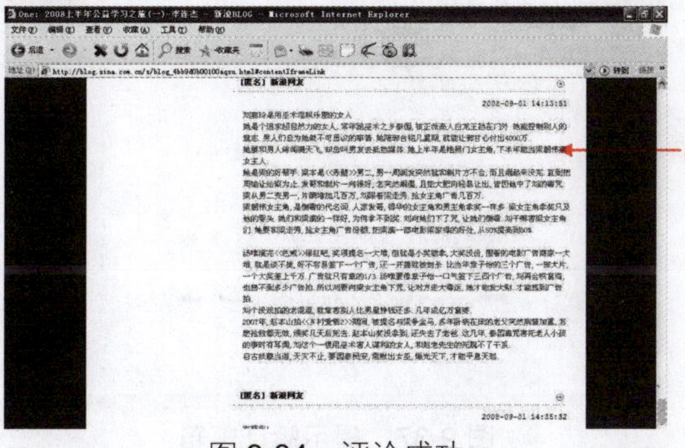

图 9-34 评论成功

Days 1
Days 2
Days 3
Days 4
Days 5
Days 6
Days 7

9.2.7 注册并登录博客

想拥有一个自己的博客，在上面写下自己生活的点滴，首先需要到博客网站注册再登录。

难度系数 ☑ ☑ ☑

学习时间 20 分钟

学习目的 注册并登录博客。

操作步骤

01 单击“开通博客”按钮。

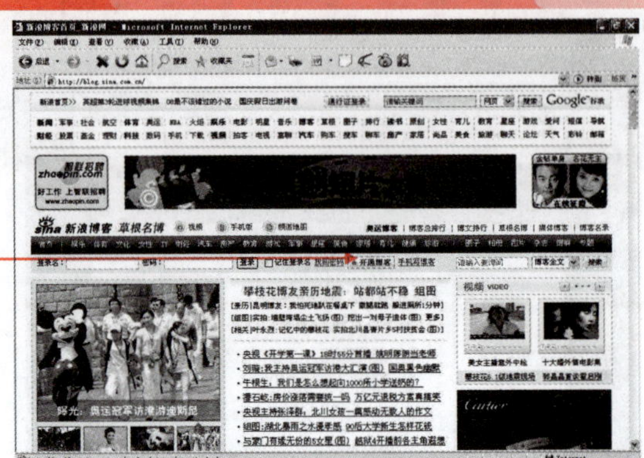

图 9-35 新浪博客主页

02 在“注册新浪通行证”页面填写登录名和密码。

03 输入昵称。

04 单击“完成”按钮。

05 填写注册码。

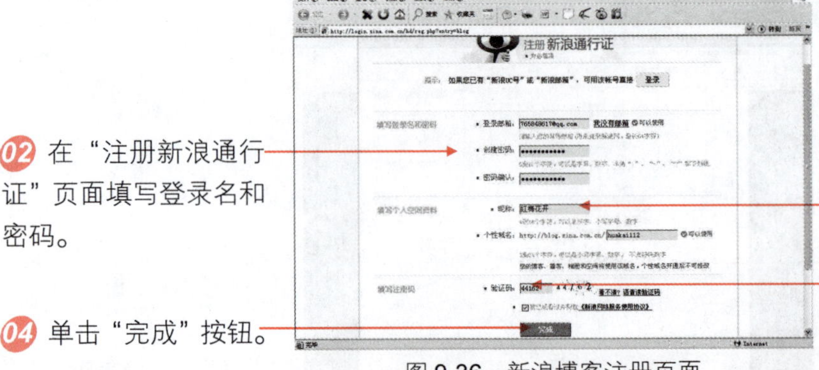

图 9-36 新浪博客注册页面

06 提示需要到邮箱中验证的信息。

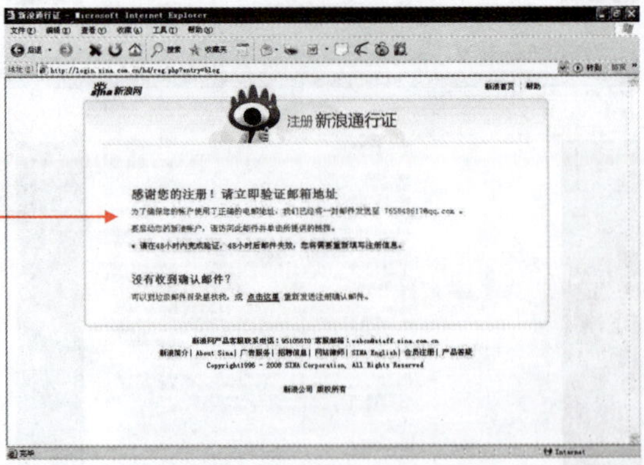

图 9-37 提示验证邮箱

07 登录 765848617@qq.com 邮箱，单击打开新浪发出的邮件。

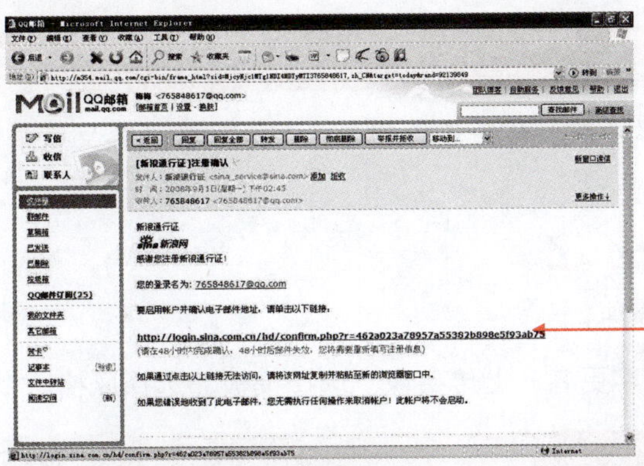

08 单击此链接激活新浪通行证。

图 9-38　激活新浪通行证

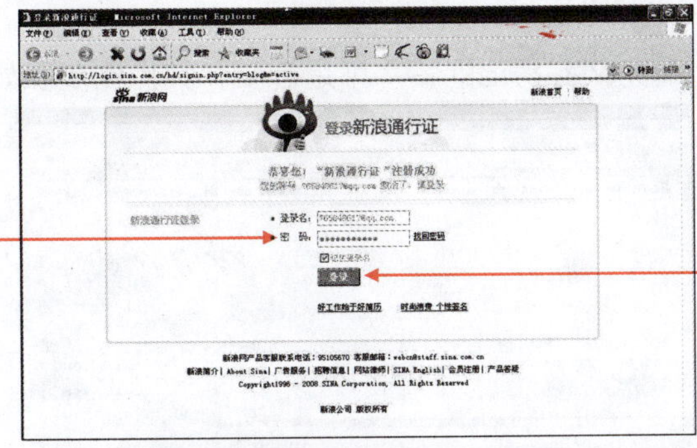

09 进入“登录新浪通行证”页面，输入密码。

10 单击“登录”按钮。

图 9-39　登录新浪通行证页面

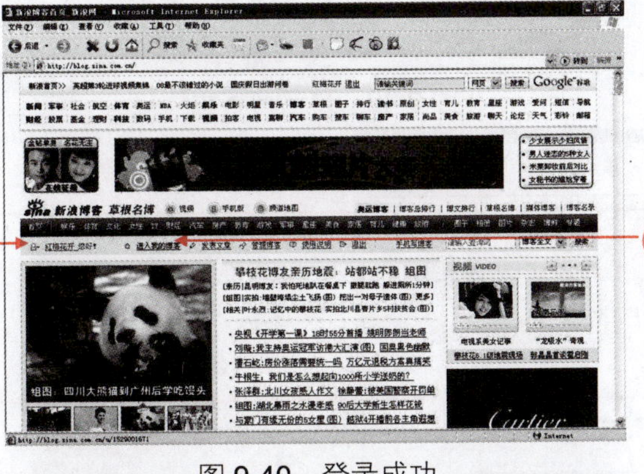

11 登录成功。

12 单击“进入我的博客”链接。

图 9-40　登录成功

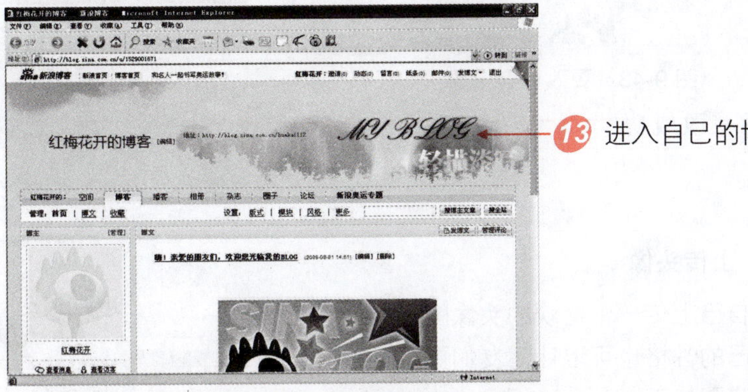

13 进入自己的博客。

图 9-41　进入自己的博客

Days 1
Days 2
Days 3
Days 4
Days 5
Days 6
Days 7

9.2.8 装扮博客

博客就相当于自己的小家，你一定希望自己的小家既漂亮又有个性吧，下面介绍一下装扮博客的方法。

难度系数 ☑ ☑ ☑

学习时间 20分钟

学习目的 为博客更名、上传头像、选择模板、选择风格。

操作步骤

1. 更改博客名称

为自己的博客取一个响亮又容易记的名字可是首要，其操作步骤如下。

01 登录自己博客首页，单击“编辑”链接。

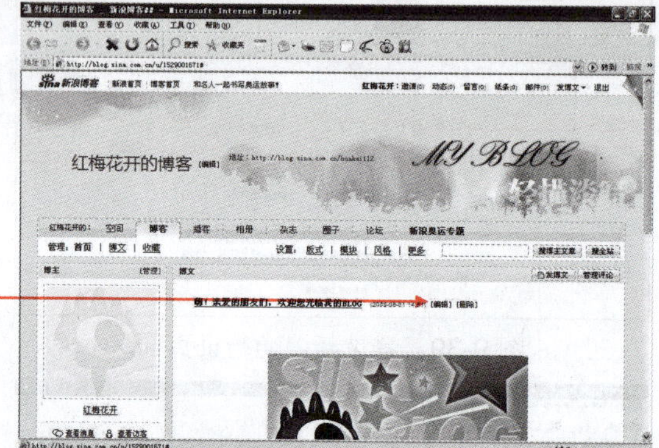

图 9-42 自己博客主页

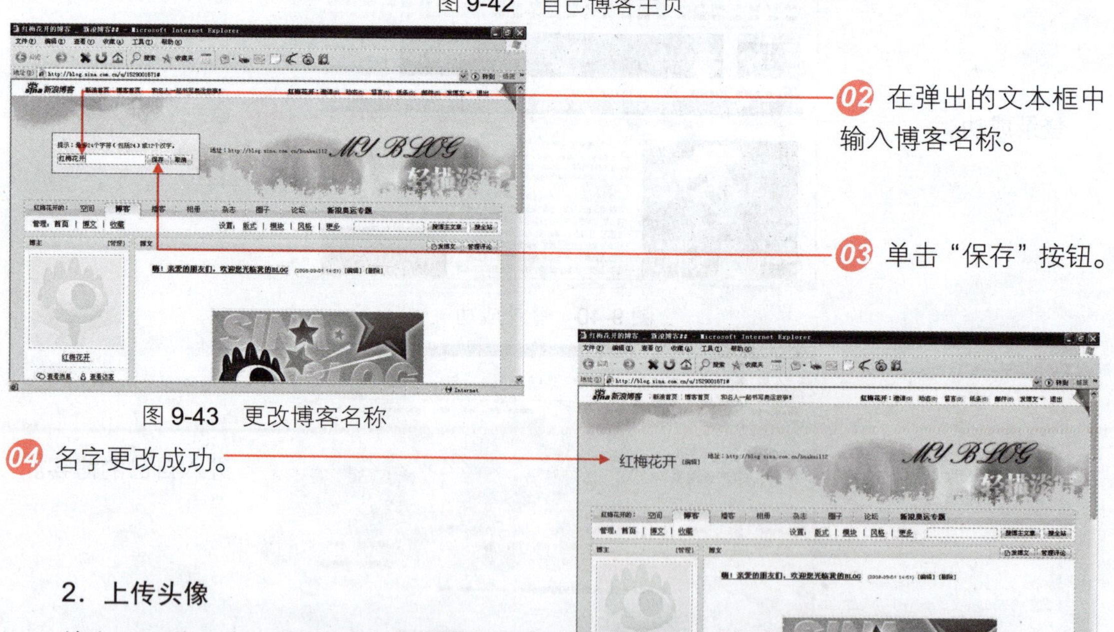

02 在弹出的文本框中输入博客名称。

03 单击“保存”按钮。

图 9-43 更改博客名称

04 名字更改成功。

图 9-44 名字更改成功

2. 上传头像

给自己上传一个喜欢的头像图片既可表现出自己的性格也可以让博友们更贴进自己，其操作步骤如下。

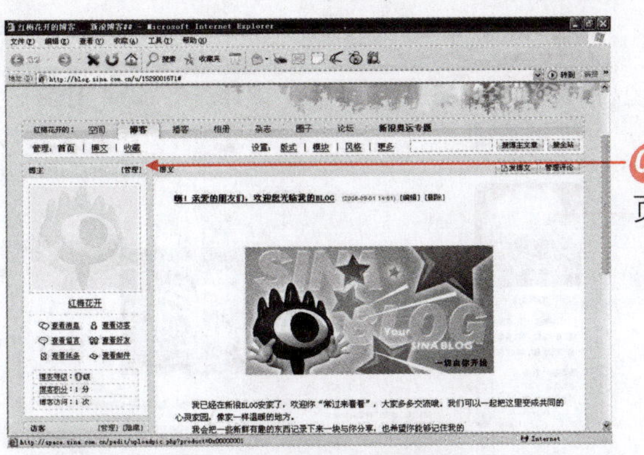

01 登录自己博客首页，单击“管理”链接。

图 9-45　自己博客首页

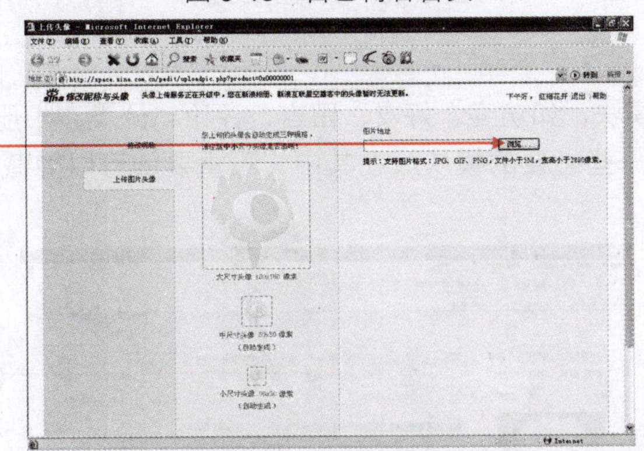

02 在打开的“上传图片头像”页面单击“浏览”按钮。

图 9-46　上传头像页面

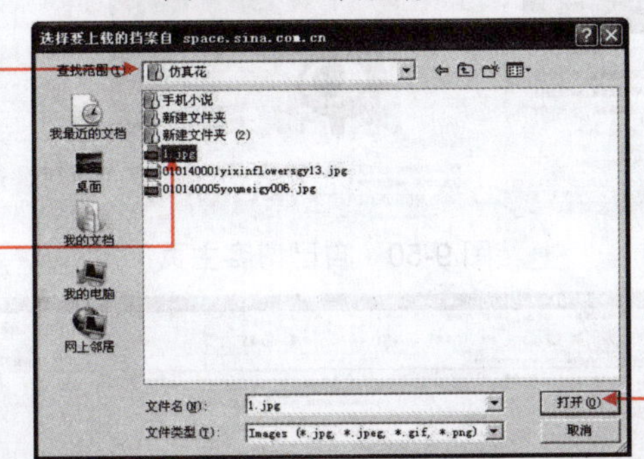

03 在对话框中，选择上传头像图片位置。

04 选择上传头像图片。

05 单击“打开”按钮。

图 9-47　选择上传头像图片

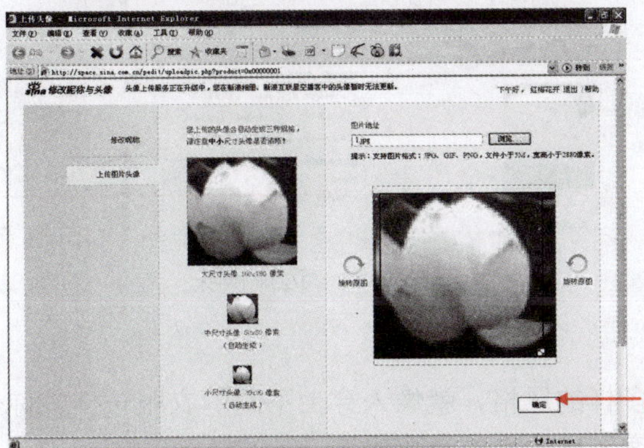

06 单击“确定”按钮。

图 9-48　头像效果

Days 1
Days 2
Days 3
Days 4
Days 5
Days 6
Days 7

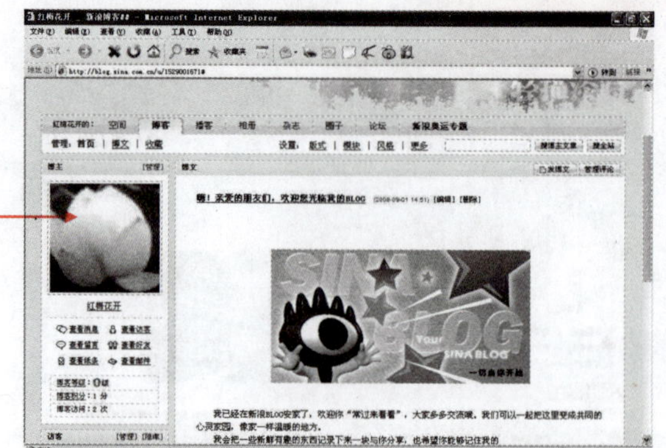

07 返回博客主页，头像上传成功。

图 9-49　头像上传成功

3. 选择模块

博客中提供了多种模块，如访客、好友、留言、评论、分类、相册、音乐等，由于博客主页面的限制，可以选择一些必要的模块放在其中，不重要的可以隐藏。选择模块的操作步骤如下。

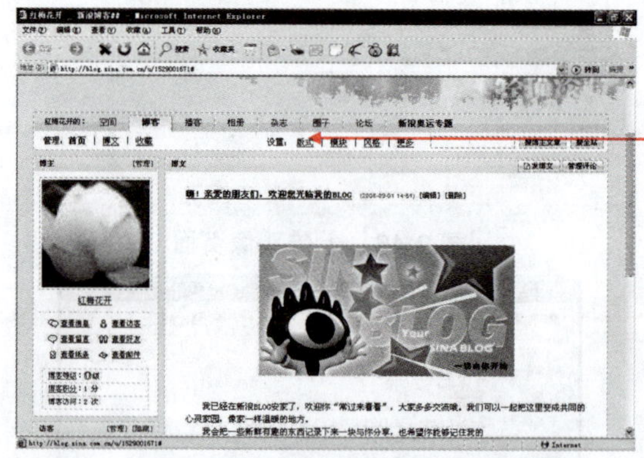

01 登录自己博客首页，单击“模块”链接。

图 9-50　自己博客主页

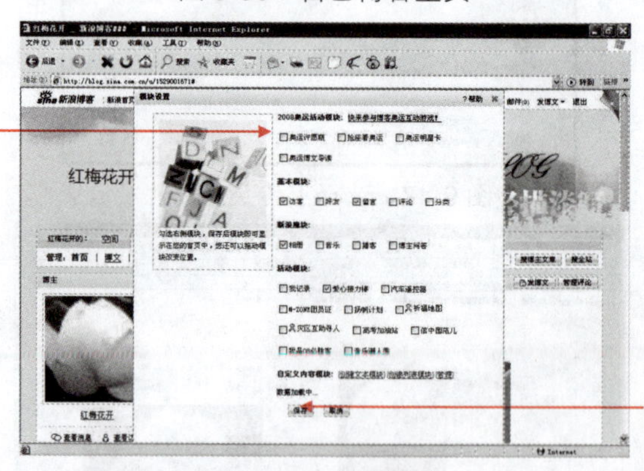

02 在需要的模块前打勾，不需要的模块前去勾。

03 单击“保存”按钮，即只显示打勾的模板。

图 9-51　选择模块

4. 选择风格

博客中提供了多种多样的风格，就像人穿上不同的衣服一样，你一定能为自己博客找到一件适合的衣服。选择博客风格的操作步骤如下。

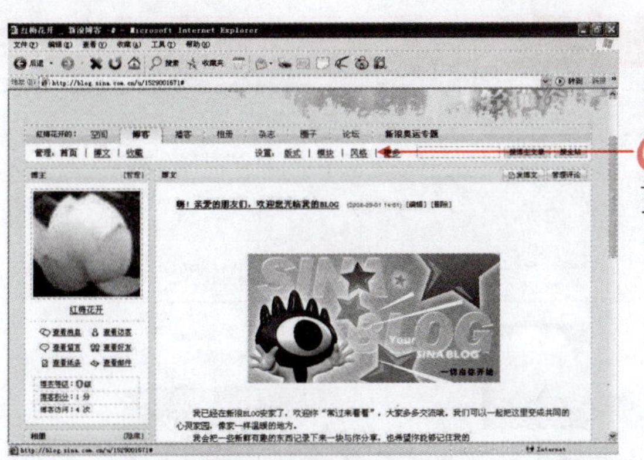

01 登录自己博客首页，单击“风格”链接。

图 9-52　自己博客主页

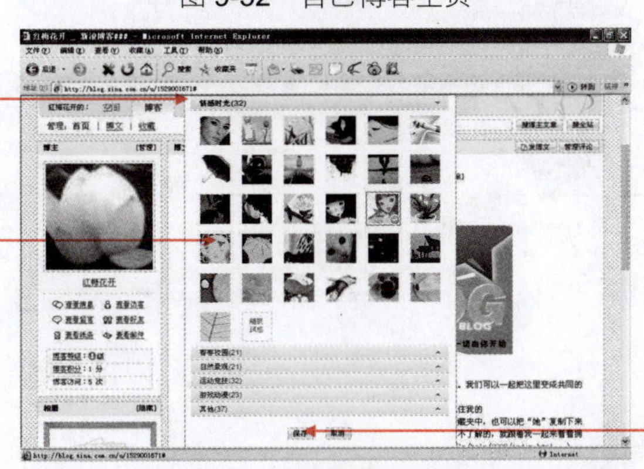

02 单击选择分类，如情感时光。

03 单击选择喜欢的风格。

04 单击“保存”按钮。

图 9-53　选择喜欢的风格

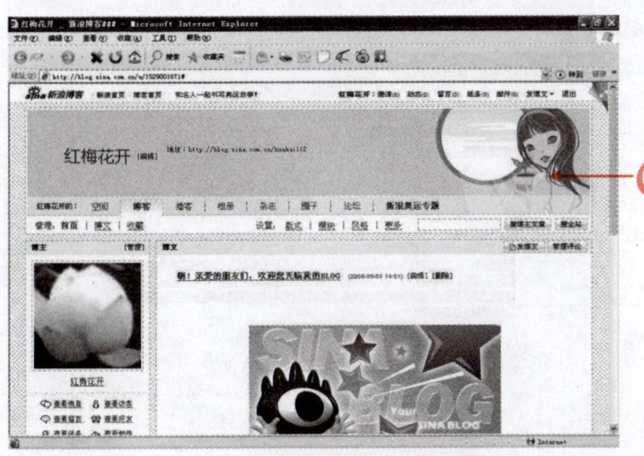

05 更改后的风格。

图 9-54　更改风格成功

9.2.9　撰写博客

把博客装扮漂亮了，赶快把自己的生活点滴写入博客中。

难度系数 ☑ ☑

学习时间 20 分钟

学习目的 写博客。

操作步骤

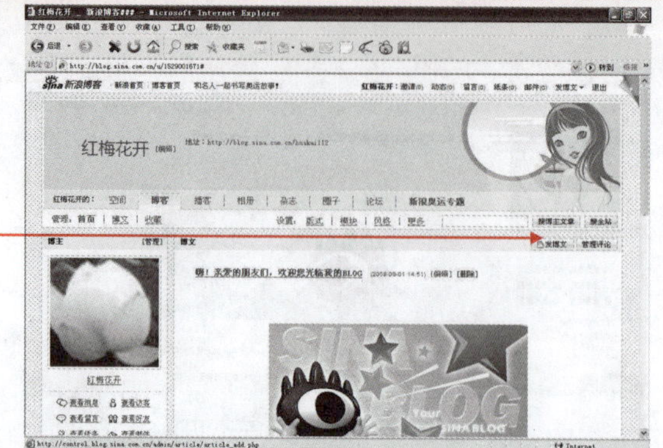

01 登录自己博客首页，单击“发博文”按钮。

图 9-55　自己的博客主页

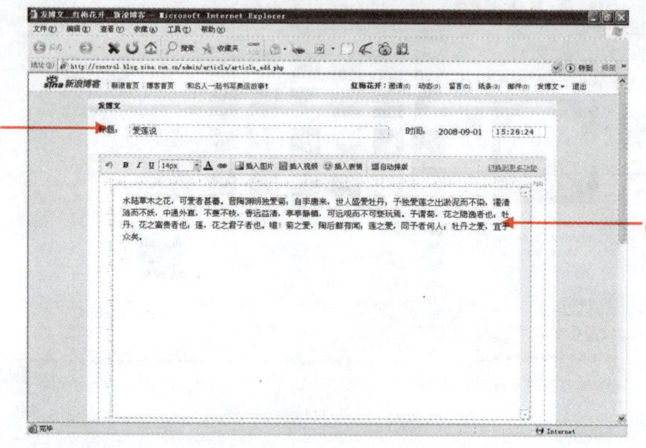

02 在“发博文”页面，输入博文标题。

03 输入博文内容。

图 9-56　发表博文

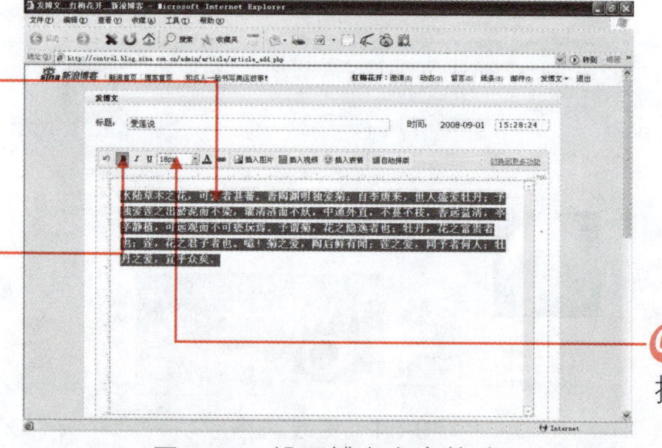

04 选中博文内容。

05 单击“加粗”按钮。

06 单击下拉箭头，选择字号。

图 9-57　设置博文文字格式

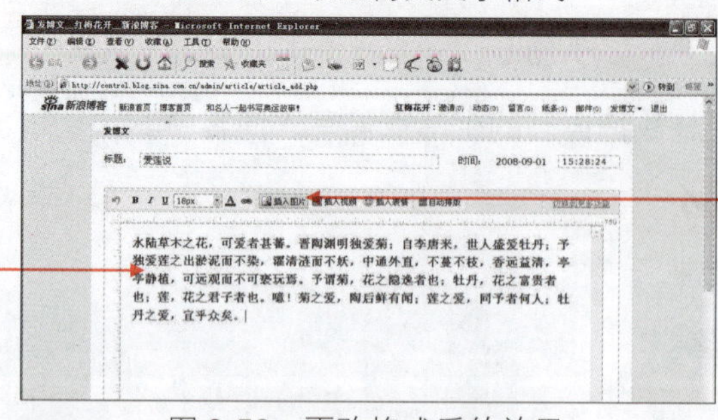

07 单击空白处，显示改变的文字样式。

08 单击“插入图片”按钮。

图 9-58　更改格式后的效果

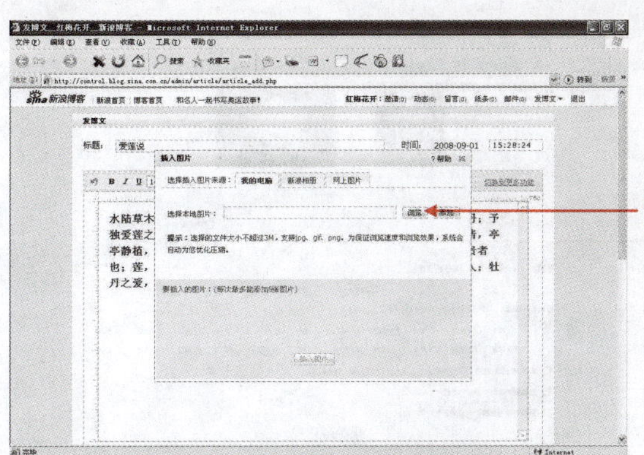

09 在打开的“插入图片”对话框中，单击“浏览”按钮。

图 9-59　“插入图片”对话框

10 在“选择文件”对话框中，选择图片位置。

11 选择图片。

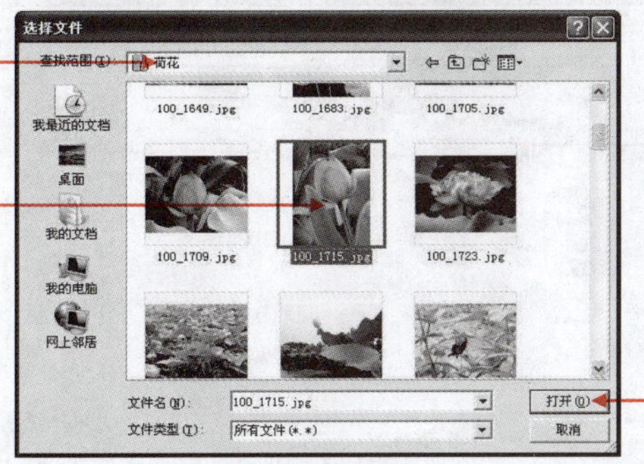

12 单击“打开”按钮。

图 9-60　选择图片

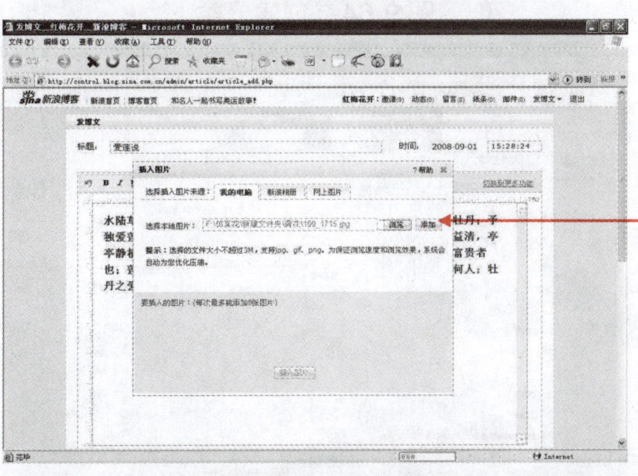

13 返回“插入图片”对话框，单击“添加”按钮。

图 9-61　添加图片

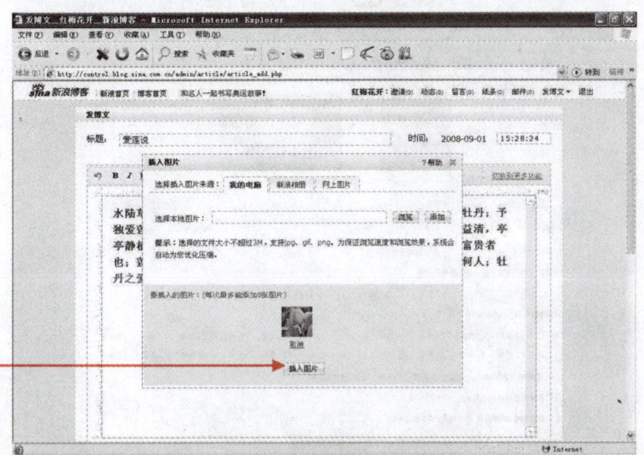

14 添加成功，单击“插入图片”按钮。

图 9-62　插入图片

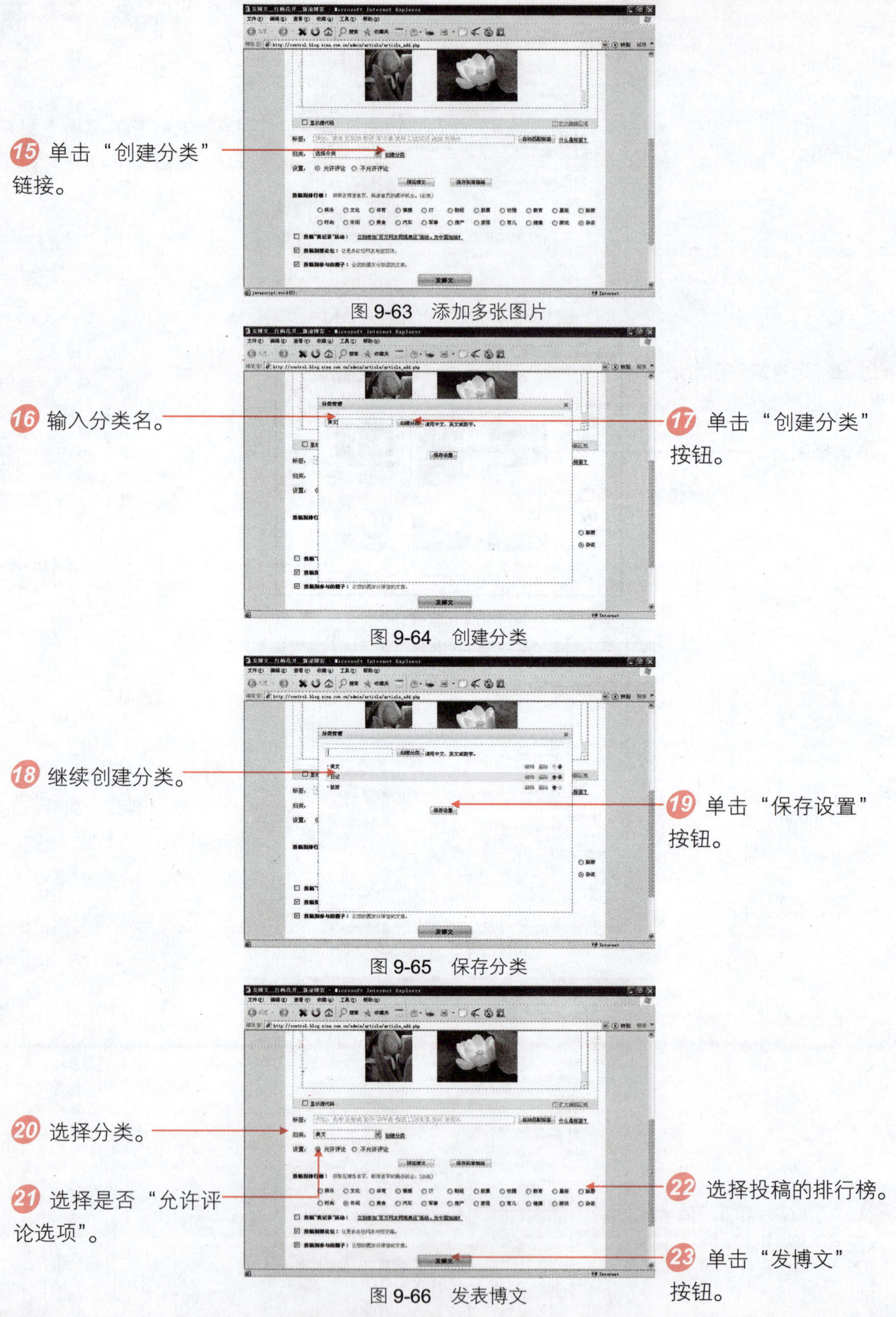

图 9-63　添加多张图片

图 9-64　创建分类

图 9-65　保存分类

图 9-66　发表博文

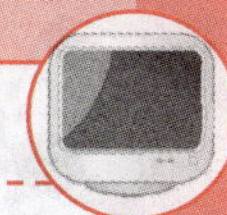

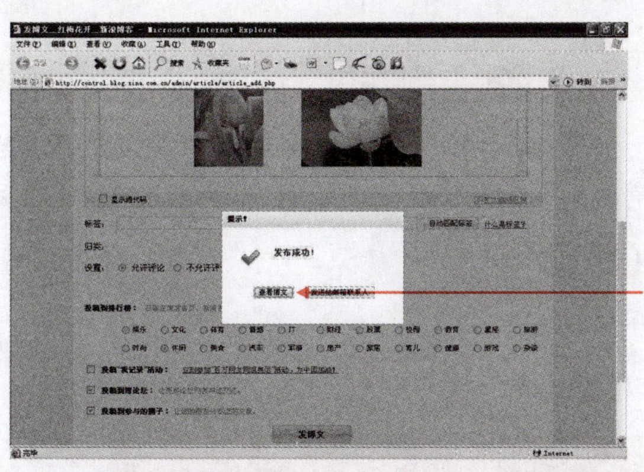

24 发表成功，单击“查看博文”按钮。

图 9-67　发表成功

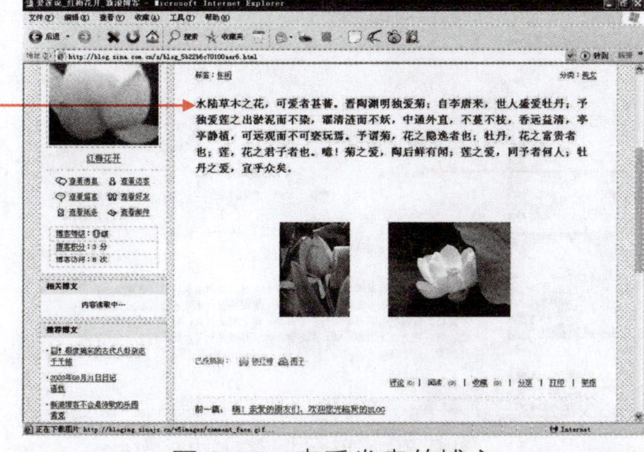

25 查看到的博文。

图 9-68　查看发表的博文

Days 1 Days 2 Days 3 Days 4 Days 5 Days 6 Days 7

9.2.10　管理博客

在自己的博客中，可以修改、删除发表的博文。还可以删除、回复别人对博文的评论与留言，并且可以查看博友的来访记录。

难度系数 ✔ ✔

学习时间　10 分钟

学习目的　编辑、删除博文。

操作步骤

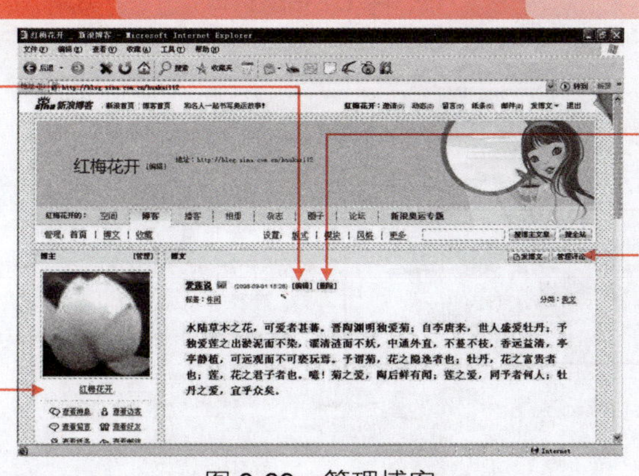

01 单击“编辑”链接，可以进入博文编辑窗口，对要修改的地方重新设置。

02 单击这些链接，可以看到博客的一些信息。

03 单击“删除”链接，可以删除这篇博文。

04 单击“管理评论”按钮，可以回复、删除评论。

图 9-69　管理博客

9.2.11 博客相册

博客中都带有相册、音乐等附件，博友们可以将自己喜欢的图片、拍摄的照片、喜欢的音乐拿来与博友们一同欣赏，相册的空间不但大而且还可以自由编辑或添加特效等。

难度系数 ☑☑☑☑

学习时间 30分钟

学习目的 博客相册的使用。

操作步骤

01 登录自己博客首页，单击“相册”按钮。

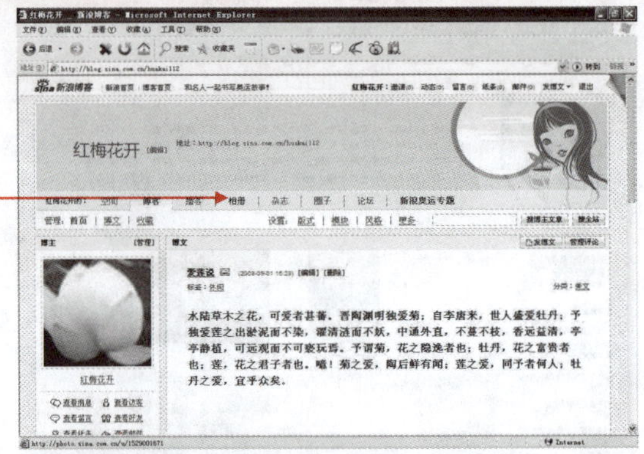

图 9-70 自己博客主页

02 在打开的相册页面中，单击“新建专辑”按钮。

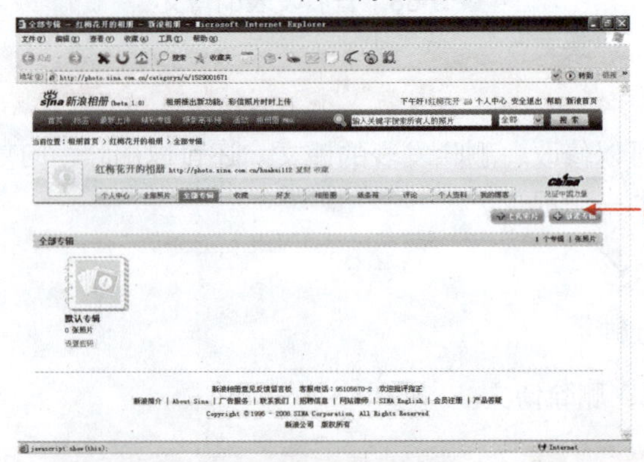

图 9-71 相册页面

03 在打开的“新建专辑”对话框中，输入专辑名称。

04 输入专辑描述。

05 设置专辑权限。

06 单击“确定”按钮。

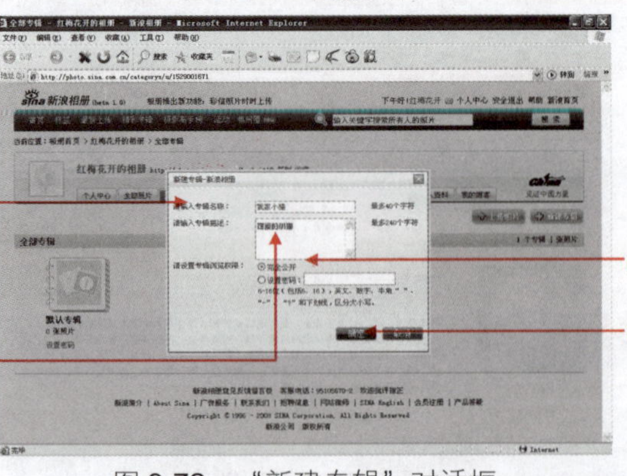

图 9-72 “新建专辑”对话框

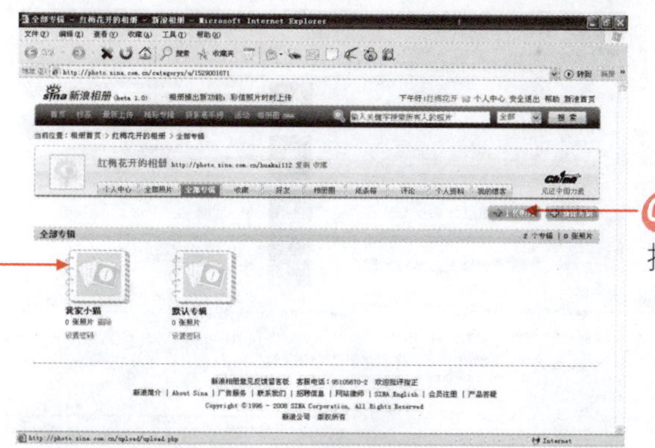

07 相册建立成功。

08 单击“上传照片”按钮。

图 9-73　相册专辑建立成功

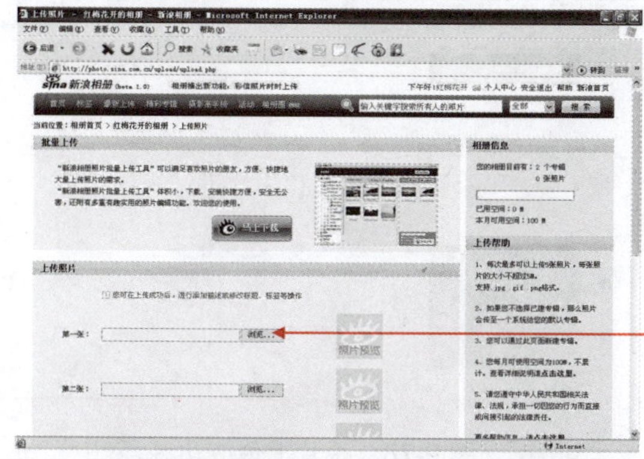

09 单击“浏览”按钮。

图 9-74　上传相片

10 在“选择文件”对话框中，选择上传相片位置。

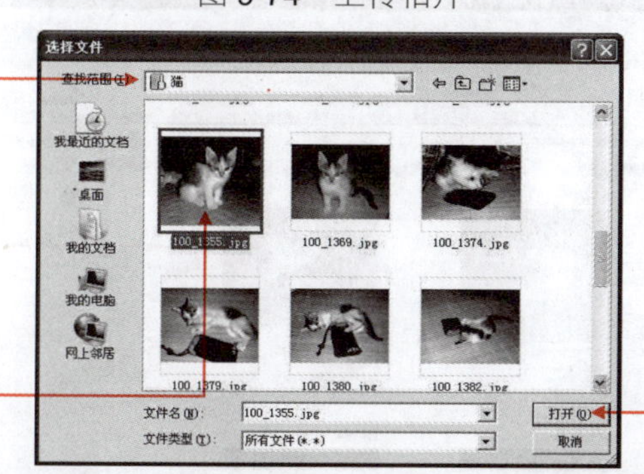

11 选择要上传的相片。

12 单击“打开”按钮。

图 9-75　选择相片

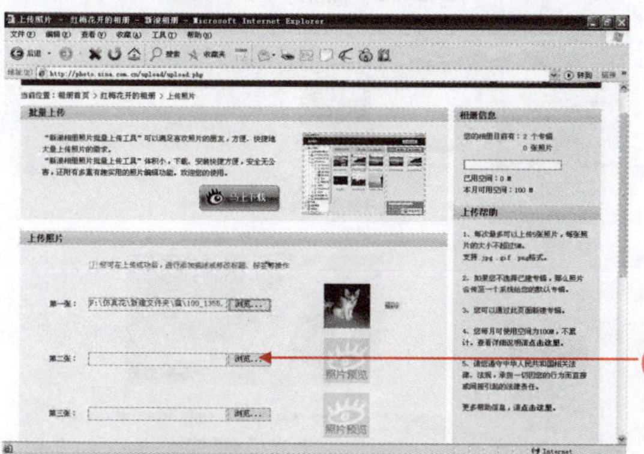

13 单击“浏览”按钮，选择其他相片。

图 9-76　选择其他相片

Days 1
Days 2
Days 3
Days 4
Days 5
Days 6
Days 7

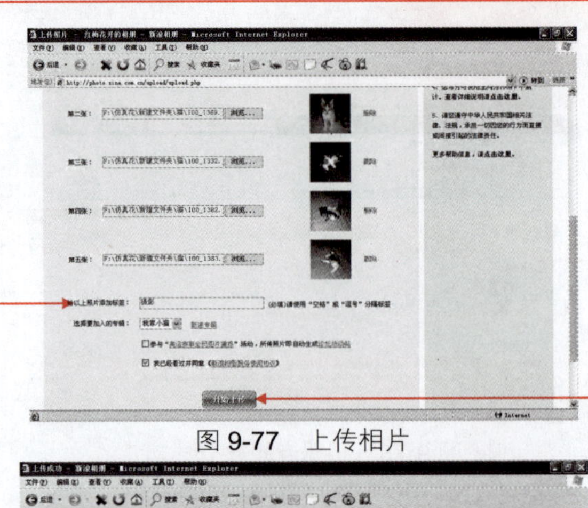

14 单击选择相片标签，如摄影。

15 单击“开始上传”按钮。

图 9-77 上传相片

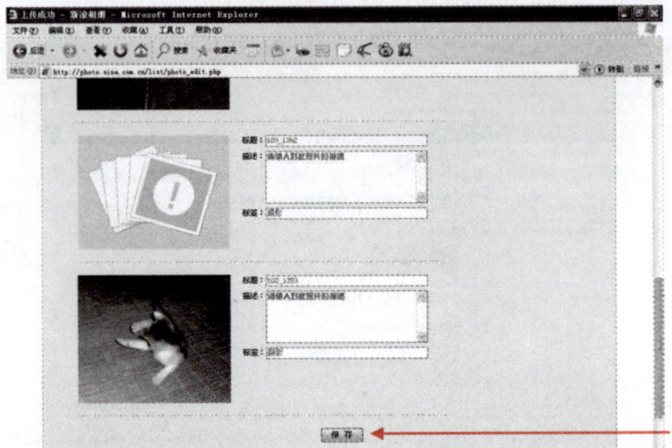

16 上传成功，单击“保存”按钮。

图 9-78 相片上传成功

17 在相册中显示相片。

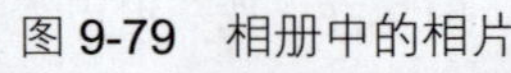

图 9-79 相册中的相片

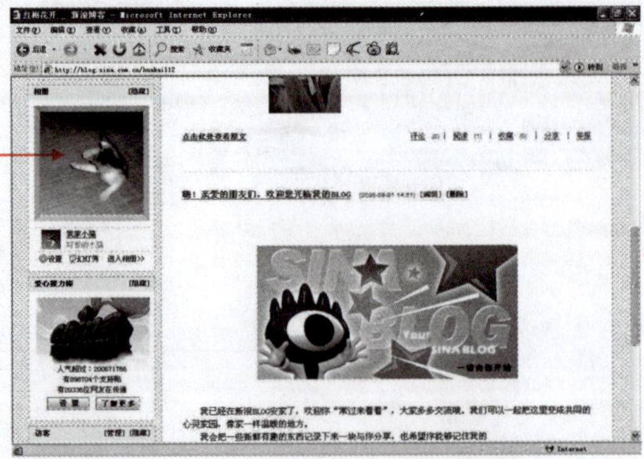

18 返回博客主页，相册以幻灯片形式显示。

图 9-80 博客主页中的相片

精典论坛网址如下。

百度贴吧：http://tieba.baidu.com/
西陆论坛：http://www.xilu.com/
新浪论坛：http://bbs.sina.com.cn/
天涯社区：http://www.tianyaclub.com/
搜狐社区：http://club.sohu.com/
Tom 社区：http://club.tom.com/
猫扑社区：http://dzh.mop.com/
上海热线论坛：http://bbs.online.sh.cn
网易社区：http://club.163.com/
中华网论坛：http://bbs.china.com/
腾讯 QQ 论坛：http://bbs.qq.com/
新华网论坛：http://forum.xinhuanet.com/
CCTV 论坛：http://www.cctv.com/community/index.shtml
21CN 社区：http://free.21cn.com/#free
强国论坛：http://bbs1.people.com.cn/
铁血论坛：http://www.tiexue.net/
华声在线：http://bbs.voc.com.cn/
CSDN 技术社区：http://community.csdn.net/
博客论坛：http://forum.blogchina.com/
凯迪社区：http://club.cat898.com/newbbs/index.asp

精典博客网址如下。

QQ 空间：http://qzone.qq.com/
新浪博客：http://blog.sina.com.cn/
博客网：http://www.bokee.com/
网易博客：http://blog.163.com/
Blogbus（个人传媒早班车）：http://www.blogbus.com/
51.com（我的朋友我的家）：http://www.51.com/
中国博客网：http://www.blogcn.com/
搜狐博客：http://blog.sohu.com/
和询博客：http://blog.hexun.com/
Poco.cn：http://poco.cn/
中华网博客：http://blog.china.com/
CSDN 博客：http://blog.csdn.net/default.html
博啦：http://www.bolaa.com/

9.3 巩固与练习

本章介绍了论坛的含义、注册登录、阅读回复帖子、发表带图片和视频的文章等相关知识，

还介绍了博客的含义、浏览、注册登录、装扮、撰写博文等相关知识。让读者熟练掌握论坛和博客的使用方法，以至能够拥有自己的博客和自由地在论坛发言。

操作题

（1）练习进入搜狐社区，注册用户名，浏览并评论相关帖子。

（2）练习进入网易博客网，注册一个属于自己的博客并好好管理它。

Chapter 10 网上娱乐与生活

学习时间

本课主要讲解的是网上听音乐、看电影、玩游戏，以及网上银行、炒股、学习的方法，建议读者使用 260 分钟的时间来进行学习。

学习内容

- 网上娱乐与生活简介
- 网络流行音视频格式
- 在网络中看新闻
- 在网站中听音乐
- 在线观看电影
- 使用 PPS 收看影视
- 使用 QQ 直播收看影视
- 使用网上银行
- 网上炒股
- 在线学习
- 在线玩联众游戏

精彩实例效果展示

◀ 网络电视

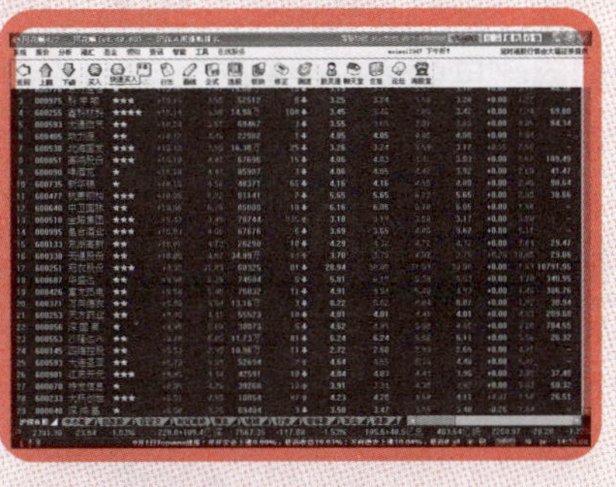

◀ 股票软件

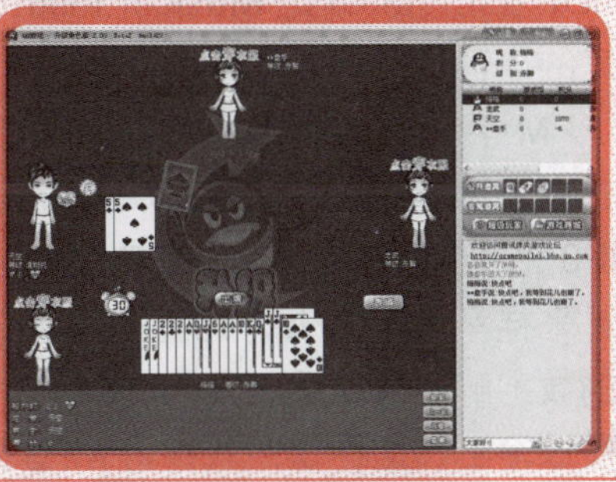

◀ QQ 游戏

10.1 基础导读

网络中的生活即虚拟生活，就是把现实中能做的事搬到网络中，快来试试吧。

10.1.1 网上娱乐与生活简介

通过网络不但能够听音乐、看电视、看电影，还可以玩游戏、学习、炒股等，只要是日常生活中能够涉及的东西，上网几乎都能够实现。

- 听音乐：将音乐文件上传到网站中，并且通过播放软件直接就可以在网络中收听。而且由于网络资源的丰富，因此音乐库也丰富，让你想听就听。
- 看电视：网络中有在线电视网站，还有专门提供网络看电视的软件，如 PPS 网络电视、QQ 直播，不论是节目时间、节目内容都与在家里看电视一样。
- 看电影：在线免费电影网站比比皆是，如果自身的网带较慢也可以利用前面讲解的下载软件将电影下载到计算机中观看。
- 玩游戏：在网络中流行的都是角色游戏，也就是说把自身放到游戏当中去。比如 QQ 游戏，可以和陌生人打牌、打麻将。3D 网络角色游戏更受网民的喜爱，比如《仙境传说》、《CS》等。
- 炒股：我们再也不用到证券交易所排队等候了，直接就可以在网络上下载证券交易软件选股、买股、卖股。
- 在线学习：在竞争激烈的现如今，你一定想多学门技术，为自己充电以便得到更好的职位进而获得更多的报酬，但又苦于没有时间。现在网络中提供了各种各样的培训，以你的时间为主学习。如会计培训、成人继续教育等。

10.1.2 网络流行音视频格式

下面介绍网络目前流行的音频、视频格式。

（1）WAVE 格式：WAVE 文件作为最经典的 Windows 多媒体音频格式，应用非常广泛。它使用 3 个参数来表示声音——采样位数、采样频率和声道数。声道有单声道和立体声之分。采样频率一般有 11025Hz（11KHz）、22050Hz（22KHz）和 44100Hz（44KHz）3 种。

（2）MOD 格式：MOD 是一种类似波表的音乐格式，但它的结构却类似 MIDI，使用真实采样，体积很小。包含很多音轨，而且格式众多，如 S3M、NST、669、MTM、XM、IT、XT 和 RT 等。

（3）MIDI 格式：MIDI 是 Musical Instrument Data Interface 的简称，它采用数字方式对乐器所奏出来的声音进行记录（每个音符记录为一个数字），然后播放时再对这些记录通过 FM 或波表合成。FM 合成是通过多个频率的声音混合来模拟乐器的声音；波表合成是将乐器的声音样本存储在声卡波形表中，播放时从波形表中取出产生声音。

（4）MP3 格式：MP3 采用 MPEG Audio Layer 3 技术，将声音用 1：10 甚至 1：12 的压缩率压缩，采样率为 44KHz、比特率为 112Kb/s。以数字方式储存的音乐，如果要播放，就必须有相应的数字解码播放系统，一般通过专门的软件进行 MP3 数字音乐的解码，再还原成波形声音信号播放输出，这种软件就称为 MP3 播放器，如 Winamp 等。

（5）RA（RAM、RM）格式：是成熟的网络音频格式，采用了“音频流”技术，非常适合网络广播，是目前在线收听网络音乐比较好的一种格式。在制作时可以加入版权、演唱者、制作者、Mail 和歌曲的 Title 等信息。

（6）VQF 格式：VQF 采用一种音频压缩技术。VQF 的音频压缩率比标准的 MPEG 音频压缩率高出近一倍，可以达到 1：18 左右甚至更高。音质仍然纯正，接近 44KHz-256Kb/s 的 MP3。

（7）MD 格式：MD 是一种完整的便携音乐格式，它所采用的压缩算法就是 ATRAC 技术（压缩比是 1：5）。具有快速选曲、曲目移动、合并、分割、删除和曲名编辑等多项功能。MD 的产品包括 MD 随身听、MD 床头音响、MD 汽车音响、MD 录音卡座、MD 摄像头和 MD 驱动器等。

（8）WMA 格式：是一个开放支持在各种各样的网络和协议上的数据传输的标准。它支持音频、视频以及其他一系列的多媒体类型。WMA 文件在 80Kb/s、44KHz 的模式下压缩比可达 1：18，基本上和 VQF 相同。而且压缩速度比 MP3 提高了一倍。

10.2　上机实战

前面我们介绍了网上娱乐和生活的相关知识，下面我们通过实际操作来学习在网上娱乐和生活的操作方法，达到用户的最终目的。

10.2.1　在网络中看新闻

现目前，许多报社、新闻社已出现了网络版，我们不用再买报纸直接在网络中查看就可以了，而且在网络中更新新闻的速度非常快，许多大型网站也开设了新闻版面，如搜狐、网易等。

难度系数　✓ ✓

学习时间　10 分钟

学习目的　在网上看新闻。

操作步骤

01 在地址栏输入网址 http://www.xinhuanet.com/，进入新华网首页。

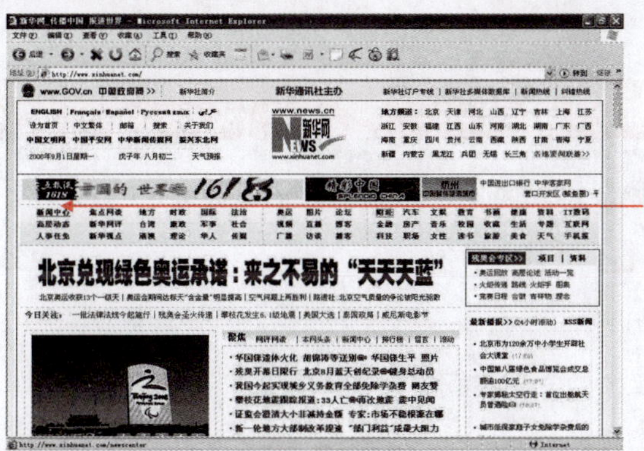

02 单击“新闻中心”导航按钮。

图 10-1　进入新华网首页

03 选择“财经”新闻。

图 10-2 选择新闻类别

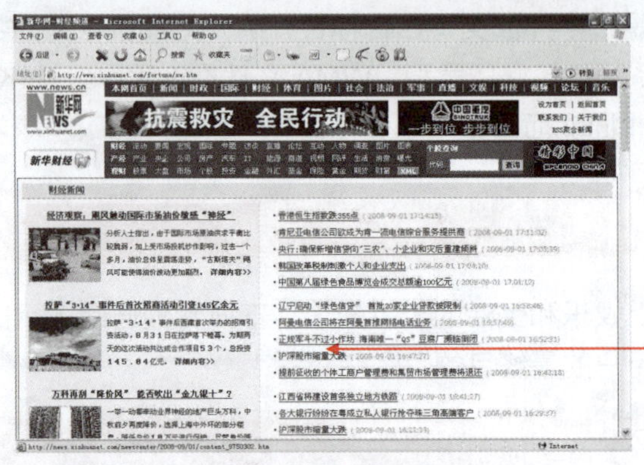

04 选择感兴趣的新闻题目。

图 10-3 选择新闻题目

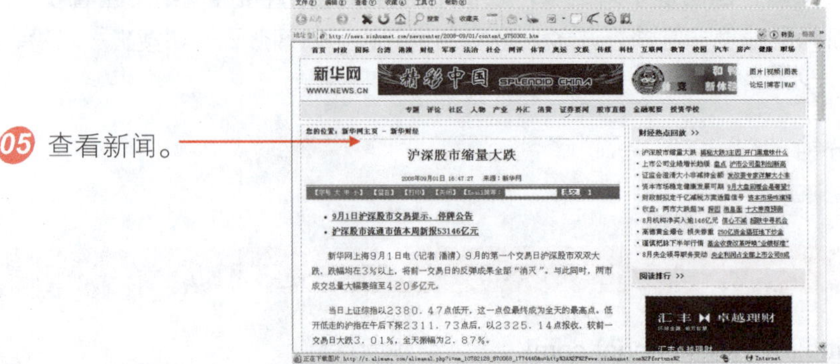

05 查看新闻。

图 10-4 查看新闻

10.2.2 在网站中听音乐

这里以“好听音乐网”网站为例，介绍在网站中听音乐的方法。

难度系数 

学习时间 10 分钟

学习目的 讲解 3 种方法在网站中听音乐。

操作步骤

登录“好听音乐网”http://www.haoting.com/，如图 10-5 所示。在网站中听音乐的方法有如下 3 种。

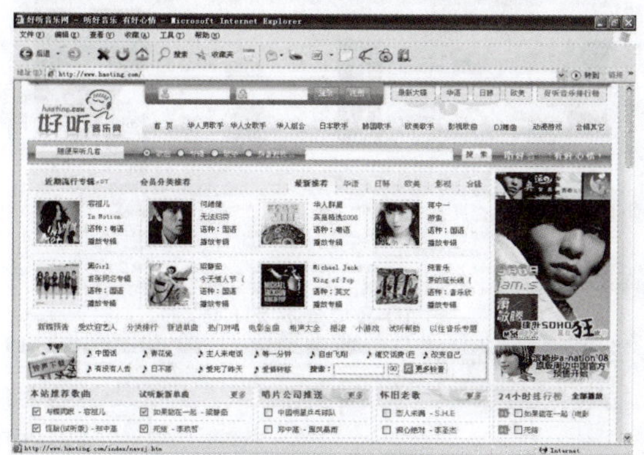

图 10-5　好听音乐网主页

方法一：直接选择歌曲。

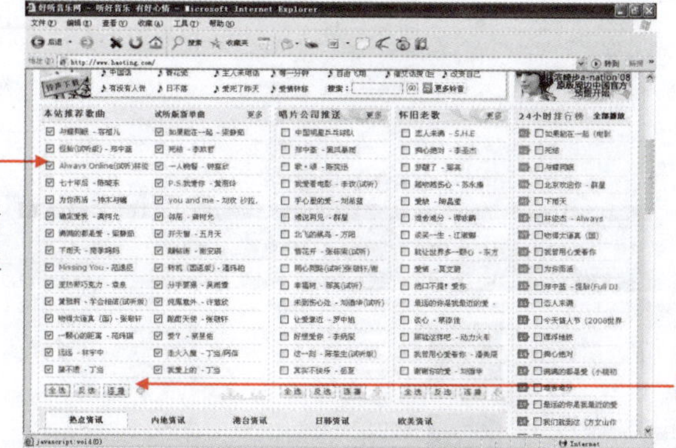

01 在首页选择歌曲，如本站推荐歌曲，单击“全选”按钮或勾选喜欢的音乐。

02 单击“连播”按钮。

图 10-6　选择歌曲

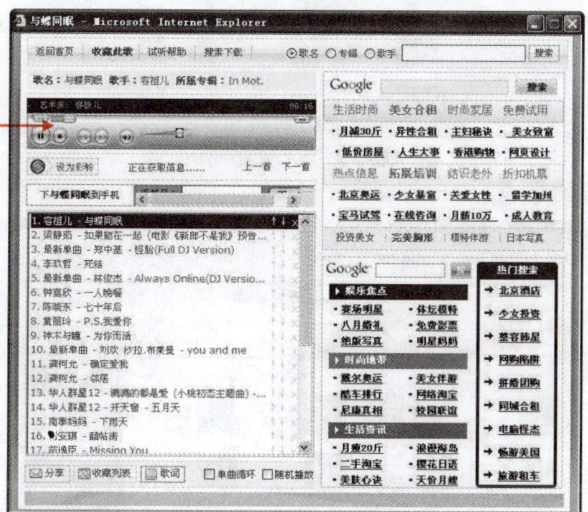

03 打开嵌入了播放器的页面，自动播放音乐。

图 10-7　播放歌曲

方法二：目录式搜索音乐。

01 单击“华人男歌手”导航按钮。

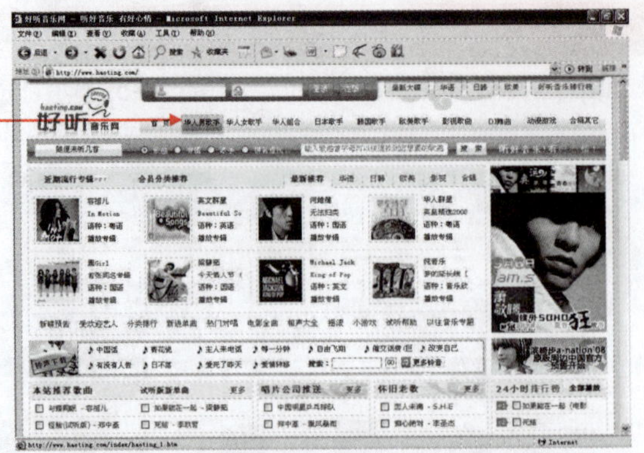

图 10-8 查看热门歌手

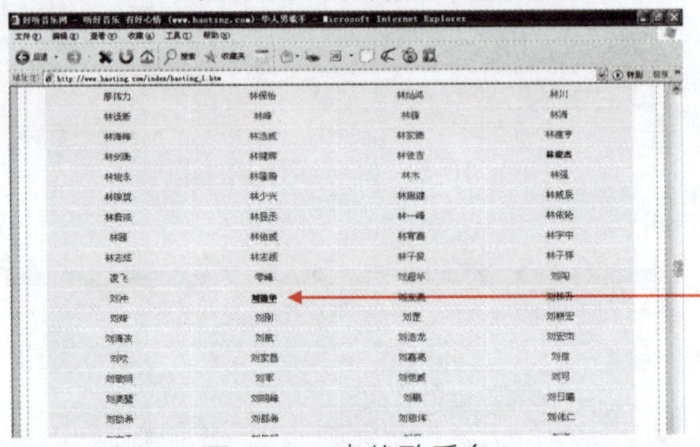

02 进入“华人男歌手”页面，单击选择要查找的歌手名。

图 10-9 查找歌手名

03 选择好专辑，单击“连播这张专辑”按钮，即可播放音乐。

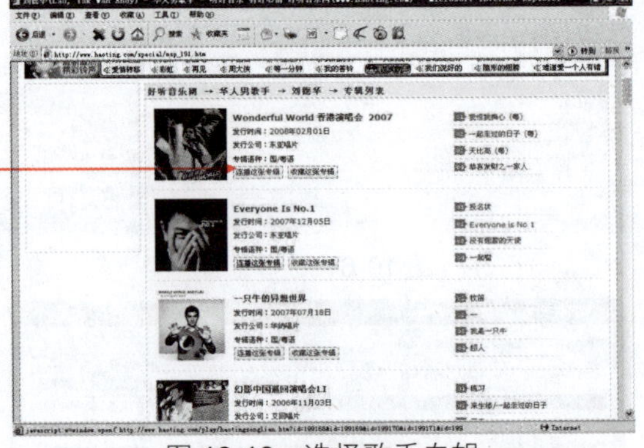

图 10-10 选择歌手专辑

方法三：搜索引擎搜索歌曲。

01 选择搜索项目。

02 输入搜索的内容，如“狼爱上羊”。

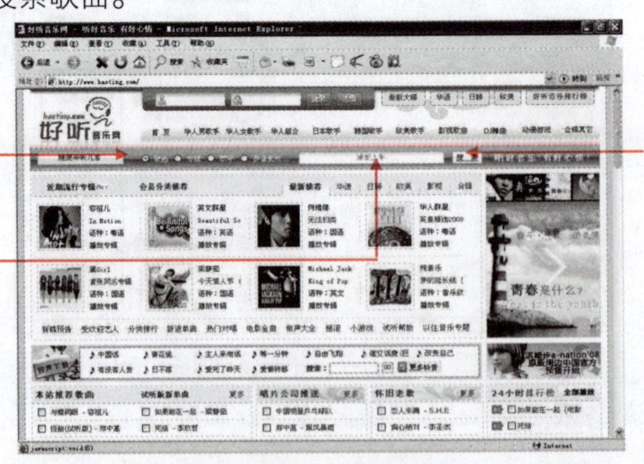

03 单击“搜索”按钮。

图 10-11 选择歌曲

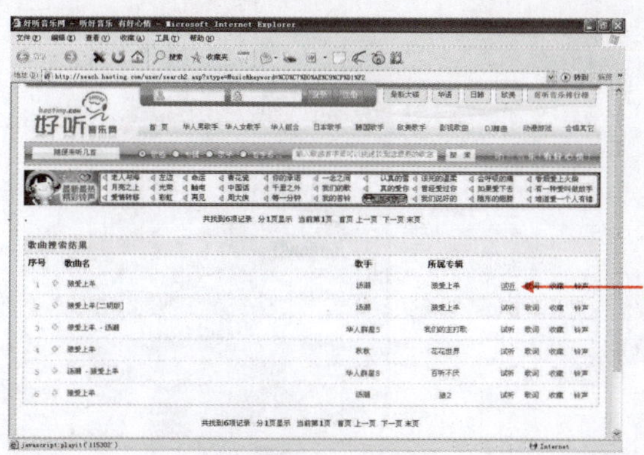

04 单击“试听”链接即可听音乐。

图 10-12　在线收听

10.2.3　QQ 音乐

QQ 音乐是腾讯公司推出的一款音乐软件，它嵌入腾讯 QQ 聊天软件中，集在线音乐、音乐库、音乐下载、歌词显示等功能。

难度系数　☑ ☑ ☑ ☑

学习时间　20 分钟

学习目的　利用 QQ 音乐在网上听音乐。

操作步骤

01 登录 QQ 面板。

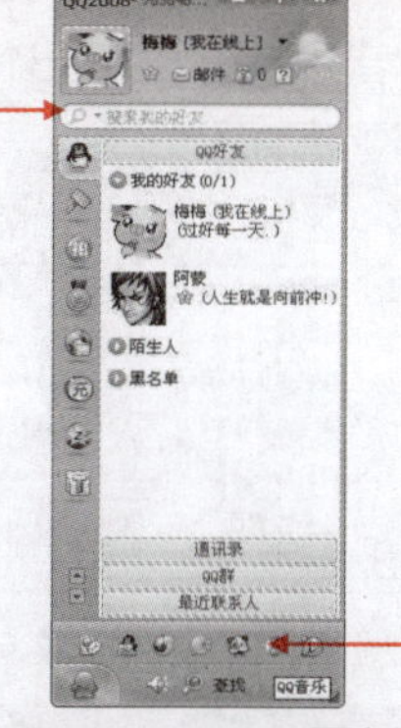

02 单击“QQ 音乐”按钮。

图 10-13　QQ 面板

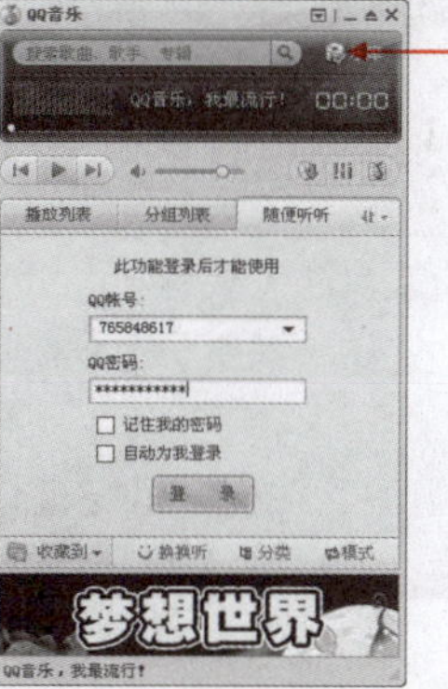

03 在弹出的“QQ 音乐”面板中，单击“乐库”按钮。

图 10-14　“QQ 音乐”面板

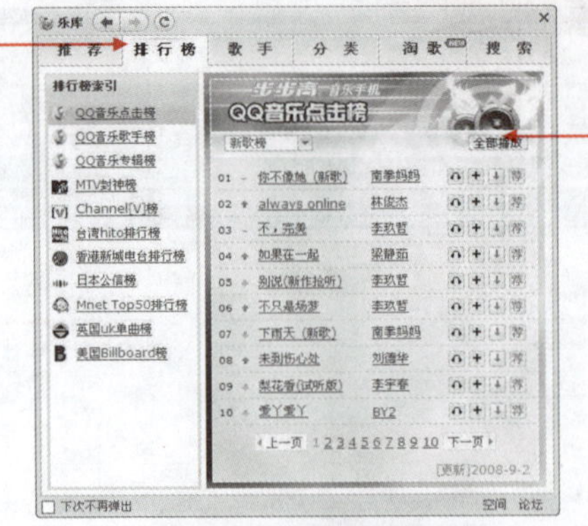

04 在弹出的“乐库”面板中，选择“排行榜”选项。

05 单击“全部播放”按钮。

图 10-15 “乐库”面板

06 开始播放。

07 单击“最小化”按钮。

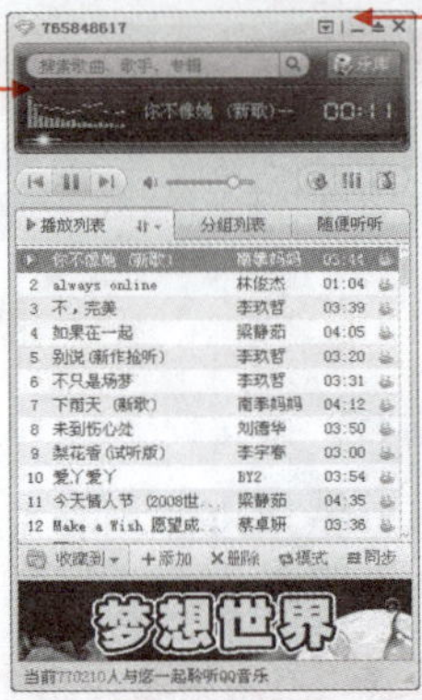

图 10-16 播放音乐

08 在任务栏的活动区域中，右击 QQ 音乐按钮，弹出快捷菜单，如图 10-17 所示。

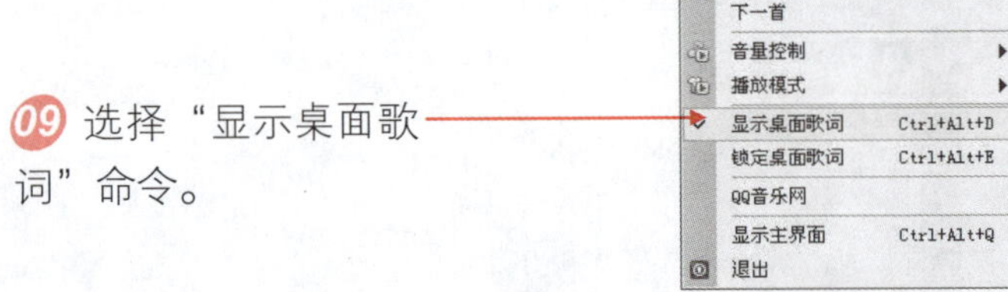

09 选择“显示桌面歌词”命令。

图 10-17 快捷菜单

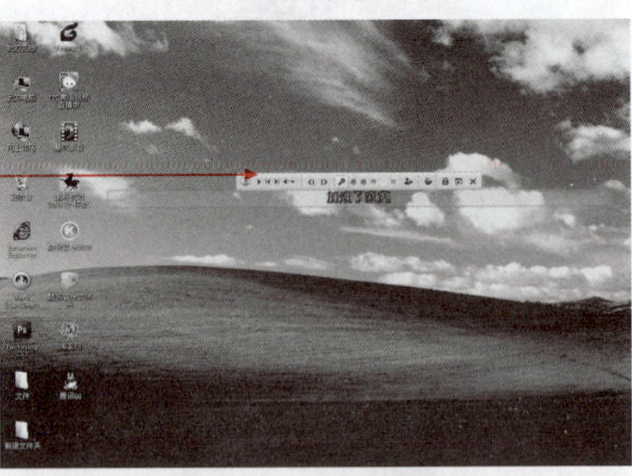

10 桌面显示歌词，并且可以移动位置、调整大小、颜色。

图 10-18 显示歌词

若电脑中没有安装 QQ 音乐程序，在 QQ 面板上单击“QQ 音乐”按钮后，系统会提示下载并安装 QQ 音乐程序。

10.2.4　在线观看电影

网络中有许多收费或不收费的电影网站，包括最新电影、珍藏电影，应有尽有。由于现在网带网速越来越大越快，在线看电影已成为网民的时尚。下面以酷 6 网为例介绍在线看电影的方法。

难度系数　☑ ☑

学习时间　20 分钟

学习目的　在网站中看在线电影。

操作步骤

01 在 IE 浏览器地址栏中输入酷 6 网址 http://www.ku6.com。

02 单击“最新视频”链接。

图 10-19　酷 6 网

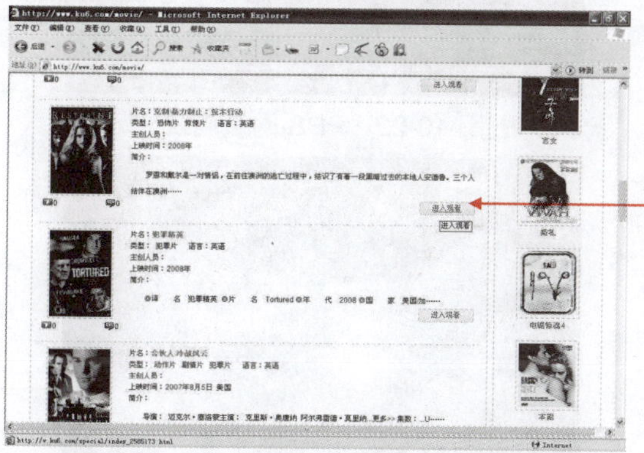

03 选择电影，并单击后面的“进入观看”按钮。

图 10-20　选择电影

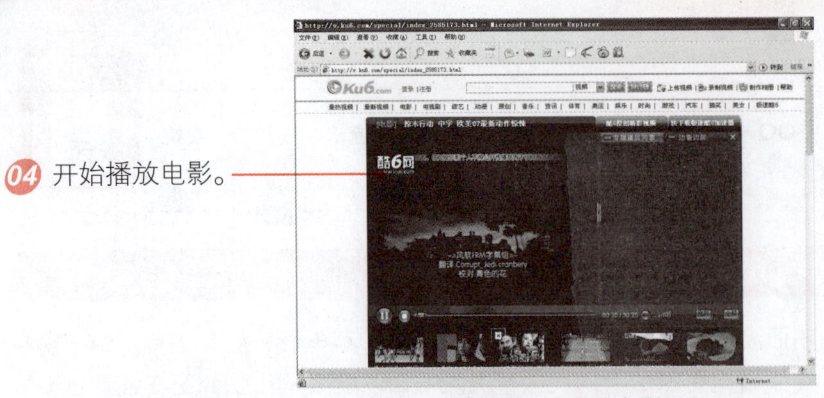

04 开始播放电影。

图 10-21 观看电影

10.2.5 使用 PPS 收看影视

PPS 网络电视是一款基于 P2P 技术的流媒体直播软件，使用它能够在线收看电影、电视剧、体育直播、游戏竞技、财经资讯等，画质清晰、播放流畅、完全免费。

难度系数 ☑ ☑ ☑

学习时间 20 分钟

学习目的 使用 PPS 在线收看影视。

操作步骤

01 启动 PPS 网络电视。

02 选择“直播”选项。

03 选择“动漫卡通”栏目。

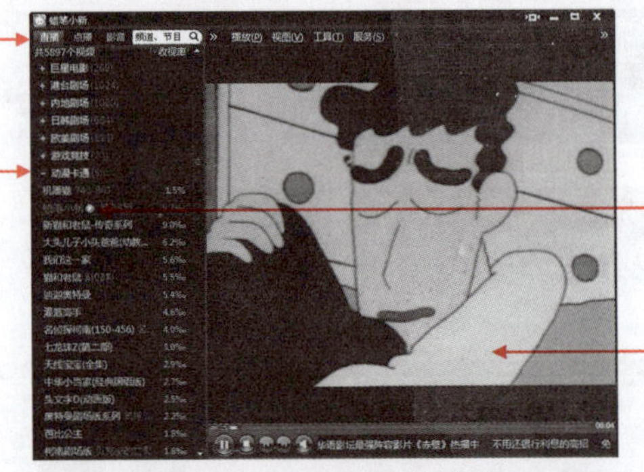

04 双击节目，如蜡笔小新。

05 开始播放节目。

图 10-22 PPS 网络电视

06 选择“点播”选项。

07 双击节目，如越狱第四季（高清版）-01。

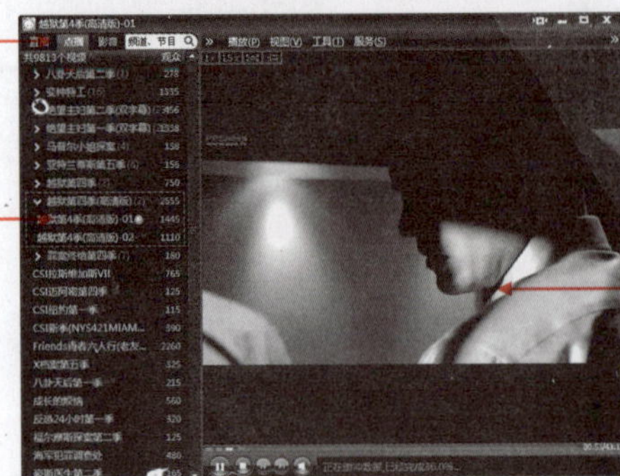

08 开始播放节目。

图 10-23 播放节目

提示

直播与点播的区别，直播就像看电视，现场直播比较流畅；点播就像看影碟，并且点播看人数的指数高低之别，所有点播有时不流畅。

10.2.6 使用 QQ 直播收看影视

QQ 直播是腾讯公司开发的一款在线收看影视软件，它以集成在腾讯 QQ、安全性和高质量播放、强大的防火墙穿透能力、对硬盘无伤害、低配置、低宽带系统以及享受 QQ 直播的服务等优点受到众多网民的青睐。

难度系数　✓ ✓ ✓

学习时间　10 分钟

学习目的　使用 QQ 直播在线收看影视。

操作步骤

01 登录 QQ 面板。

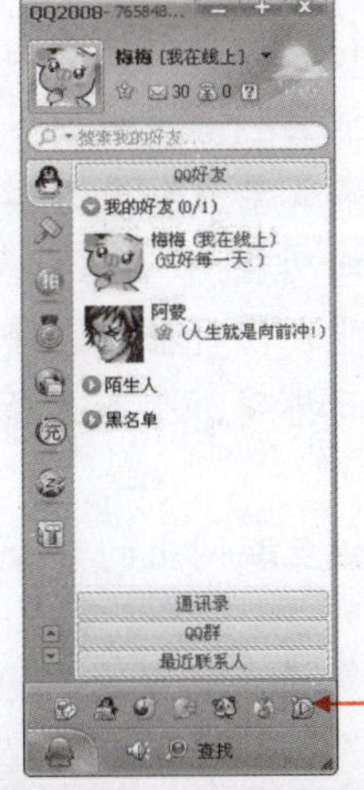

02 单击“网络电视”图标。

图 10-24　QQ 面板

03 选择频道列表，如电视台。

04 双击要看的电视频道。

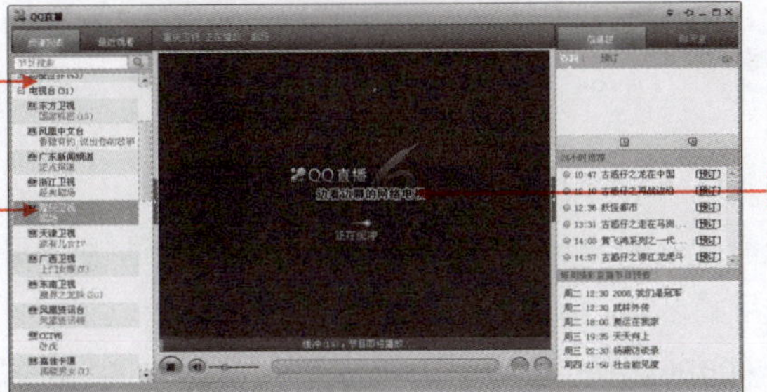

05 缓冲完成后播放节目。

图 10-25　QQ 直播窗口

QQ 直播下面的按钮可以调节声音大小、是否全屏等。一般第一次使用“QQ 直播”时，系统会提示用户下载并安装 QQ 直播。

10.2.7 使用网上银行

许多银行都推出了网上银行，以它安全、快速的优点，让许多网民都热衷于它，要使用网上银行首先需要申请，再在所申请的网上银行页面中支付使用。

难度系数 ☑ ☑ ☑ ☑

学习时间 40 分钟

学习目的 申请网上银行，并进行支付操作。

1. 网上银行介绍

网上银行又称网络银行、在线银行，是指银行在 Internet 上设立的虚拟银行柜台，向客户提供开户、销户、查询、对账、行内转账、跨行转账、信贷、网上证券、投资理财等传统服务项目。使客户无论是在家，还是在办公室，只要可以上网，就能足不出户地享受到银行的优质服务。

网上银行一般包括以下几个方面的功能。

- **公共信息的发布：**网上银行可以发布银行的历史背景、经营范围、机构设置、网点分布、业务品种、利率和外汇牌价等公共信息，帮助客户方便地了解银行及其业务品种、业务运行规则，为客户进一步办理各项业务提供了方便。
- **银行交易服务：**主要包括内部转账、支付转账、自助缴费、银证转账、外汇买卖、汇兑业务、贷款申请发放、开放式基金和国债买卖等。
- **账务查询服务：**网上银行向企事业单位和个人客户提供账户状态、账户余额、账户一段期间内的交易明细等事项的查询功能。
- **账户状态管理服务：**主要包括账户临时挂失、修改账户密码等。
- **个性化定制服务：**主要包括界面排列、业务选择、信息选择、证券历史交易分析提示、产品推荐、理财、预约服务等。
- **网上支付功能：**主要向客户提供互联网上的资金实时结算功能，是保证电子商务正常开展的关键性的基础功能。

2. 网上银行申请流程

各个网上银行的申请流程大同小异，下面以交通银行的网上银行为例，讲解申请的流程。

如果不是交通银行，用户也就是没有交通银行卡，则需以下几步。

交行网银的申请有 2 种方式。

（1）普通用户

普通用户申请网银。

第一步：携带本人有效身份证明和本人交通银行卡到交通银行网点，在柜台上填写《交通银行个人网上银行业务申请表》，为银行卡申请开通网上支付功能。

第二步：通过 www.bankcomm.com 或 www.95559.com.cn 登录交通银行个人网上银行，单击菜单中的“网上支付/激活及管理”，单击“激活”链接。

第三步：在其中输入证件号码、交易密码、设定支付卡号、确认信息后，即激活该卡的网上支付功能。

（2）手机注册用户

用手机申请网银的用户，需如下几步即可成功。

第一步：携带本人有效身份证明和太平洋借记卡到交通银行柜台申请办理网上银行用户签约手续。

第二步：银行柜台在开通网上支付功能，同时在注册时登记手机号码。

第三步：通过交通银行发送到手机短信动态密码，登录交通银行网上银行。

3. 网上银行支付操作方法

这里以交通银行为例，介绍办理网上银行的具体操作步骤。

01 开通网上银行后，使用 IE 浏览器登录该银行的官方网站，如图 10-26 所示。

02 单击“个人网银登录”按钮。

图 10-26　交通银行主页

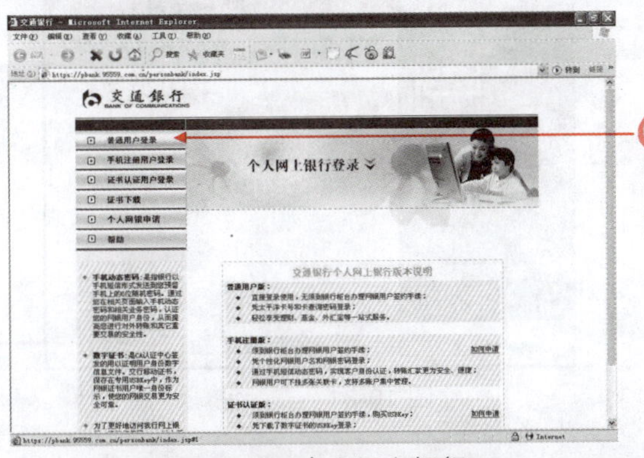

03 根据自身申请的方式选择登录方式，如普通用户登录。

图 10-27　个人网上银行

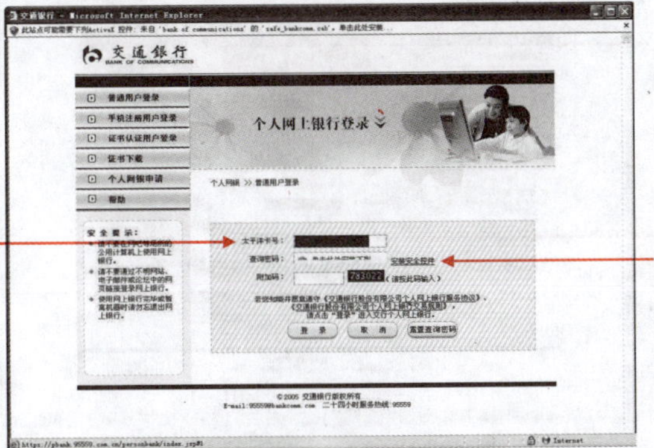

04 输入太平洋卡号。

05 单击“安装安全控件”链接。

图 10-28　输入太平洋卡号

Days 1 Days 2 Days 3 Days 4 Days 5 Days 6 Days 7

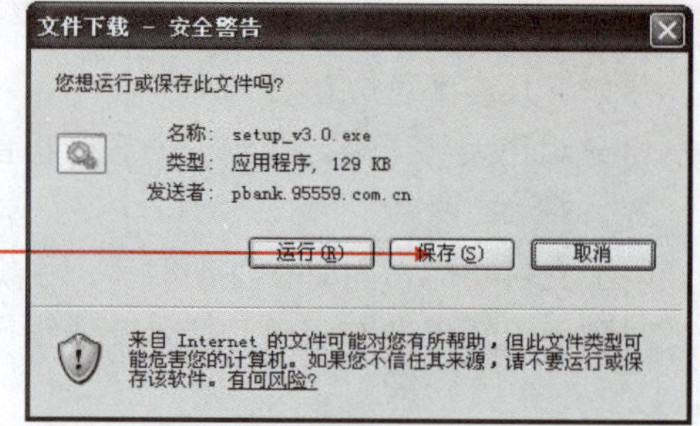

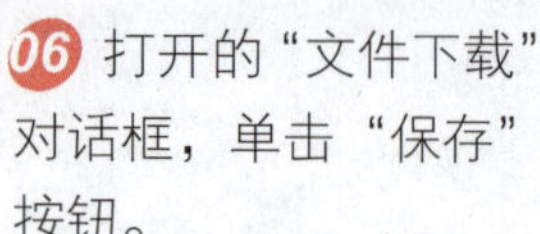

06 打开的“文件下载”对话框，单击“保存”按钮。

图 10-29 “文件下载”窗口

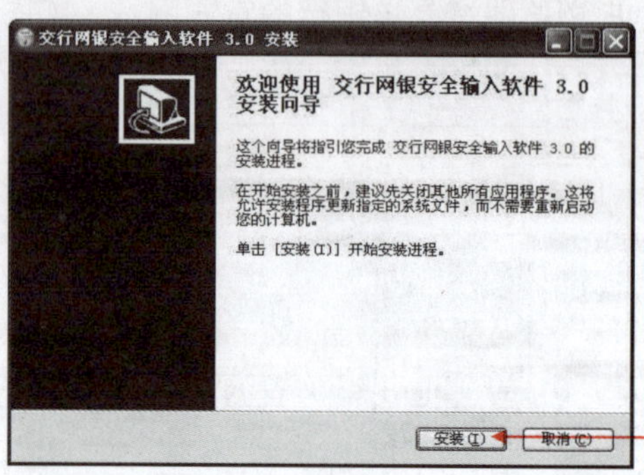

图 10-30 安装向导

07 下载完成，出现安装向导，单击“安装”按钮。

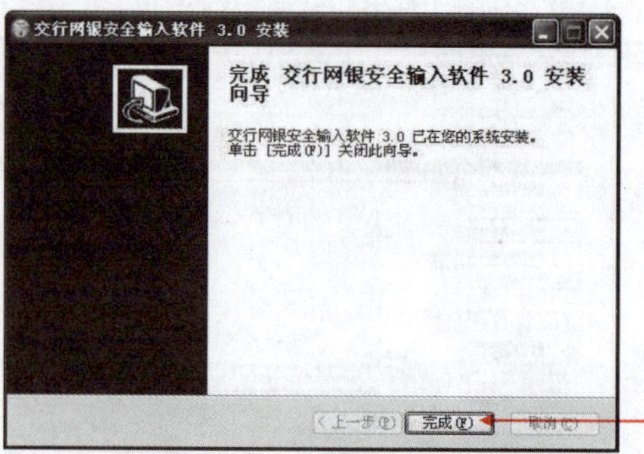

图 10-31 安装完成

08 单击“完成”按钮，安装完成。

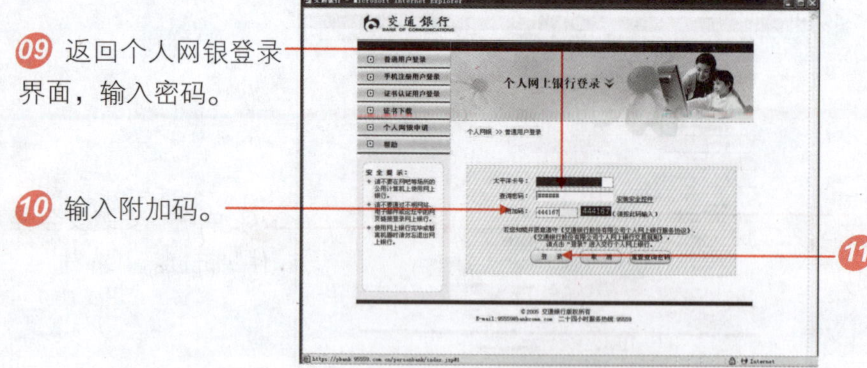

09 返回个人网银登录界面，输入密码。

10 输入附加码。

11 单击“登录”按钮。

图 10-32 个人网上银行登录界面

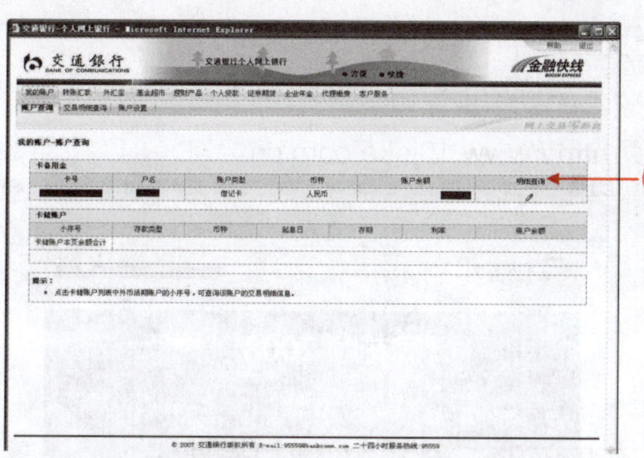

⑫ 成功登录网上银行，就可以办理相关的银行业务了，比如对外转账、查询等。

图 10-33　登录网上银行

现在网络银行的安全技术日趋完善，达到了世界网银交易标准。当然，在使用时也应注意一般的安全常识：尽量避免在网吧等公共场所的计算机上使用网上支付；注意对输入的卡号、密码等信息的保护；支付完毕请及时清空浏览器及计算机上的记录；在使用图形密码键盘输入密码时，注意周围环境，谨防被旁人窥视。

10.2.8　网上炒股

网上炒股，用户首先需要选择一个券商，并进入该券商的网站。查看该券商当地营业部电话，电话咨询需要哪个银行的储蓄本和相关事宜，然后带上银行储蓄本、身份证、身份证复印件到指定银行开户，并到营业部签一份《权证风险揭示书》，就可以买卖 A 股和权证。

难度系数 ☑☑☑☑

学习时间　40 分钟

学习目的　在线炒股行情和交易。

用于交易的软件，可以到开户的券商网站下载，也可以下载其他软件，如钱龙、大赢家、同花顺之类的软件。下面以同花顺为例进行讲解。

同花顺股票软件的功能如下。

- **主力买卖指标：**加入上证所 Level2 中揭示主力资金进出的核心指标“主力买卖”至同花顺 2008 中，进而发现主力资金动向，为判断个股走势提供最可信的信号。
- **闪电下单：**同花顺独家闪电下单功能，双击盘口数据即可实现委托交易，比普通的交易系统下单快 10 秒以上。
- **最全的技术指标：**除包含股民们常用的技术分析指标外，还有各种特色技术指标，并可根据用户需求显示和排序。
- **基本面分析：**最全的 F10 市场上唯一一款具有基本面分析功能的 F10 资讯，帮助股民全面了解个股的基本面信息。
- **选股平台：**同花顺 2008 独具傻瓜选股、基本面选股、智能选股和开放式选股平台，能满足各个层次股民的选股需求。
- **最专业丰富的财经资讯：**由国内著名的财经网站——同花顺金融服务网，提供专业丰富的财经资讯，并在盘中进行实时发布。

1. 下载并安装网上交易软件

下载并安装同花顺软件的操作步骤如下。

01 登录同花顺网站主页 http://www.10jqka.com.cn。

02 单击“立即下载同花顺 2008”按钮，下载最新版本的同花顺软件。

图 10-34　同花顺网站

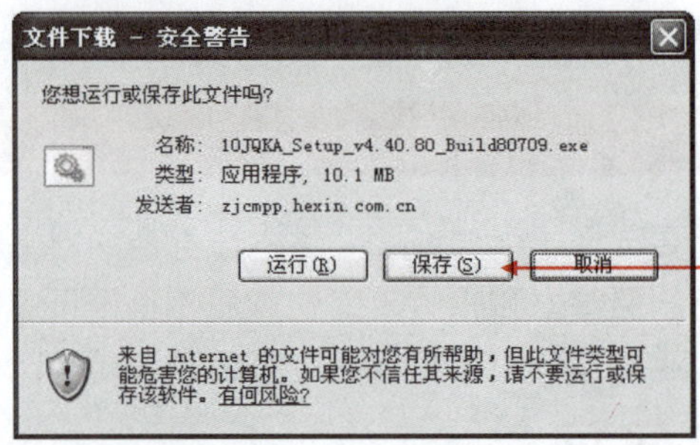

03 在打开的“文件下载”对话框中单击“保存”按钮。

图 10-35　“文件下载”对话框

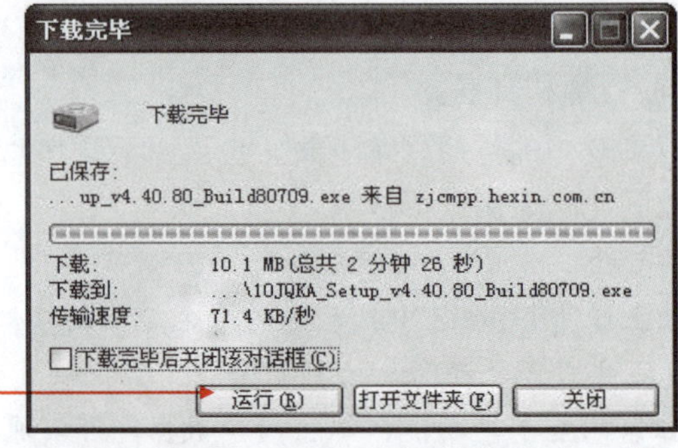

04 下载完成后，单击“运行”按钮。

图 10-36　下载完成

05 启动同花顺软件安装程序。

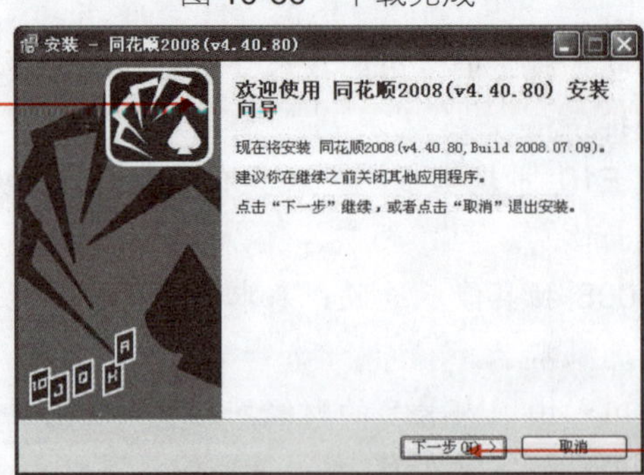

06 单击“下一步”按钮。

图 10-37　安装向导

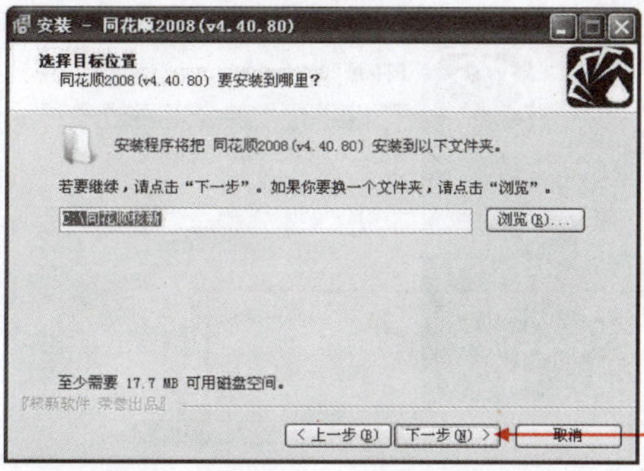

图 10-38　选择目标位置

07 确定安装路径后，单击“下一步”按钮。

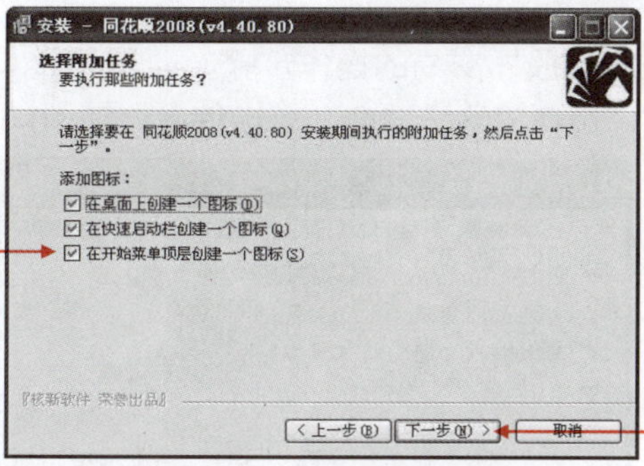

08 根据实际情况勾选附加任务。

图 10-39　选择附加任务

09 单击“下一步”按钮。

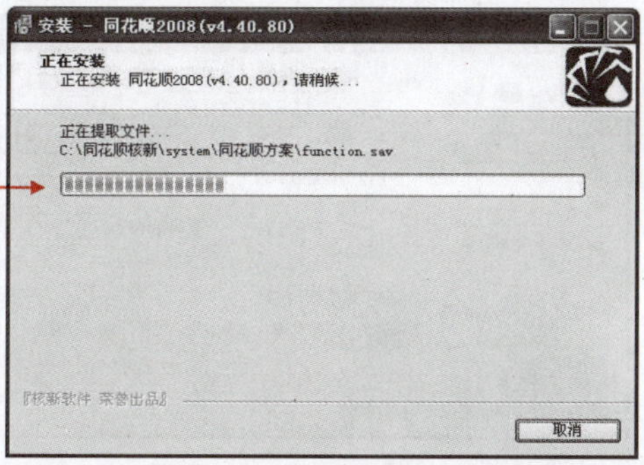

10 正在安装。

图 10-40　正在安装

11 根据自身情况选择软件是否需要安装附加软件。

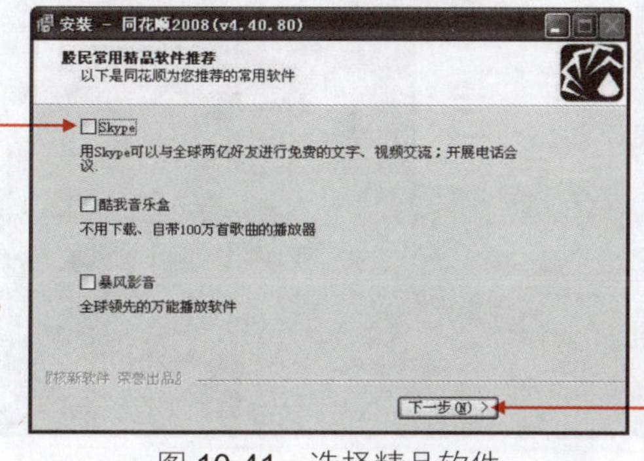

图 10-41　选择精品软件

12 单击“下一步”按钮。

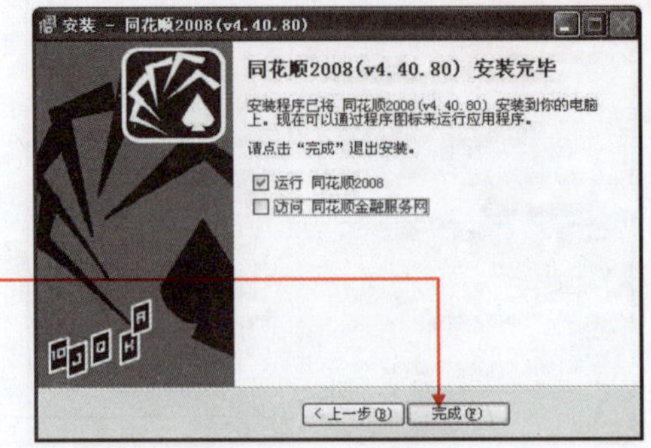

13 完成安装，单击“完成”按钮。

图 10-42　完成安装

2. 网上股票交易

下面介绍使用同花顺进行选股、交易的操作步骤。

01 双击执行同花顺，打开“选择网络运营商”对话框，如图 10-43 所示。

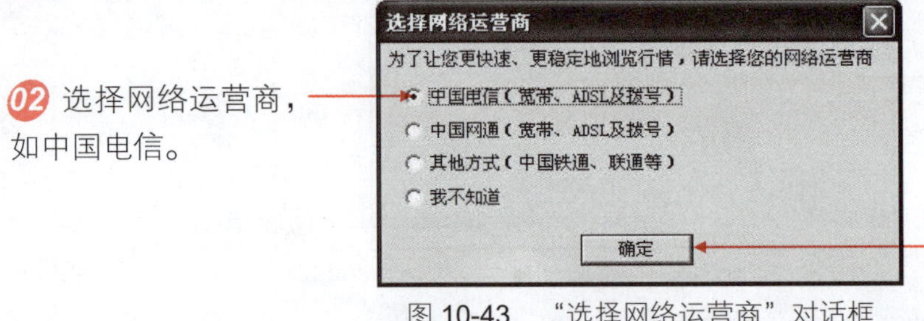

02 选择网络运营商，如中国电信。

03 单击“确定”按钮。

图 10-43　“选择网络运营商”对话框

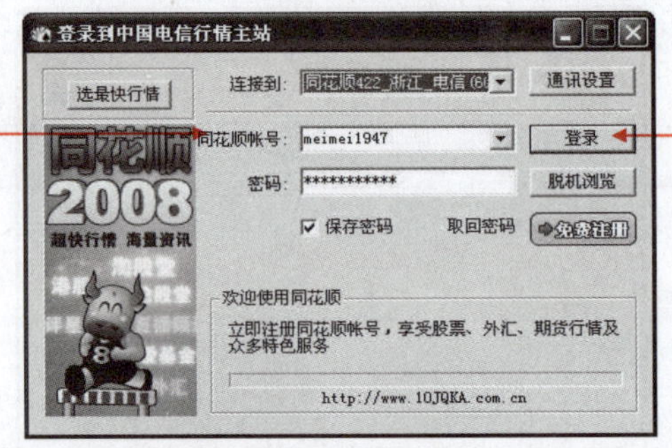

04 输入同花顺账号和密码。

05 单击“登录”按钮。

图 10-44　同花顺登录窗口

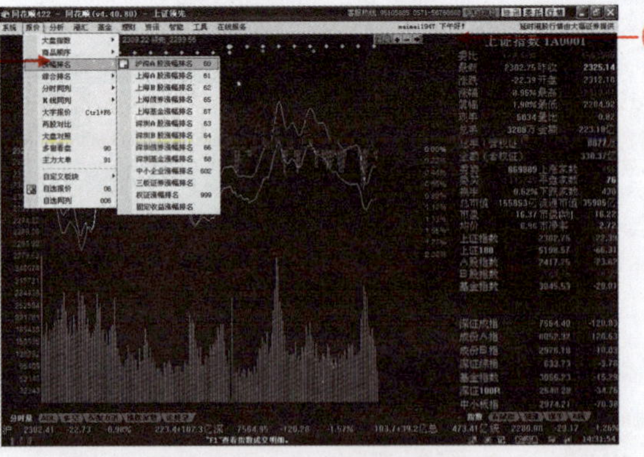

06 选择“报价”→“涨幅排名”→“深沪 A 股涨幅排名”命令。

07 单击“选股”按钮。

图 10-45　查看股票信息

08 在选中的股票上右击。

09 在弹出的快捷菜单中选择“加入自选股”命令。

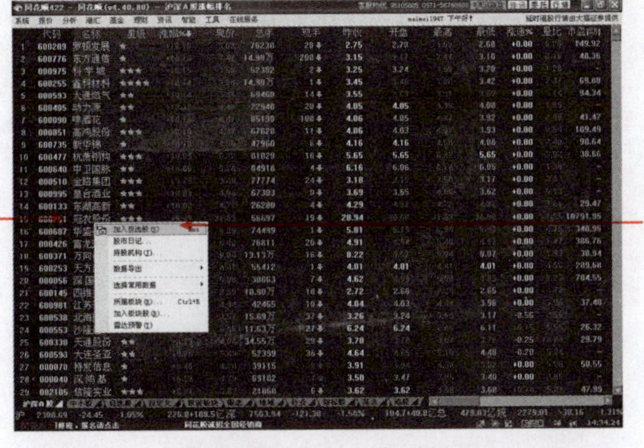

图 10-46　加入自选股

10 单击“买入”按钮。

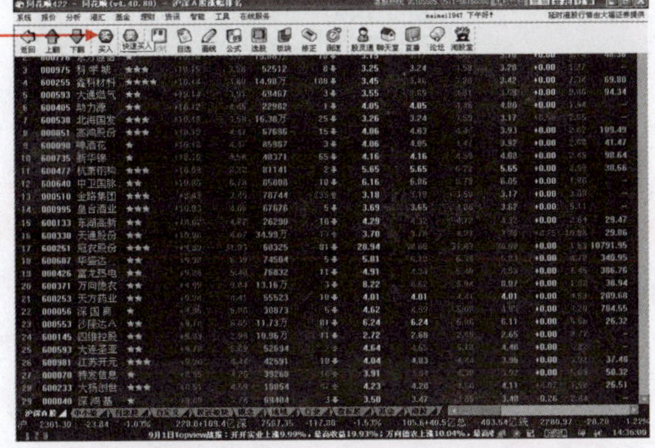

图 10-47　单击“买入”按钮

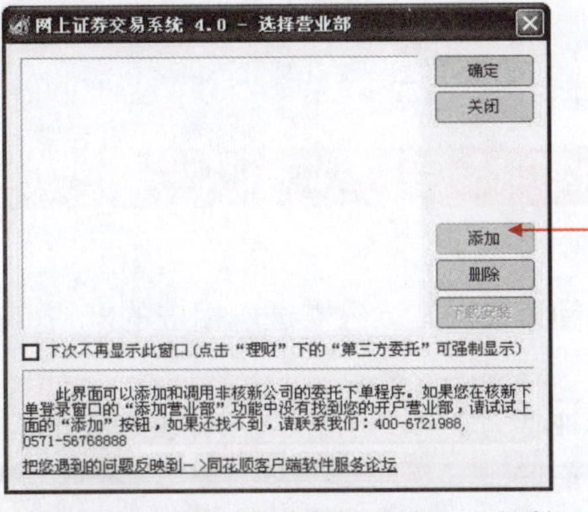

11 打开“网上证券交易系统”对话框，单击“添加”按钮。

图 10-48　“网上证券交易系统”对话框

12 选择开户券商。

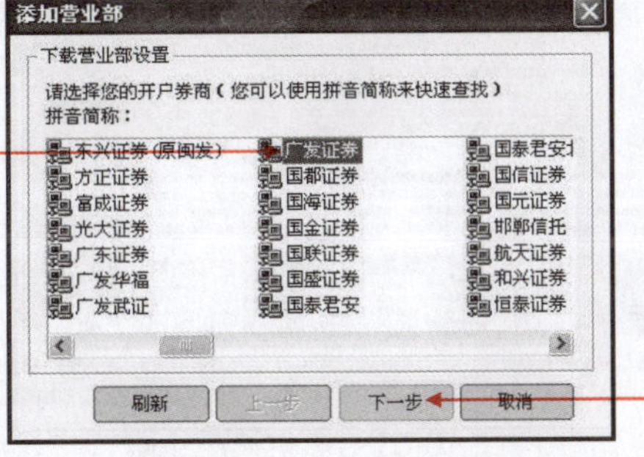

13 单击“下一步”按钮。

图 10-49　选择开户券商

14 选择开户地址，单击“下一步”按钮，打开“用户登录”对话框，如图 10-50 所示。

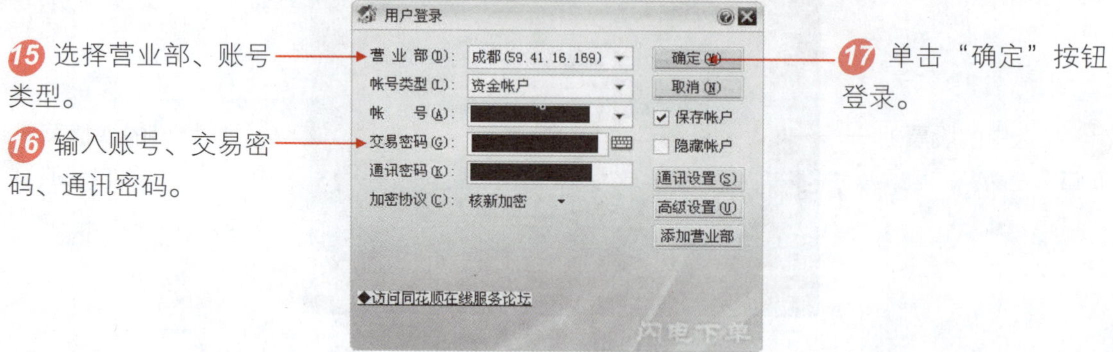

15 选择营业部、账号类型。

16 输入账号、交易密码、通讯密码。

17 单击“确定”按钮登录。

图 10-50　登录

18 登录后，就可以买入股票进行网上交易了。

10.2.9　在线学习

在线学习突破了学习时间、地点上的种种限制，学员可通过网络，重复、不限时间、次数地进行学习，避免时间、精力、金钱的多重浪费，自主安排学习进度，充分享受网络学习的乐趣。

难度系数 ☑ ☑ ☑ ☑

学习时间 40 分钟

学习目的 在线阅读和远程学习。

操作步骤

1. 在线阅读

网络中出现了许多在线阅读的网站，只需进入相应的网站，在家就可以查阅了。下面以书生读吧为例子，介绍在线阅读的操作步骤。

01 在 IE 浏览器地址栏输入书生读吧网址 http://www.du8.com/，按回车键，进入主页。

02 选择分类导航按钮，如生活时尚。

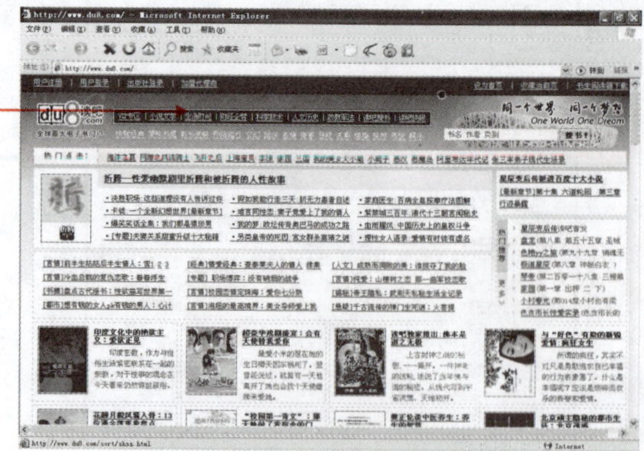

图 10-51　书生读吧主页

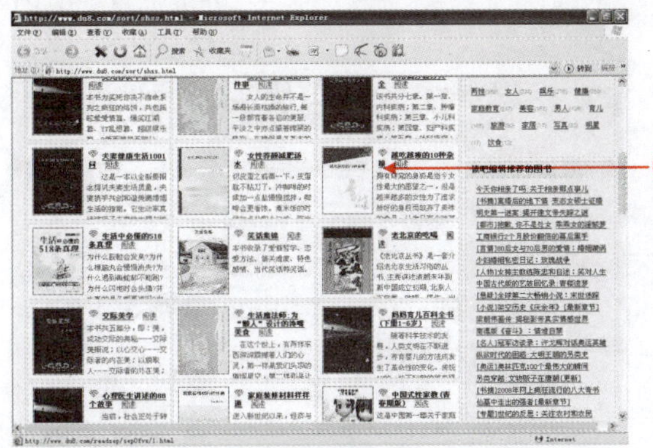

03 选择要阅读的书籍，单击“阅读”按钮。

图 10-52　选择书籍

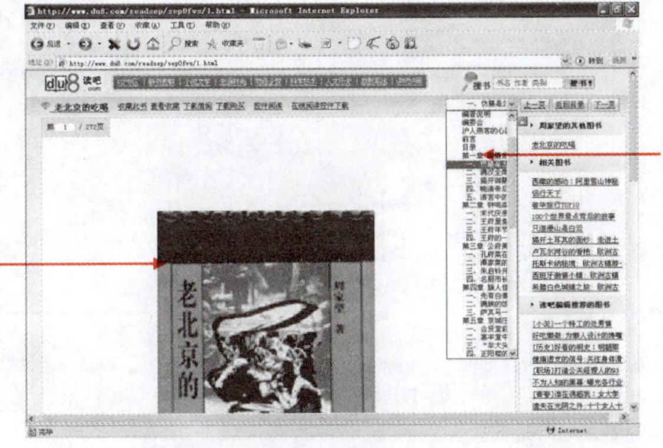

04 显示图书封面。

05 单击向下箭头，在弹出的下拉列表中选择章节。

图 10-53　显示书封

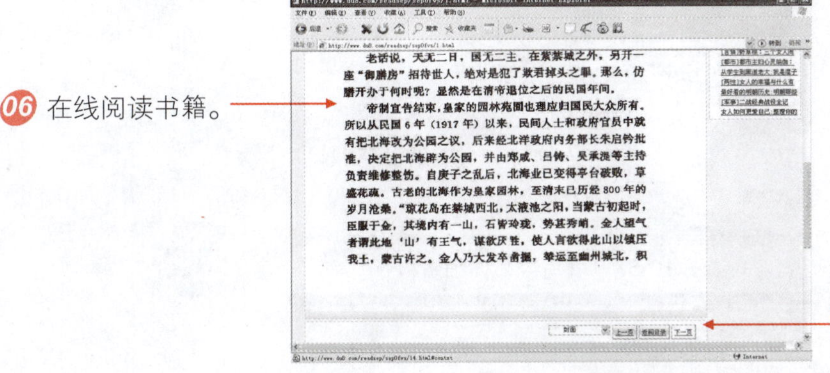

06 在线阅读书籍。

07 单击“下一页”按钮，继续阅读。

图 10-54　开始阅读

2. 远程教学

网络中出现了许多远程教学的网站，包含职业、英语、学历等多个方面，教学中提供了视频、练习、讲义、MP3 格式等多种学习方式，真正做到了让学员学好、自主、方便的目的。

下面以中华会计网校为例，讲解远程学习的方法。

01 进入中华会计网校主页 http://www.chinaacc.com/。

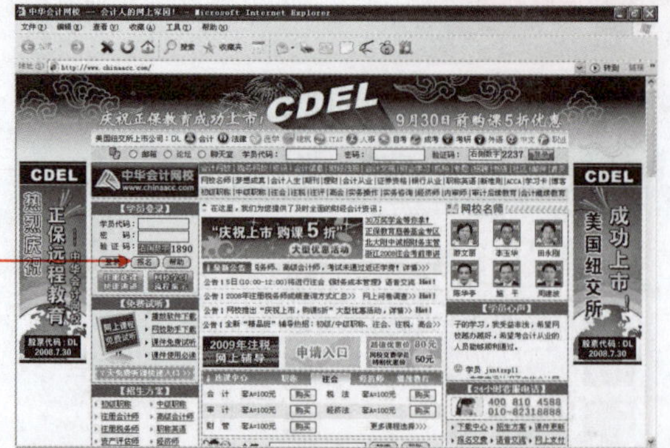

02 单击“报名”按钮。

图 10-55　中华会计网校

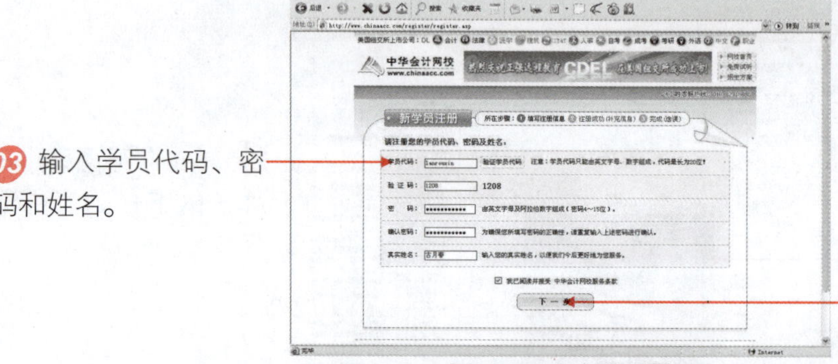

03 输入学员代码、密码和姓名。

04 单击“下一步”按钮。

图 10-56　注册页面

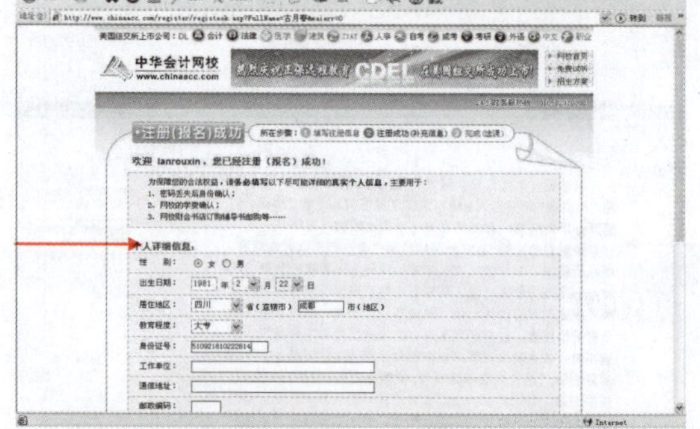

05 填写个人详细资料。

图 10-57　填写个人详细资料

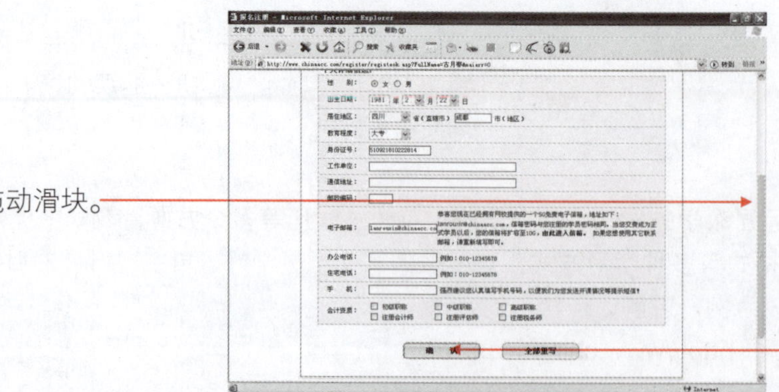

06 拖动滑块。

07 单击“确认”按钮。

图 10-58　提交资料

08 网校注册成功。

09 单击“选购课程”按钮。

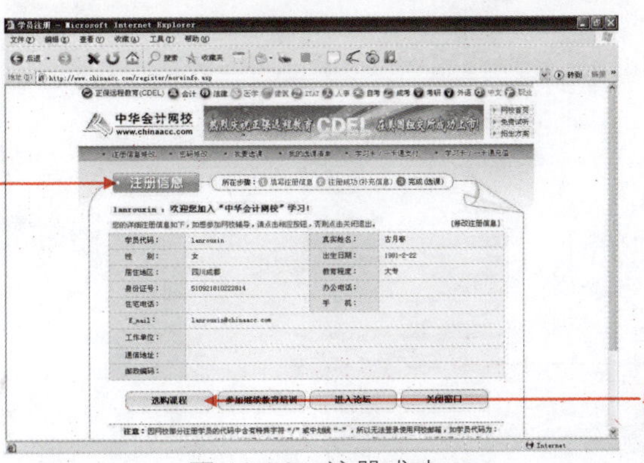

图 10-59　注册成功

10 显示课程选择页面，单击选择要学习的课程，如会计从业资格。

图 10-60　选择课程页面

11 在要学习的课程前打勾。

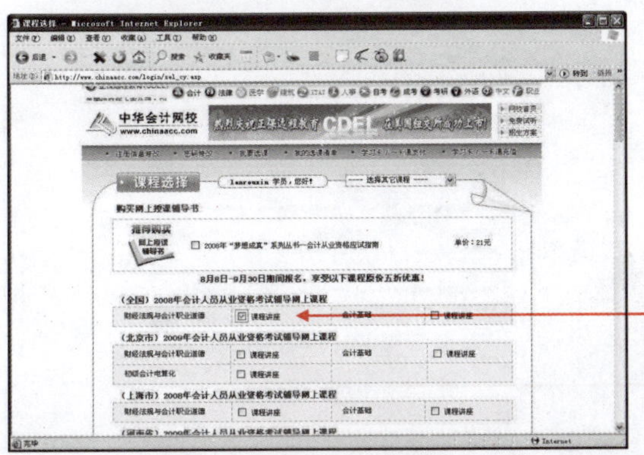

图 10-61　选择课程

12 显示课程费用。

13 单击“下一步”按钮。

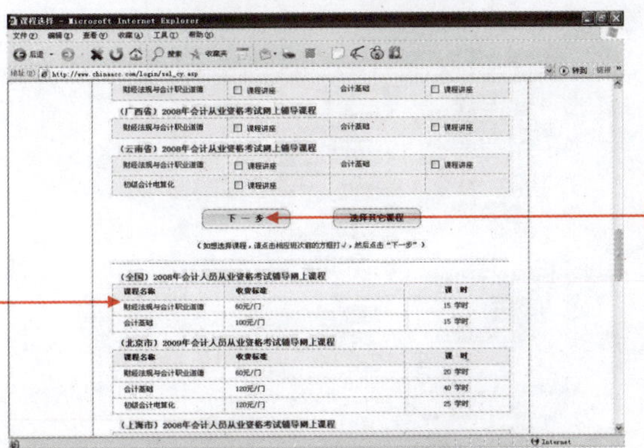

图 10-62　显示课程费用

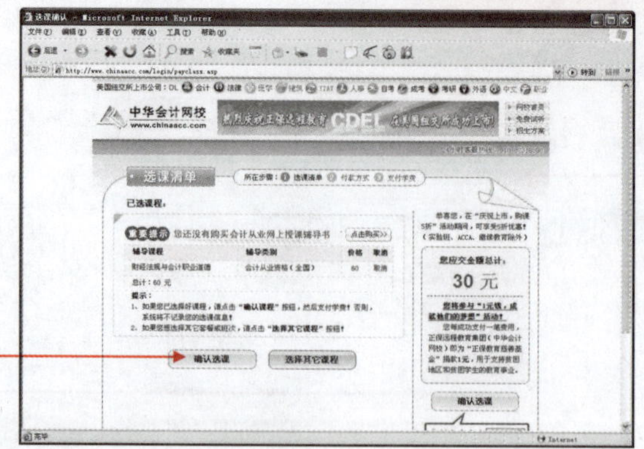

14 单击“确认选课”按钮。

图 10-63　确认选课

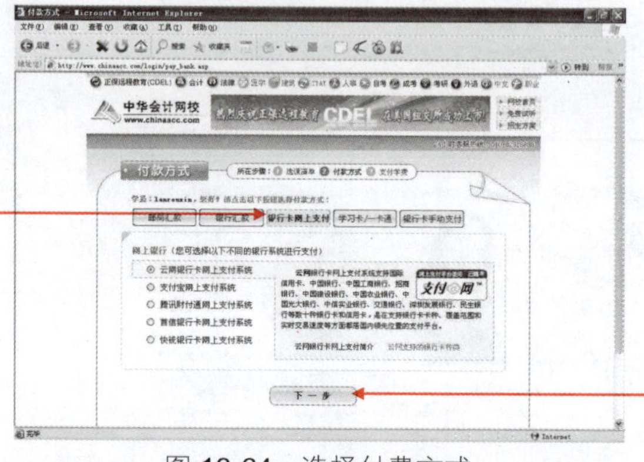

15 根据自身情况，选择付费方式，如银行卡网上支付。

16 单击“下一步”按钮。

图 10-64　选择付费方式

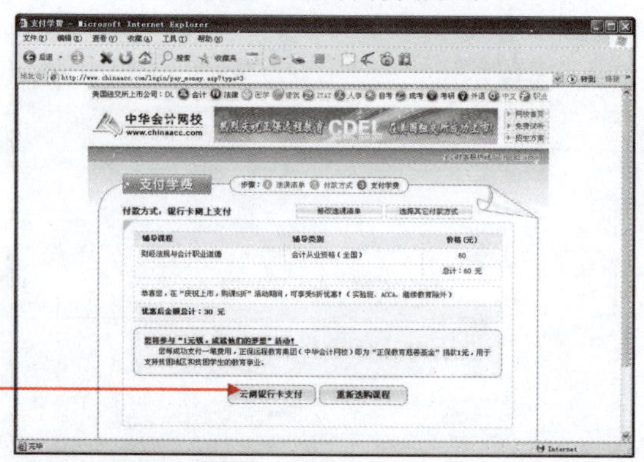

17 单击“云网银行卡支付”按钮。

图 10-65　单击“云网银行卡支付”按钮

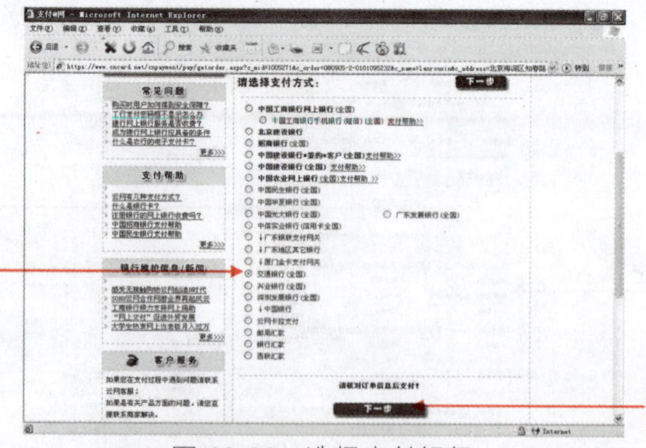

18 选择支付银行，如交通银行。

19 单击“下一步”按钮。

图 10-66　选择支付银行

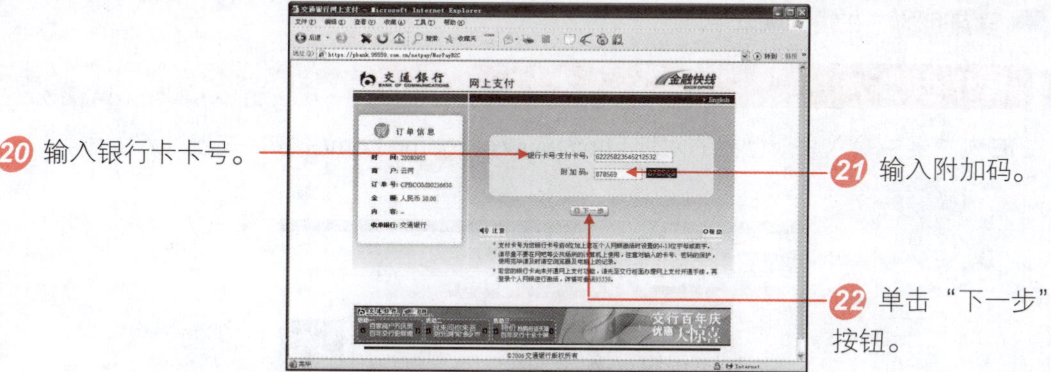

20 输入银行卡卡号。

21 输入附加码。

22 单击“下一步”按钮。

图 10-67　输入卡号及附加码

23 支付成功后，网校在一个小时内开通课程，进入课堂，如图 10-68 所示。

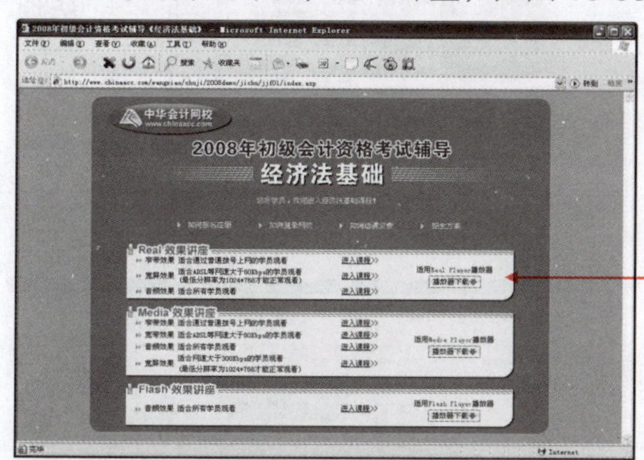

24 根据实际情况，选择播放方式，单击后面的“进入课程”链接。

图 10-68　支付成功

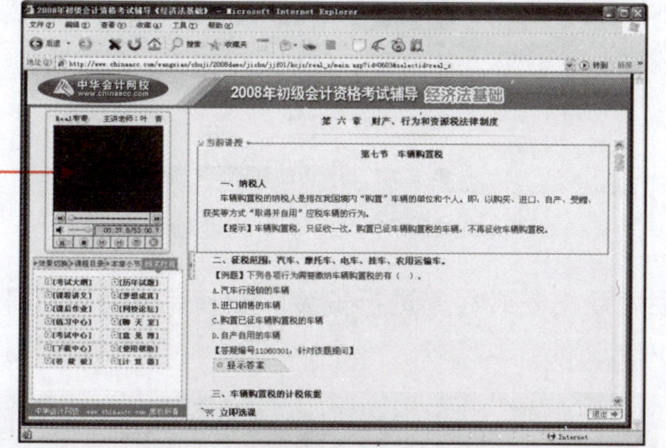

25 进入课堂开始听课。

图 10-69　开始学习

10.2.10　在线玩联众游戏

联众游戏是一款免费网络对战软件，是网络休闲娱乐的平台，其中包括有棋类、牌类、麻将类、Flash 游戏等。

学习时间　20 分钟

学习目的　在线玩联众游戏。

操作步骤

01 在 IE 浏览器中输入联众世界的网址 http://www.ourgame.com/，按回车键进入主页。

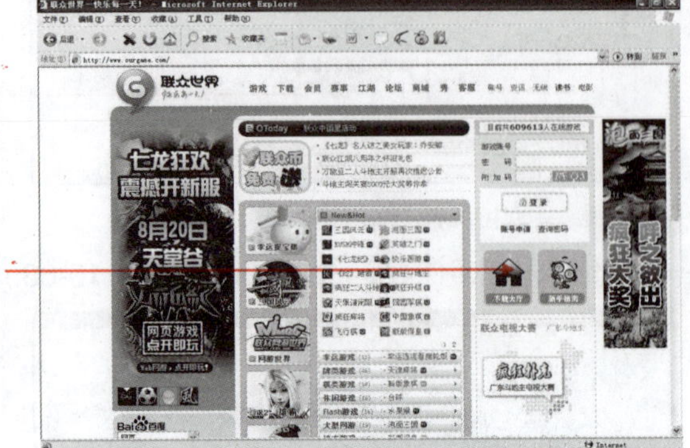

02 单击“下载大厅”按钮。

图 10-70　下载游戏大厅

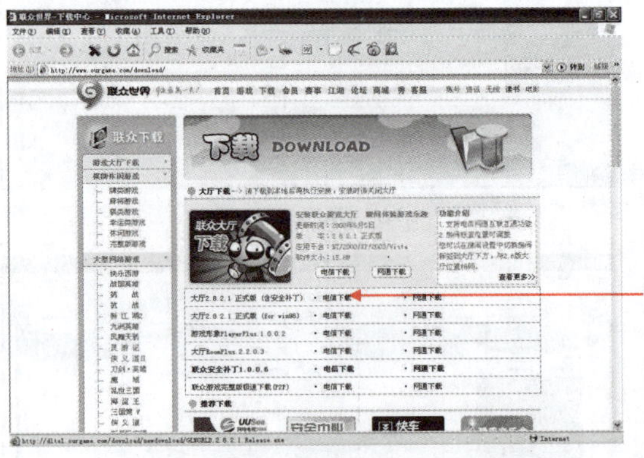

03 根据自身申请的网络的运营商选择下载地址，如电信下载。

图 10-71　选择下载地址

04 游戏大厅下载完成后，双击安装程序进行安装。安装完成后，打开联众世界游戏登录界面，如图 10-72 所示。

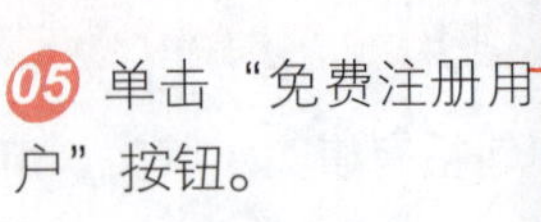

05 单击“免费注册用户”按钮。

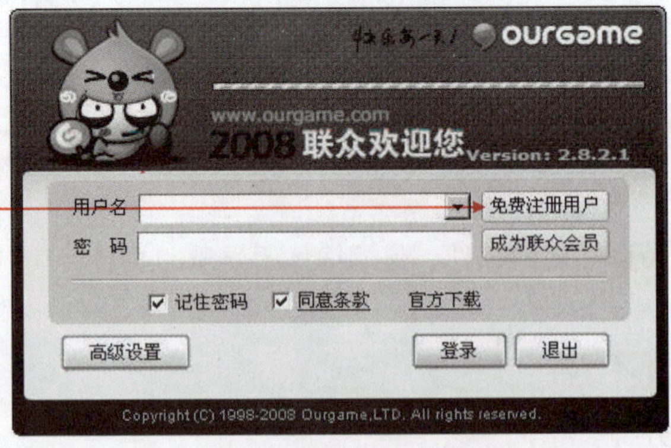

图 10-72　游戏登录界面

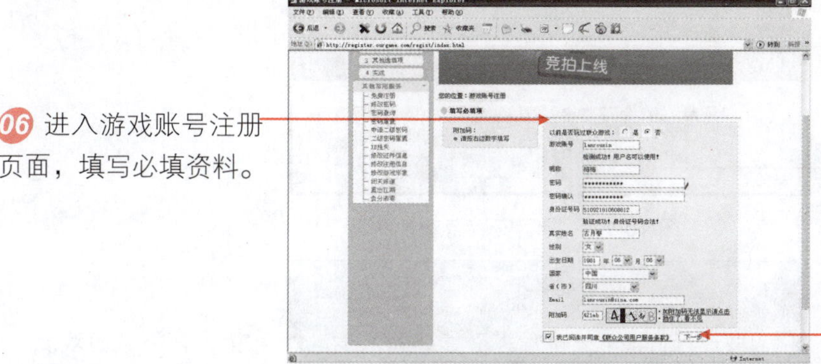

06 进入游戏账号注册页面，填写必填资料。

07 单击“下一步”按钮。

图 10-73　注册账号

08 注册成功。

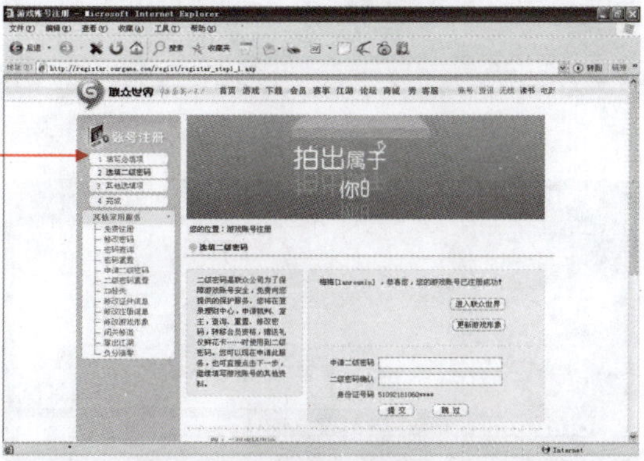

图 10-74　注册成功

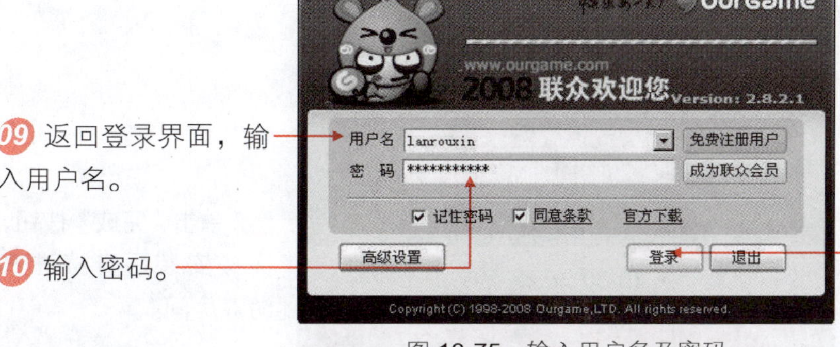

09 返回登录界面，输入用户名。

10 输入密码。

11 单击“登录”按钮。

图 10-75　输入用户名及密码

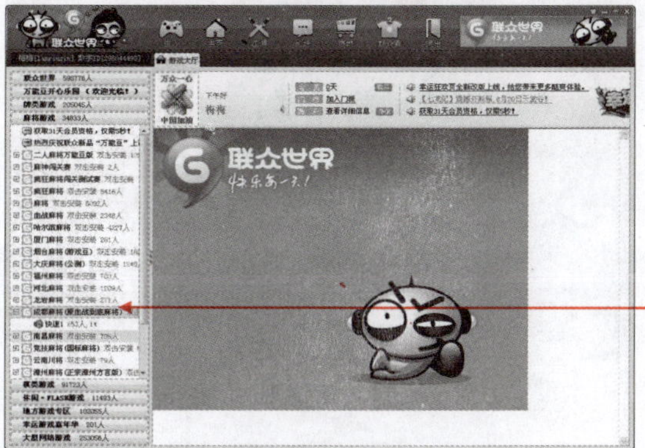

12 双击想玩的游戏

图 10-76　进入大厅

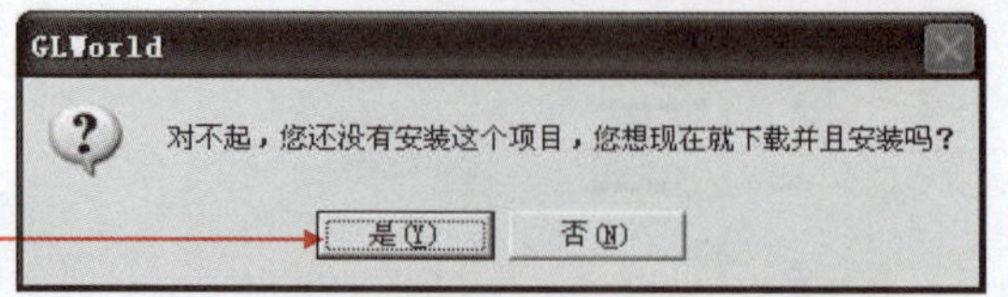

13 提示还未安装此游戏，需下载，单击“是”按钮。

图 10-77 提示安装游戏

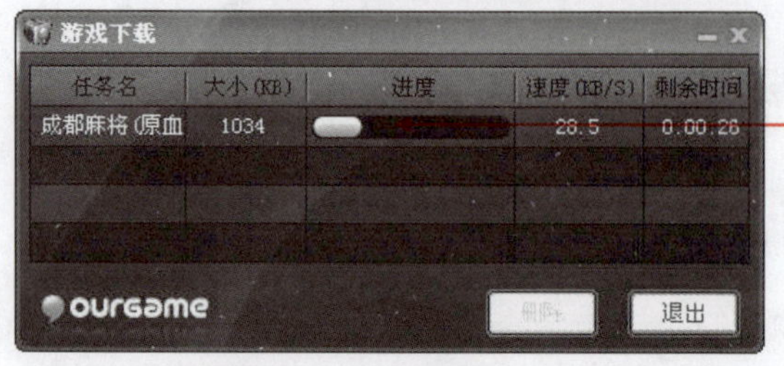

14 正在下载游戏。

图 10-78 正在下载游戏

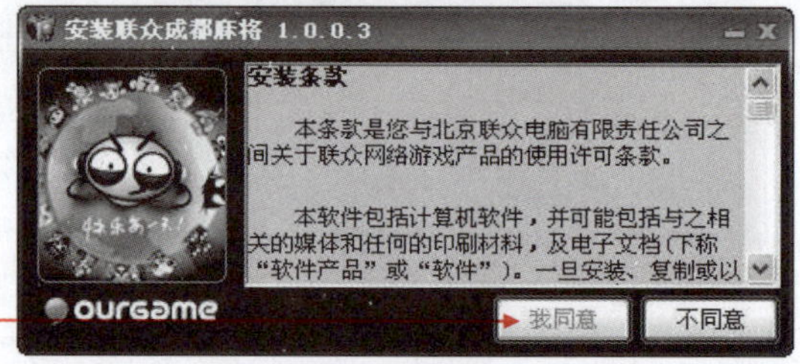

15 单击“我同意”按钮。

图 10-79 同意安装游戏

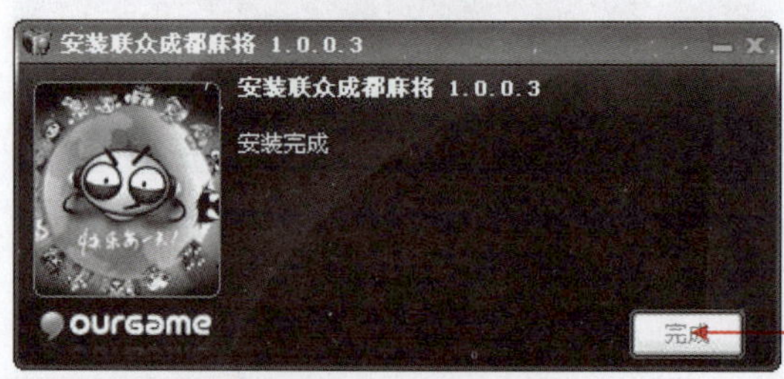

16 单击“完成”按钮，完成安装后直接进入游戏房间。

图 10-80 安装完成

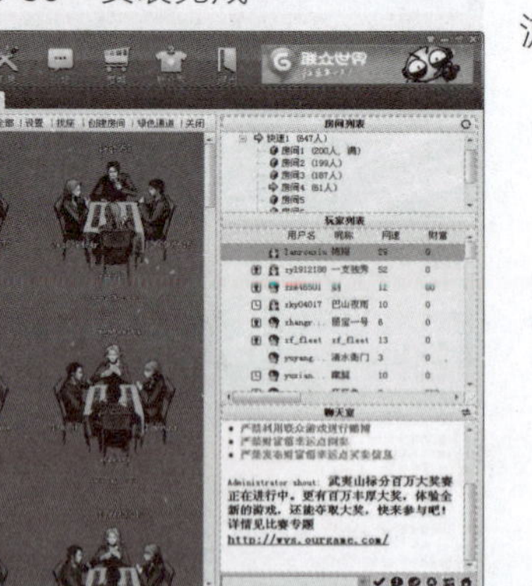

17 在空座位上单击，选择座位。

图 10-81 进入游戏房间

18 单击“开始”按钮，进入游戏。

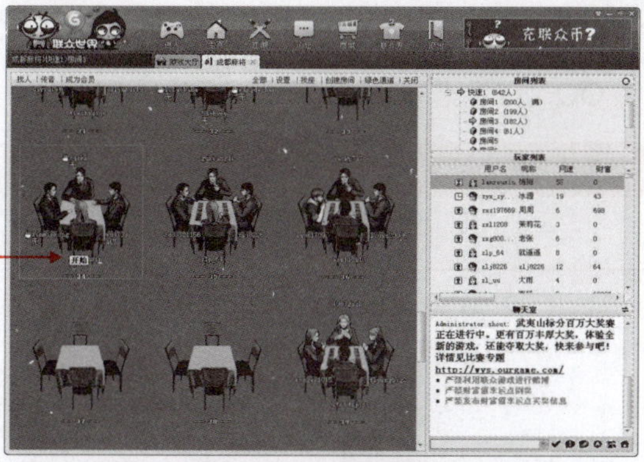

图 10-82　选择牌桌

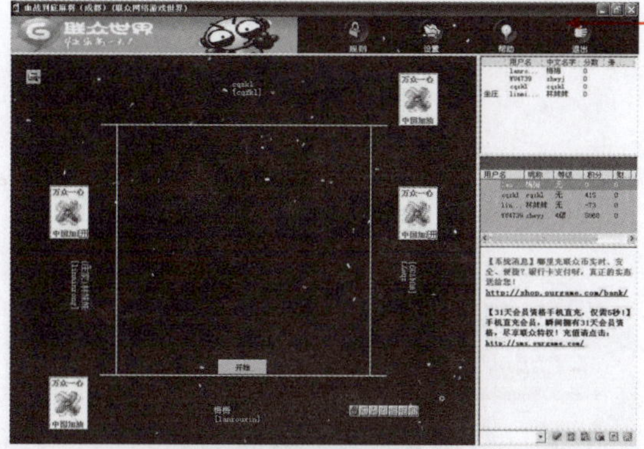

19 单击“开始”按钮，开始游戏。

图 10-83　进入牌桌

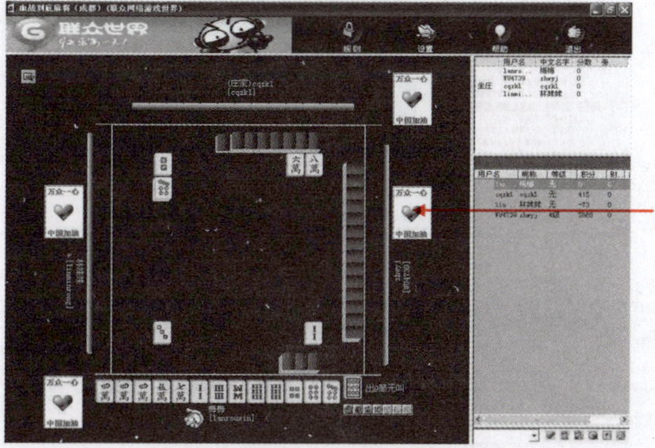

20 正在玩游戏。

图 10-84　开始游戏

联众世界是很多游戏的集成，用户可以先下载游戏大厅以及希望使用的游戏程序到电脑中备份，这样就不用在游戏大厅里下载了，以节省时间。

10.2.11　在线玩 QQ 游戏

腾讯 QQ 游戏属于 in-game 角色系统，玩家在 QQ 游戏中是角色形象的化身。除了可以更换服饰，展现个性的特性外，可以在游戏中播放动画、表达情绪，还可以根据游戏进程触发各种动态交互动画。其中包括热门游戏、休闲竞技游戏、麻将类游戏、牌类游戏、棋类游戏等。

难度系数 ☑ ☑ ☑

学习时间 20 分钟

学习目的 在线玩 QQ 游戏。

操作步骤

01 登录 QQ 面板。

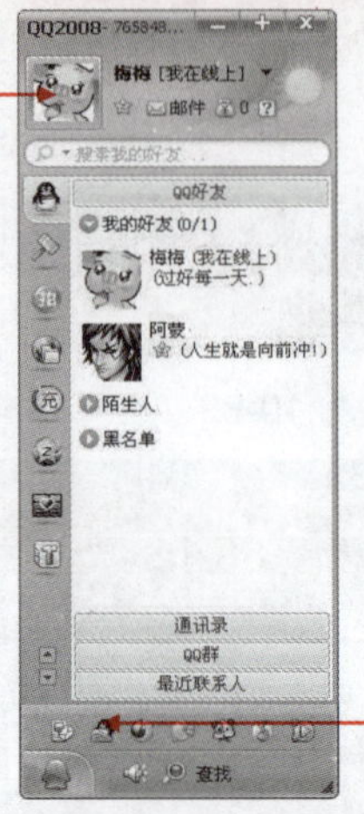

图 10-85　QQ 面板

02 单击“QQ 游戏”按钮。

03 双击选择的游戏。

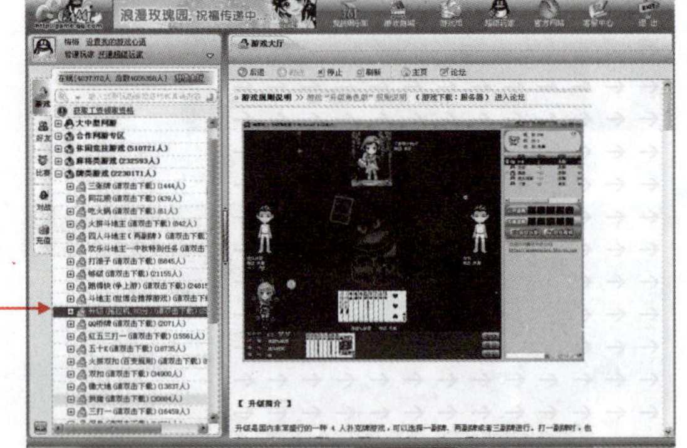

图 10-86　选择游戏

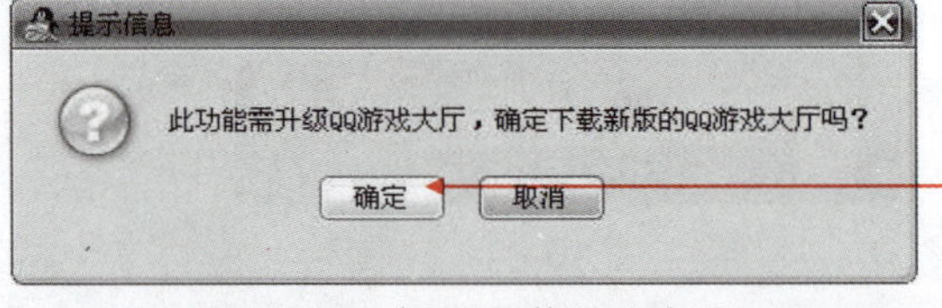

图 10-87　提示下载游戏大厅

04 提示需下载新版本的游戏大厅，单击“确定”按钮。

05 正在下载游戏大厅。

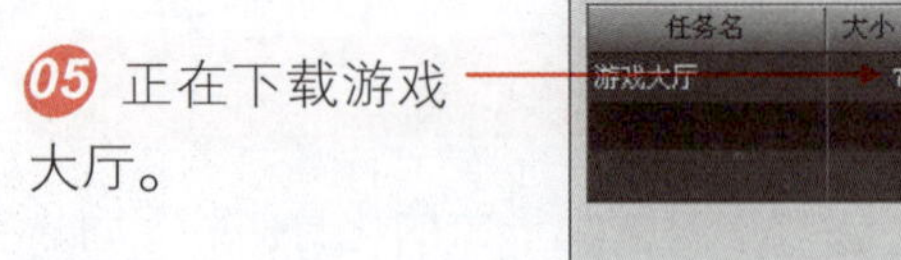

图 10-88　开始下载游戏大厅

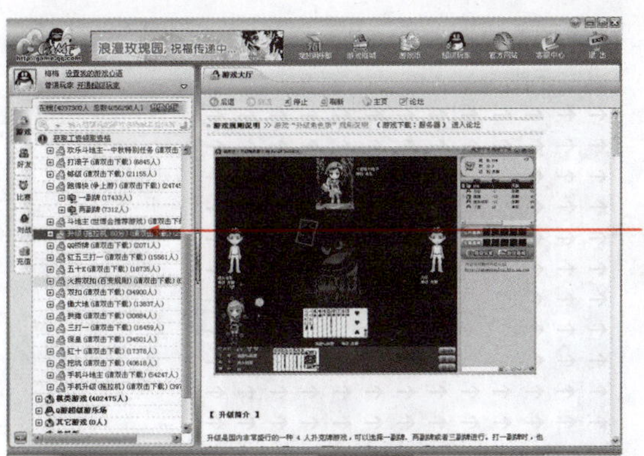

06 安装完成后，双击要玩的游戏，如升级。

图 10-89　选择游戏

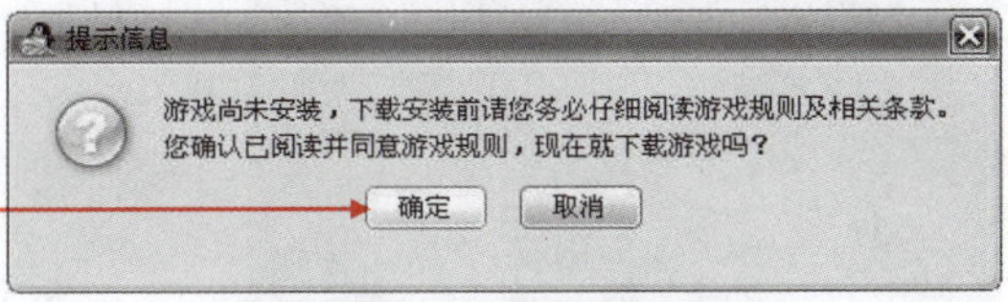

07 提示要下载此游戏，单击“确定”按钮。

图 10-90　提示下载游戏

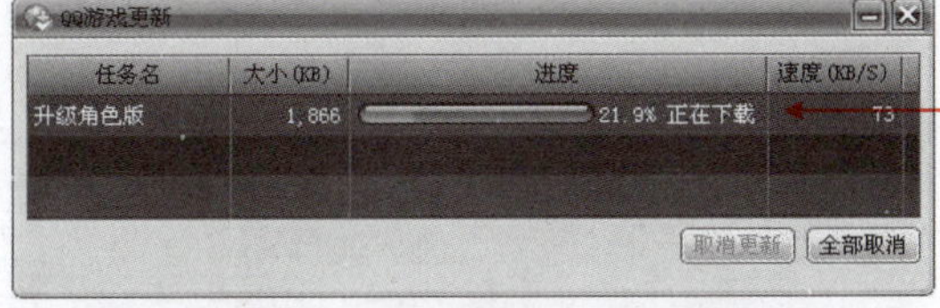

08 正在安装升级游戏。

图 10-91　正在安装游戏

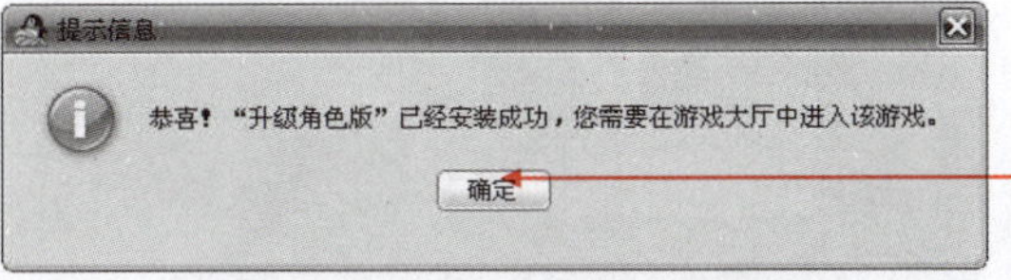

09 游戏安装完成，单击“确定”按钮。

图 10-92　安装成功

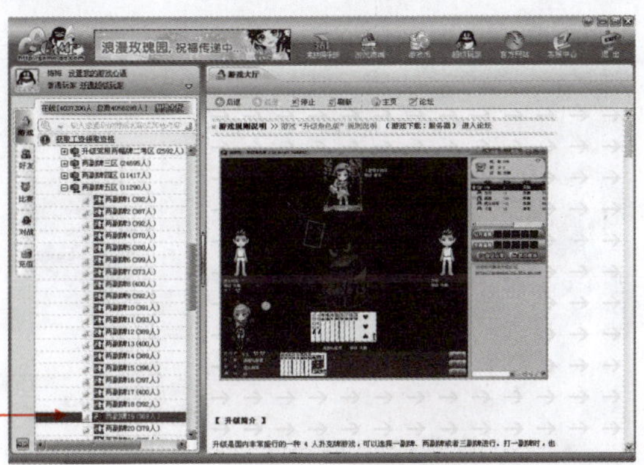

10 选择房间，双击进入房间。

图 10-93　选择房间

Days 1
Days 2
Days 3
Days 4
Days 5
Days 6
Days 7

11 单击“加入”按钮，加入牌桌。

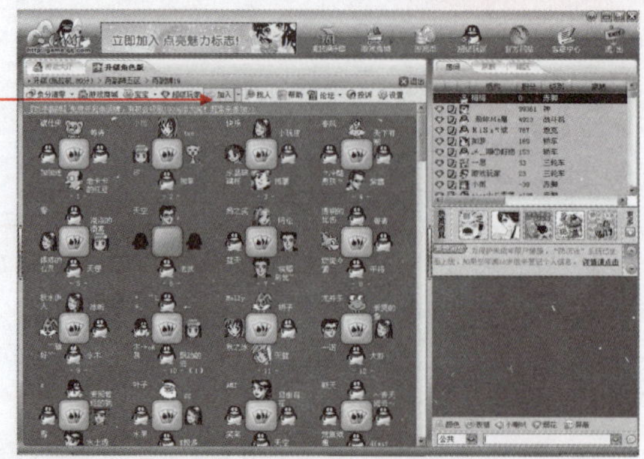

图 10-94　进入房间

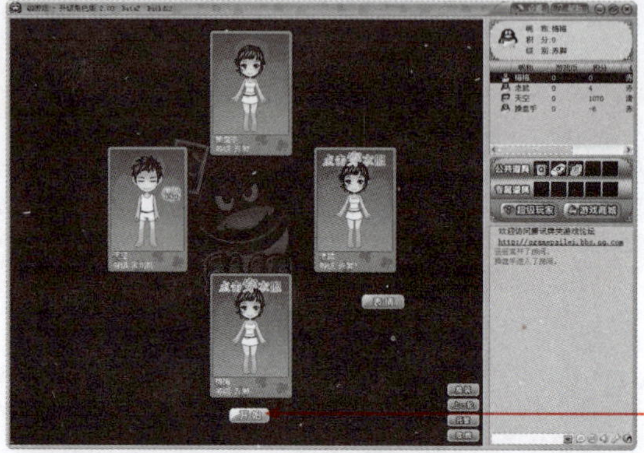

12 进入牌桌，单击“开始”按钮。

图 10-95　进入牌桌

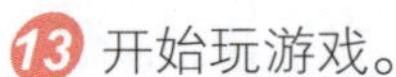

13 开始玩游戏。

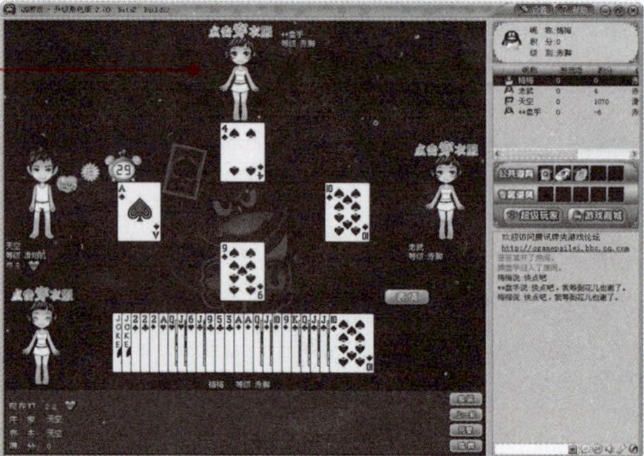

图 10-96　开始游戏

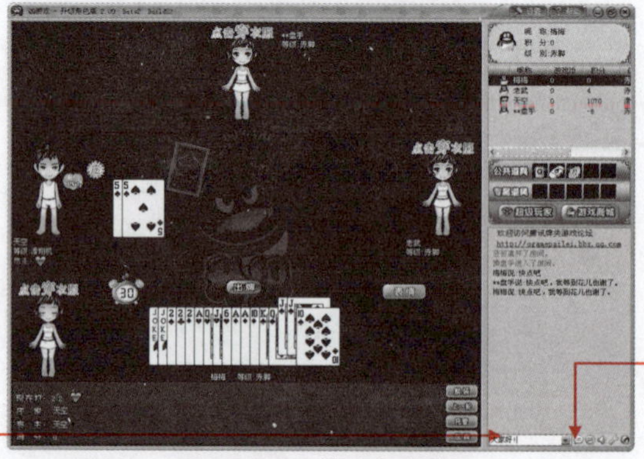

14 输入问候语。

15 单击“发送”按钮或按回车键。

图 10-97　输入问候语

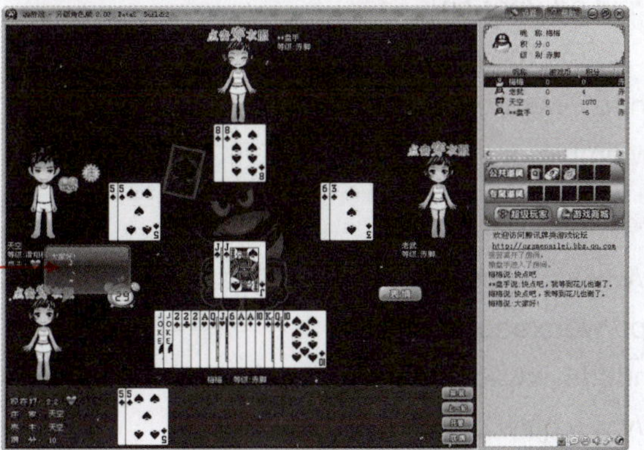

16 显示聊天信息。

图 10-98　显示聊天信息

1．精典新闻网址如下。

新华网：http://www.xinhuanet.com/
人民网：http://www.people.com.cn/
CNN[美]：http://www.cnn.com/
联合早报：http://www.zaobao.com/
千龙网：http://www.qianlong.com/
中新网：http://www.chinanews.com.cn/
浙江在线：http://www.zjol.com.cn/
香港文匯報：http://www.wenweipo.com/
精品网：http://www.sg.com.cn/
湖南在线：http://www.hnol.net/
澳门日报：http://www.macaodaily.com/
中华传媒网：http://www.mediachina.net/

2．精典音乐网址如下。

好听音乐网：http://www.haoting.com/
YYMP3：http://www.yymp3.com/
中国音乐在线：http://www.mtvtop.net/
去听去听音乐网：http://www.7t7t.com/
微播音乐网：http://www.vvpo.com/
骑士音乐网：http://www.qishi.com/
模糊音乐网：http://music.movo.tv/musicindex.html
百事高音乐论坛：http://www.besgold.net/
凡人音乐网：http://www.funmtv.com/
久久音乐网：http://www.99music.net/

3．精典在线电影网址如下。

007 免费在电影网：http://www.dy007.com
新快电影：http://www.xk88.com

世纪前线：http://avl.gd.vnet.cn/

POCO 电影社区：http://movie.poco.cn

BTChina 联盟：http://www.btchina.net

电驴：http://www.emule.org.cn

4．精典在线阅读网址如下。

书生读吧：http://www.du8.com/

西陆文学网：http://wenxue.xilu.com/

方正爱读爱看：http://www.idoican.com.cn

奇迹中文：http://www.qjzw.com/

古龙武侠网：http://www.gulongbbs.com

书连读书网：http://www.shulink.com/

我要公文网：http://www.51gongwen.com/

中国论文范文网：http://www.8cb.net/

10.3 巩固与练习

本章讲解了网上如何看新闻、听音乐、收看影视、网上银行、网上炒股、在线学习、在游戏的方法。让读者能够熟练使用网络生活、娱乐。

操作题

（1）练习使用 QQ 直播在网上收看电影、电视。

（2）练习申请网上银行。

（3）注册一个远程教育网站，进行学习。

Chapter 11

网上开店

学习时间

本课主要讲解的是申请网店、发布商品、管理商品、与买家沟通的方法，建议读者使用210分钟的时间来进行学习。

学习内容

- 网上娱乐与生活简介
- 网店开张前的准备
- 支付宝认证
- 发布商品
- 管理商品
- 使用阿里旺旺与买家沟通
- 商品交易

精彩实例效果展示

淘宝网

发布商品

浏览商品

11.1 基础导读

随着网络的迅猛发展，网上购物已经被越来越多的人所接受，并且在市场经济中占据着越来越重要的地位。

11.1.1 网上娱乐与生活简介

10 多年前，那些从事电子商务的人还被视为是专家、精英，在网上开店还曾被视为一种不可思议的事情。但是现在这一切已经变得触手可及，人人都可以在网上开设自己的店铺，卖自己想卖的东西，在网上从事销售活动。

网上开店好处多，不用复杂的手续，无障碍开店；不交店面费，零成本建店；不用进货，就开始销售；无人值班，24 小时照常营业；不用宣传，全球人民都在逛你的店。

11.1.2 网店开张前的准备

要在网上开店，首先必须要选择一个网上开店的平台，注册自己的帐号，才能从事网上销售。下面我们以到人气最旺的淘宝上开店，来介绍怎样注册帐号。

1. 输入基本信息

01 双击桌面上的 IE 图标，打开 IE 浏览器，如图 11-1 所示。

02 输入淘宝网网址 http:// www.taobao.com。

03 单击“转到”按钮。

04 在打开的页面中单击“免费注册”按钮。

图 11-1 淘宝网首页

05 输入会员名。

06 单击“检查会员名是否可用”按钮。

07 出现“该会员名可以使用”提示方可。

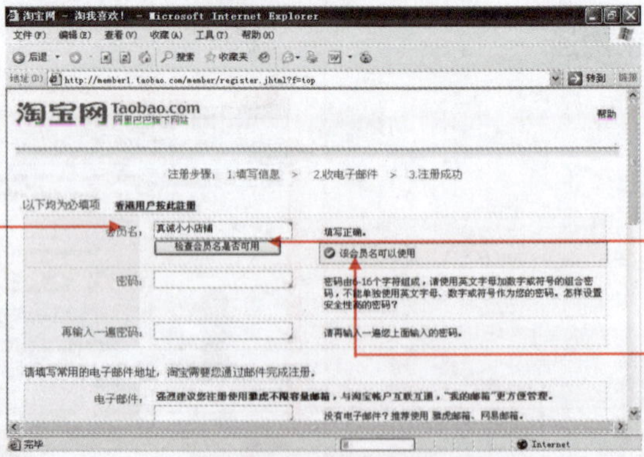

图 11-2 注册页面

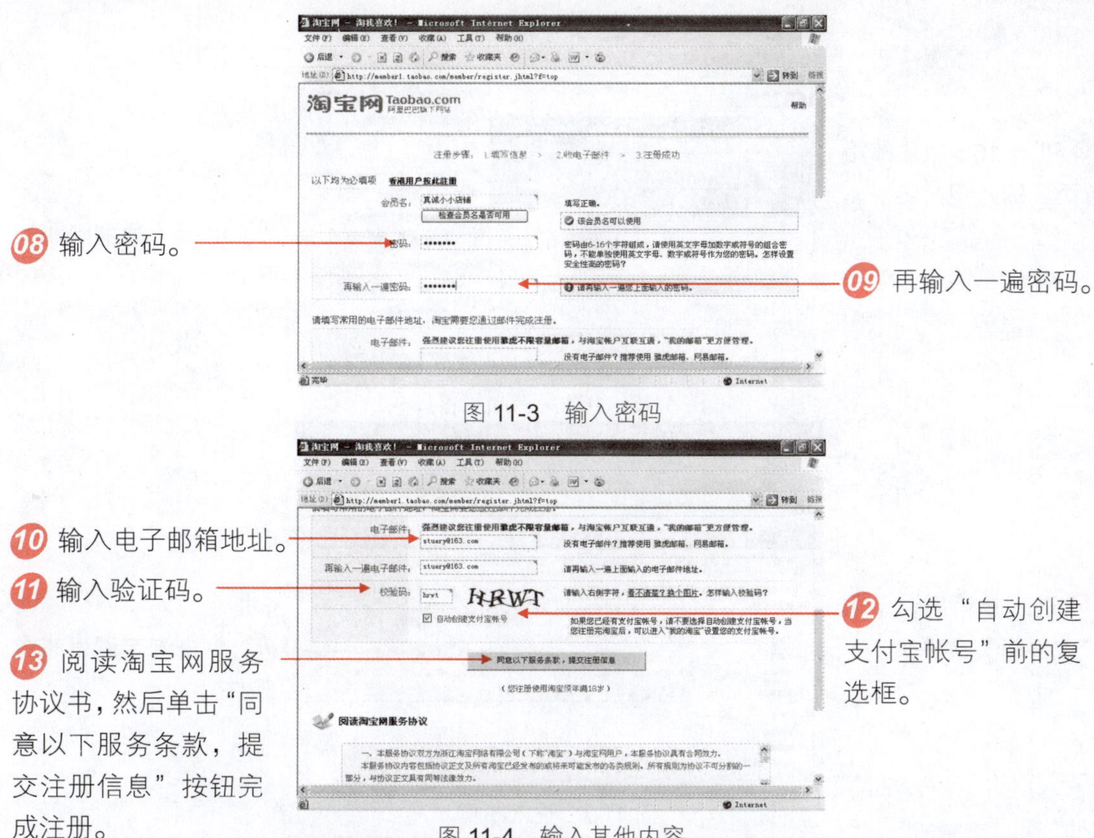

图 11-3　输入密码

图 11-4　输入其他内容

如果用户觉得看不清楚校验码，可以单击“看不清楚？换个图片”链接，系统会重新显示一组校验码供用户输入。

2. 激活邮件

填写信息完成后，显示提示页面，提示用户查看电子邮箱里的激活邮件，操作步骤如下。

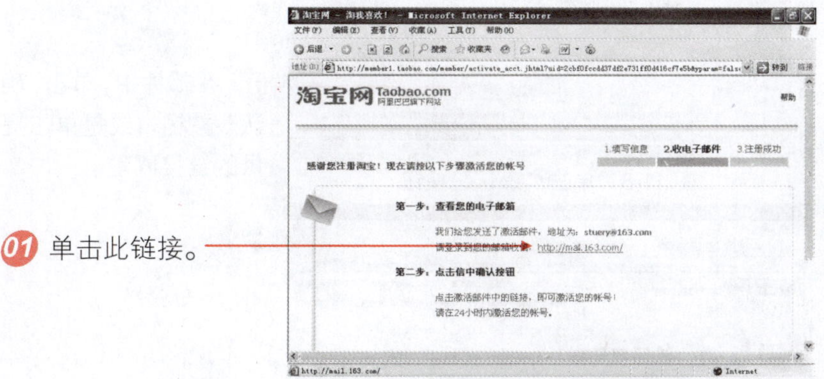

图 11-5　单击激活链接

提示

系统根据注册的邮箱地址显示登录邮箱的网址，因此在此显示的链接根据注册的邮箱地址而改变。

02 进入163免费邮箱首页，输入用户名。

03 输入密码。

04 单击“登录邮箱”按钮。

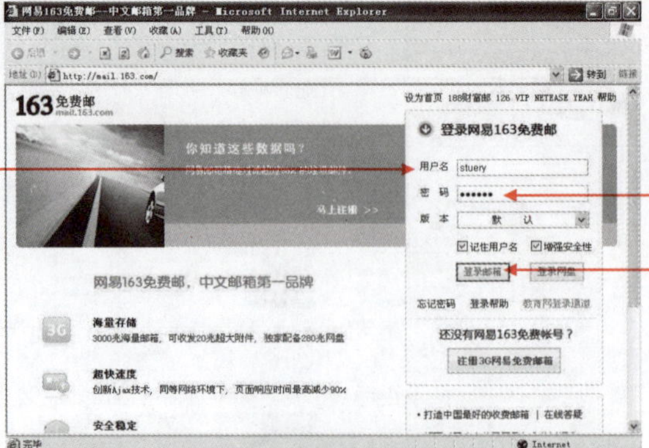

图 11-6　163免费邮箱首页

05 进入邮箱后，单击“收件箱”文件夹。

06 单击淘宝网发来的邮件。

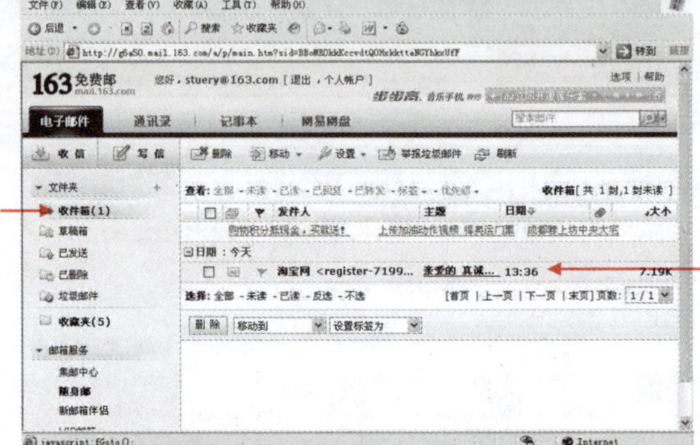

图 11-7　进入邮箱

07 在邮件中，单击“确认”按钮，或是单击提供的链接网址。

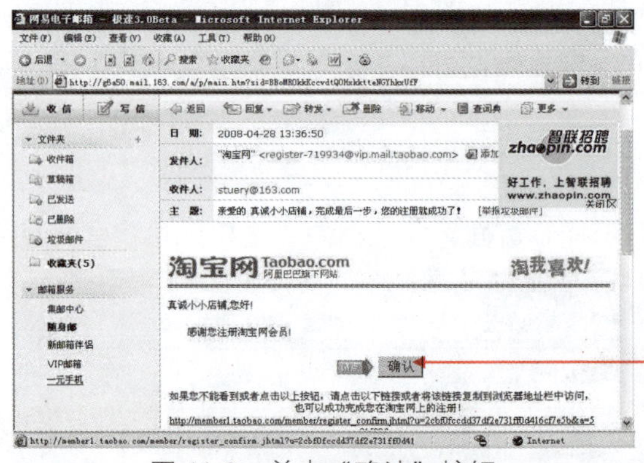

图 11-8　单击“确认”按钮

08 会员被激活，注册成功。

图 11-9　注册成功

3. 手机验证

注册成功之后，可以看到帐号已经默认登录了，由于安全起见，淘宝网还需用户进行手机验证，验证的步骤如下。

01 单击“我的淘宝”链接。

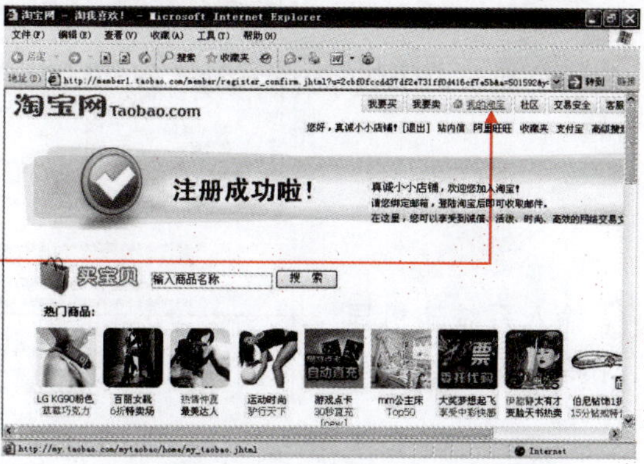

图 11-10　单击“我的淘宝”链接

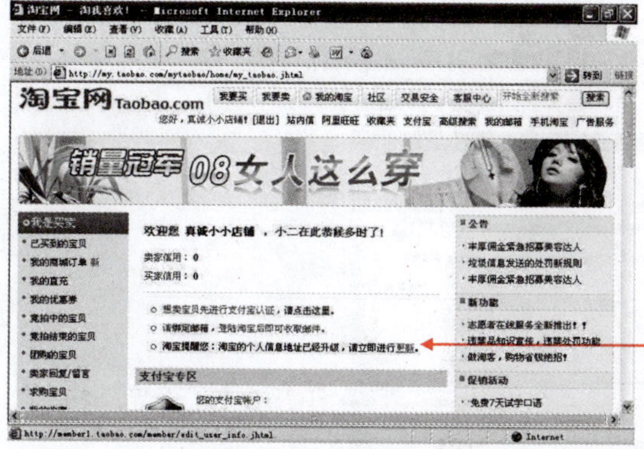

图 11-11　单击“更新”链接

02 在“我的淘宝”页面，单击“更新”链接。

03 在“编辑个人信息”页面中，输入自己的真实姓名。

04 选择性别。

05 输入自己的出生日期。

06 选择所在的省份、城市（区）。

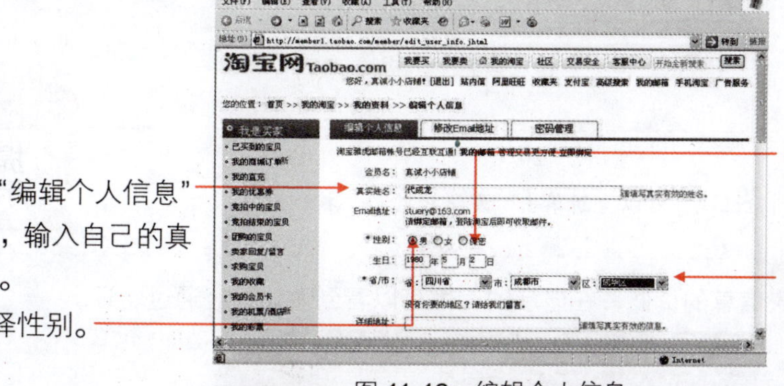

图 11-12　编辑个人信息

07 输入自己真实有效的地址信息。

08 输入当地的邮政编码。

09 单击“点击这里”链接。

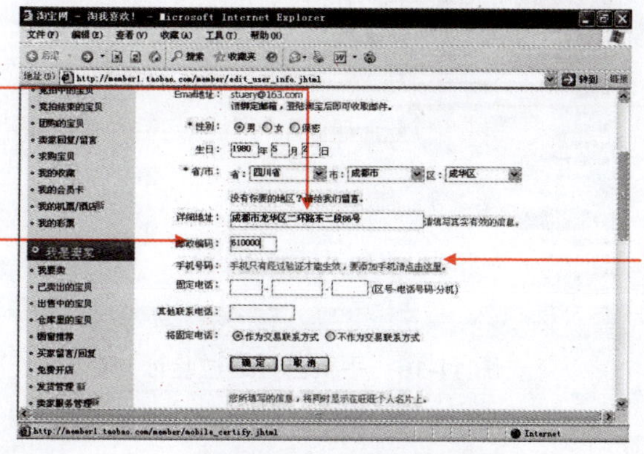

图 11-13　输入其他信息

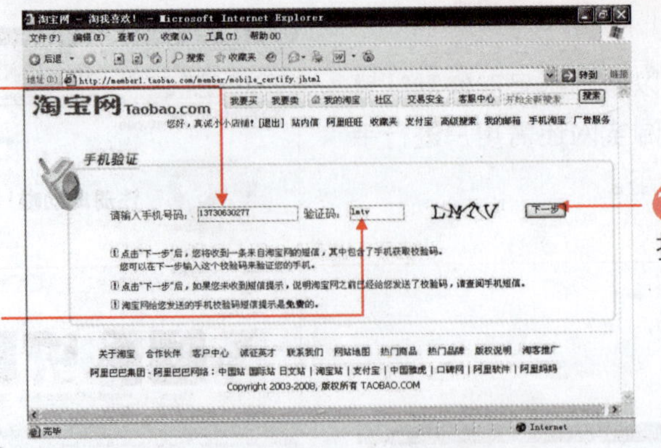

⑩ 输入自己的手机号码。

⑪ 输入系统随机显示的验证码。

⑫ 单击“下一步”按钮。

图 11-14　输入手机号码和验证码

⑬ 这时用户手机会收到一条带有验证码的短信，查看短信里的验证码。

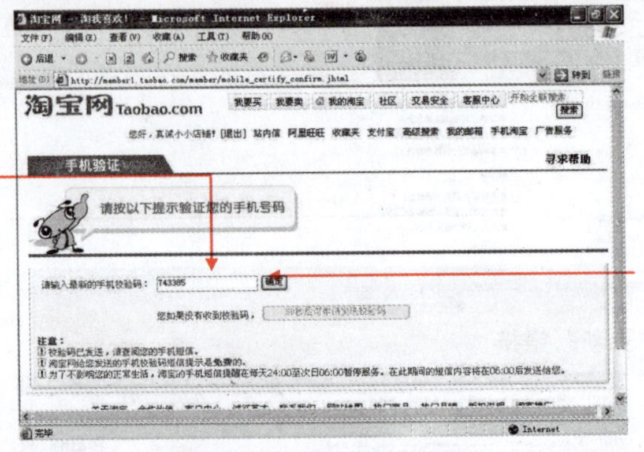

⑭ 输入收到的短信验证码。

⑮ 单击“确定”按钮。

图 11-15　查看手机短信

如果用户没有收到验证码，可以重新单击“发送校验码”按钮。

⑯ 这时跳转回填写个人信息的页面，在显示的页里可以看到手机已经通过验证。

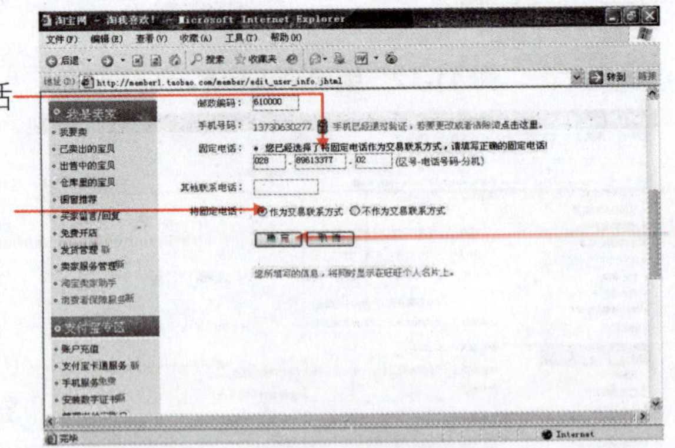

⑰ 接着输入固定电话号码。

⑱ 选择是否将固定电话作为交易的联系方式。

⑲ 单击“确定”按钮。

图 11-16　手机已经通过验证

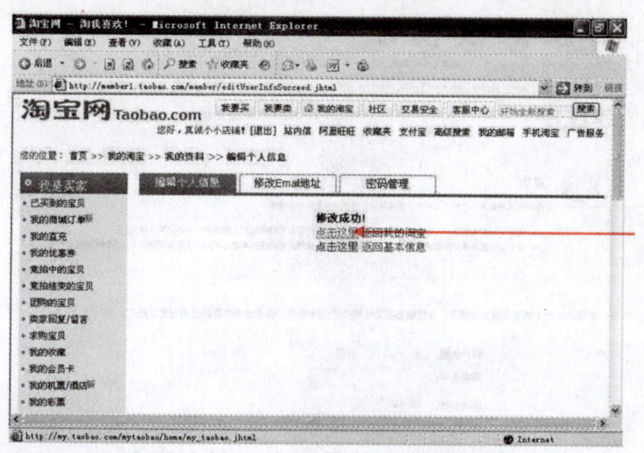

20 显示修改成功的提示，单击“点击这里”链接。

图 11-17 修改成功

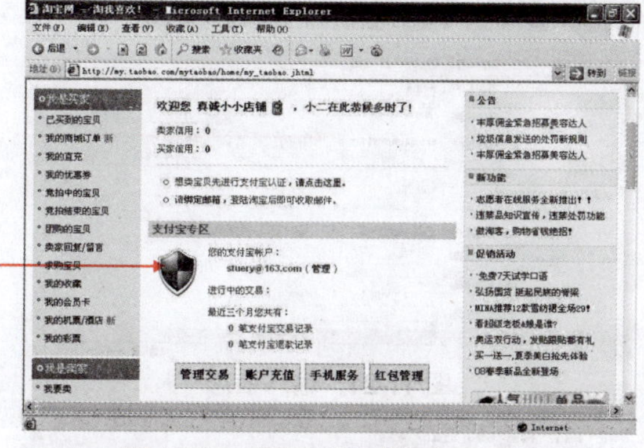

21 返回“我的淘宝”页面。

图 11-18 返回“我的淘宝”页面

11.1.3 支付宝认证

虽然基本信息已经设置完成，但是用户还不可以在淘宝上开店卖东西。用户只有进行了支付宝认证之后，才可以开店出售商品。操作步骤如下。

01 进入“我的淘宝”页面。

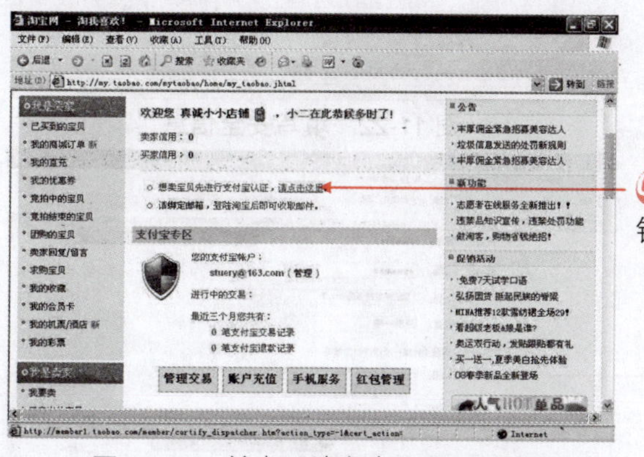

02 单击“请点击这里”链接。

图 11-19 单击“请点击这里”链接

Days 1
Days 2
Days 3
Days 4
Days 5
Days 6
Days 7

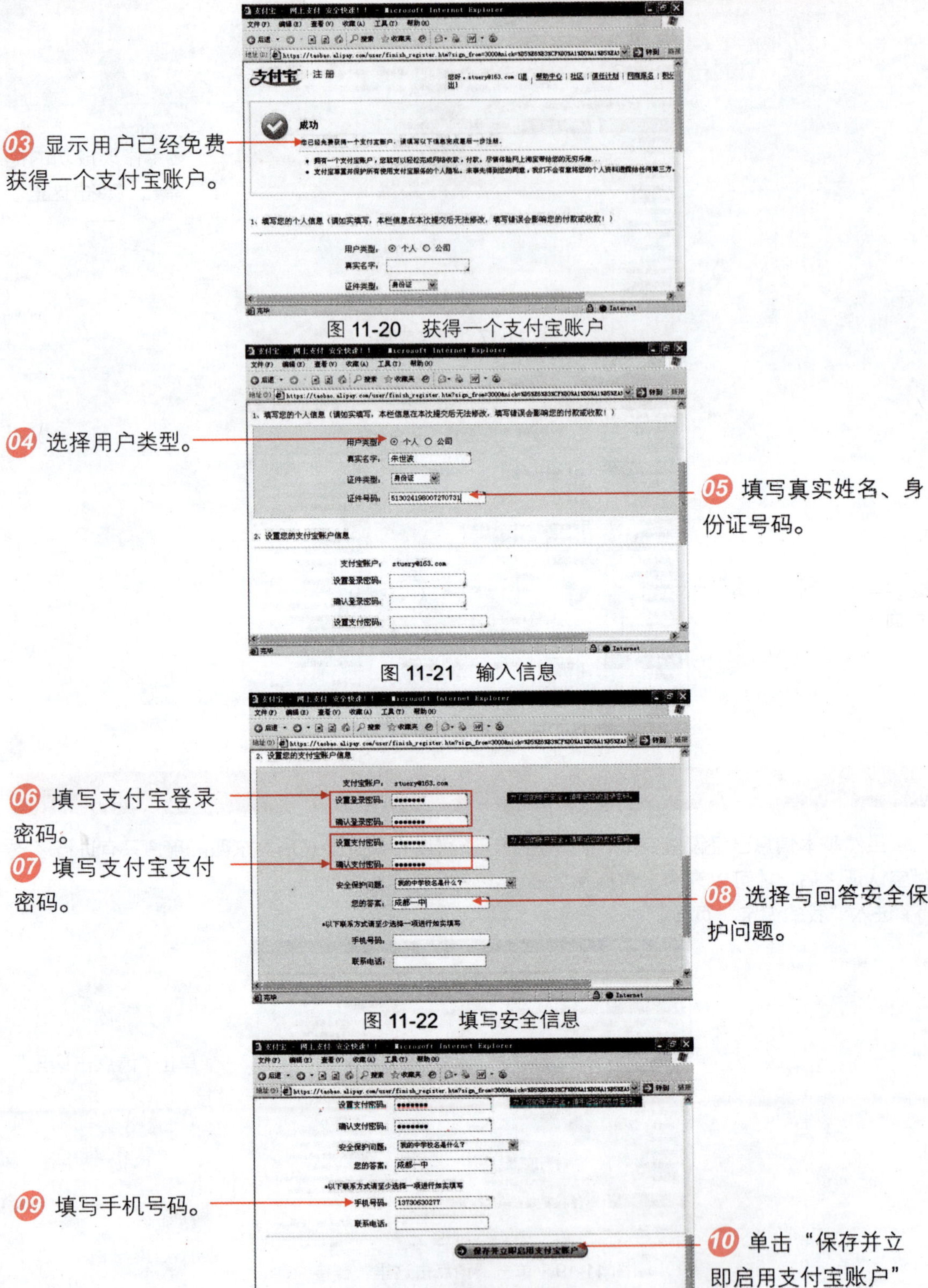

图 11-20　获得一个支付宝账户

图 11-21　输入信息

图 11-22　填写安全信息

图 11-23　填写手机号码

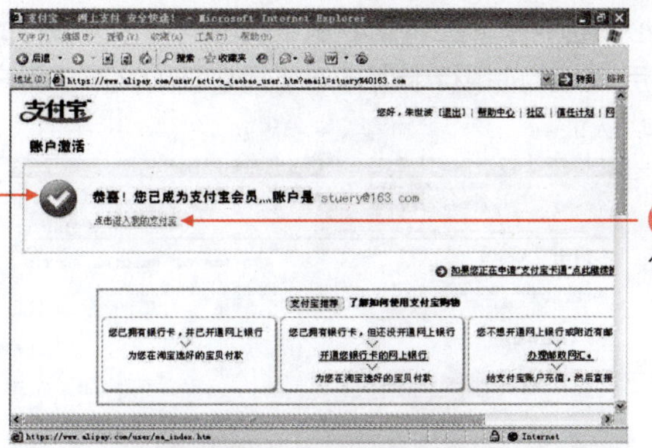

11 支付宝已经注册成功。

12 单击“进入我的支付宝”链接。

图 11-24 支付宝注册成功

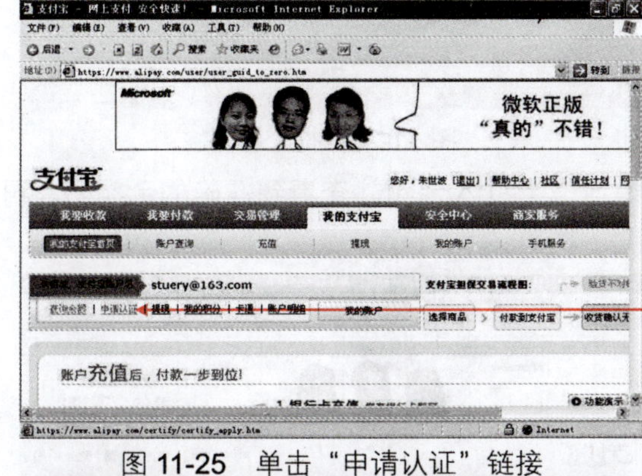

13 在“我的支付宝”页面，单击“申请认证”链接。

图 11-25 单击“申请认证”链接

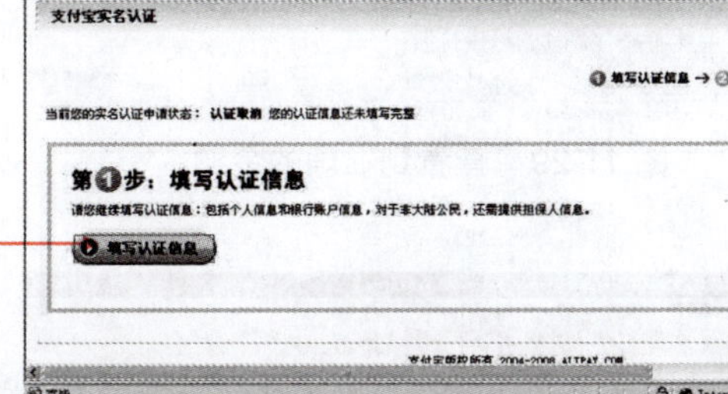

14 单击“填写认证信息”按钮。

图 11-26 填写认证信息

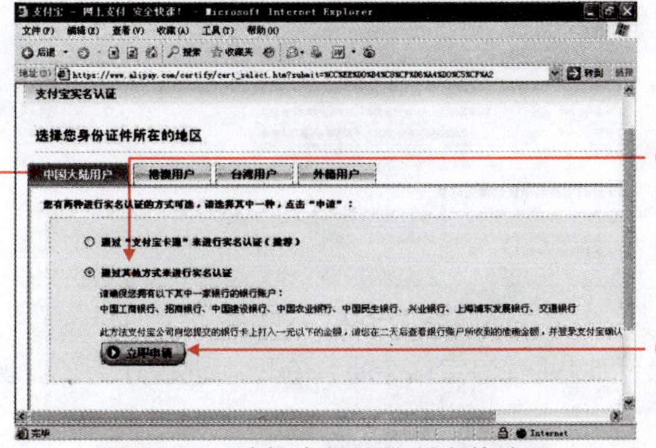

15 选择身份证件所在的地区，如中国大陆用户。

16 选择“通过其他方式来进行实名认证”前的单选框。

17 单击“立即申请”按钮。

图 11-27 选择身份证件所在的地区

这时页面提示用户必须拥有页面显示的8家银行的其中1家银行的账户。当用户申请实名认证之后，支付宝会向用户提交的银行卡上打入1元以下的金额，用户查看到准确的金额后，告知支付宝后，即可成功认证。

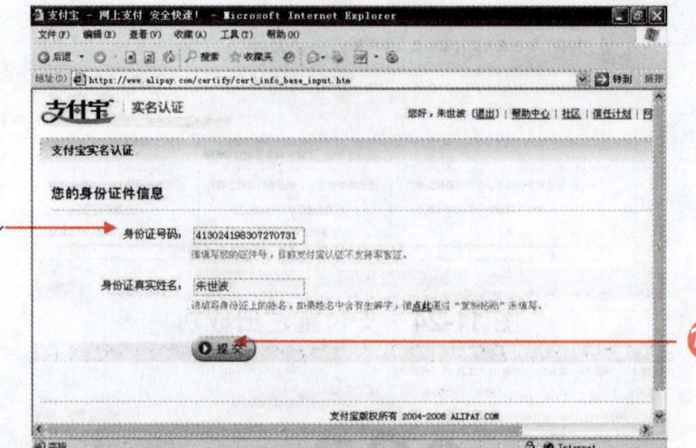

图 11-28　提交信息

20 等待支付宝向用户的银行卡上打入金额。查看到准确的金额后，再次登录支付宝，输入准确的数字，即可认证成功。

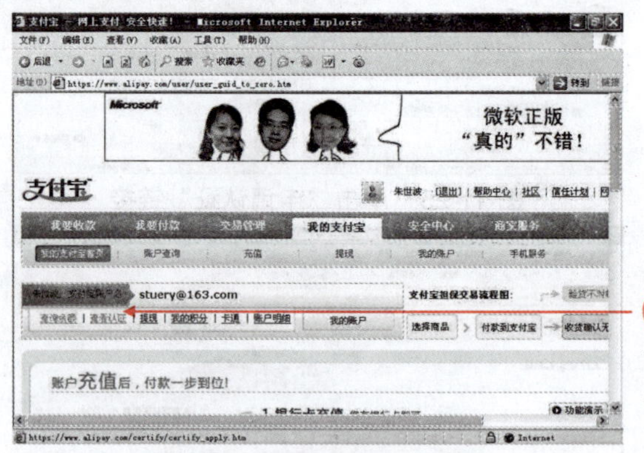

图 11-29　查看到准确的金额

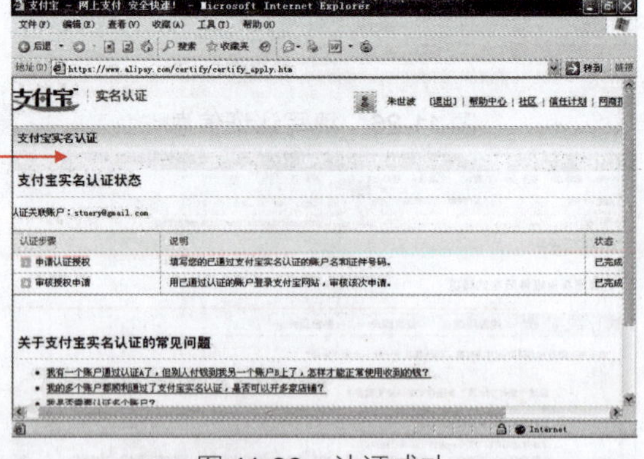

图 11-30　认证成功

这就意味着用户已经可以通过淘宝这个平台在网上进行开店了。现在你就可以进行网上交易了。

11.2　上机实战

前面我们介绍了网店开张的相关知识，下面我们通过实际操作学习如何发布、管理以及交易商品的方法，达到用户的最终目的。

11.2.1　发布商品

账号注册完成并认证成功之后，就可以在淘宝上开店出售自己的商品了。下面介绍一下出售商品的具体流程。

难度系数　☑☑☑

学习时间　60 分钟

学习目的　在交易平台发布商品。

操作步骤

1. 登录网店

要发布商品，首先要登录网站，操作步骤如下。

01 进入淘宝主页。

02 单击“登录”链接。

图 11-31　淘宝主页

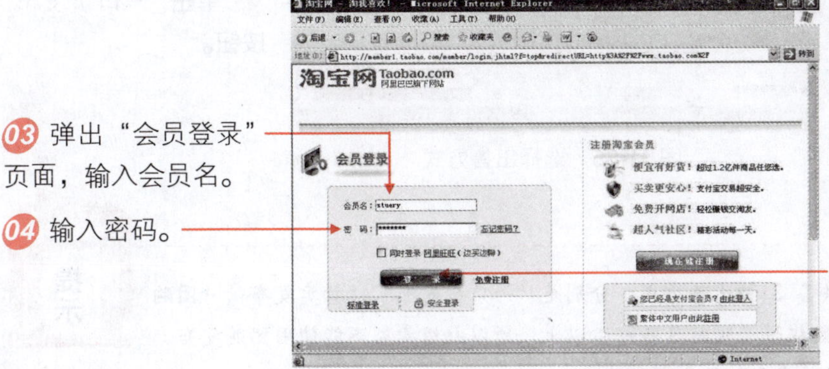

03 弹出“会员登录”页面，输入会员名。

04 输入密码。

05 单击“登录”按钮。

图 11-32　登录淘宝

06 登录成功。

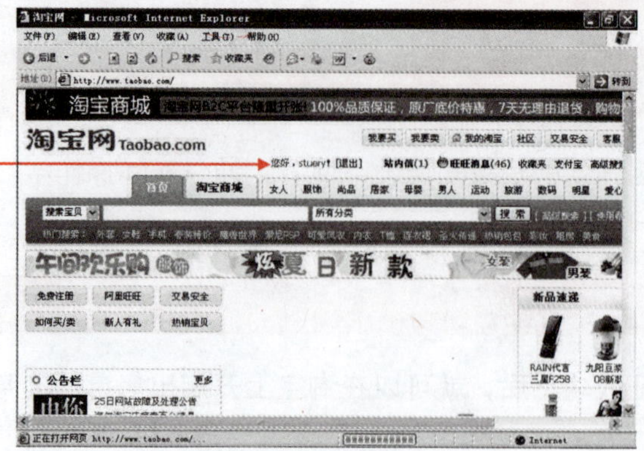

图 11-33　登录成功

2. 选择商品类目

登录后，需为发布的商品选择类目，操作步骤如下。

01 单击“我要卖”链接。

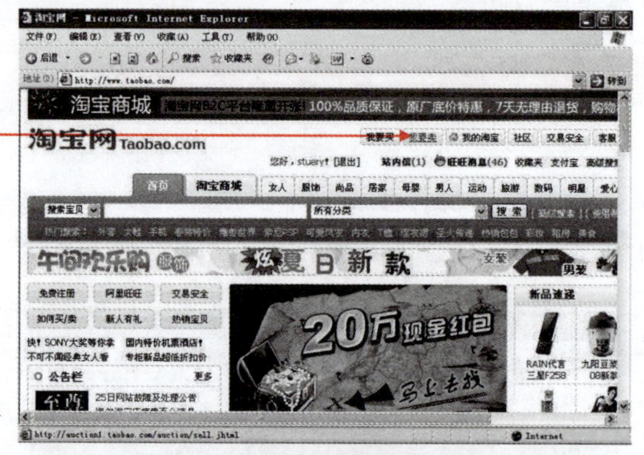

图 11-34　单击“我要卖”链接

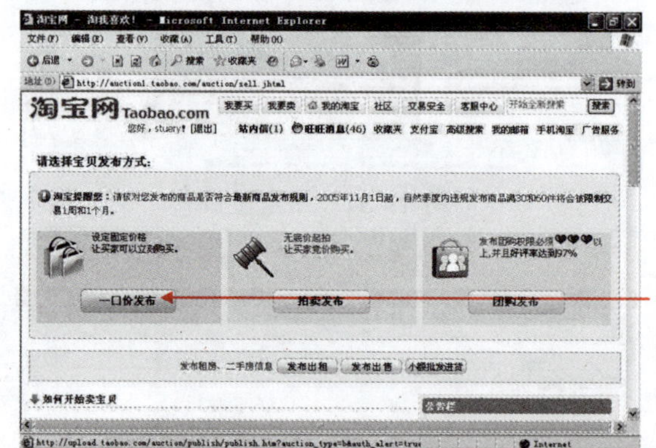

02 单击“一口价发布”按钮。

图 11-35　选择出售方式

淘宝为用户提供了 3 种出售方式，分别是“一口价发布”、“拍卖发布”、“团购发布”。由于发布团购权限必须是 3 颗红心以上，所以初级卖家不能使用团购发布。这里我们选择“一口价发布”的方式。

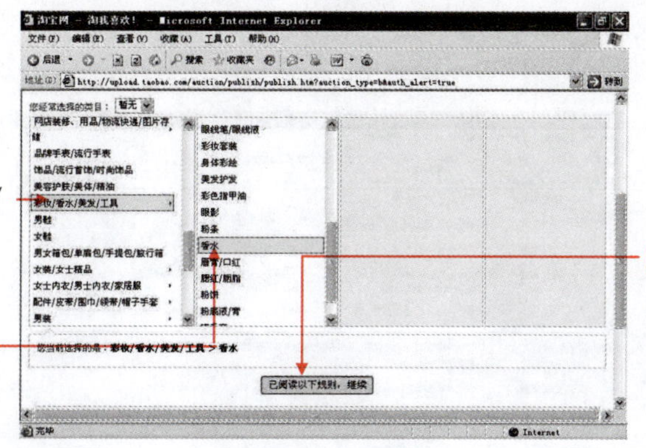

图 11-36　选择类目

3．添加商品的信息

添加商品信息的方法如下。

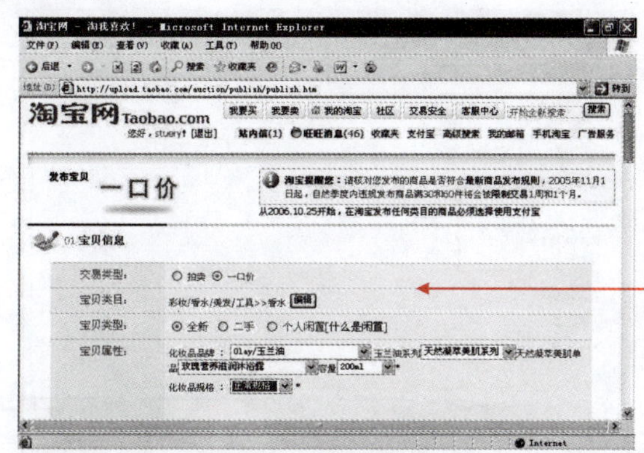

图 11-37　填写宝贝信息

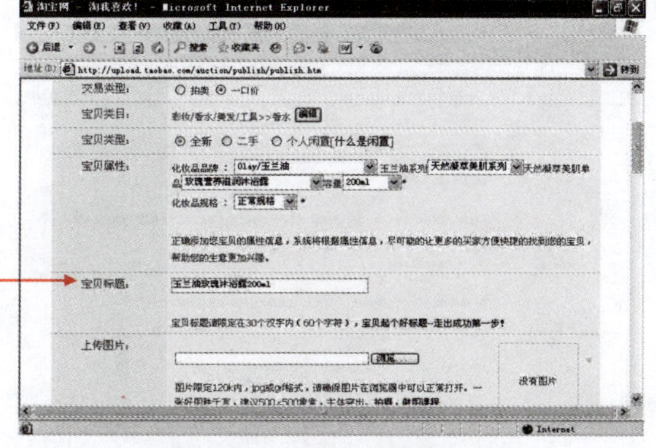

图 11-38　填写宝贝标题

一个好的商品标题，也是成功的第一步。在淘宝网里数以万计的商品中，买家第一眼看到的往往是商品的标题。

4．上传商品实物图片

输入完标题后，还需要为商品上传一张实物图片。用户可以通过数码相机对商品进行实拍。拍摄完成后可以使用 Photoshop 之类的图片处理软件对照片进行修整。如果用户没有数码相机，也可以打开所要出售商品的官方网站，查找出官方网站里的商品效果图，然后将其保存下来，上传到淘宝上进行使用。

操作步骤如下。

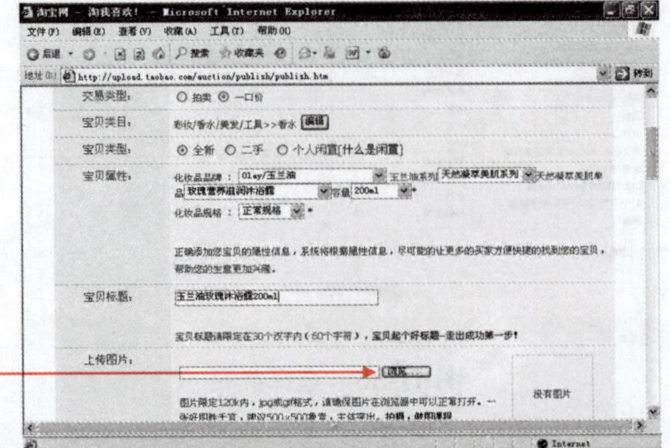

01 单击“浏览”按钮。

图 11-39　单击“浏览”按钮

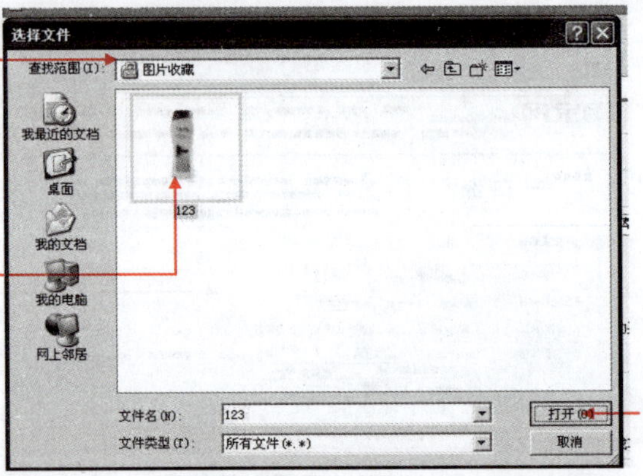

02 在打开的“选择文件”对话框中，选择图片所在位置。

03 选择图片。

04 单击“打开”按钮。

图 11-40　“选择文件”对话框

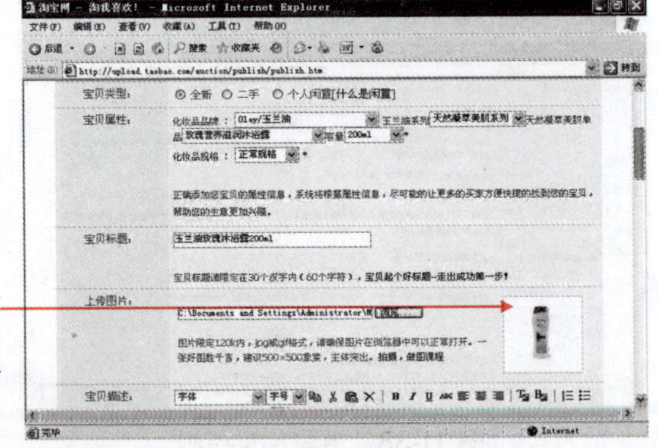

05 在商品信息设置页面里可以看到上传宝贝图片的缩略图。

图 11-41　看到上传宝贝的图片

5. 输入商品的详细介绍

应为每个商品做详细介绍，包括出产地、产品成分、产品功效、产品使用方法等，让买主对宝贝更感兴趣，从而提高购买欲。

输入商品的详细介绍，操作方法如下。

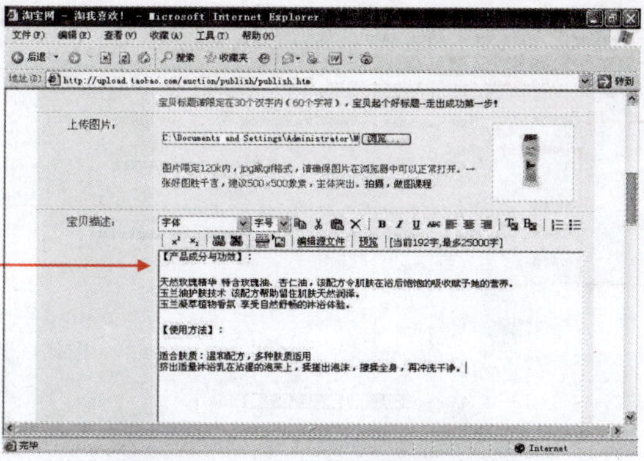

01 向下拖动滚动条，在“宝贝描述”栏，输入商品的详细介绍。

图 11-42　输入商品的详细介绍

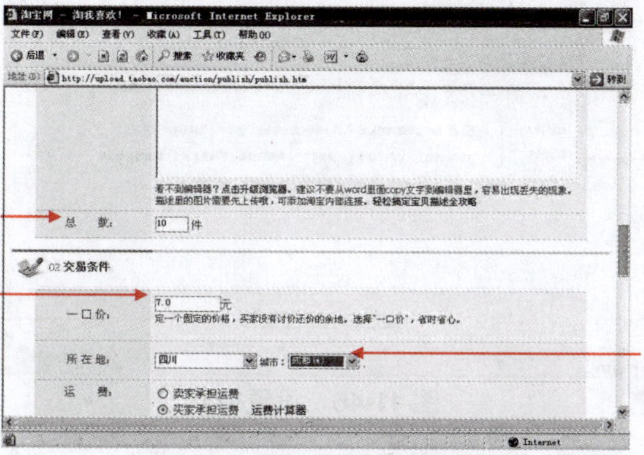

02 输入商品的总件数。

03 输入要出售商品的价格。

04 选择自己所在的省份、城市。

图 11-43　输入商品数和价格

6. 商品运费

填写商品运费的步骤如下。

01 向下拖动滚动条，选择卖家承担运费或买家承担运费。

02 输入运费价格。

03 单击选择商品是否有发票。

04 单击选择商品是否有保修。

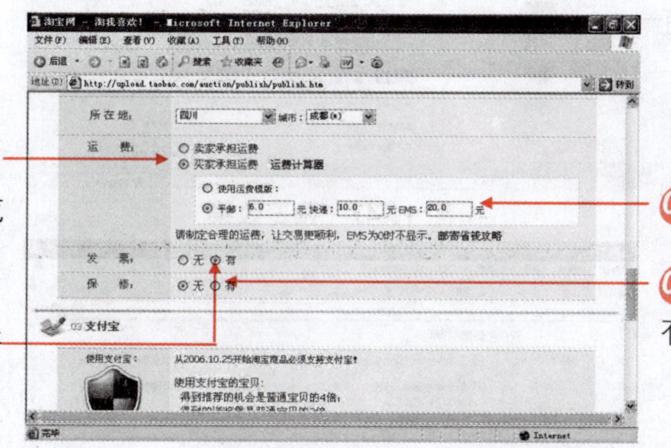

图 11-44　填写商品运费

7. 商品有效期

填写商品有效期、设置橱窗的步骤如下。

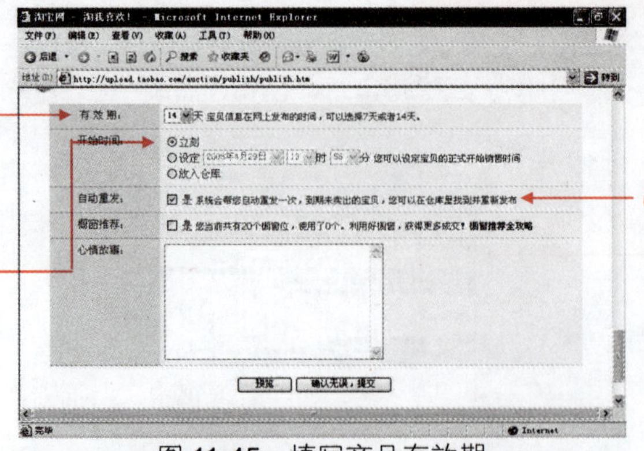

01 向下拖动滚动条，选择商品在网上发布的时间。

02 设置商品开始出售的时间，默认的是立刻进行出售。

03 选择是否对到期未卖出的商品进行重新发布。

图 11-45 填写商品有效期

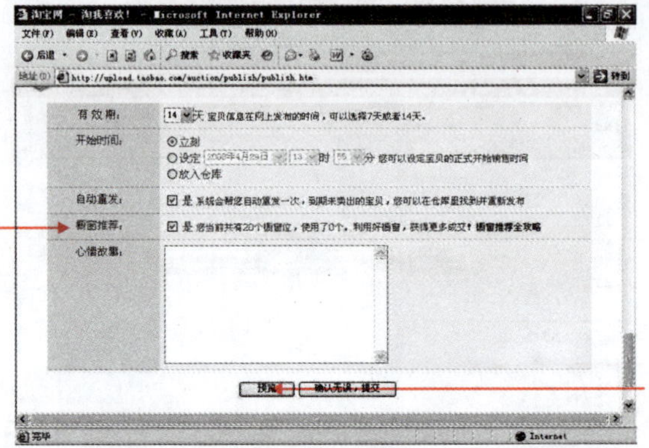

04 在“橱窗推荐”栏里选择是否使用橱窗位。

05 单击“预览”按钮。

图 11-46 设置橱窗

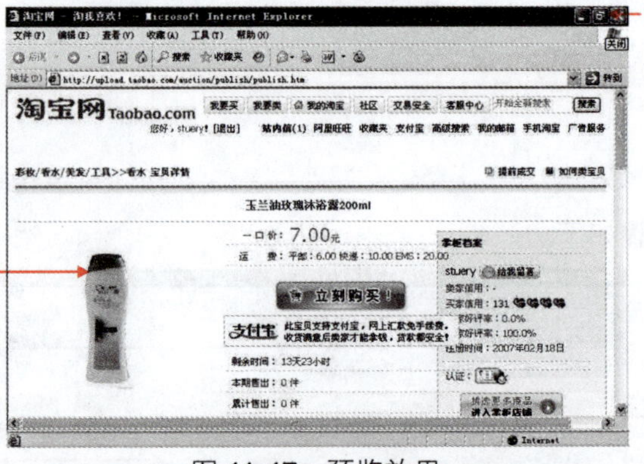

06 单击 “关闭”按钮关闭预览页面。

07 预览效果并检查有无错误。

图 11-47 预览效果

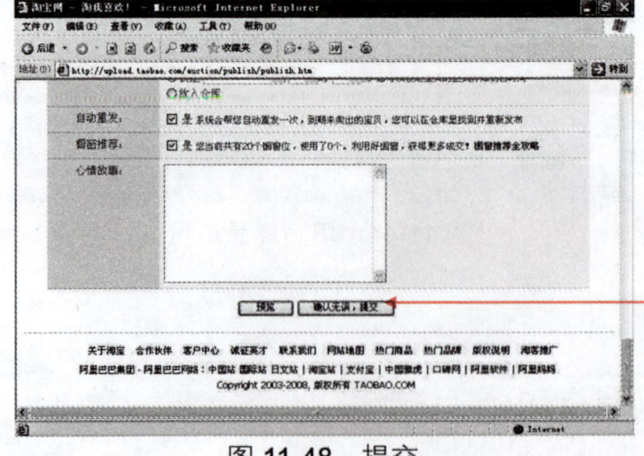

08 单击“确认无误，提交”按钮。

图 11-48 提交

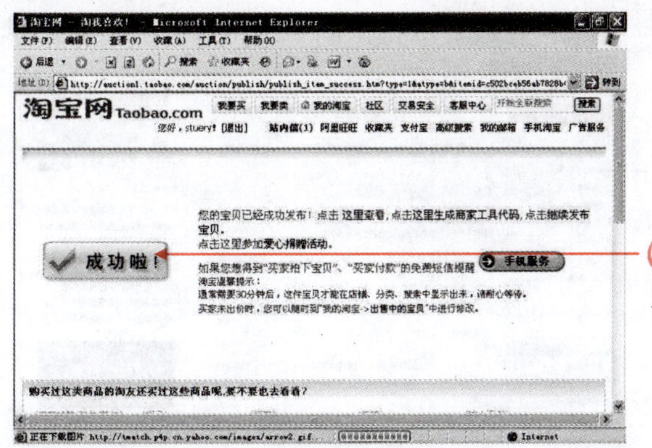

09 系统提示商品已经发布成功。

图 11-49　商品已经发布成功

接着只需等待买家前来购买即可。下面再接着拍卖发布一款商品，在此略其步骤。

11.2.2　管理商品

商品管理包括橱窗的推荐和商品的上下架。在淘宝网的搜索页中，只能搜索到橱窗中的货品，因此建议把橱窗位让给性价比最好的商品。如季节的变换，应上架适合季节的商品，下架过季节的商品。

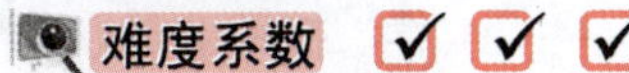

难度系数　☑ ☑ ☑

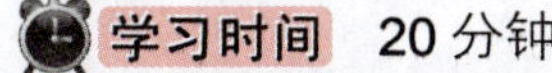

学习时间　20 分钟

学习目的　推荐商品和商品上、下架。

操作步骤

1．橱窗推荐

利用橱窗推荐商品，操作方法如下。

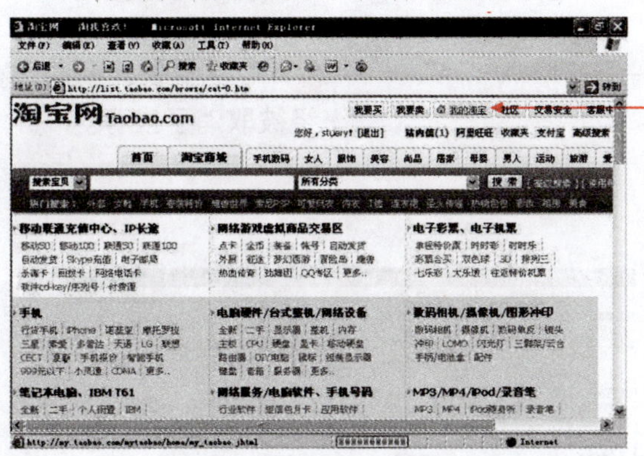

01 登录淘宝网，单击“我的淘宝”链接。

图 11-50　淘宝网主页

02 进入“我的淘宝”页面。

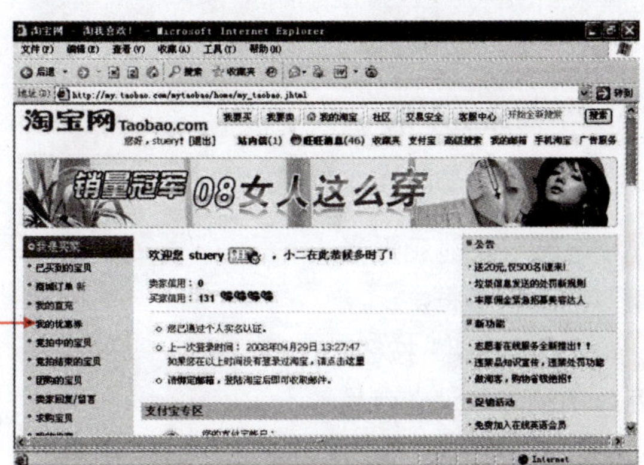

图 11-51　“我的淘宝”页面

03 选择“我是卖家”选项栏下的“出售中的宝贝”选项。

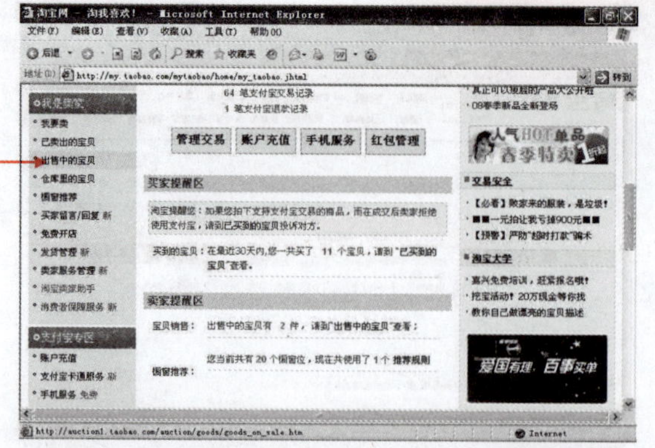

图 11-52 选择“出售中的宝贝”选项

04 勾选“玉兰油玫瑰沐浴露”前的复选框。

05 单击“取消橱窗推荐”按钮。

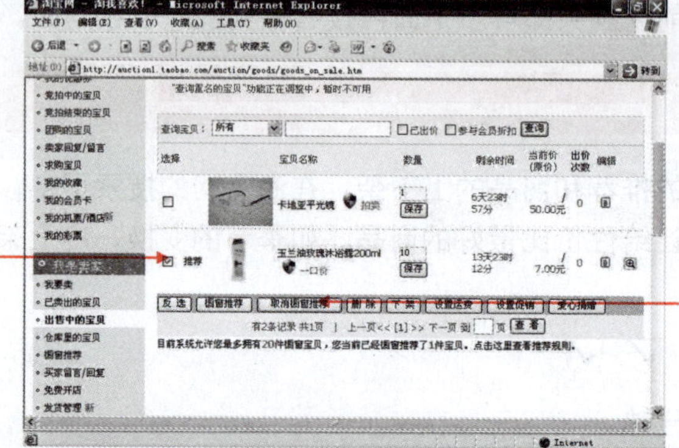

图 11-53 选择商品

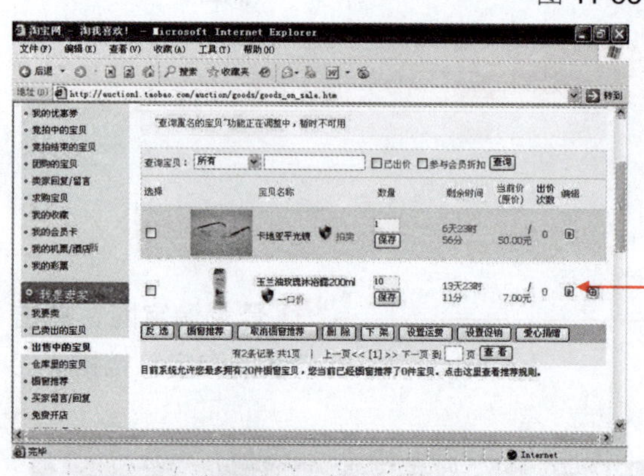

06 可以看到此商品已经被取消了推荐。

图 11-54 取消推荐

2．商品上下架

上下架商品的操作步骤如下。

01 勾选“卡地亚平光镜”前的复选框。

02 单击“下架”按钮，商品前的勾取消，商品下架。

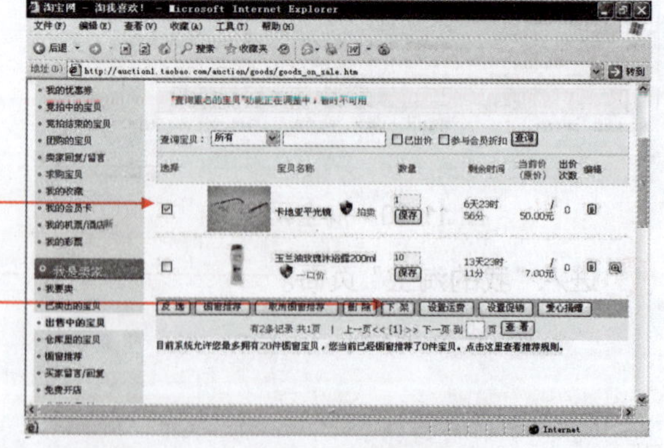

图 11-55 选择商品

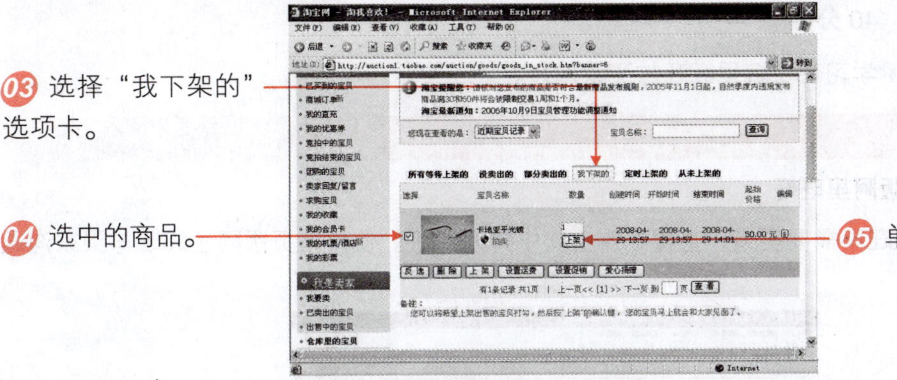

03 选择“我下架的”选项卡。

04 选中的商品。

05 单击“上架”按钮。

图 11-56　上架商品

06 系统会再次提醒用户拍卖的商品只能以卖家承担运费的方式进行出售，弹出提示对话框，如图 11-57 所示。

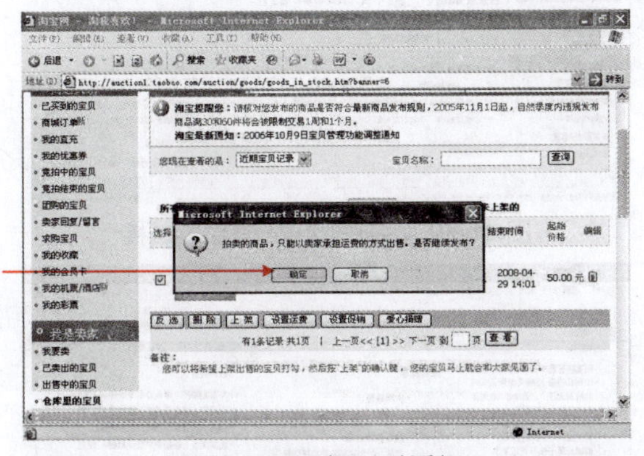

07 单击“确定”按钮，即可将商品进行上架处理。

图 11-57　提示对话框

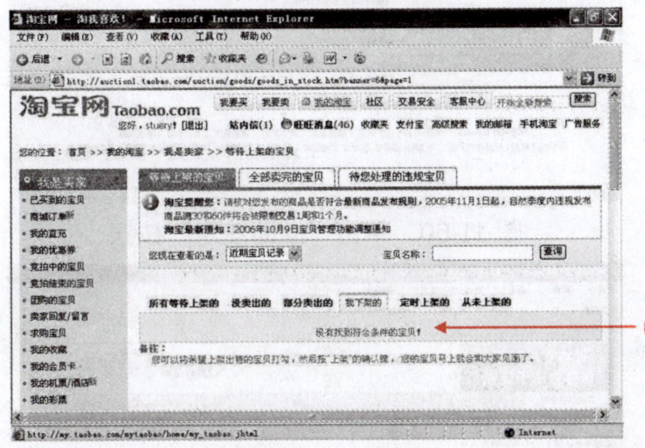

08 商品上架处理完成。

图 11-58　上架完成

11.2.3　使用阿里旺旺与买家沟通

要与买家达成买卖协议，还需与买家时时沟通，包括产品的真实情况、有无货、什么时间送到等等。淘宝网中的阿里旺旺就是一款即时聊天软件，其中的设置以买卖双方为主，为买卖双方提供了很好的帮助。

难度系数 ☑ ☑ ☑

学习时间 40 分钟

学习目的 学习使用阿里旺旺与买家沟通。

操作步骤

1．使用网页版阿里旺旺

网页版阿里旺旺不需要安装，直接在淘宝网中打开即可。使用网页版阿里旺旺与买家沟通的方法如下。

01 登录淘宝网，单击“旺旺消息”链接。

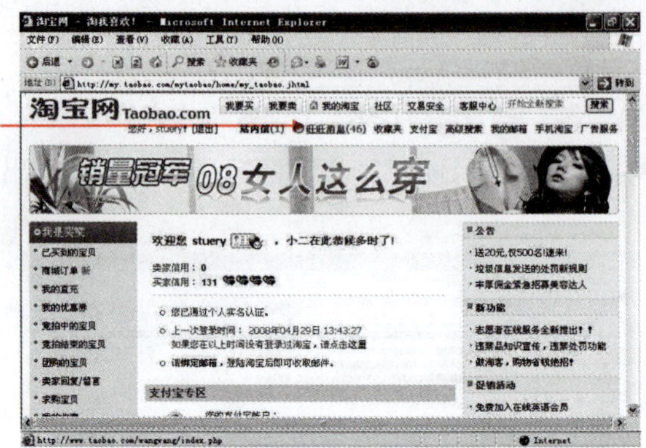

图 11-59 单击“旺旺消息”链接

02 单击“立即使用”按钮。

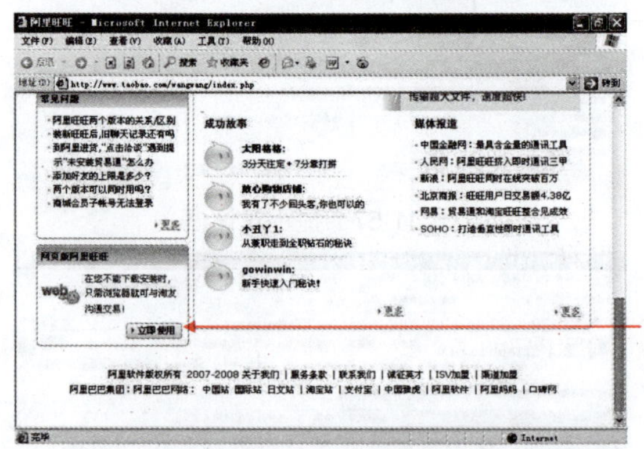

图 11-60 单击“立即使用”按钮

03 打开网页版阿里旺旺，输入淘宝账号。

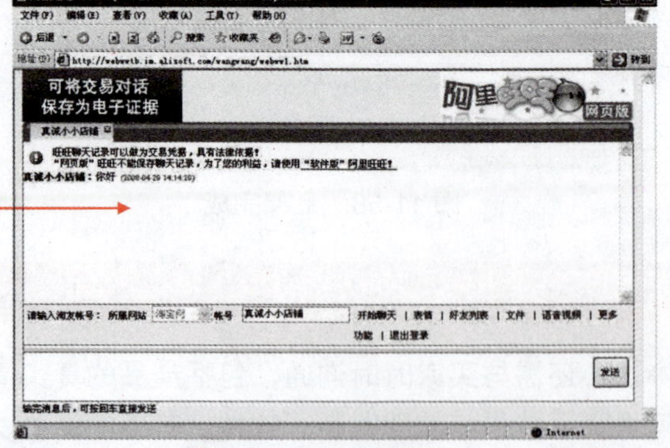

图 11-61 网页版阿里旺旺

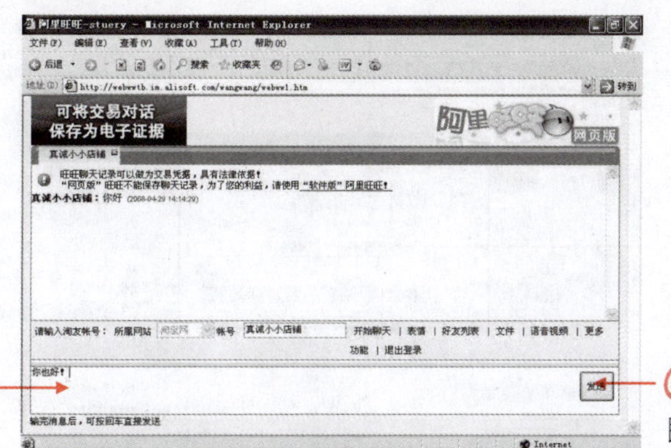

04 输入聊天内容。

05 单击“发送”按钮即可沟通。

图 11-62　输入聊天内容

2. 下载阿里旺旺

为了避免在交易中出现不必要的损失，还是建议用户下载并安装阿里旺旺聊天软件，网页版的阿里旺旺是不能保存聊天记录的，如果交易双方出现纠纷时，聊天记录是非常重要的投诉凭证。

阿里旺旺的下载方法如下。

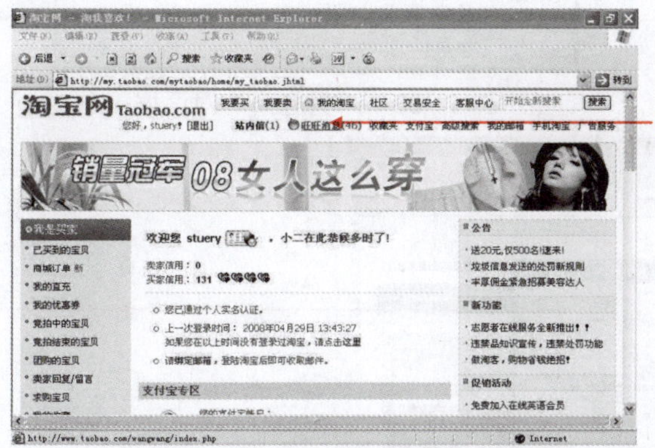

01 登录淘宝网，单击“旺旺消息”链接。

图 11-63　单击“旺旺消息”链接

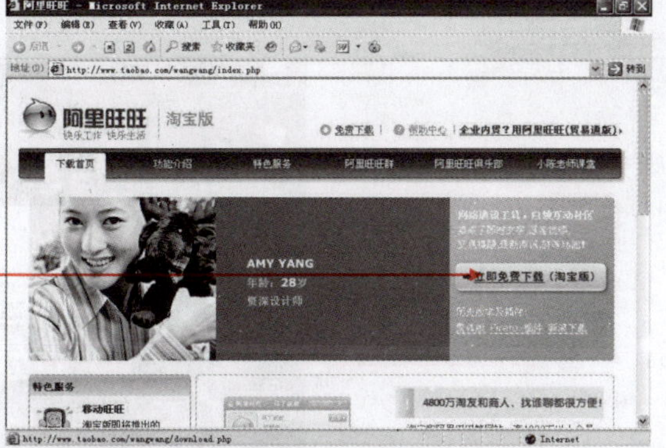

02 单击“立即免费下载（淘宝版）”按钮。

图 11-64　下载阿里旺旺

03 在弹出的"文件下载"对话框中，单击"保存"按钮。

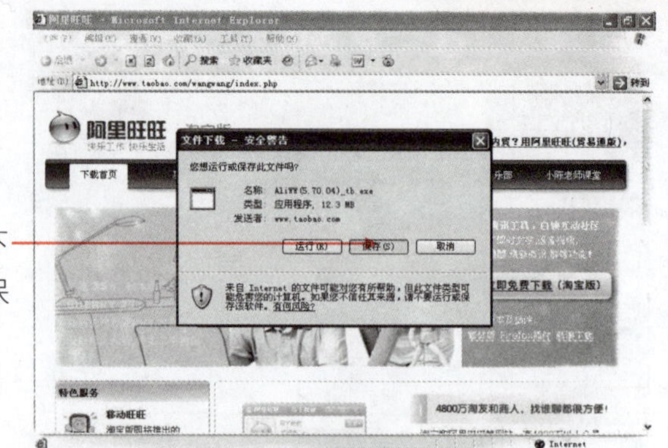

图 11-65 "文件下载"对话框

04 在"另存为"对话框中，选择保存位置。

05 输入保存文件名。

06 单击"保存"按钮。

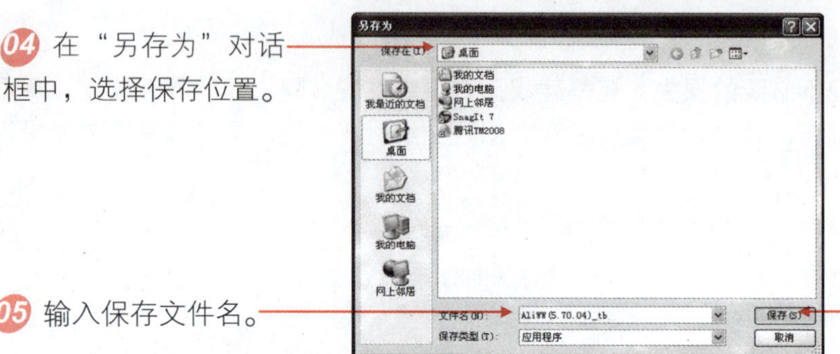

图 11-66 "另存为"对话框

07 开始下载阿里旺旺。

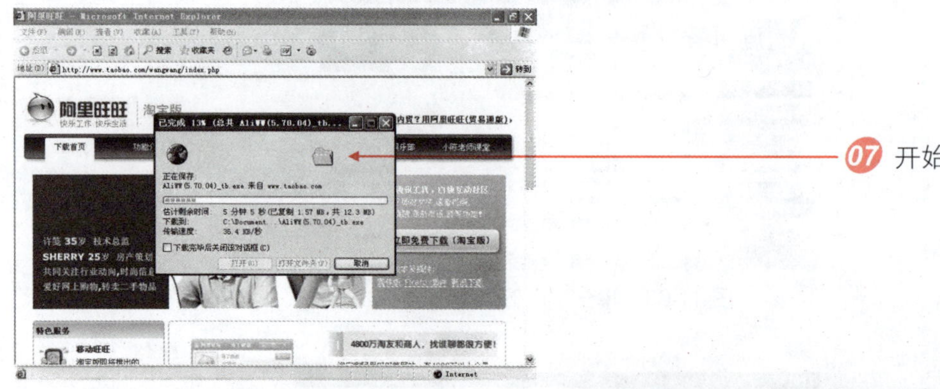

图 11-67 开始下载

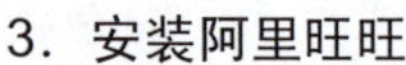

3. 安装阿里旺旺

安装阿里旺旺的步骤如下。

01 下载完成后，单击"运行"按钮。

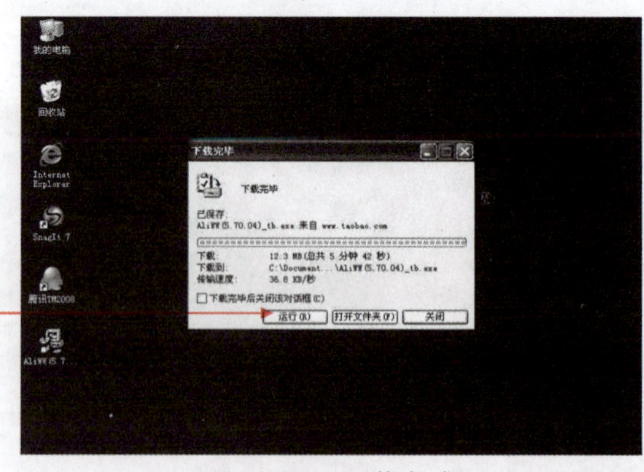

图 11-68 下载完成

02 系统弹出警告框，询问用户是否要运行此软件。

03 单击“运行”按钮。

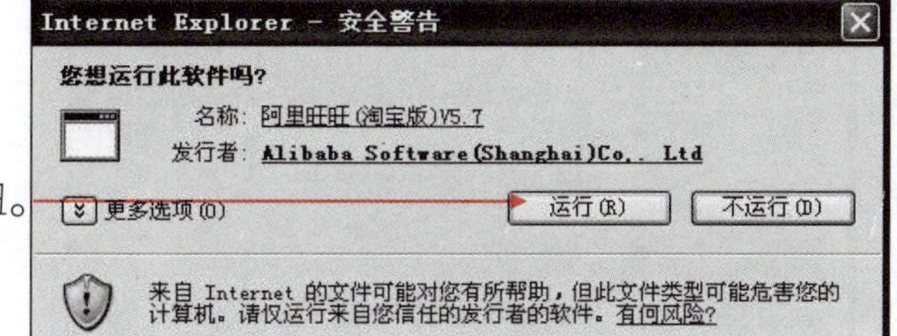

图 11-69　警告框

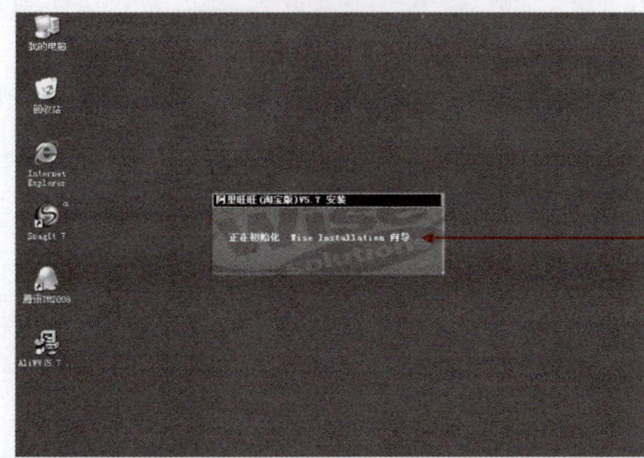

04 软件开始进行初始化。

图 11-70　软件初始化

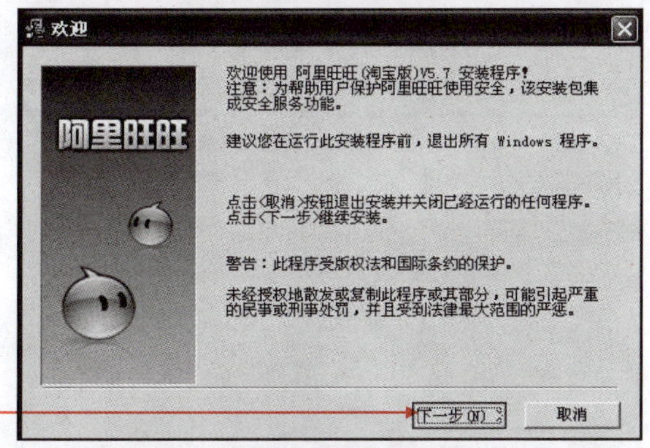

05 在安装向导中，单击“下一步”按钮。

图 11-71　安装向导

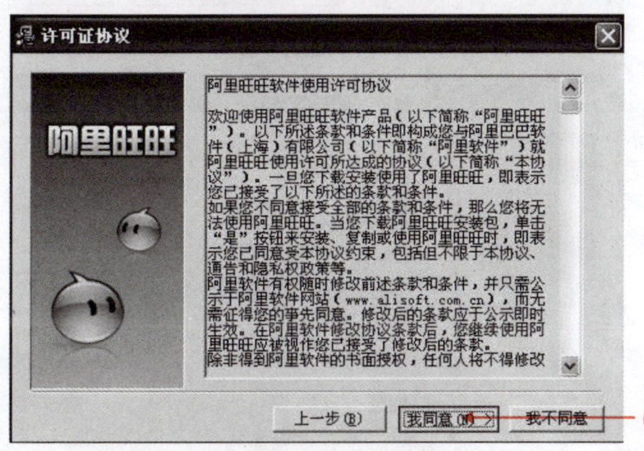

06 单击“我同意”按钮。

图 11-72　同意许可协议

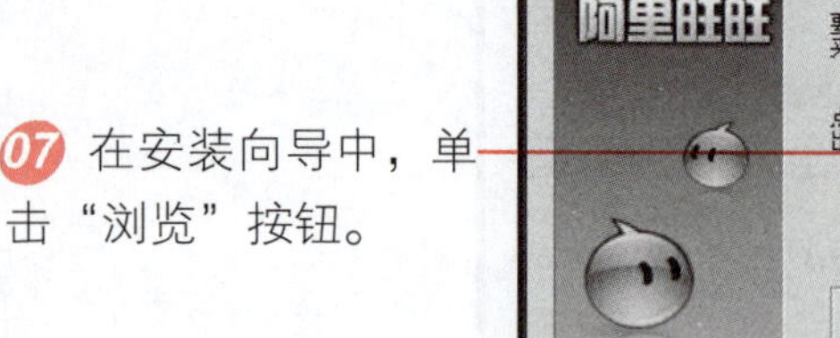

07 在安装向导中，单击“浏览”按钮。

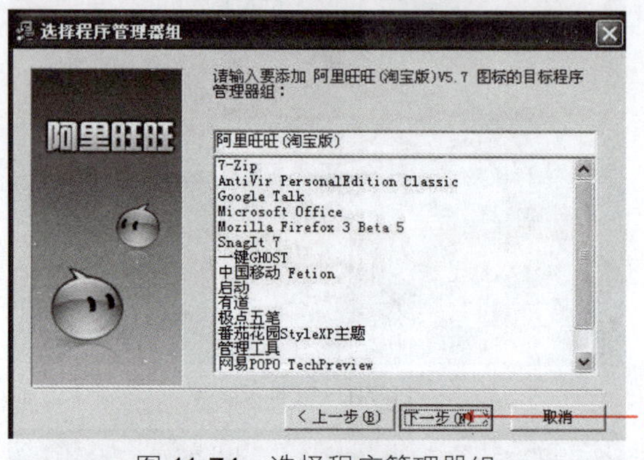

图 11-73　选择目标位置

08 单击“下一步”按钮。

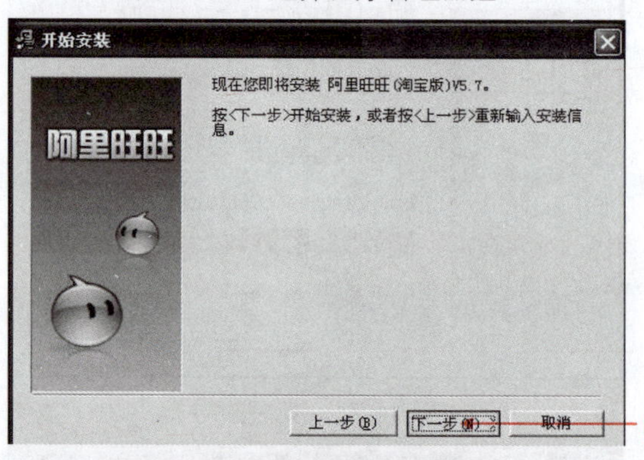

图 11-74　选择程序管理器组

09 单击“下一步”按钮。

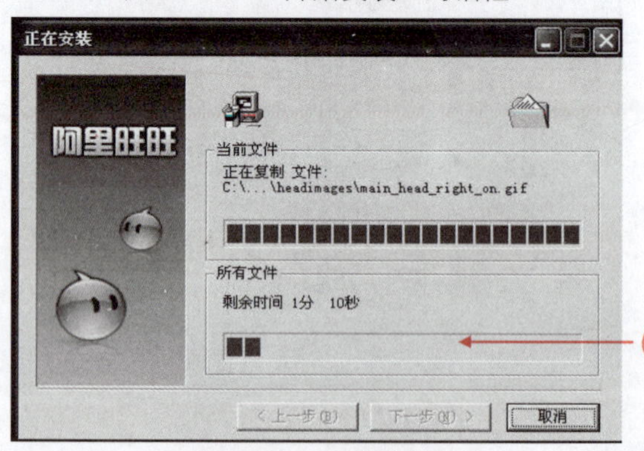

图 11-75　“开始安装”对话框

10 单击“下一步”按钮。

图 11-76　正在安装

11 开始安装。

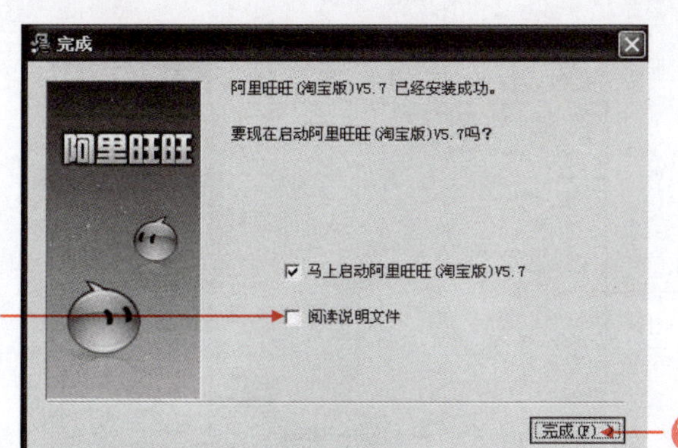

12 取消“阅读说明文件”选项。

13 单击“完成”按钮。

图 11-77　安装完成

4. 使用阿里旺旺

安装完成后，启动阿里旺旺，第一次使用会弹出一个对话框询问用户“立即登录”或是“免费注册”阿里旺旺账号。

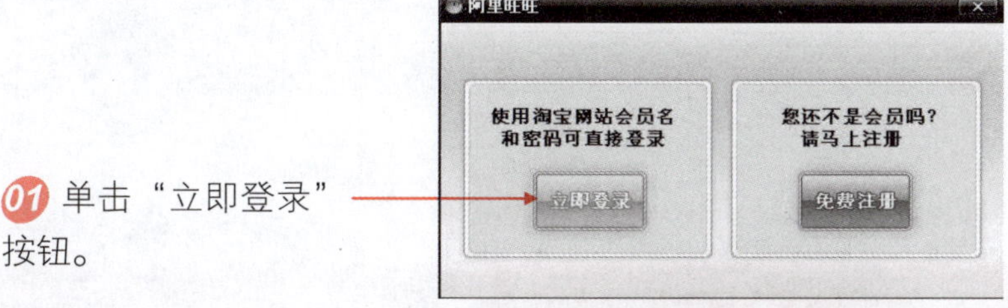

图 11-78　选择淘宝会员登录

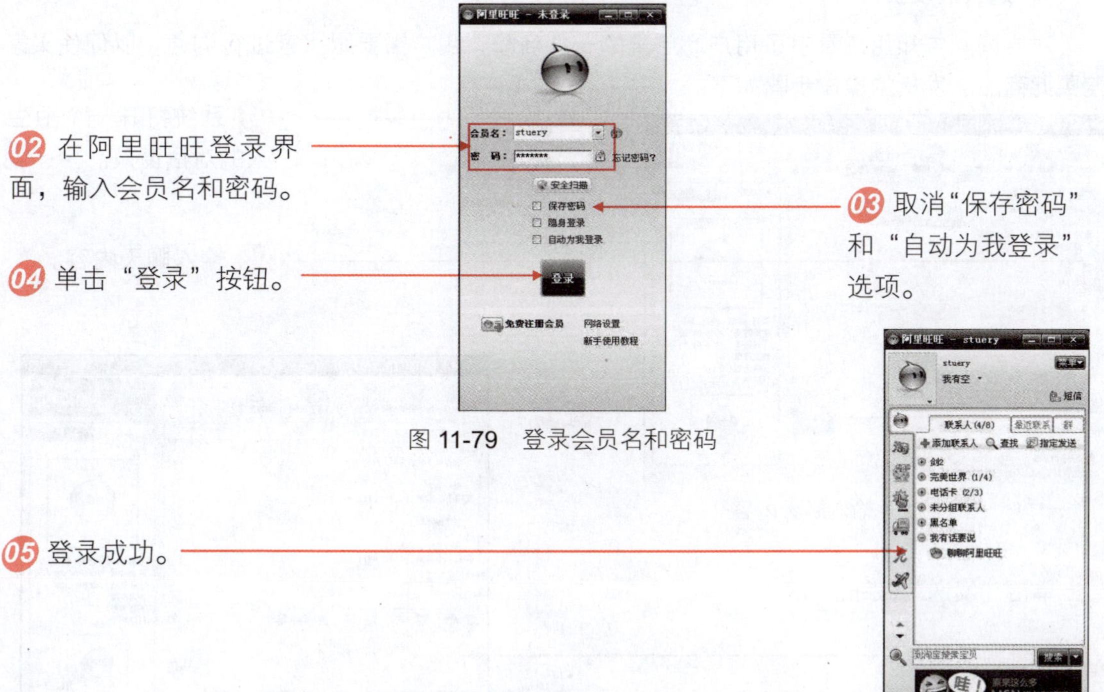

图 11-79　登录会员名和密码

图 11-80　登录成功

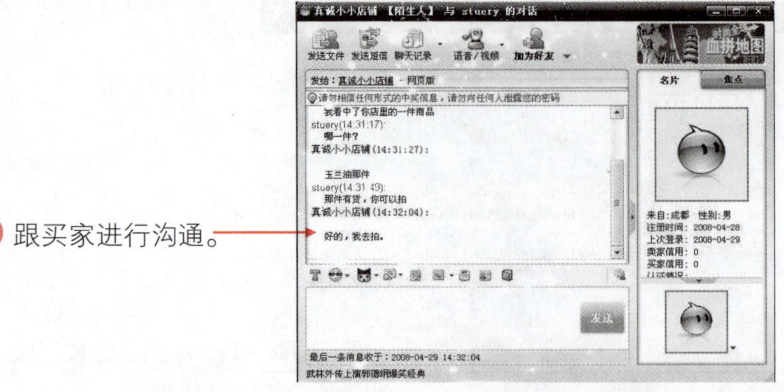

06 跟买家进行沟通。

图 11-81　开始沟通

11.2.4　商品交易

通过沟通后，达成了买卖协议，就要在淘宝网上开始交易商品了，包括发货、买家评价和转现 3 个方面。

难度系数　☑ ☑ ☑

学习时间　30 分钟

学习目的　购买后发货、评价和转现。

操作步骤

1. 购买后发货

对方询问告知用户看中了用户商店里的一件商品，用户需要跟买家进行沟通，以促使买家购买此商品。发货的操作步骤如下。

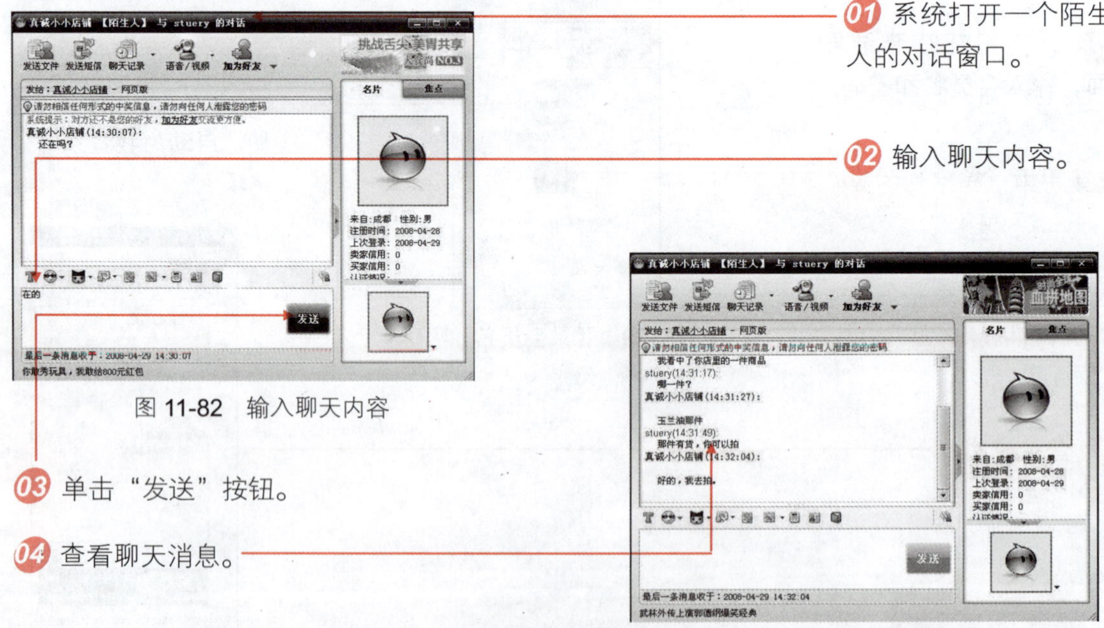

01 系统打开一个陌生人的对话窗口。

02 输入聊天内容。

图 11-82　输入聊天内容

03 单击“发送”按钮。

04 查看聊天消息。

图 11-83　查看消息

05 买家拍下商品后，阿里旺旺会弹出一条通知消息，打开消息窗口，如图 11-84 所示。

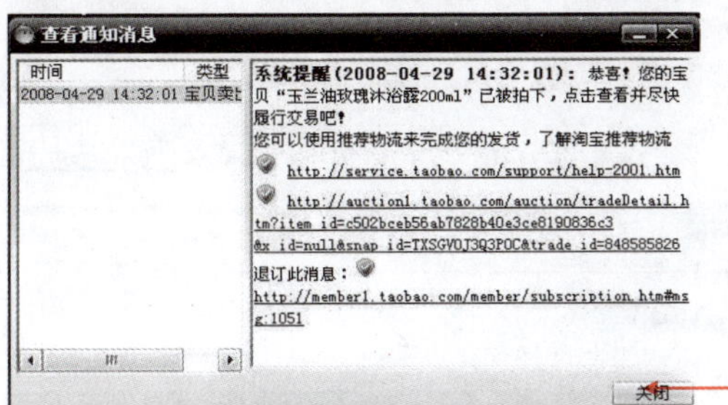

06 单击“关闭”按钮。

图 11-84 打开消息窗口

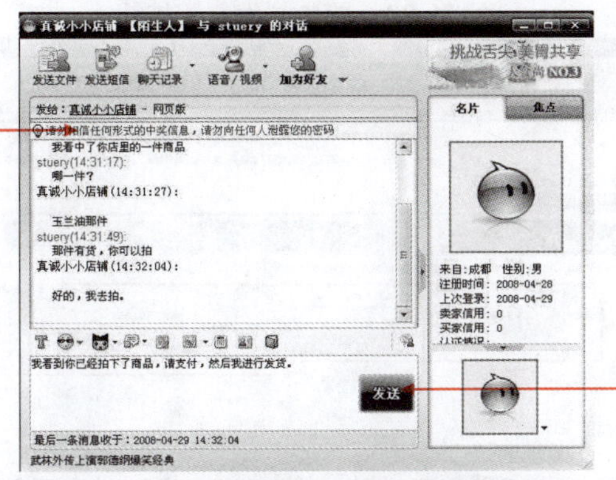

07 激活任务栏里的聊天窗口，告诉买家需要支付货款，卖家才能进行发货。

08 单击“发送”按钮。

图 11-85 聊天窗口

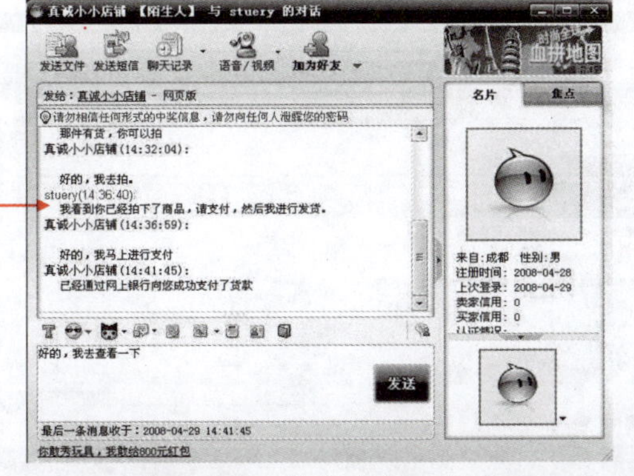

09 买家告知卖家已经通过网上银行支付了货款。

图 11-86 告知卖家已支付

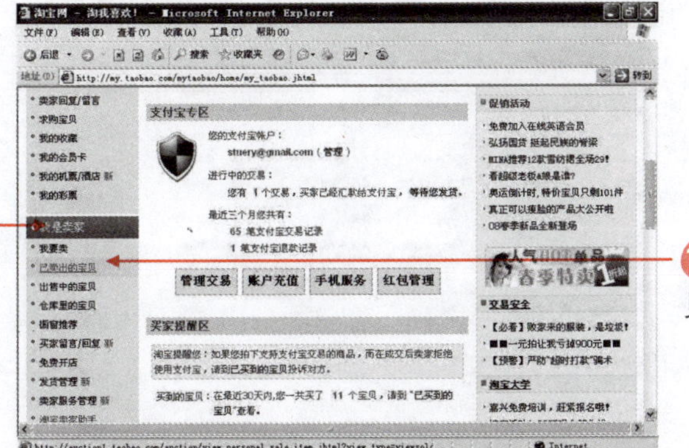

10 打开“我的淘宝”页面，选择“我是卖家”选项卡。

11 单击“已卖出的宝贝”链接。

图 11-87 选择“我是卖家”选项卡

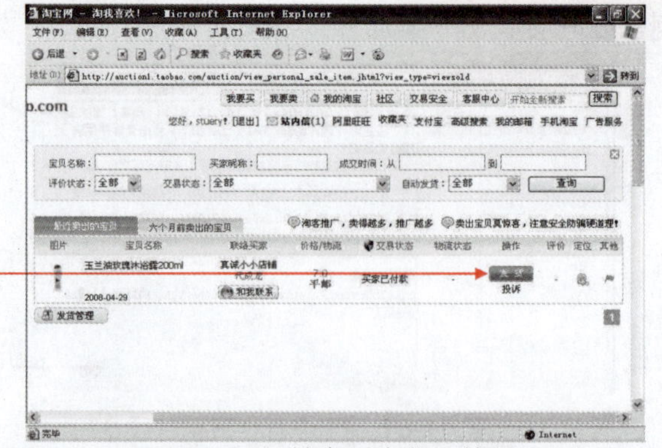

12 单击“发货”按钮。

图 11-88　单击“发货”按钮

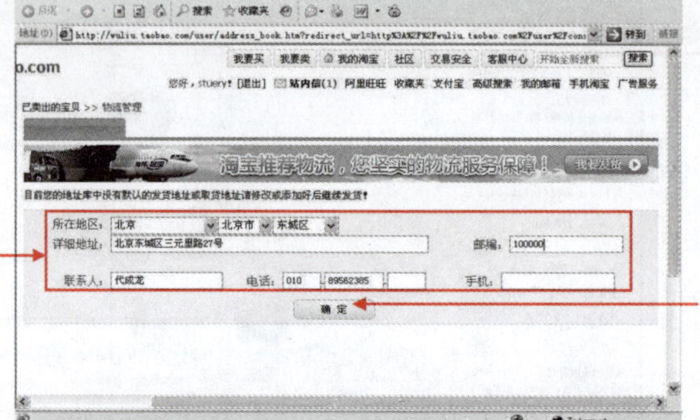

13 填写上买家的详细信息。

14 单击“确定”按钮。

图 11-89　填写买家信息

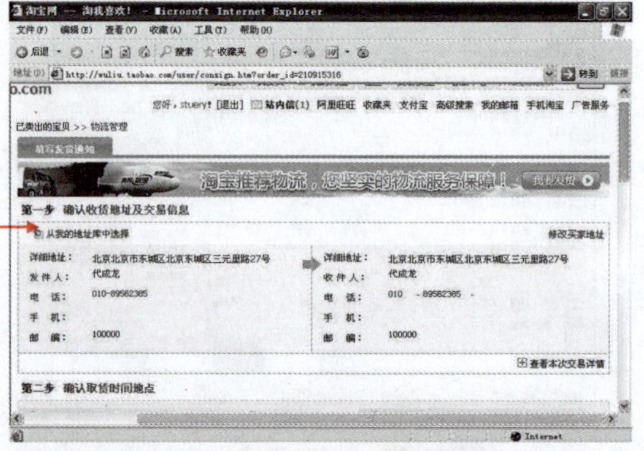

15 确认收货地址以及交易信息。

图 11-90　确认交易信息

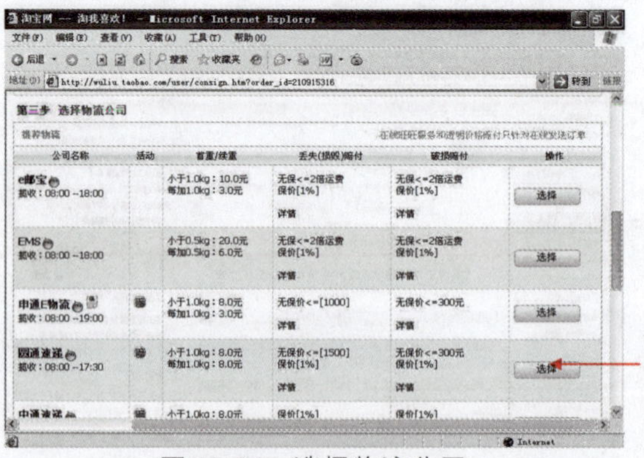

16 选择物流公司，如圆通速递。

图 11-91　选择物流公司

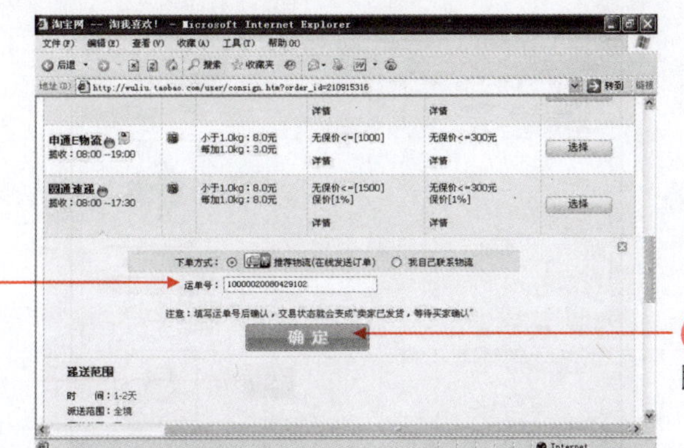

17 输入物流的订单号码。

18 单击“确定”按钮即可成功进行发货。

图 11-92　输入订单号码

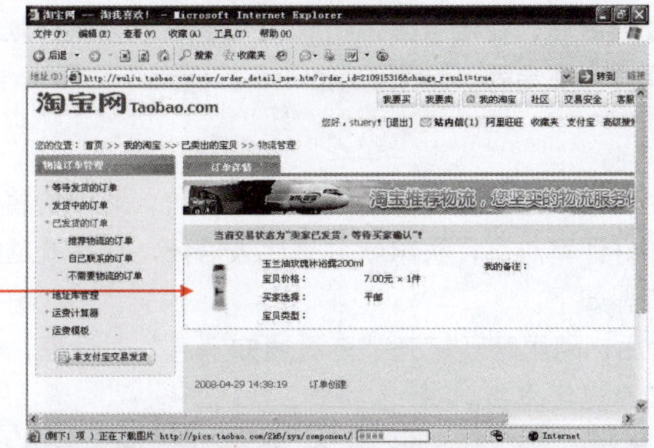

19 订单创建成功。

图 11-93　订单创建成功

如果用户出售的是虚拟产品，比如手机充值卡、游戏充值卡之类的商品，则不需要物流运送，向下拖动滚动条，在“不需要物流公司”栏里单击“确定”按钮，在打开的警告窗口中单击“确定”按钮即可。这时页面显示当前的交易状态为“卖家已发货，等待买家确认”。

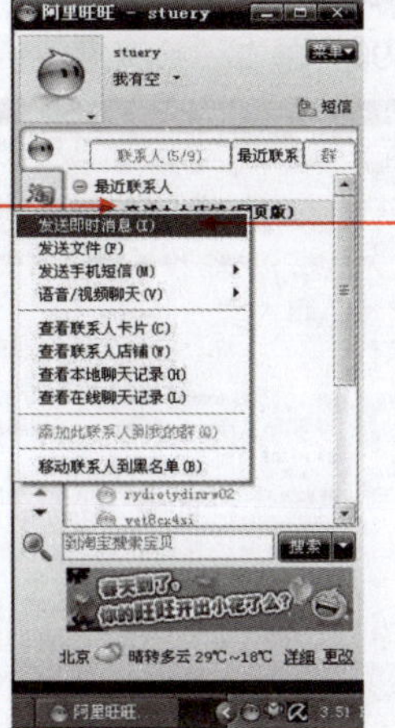

20 打开阿里旺旺聊天软件，右键单击要联系的买家。

21 在弹出的快捷菜单中选择“发送即时消息”命令。

图 11-94　选择“发送即时消息”命令

Days 1　Days 2　Days 3　Days 4　Days 5　Days 6　Days 7

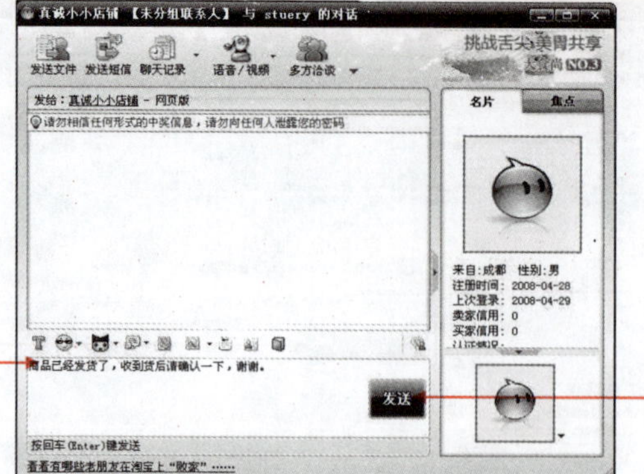

22 输入消息告知买家已经发货。

23 单击“发送”按钮或是按回车键。

图 11-95 输入回答消息

等待几日，当对方收到货后，在淘宝上进行确认，系统就会将货款打入卖家的支付宝账户中，然后双方互相进行评价，交易即可结束。

2. 买家评价

在买家购买后，需对买家交易这款商品的过程进行评价，此评价将提升或降低此买家购买商品的信用度。信用度和好评率越高，买家就容易让人信任，商品就越好卖。

给买家评价的操作步骤如下。

01 当对方确认并评价之后，阿里旺旺打开“查看通知消息”对话框，告知用户对方已经给出了好评，输入消息告知卖家已经发货。

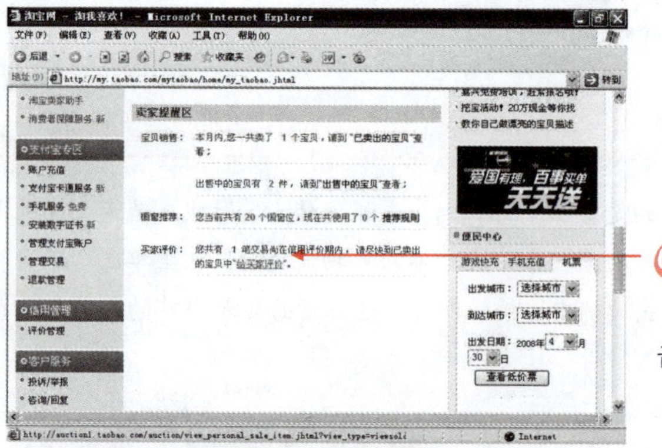

02 激活任务栏里的“我的淘宝”页面，单击“给买家评价”链接。

图 11-96 单击“给买家评价”链接

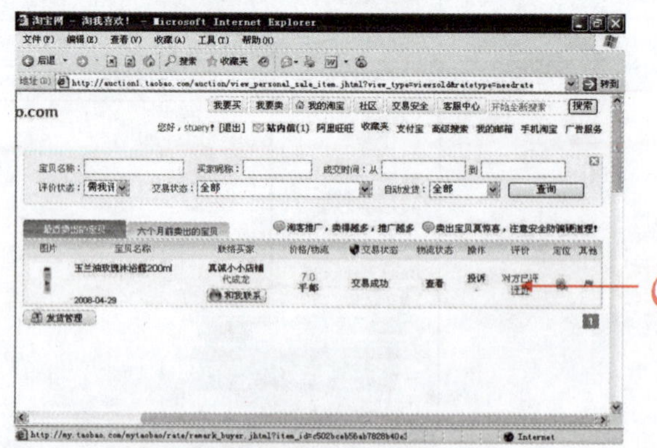

03 单击“评价”链接。

图 11-97 单击“评价”链接

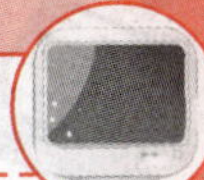

04 输入对买家的评价内容。

05 单击“好评加一分”按钮。

图 11-98　输入评价内容

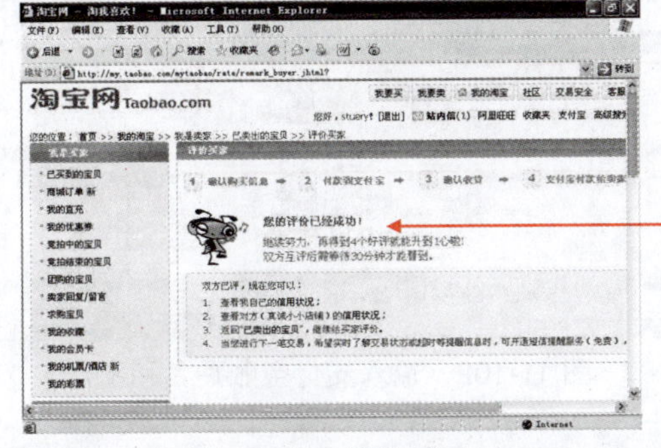

06 评价成功。

图 11-99　评价成功

07 向下拖动滚动条，单击“信用管理”选项卡里的“评价管理”链接。

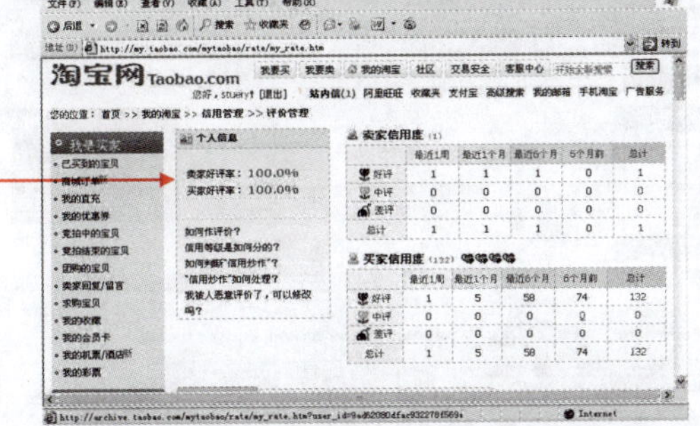

08 查看自己的卖家信用度和买家信用度。

图 11-100　查看信用度

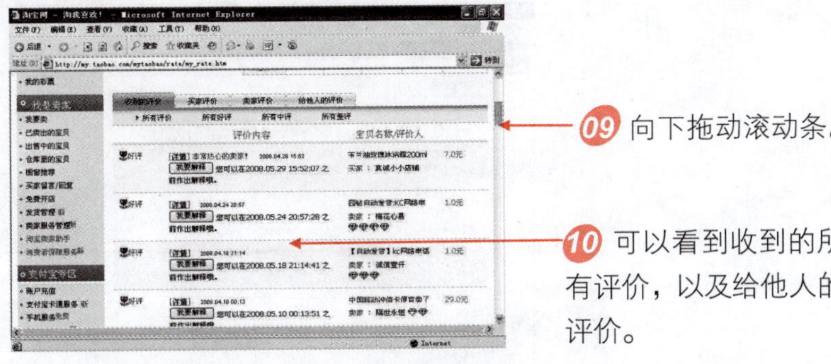

09 向下拖动滚动条。

10 可以看到收到的所有评价，以及给他人的评价。

图 11-101　查看所有评价

3. 转现

由于交易完成后，淘宝会自动将货款汇入到卖家的支付宝账号中，然后接着需要登录支付宝将现货款转到银行卡上。

转现的操作步骤如下。

01 登录淘宝网，单击“支付宝”链接。

02 输入支付宝的账户名和密码。

03 输入系统随机显示的随机码。

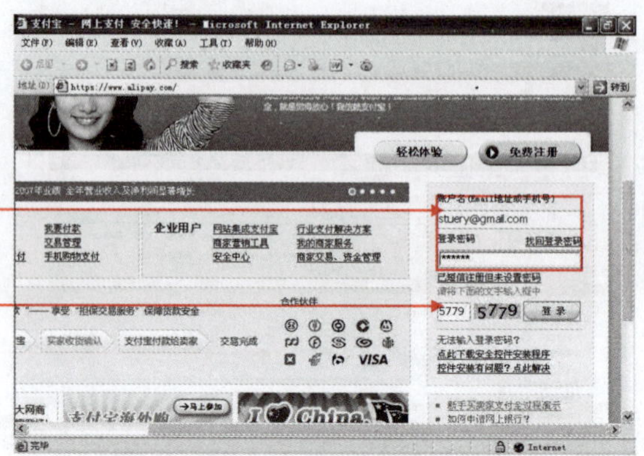

图 11-102　输入支付宝账户名和密码

04 显示可用余额的数目。

05 单击“查询”链接。

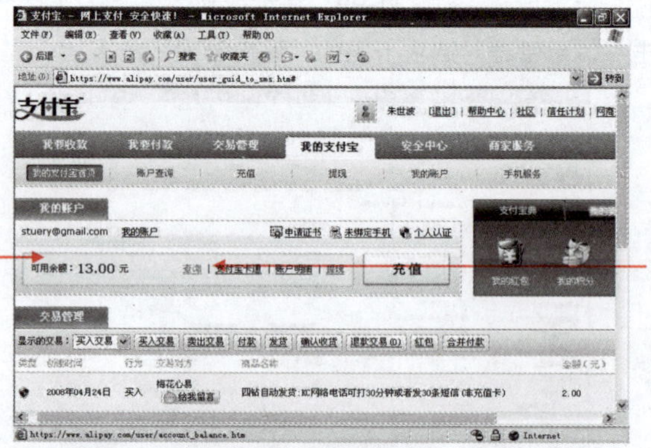

图 11-103　查看余额

06 向下拖动滚动条，单击账户明细后面的“点此查询”链接。

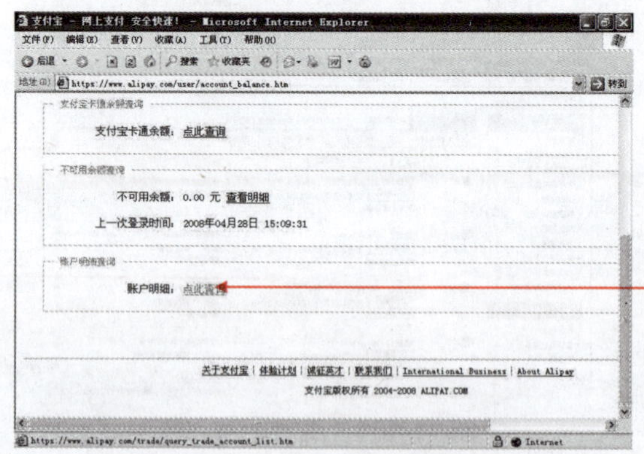

图 11-104　单击“点此查询”链接

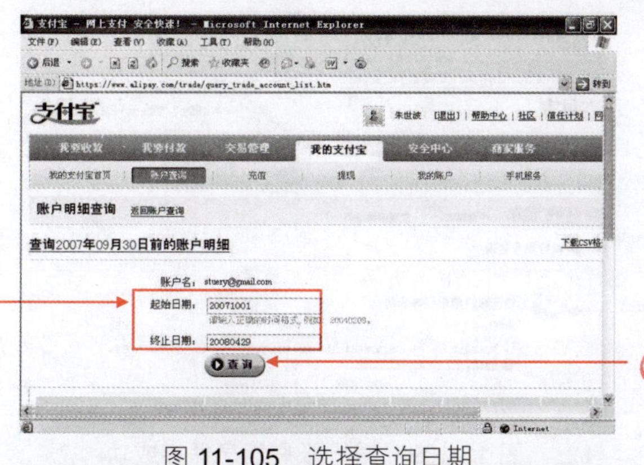

07 设置查询的起始日期和终止日期。

08 单击“查询”按钮。

图 11-105　选择查询日期

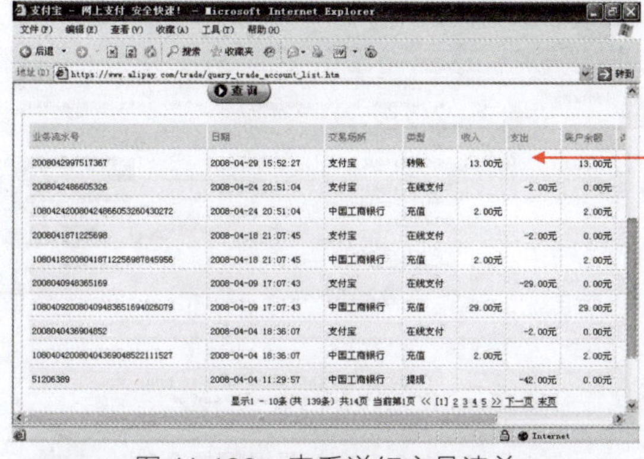

业务流水号	日期	交易场所	类型	收入	支出	账户余额
2008042997517367	2008-04-29 15:52:27	支付宝	转账	13.00元		13.00元
2008042486605326	2008-04-24 20:51:04	支付宝	在线支付		-2.00元	0.00元
10804242008042486605326043O272	2008-04-24 20:51:04	中国工商银行	充值	2.00元		2.00元
2008041871225698	2008-04-18 21:07:45	支付宝	在线支付		-2.00元	0.00元
108041820080418712256987845956	2008-04-18 21:07:45	中国工商银行	充值	2.00元		2.00元
2008040948365169	2008-04-09 17:07:43	支付宝	在线支付		-29.00元	0.00元
108040920080409483651694026079	2008-04-09 17:07:43	中国工商银行	充值	29.00元		29.00元
2008040436904852	2008-04-04 18:36:07	支付宝	在线支付		-2.00元	0.00元
108040420080404369048522111527	2008-04-04 18:36:07	中国工商银行	充值	2.00元		2.00元
51206389	2008-04-04 11:29:57	中国工商银行	提现		-42.00元	0.00元

显示1 - 10条 (共 139条) 共14页 当前第1页 << [1] 2 3 4 5 >> 下一页 末页

09 看到查询日期内的详细交易清单。

图 11-106　查看详细交易清单

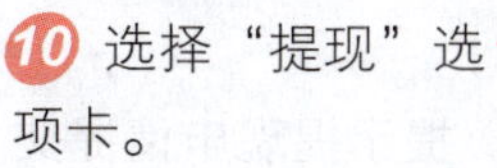

10 选择“提现”选项卡。

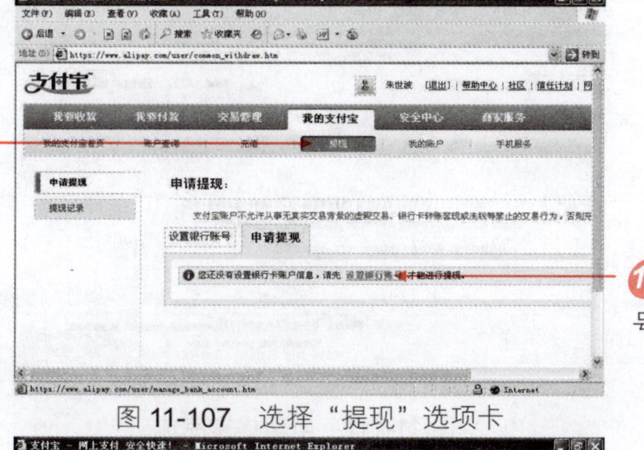

11 单击“设置银行账号”链接。

图 11-107　选择“提现”选项卡

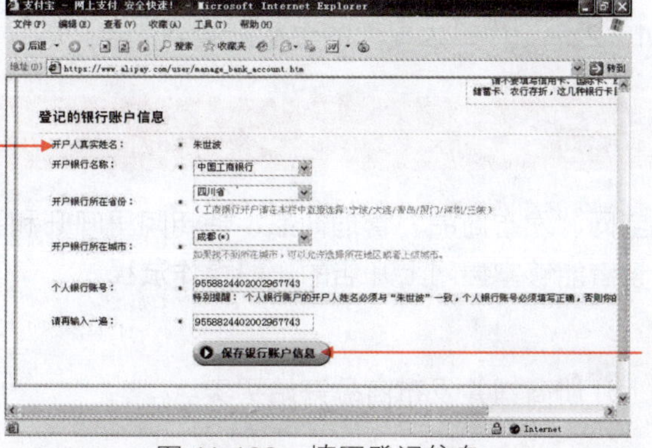

12 填写登记的银行账户信息。

13 单击“保存银行账户信息”按钮。

图 11-108　填写登记信息

Days 1
Days 2
Days 3
Days 4
Days 5
Days 6
Days 7

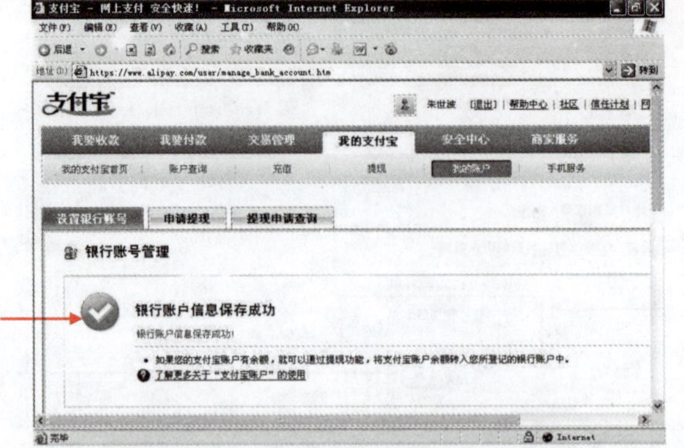

⑭ 系统提示银行账户信息已经保存成功。

图 11-109　银行账户信息保存成功

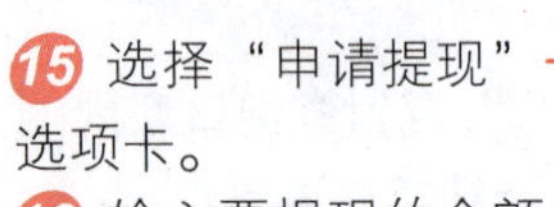

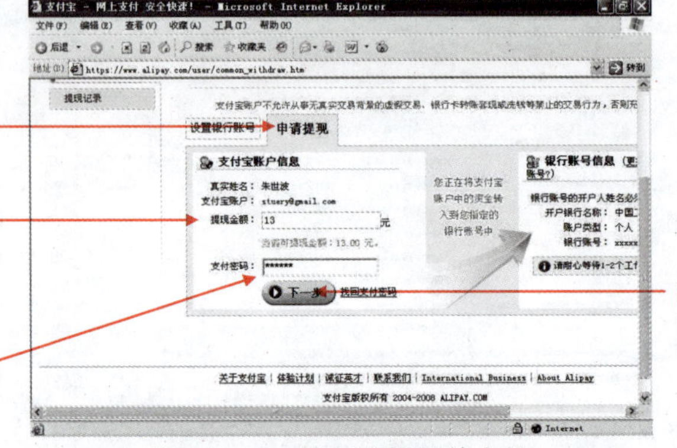

⑮ 选择“申请提现”选项卡。

⑯ 输入要提现的金额数目。

⑰ 输入支付宝密码。

⑱ 单击“下一步”按钮。

图 11-110　输入要提现的金额

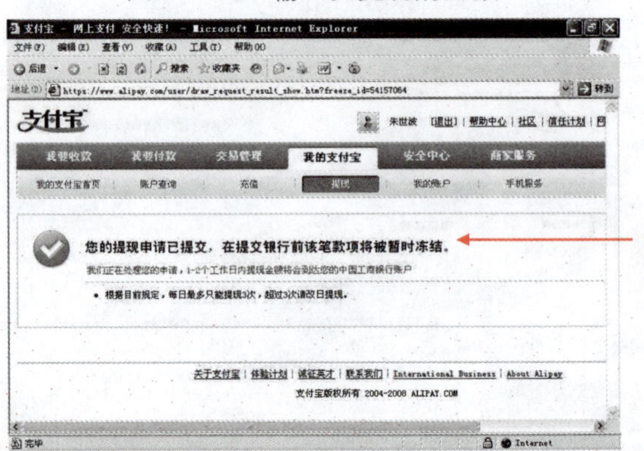

⑲ 提示提现申请提交完成。

图 11-111　申请提交完成

申请提交完成后，1～2 个工作日内提现的金额就会到达用户的银行账户。

11.3 巩固与练习

本章讲解了注册淘宝网、发布商品、管理商品、使用阿里旺旺和买家沟通、购买后发货、评价和转现的操作。让读者能够掌握网上开店的一般操作流程。

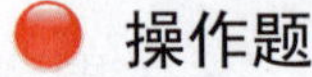

操作题

练习自己在淘宝网上注册商铺并发布商品开始买卖。

Chapter 12

网上买货

学习时间

本课主要讲解的是在网上买货的好处和操作方法，建议读者使用 150 分钟的时间来进行学习。

学习内容

- 网上买货的好处
- 网上买货的特点
- 购买商品流程
- 搜索需要的商品
- 购买 KC 网络电话卡
- 验证商品
- 商品交易

精彩实例效果展示

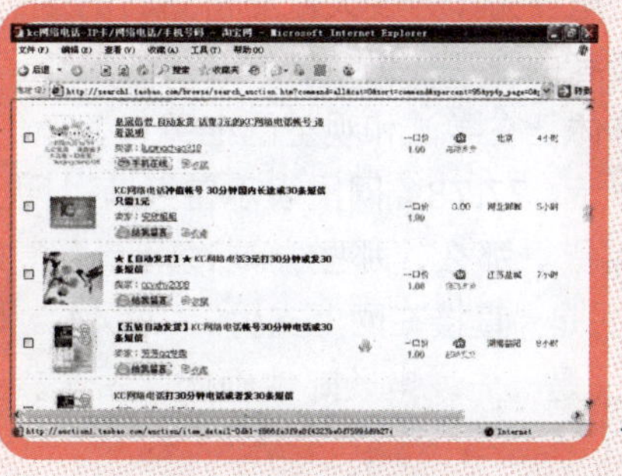

搜索商品

购买商品

认证商品

12.1 基础导读

网上买货，就是通过互联网检索商品信息，并通过电子订购单发出买货请求，然后填上私人支票账号或信用卡的号码，厂商通过邮购的方式发货，或是通过快递公司送货上门。

12.1.1 网上买货的好处

网上买货给商业流通领域带来了非同寻常的变革，真正受益者是消费者。网上买货的感觉好极了，你什么都不用烦，敲几个键确认一下，很快就会送货上门，小到一付眼镜，大到一台洗衣机。另外还有两个好处，一是开阔了视野，可以货比三家。逛商店只能一个一个地逛，即使拿出一天的时间也只能跑自己附近的几个店。而在互联网上情况就大不一样了，你调出一类商品，就可以浏览成百上千个网上商店的商品。二是价格便宜，因为网上商店是商家与消费者直接沟通，省去了中间环节，也省去了商场和销售人员的费用。

随着互联网在我国越来越普及，网上买货、网上支付等过去还遥不可及的概念已渐渐成为现实。百汇电器为了方便大家更舒适、方便、快捷的买货，大力开展网上买货活动。虽然目前大多数消费者由于习惯仍会继续在传统商店买货，但是静悄悄的革命已经开始，一批有创新意识的消费群体正在尝试和观望网上买货，他们的影响将逐渐扩大，并带动更多的人群。

调查显示，77.78％网民表示曾经有过网上买货的经历，只有22.22％网民说自己还未曾尝试过网上买货。那么，那些尝试过网上买货的网民是通过什么方式购得物品呢？调查显示，39.45％网民是“直接在网上支付”，28.44％网民通过“邮购”，15.60％网民选择“其他”方式，14.68％网民是“先发电子邮件确认，后送货上门”，1.83％网民选择“电话订购”。

12.1.2 网上买货的特点

网上买货的特点主要表现在以下几个方面。

- **商品陈列规模大、种类全：** 比如某个图书网站上的商品种类，几乎囊括了国内全部大型新闻出版企业的图书、音像资源。而传统的图书卖场由于场地限制，能够陈列到货架上给顾客挑选的仅仅几万种商品。
- **搜索方便快捷：** 如在卓越网查找2003—2006年的全部商品，时间大概是1分钟。这样快捷的速度很大程度上要归功于计算机技术和搜索技术的发展。而组合式搜索方法的引入，让系统可以更精确地搜索到相关商品。
- **价格比市场低：** 像某些网站的“网上智能比价”系统可帮助网站通过互联网来实时查询所有网上销售商品的信息，一旦发现有其他网站商品价格低于自身，系统可自动调低网站同类商品的价格。
- **可以24小时订购：** 因为有计算机系统的支持，网购可以提供包括凌晨网上订货的订单处理。这在传统行业里几乎是不可能做到的。

12.1.3 购买商品流程

作为卖家的同时，有时候也可能会变成买家去购买其他卖家的商品，下面介绍一下在淘宝

上购买商品的具体流程。

购买流程：

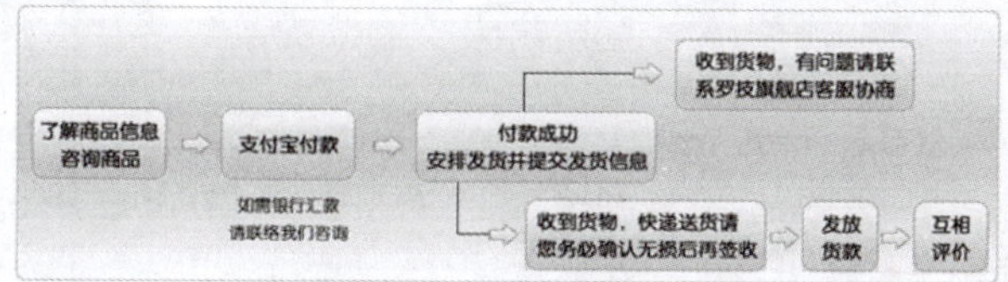

图 12-1 购买流程

12.1.4 搜索需要的商品

搜索商品，操作步骤如下。

01 首先双击桌面上的 IE 图标，在打开的空白页面中输入淘宝的网址 http://www.taobao.com ，然后单击“转到”按钮。打开淘宝主页。

02 单击“登录”链接。

图 12-2 淘宝主页

03 在弹出的菜单中选择“属性”命令。

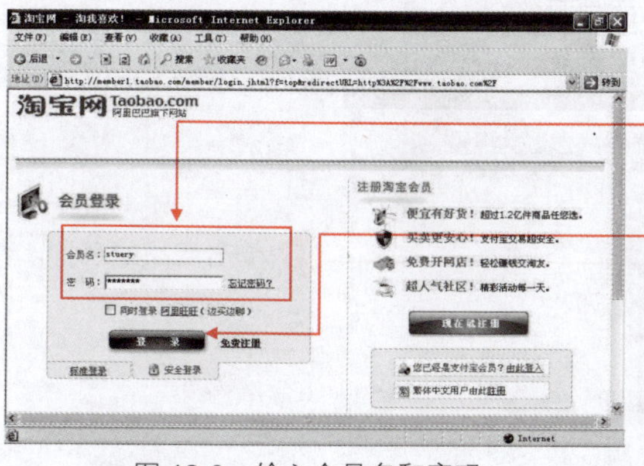

04 在“会员登录”页面输入会员名和密码。

05 单击“登录”按钮。

图 12-3 输入会员名和密码

06 输入要购买商品的名称，如 KC 网络电话卡。

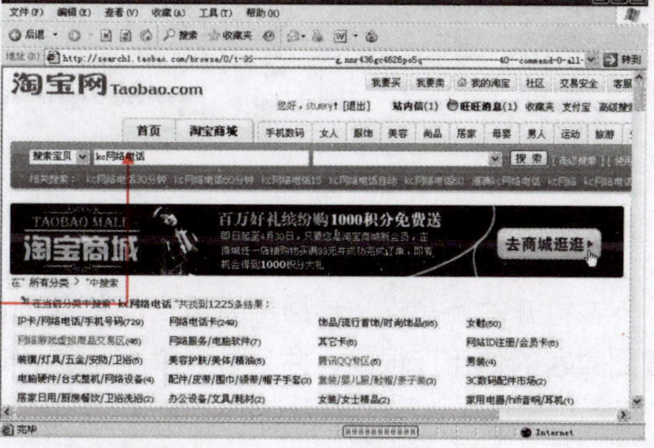

图 12-4 搜索购买商品

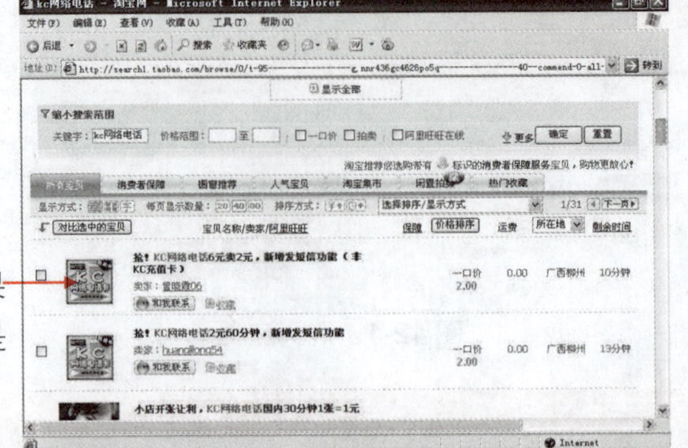

07 在显示的搜索结果中可以看到范围还是太宽。

图 12-5 显示搜索结果

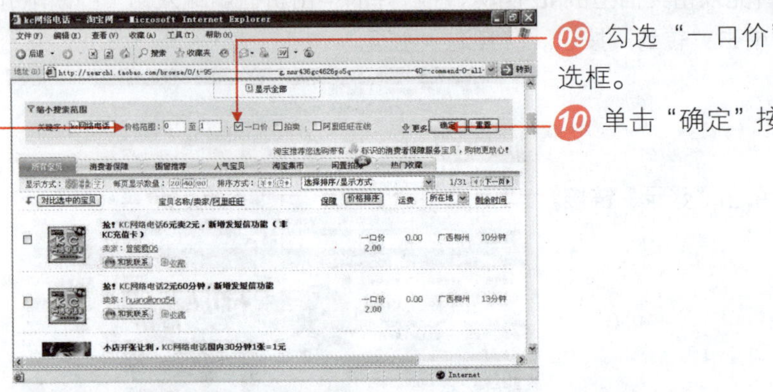

08 在“价格范围”栏里输入商品的价格范围。

09 勾选“一口价”复选框。

10 单击“确定”按钮。

图 12-6 选择搜索价格

这时可以看到结果的范围已经缩小了很多，向下拖动滚动条，对同类商品进行筛选和对比。在对比的过程中，我们发现有些商家使用的是自动发货。自动发货是指不需要联系卖家，不需要运送就可以直接完成交易，这种方法只对虚拟商品有效。

我们选择一家自动发货并且信用度比较高的卖家。

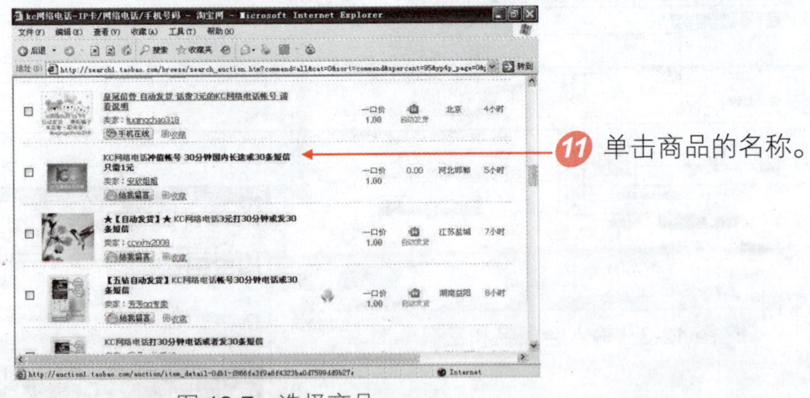

11 单击商品的名称。

图 12-7 选择商品

在打开的商品详情界面中查看商品的详细信息，以及这件商品最近的购买状态。我们可以看到卖家的信用度很高，并且好评率也不错，这件商品近期成交的也很多，所以可以购买。

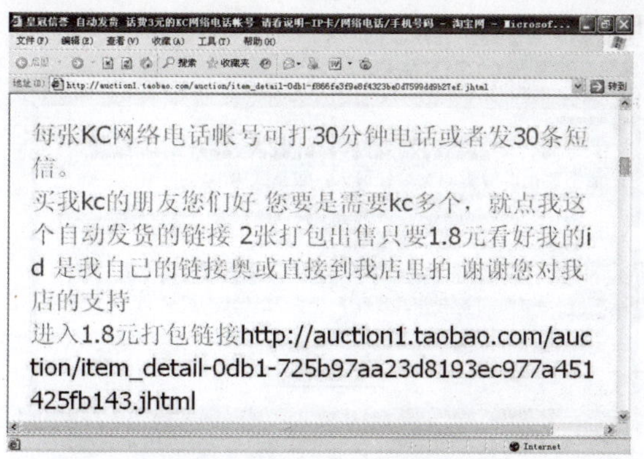

图 12-8　查看商品的详细信息

12.2　上机实战

前面我们介绍了网上买货的相关知识，下面我们通过实际操作，学习如何在淘宝网中购买商品的方法，达到用户的最终目的。

12.2.1　购买 KC 网络电话卡

下面以购买一张 KC 网络电话卡为例，介绍一下如何在淘宝上购买商品。

难度系数　☑ ☑ ☑

学习时间　30 分钟

学习目的　在交易平台购买 KC 网络电话卡。

操作步骤

1. 进行购买

购买商品的步骤如下。

01 进入需购买的商品页面。

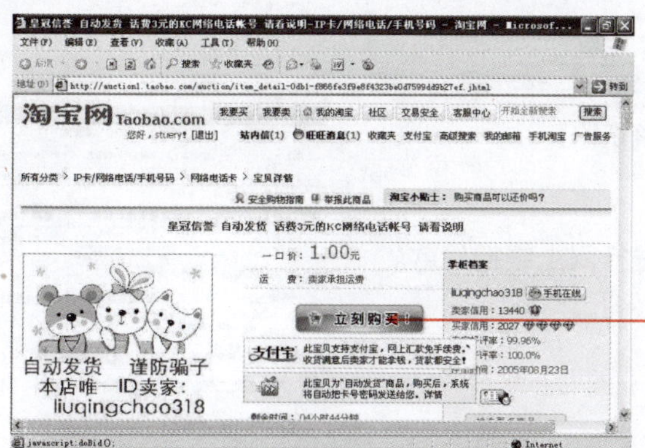

02 单击“立刻购买”按钮。

图 12-9　进入购买商品页面

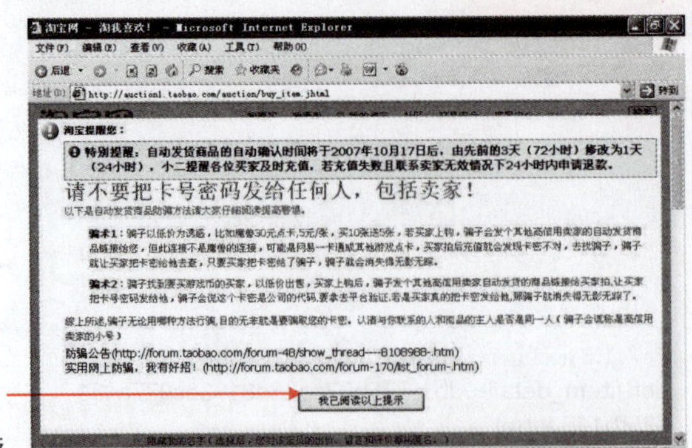

03 打开“淘宝提醒”窗口，单击“我已阅读以上提示”按钮。

图 12-10 “淘宝提醒”窗口

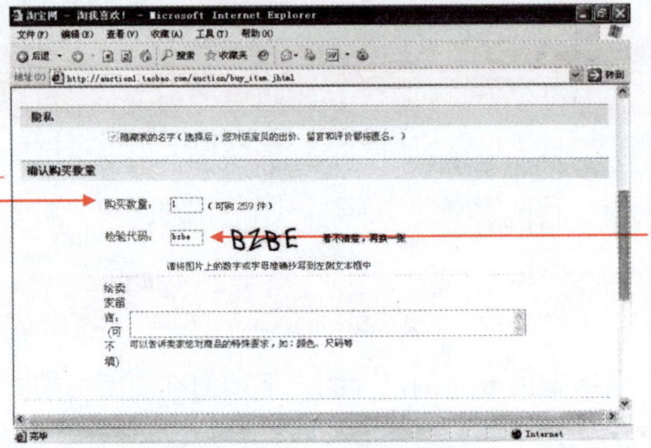

04 在“确认购买”页面，输入要购买的数量。

05 输入随机检验代码。

图 12-11 输入确认购买信息

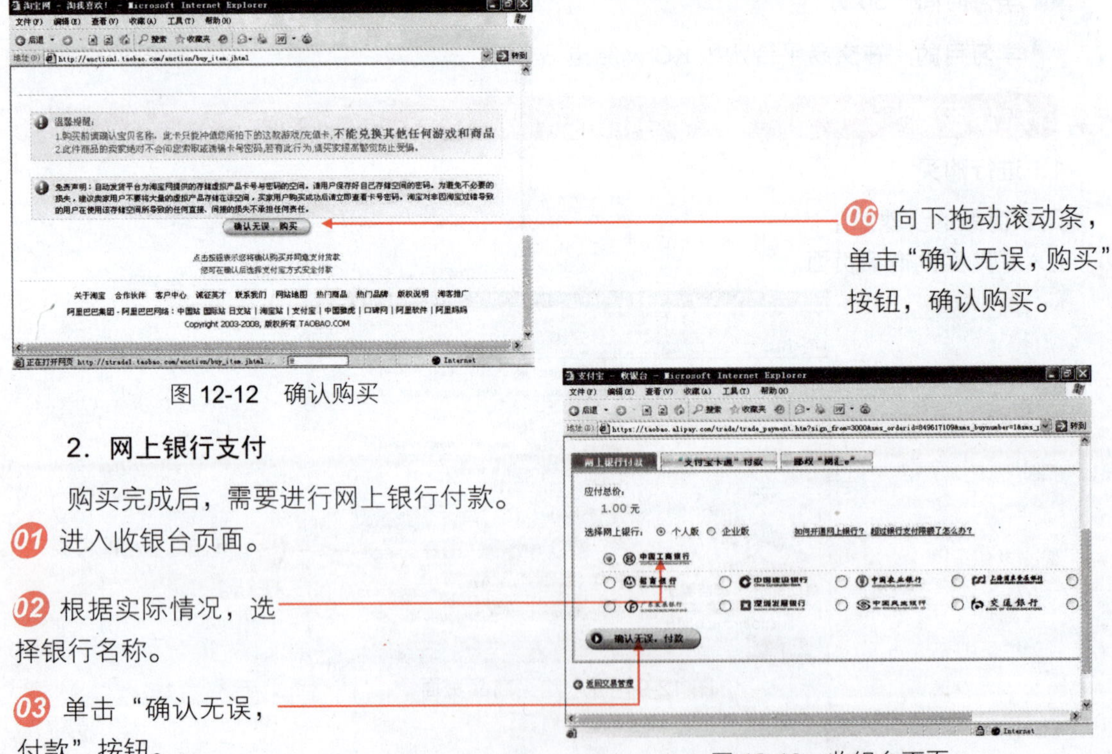

06 向下拖动滚动条，单击“确认无误，购买”按钮，确认购买。

图 12-12 确认购买

2. 网上银行支付

购买完成后，需要进行网上银行付款。

01 进入收银台页面。

02 根据实际情况，选择银行名称。

03 单击“确认无误，付款”按钮。

图 12-13 收银台页面

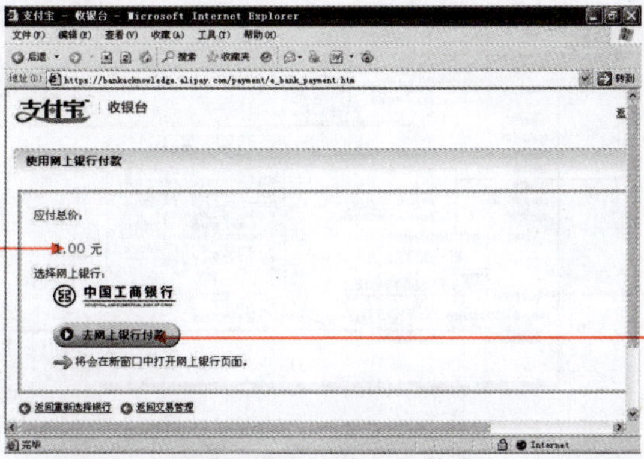

04 确认应付总价、网上银行名称是否正确。

05 无误后，单击“去网上银行付款”按钮。

图 12-14　确认支付信息

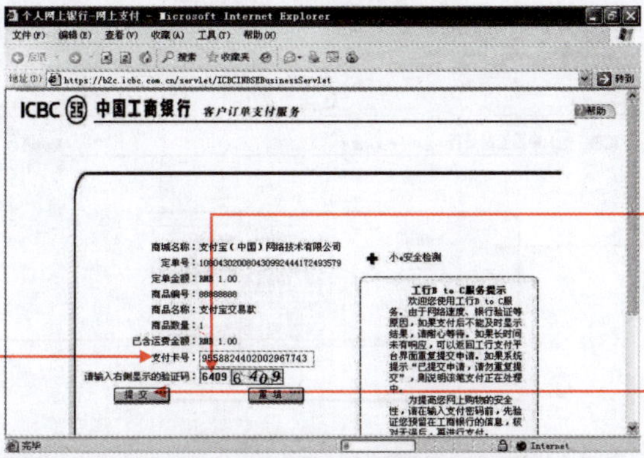

07 输入右侧显示的验证码。

06 输入自己的银行卡号。

08 单击“提交”按钮。

图 12-15　输入银行卡号

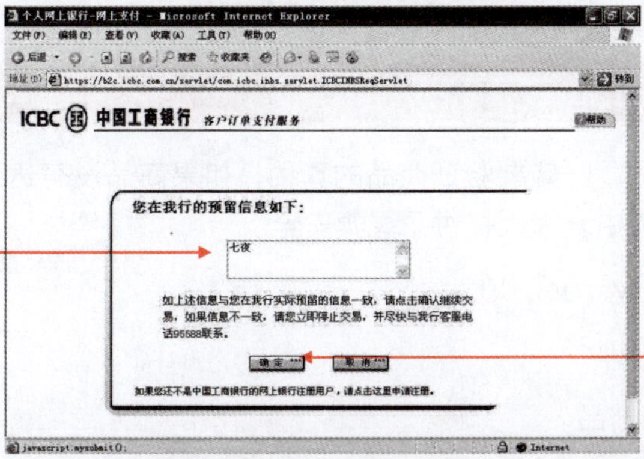

09 提示用户对照预留信息是否一致。

10 单击“确定”按钮。

图 12-16　对照预留信息

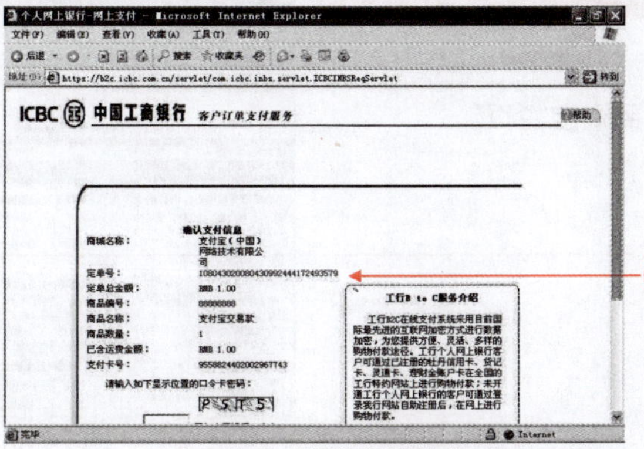

11 查看自己工商银行的账号，确认支付信息。

图 12-17　确认支付信息

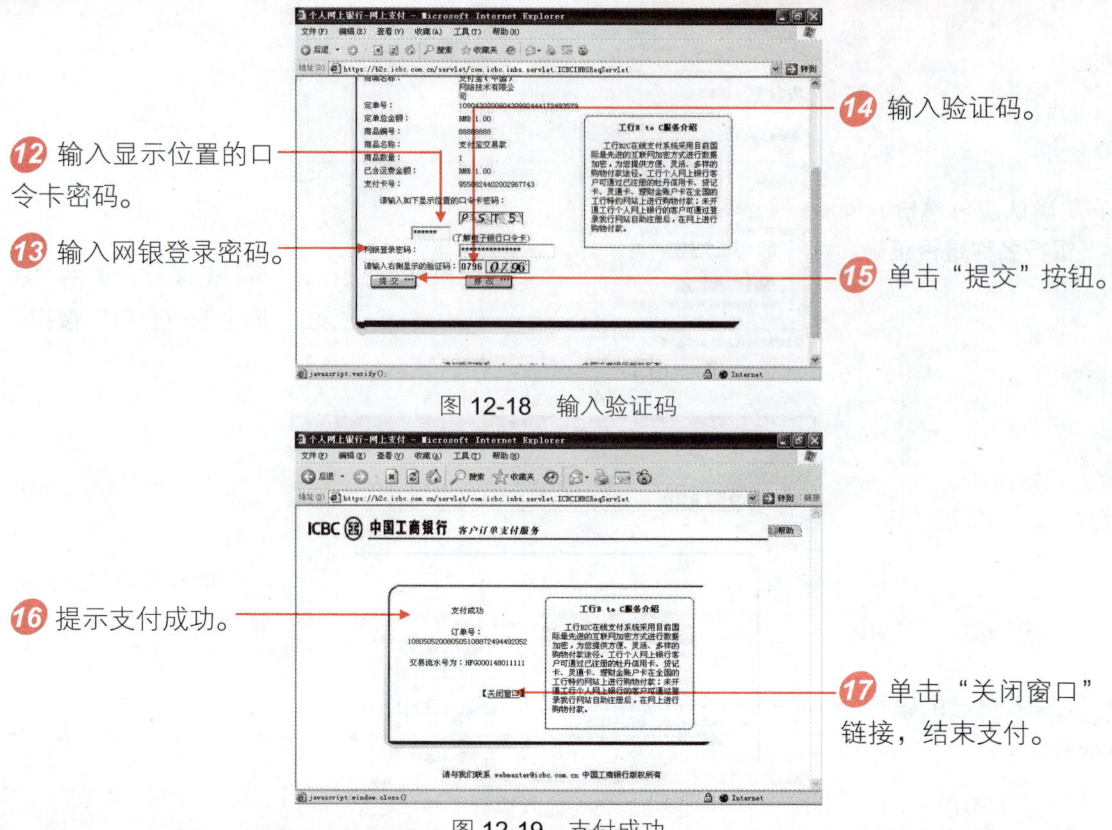

图 12-18　输入验证码

图 12-19　支付成功

12.2.2　验证商品

在购买并收到商品后，一定要验证商品的真伪，如果商品没有达到自己的要求，可以通过淘宝网退货，在虚拟世界中，大大提供了买卖安全。

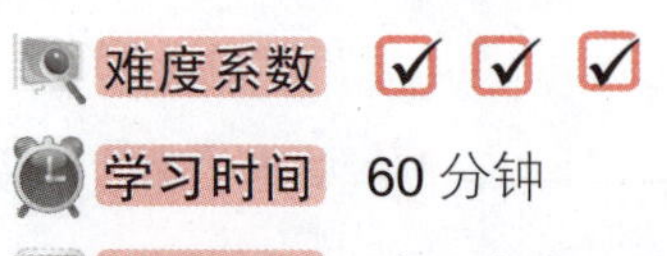

难度系数 ☑ ☑ ☑

学习时间　60 分钟

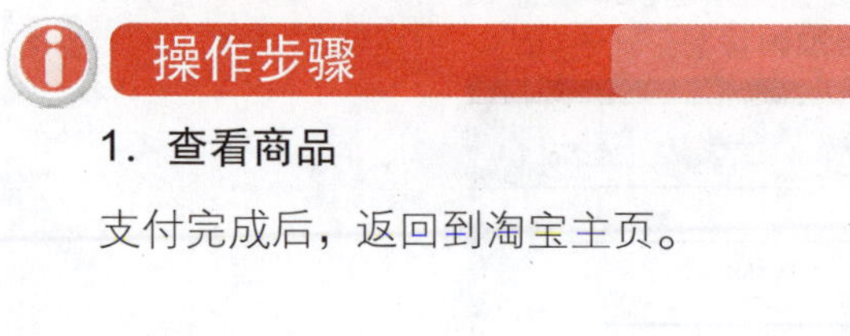

学习目的　验证商品。

操作步骤

1. 查看商品

支付完成后，返回到淘宝主页。

01 单击“我的淘宝”链接。

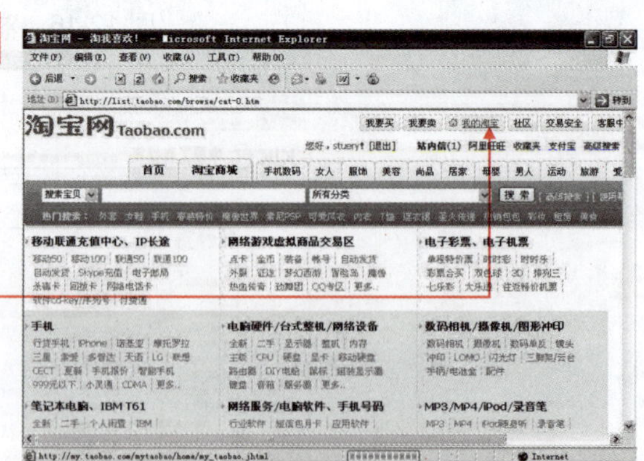

图 12-20　淘宝主页

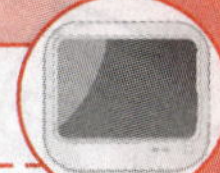

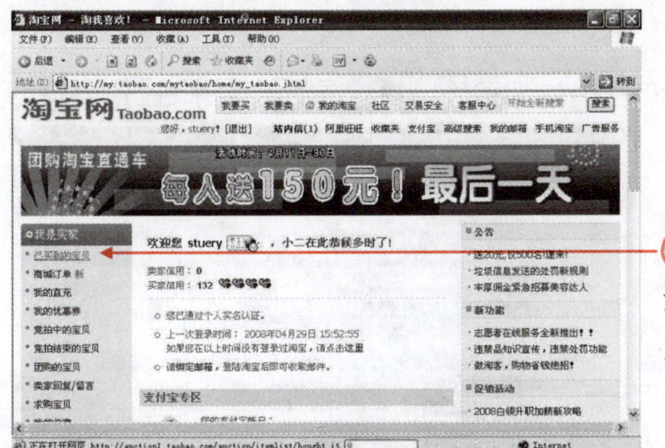

图 12-21　单击"已买到的宝贝"链接

02 单击"我是买家"选项卡下的"已买到的宝贝"链接。

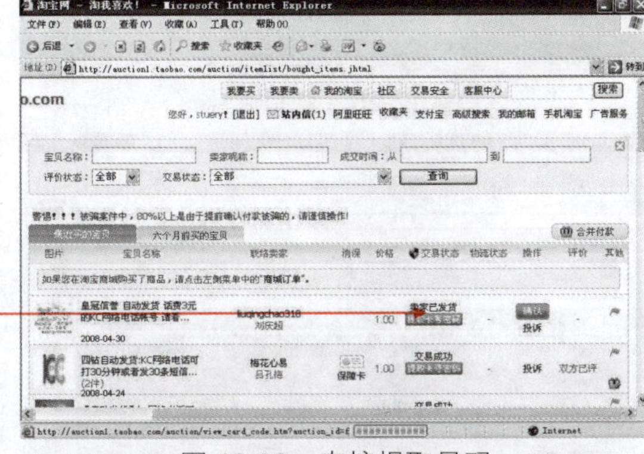

图 12-22　直接提取号码

03 由于是自动发货，直接单击"提取卡号密码"按钮提货。

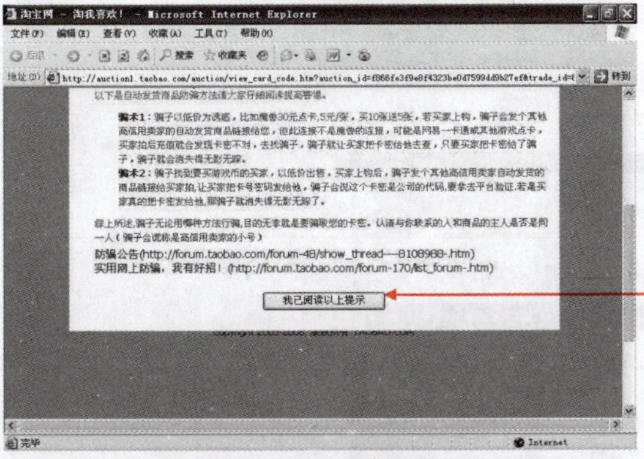

图 12-23　提醒窗口

04 这时淘宝再次弹出提醒窗口，阅读完毕后，单击"我已阅读以上提示"按钮。

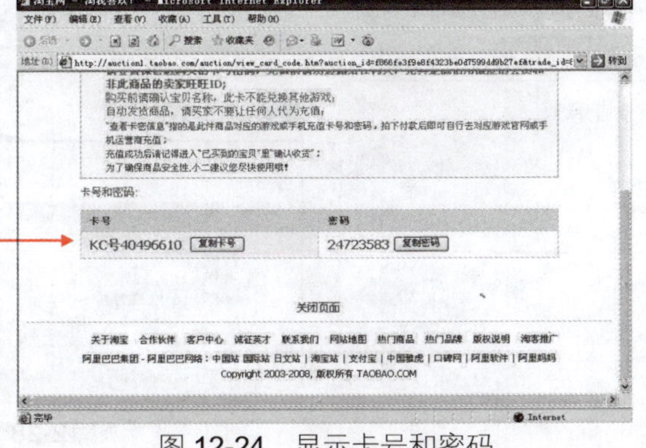

图 12-24　显示卡号和密码

05 显示出购买的 KC 网络电话卡的卡号和密码。

2. 进行验证

下面需要验证卡号和密码是否正确，决定是否给卖家进行确认和好评。

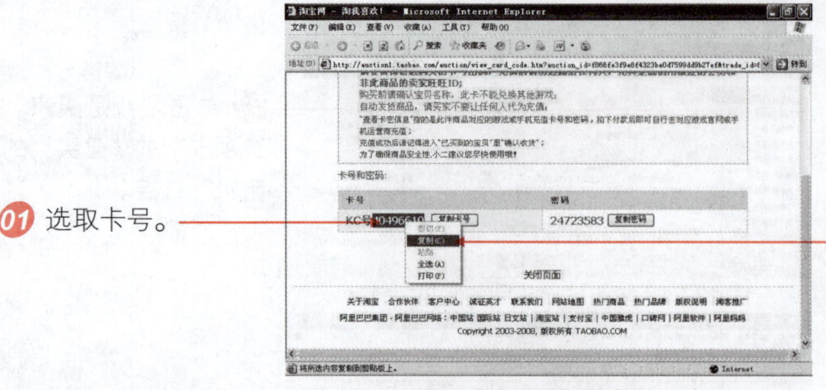

01 选取卡号。

02 右击，在弹出的快捷菜单中选择“复制”命令。

图 12-25　复制卡号

03 在打开的 KC 网络电话的主页，单击“用户登录”链接。

图 12-26　KC 网络电话的主页

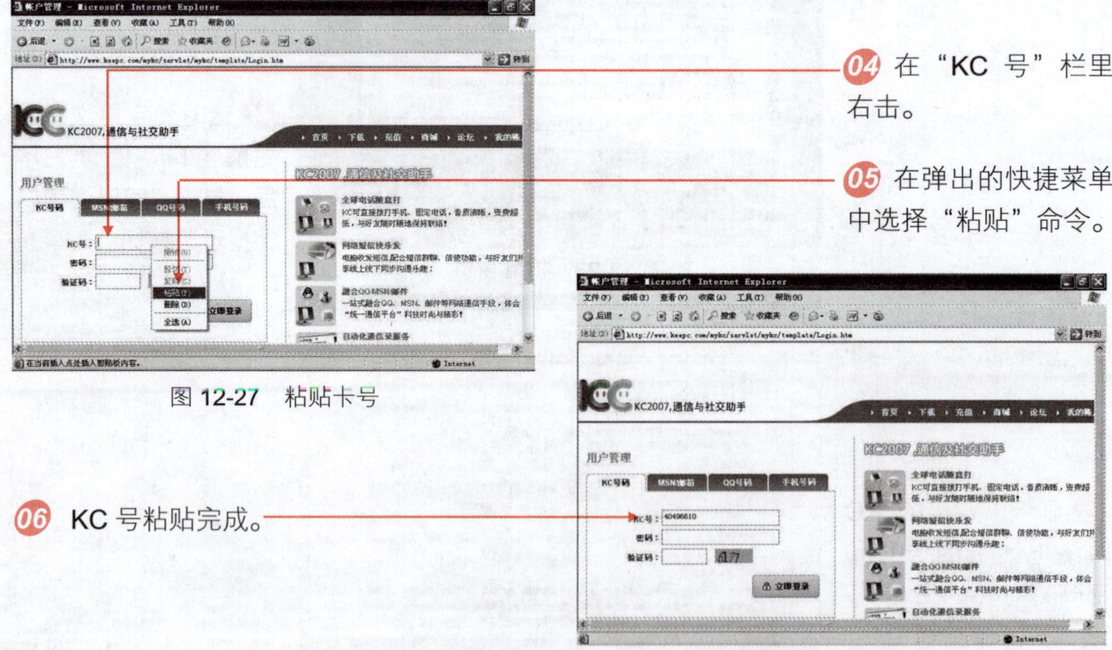

04 在“KC 号”栏里右击。

05 在弹出的快捷菜单中选择“粘贴”命令。

图 12-27　粘贴卡号

06 KC 号粘贴完成。

图 12-28　粘贴完成

07 返回到淘宝页面。

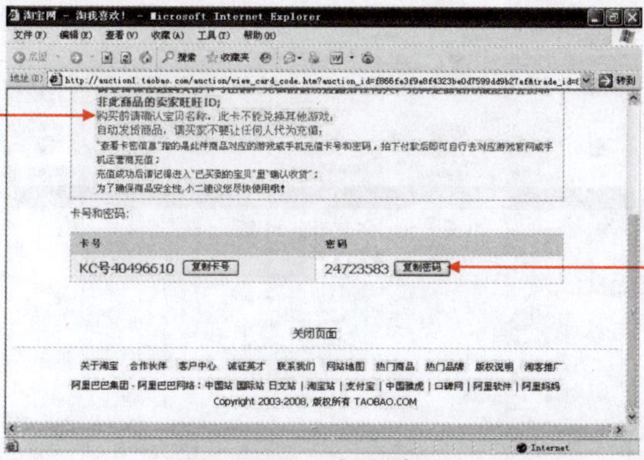

08 单击“复制密码”按钮。

图 12-29 复制密码

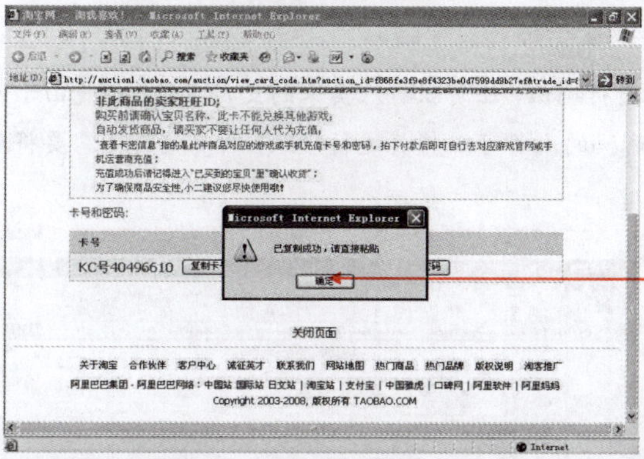

09 提示复制成功，单击“确定”按钮。

图 12-30 提示复制成功

10 接着切换到 KC 登录界面。

11 在“密码”栏里右击。

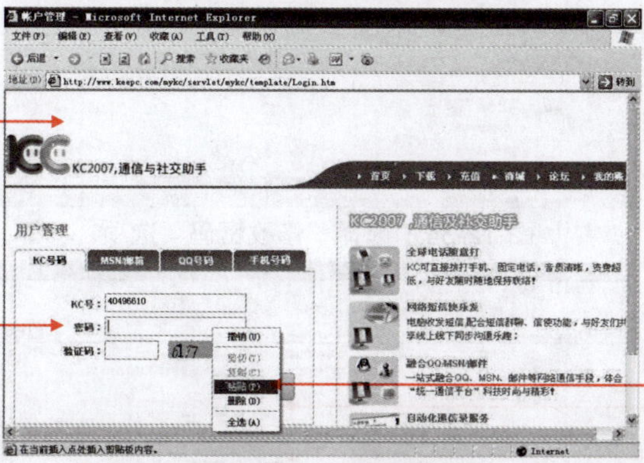

12 在弹出的快捷菜单中选择“粘贴”命令。

图 12-31 粘贴密码

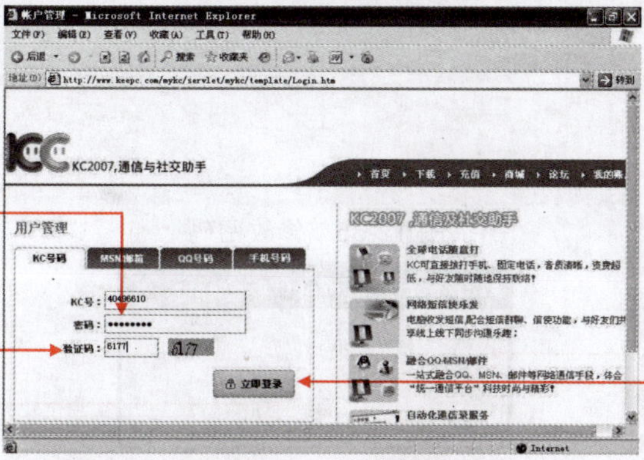

13 粘贴完密码。

14 输入验证码。

15 单击“立即登录”按钮。

图 12-32 粘贴完成

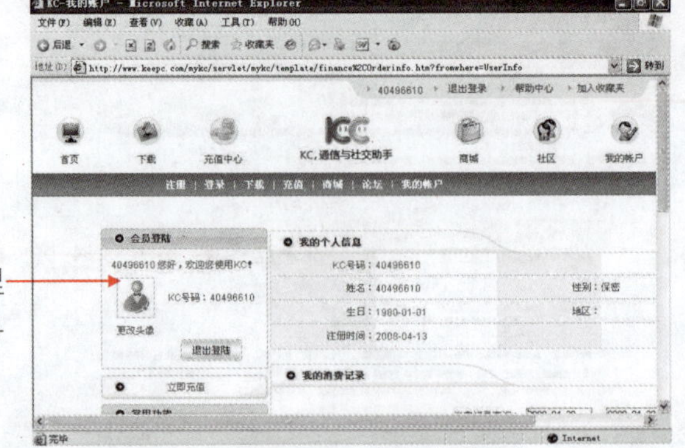

16 进入 KC 账户管理界面，说明购买的卡号和密码都没有问题。

图 12-33 验证成功

这时可以给卖家进行确认，让货款打入卖家的支付宝了。但是由于网络电话卡是虚拟产品，然后知道密码的人都可以将其进行修改，所以这时还需要将购买的网络电话卡进行修改密码。

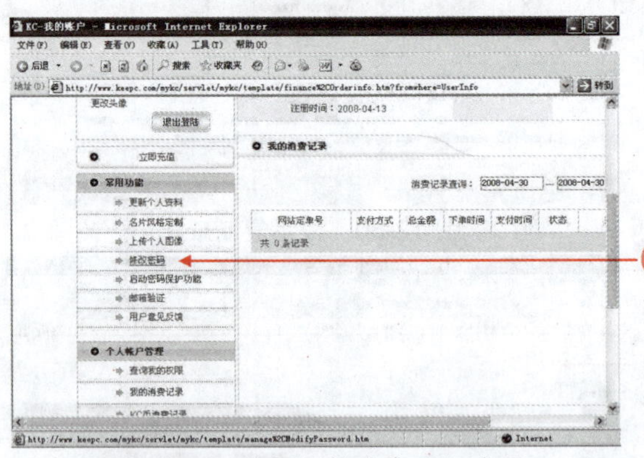

01 向下拖动滚动条，选择“常用功能”选项卡里的“修改密码”选项。

图 12-34 选择“修改密码”选项

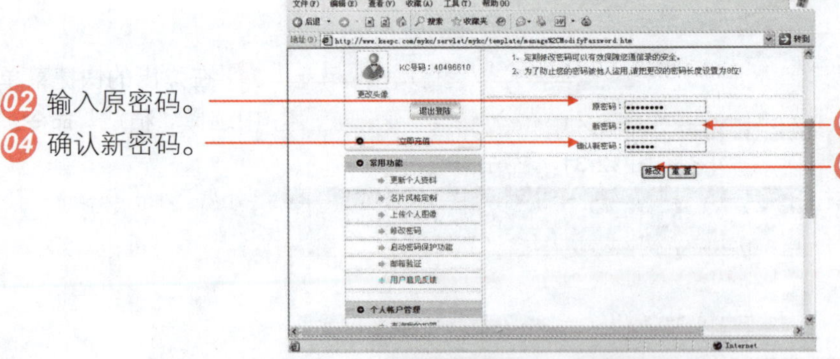

02 输入原密码。

03 输入新密码。

04 确认新密码。

05 单击“修改”按钮。

图 12-35 修改密码

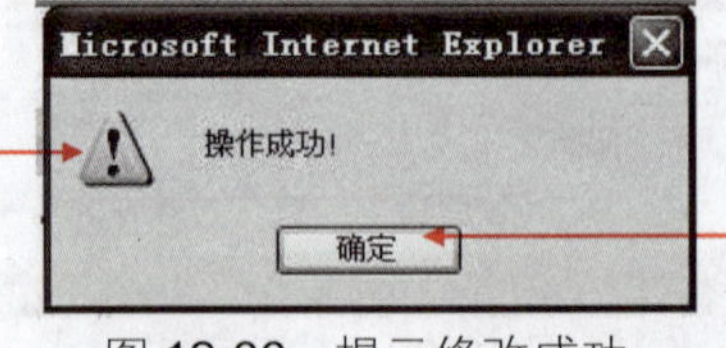

06 提示修改密码成功。

07 单击“确定”按钮，关闭提示窗口。

图 12-36 提示修改成功

12.2.3 商品交易

商品验证成功后，进行商品交易，付款并给卖家评价。

难度系数 ☑ ☑

学习时间 40 分钟

学习目的 验证商品。

操作步骤

1. 同意付款

付款的操作方法如下。

01 返回“我的淘宝”页面，进入“最近买的宝贝”页面。

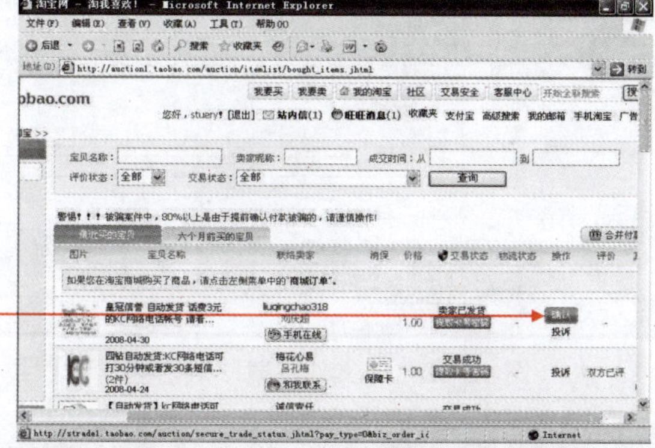

02 单击“确认”按钮将货款打入卖家的支付宝账户。

图 12-37 进入“最近买的宝贝”页面

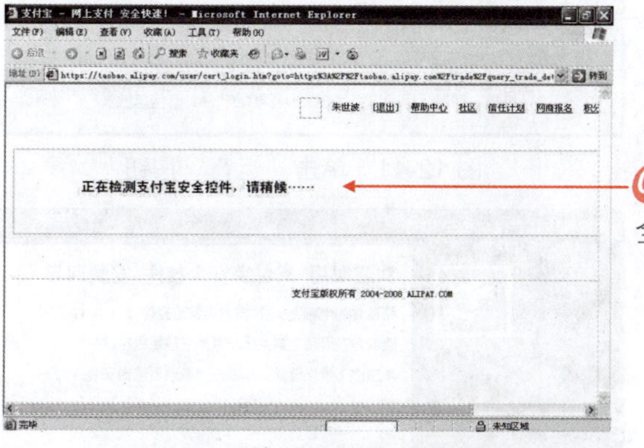

03 打开检测支付宝安全控件的新页面。

图 12-38 检测支付宝安全控件

提示

检测完毕后，跳转到“交易管理”页面，向下拖动滚动条，在输入支付密码栏里，我们看到没有窗口可以输入，说明 IE 浏览器没有安装最新的安全控件。

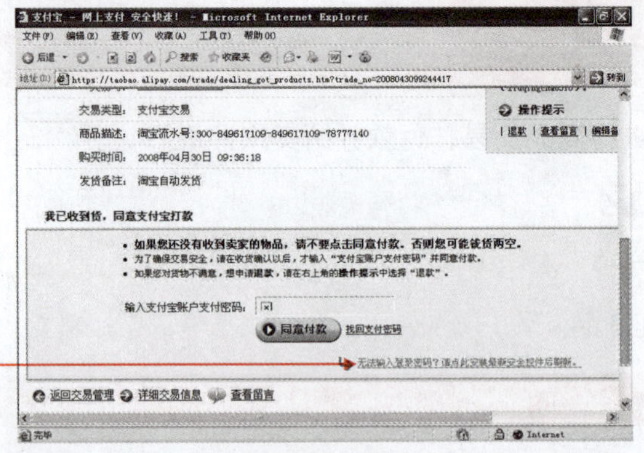

04 单击“无法输入登录密码？请点此安装最新安全控件后刷新”链接。

图 12-39 安装控件

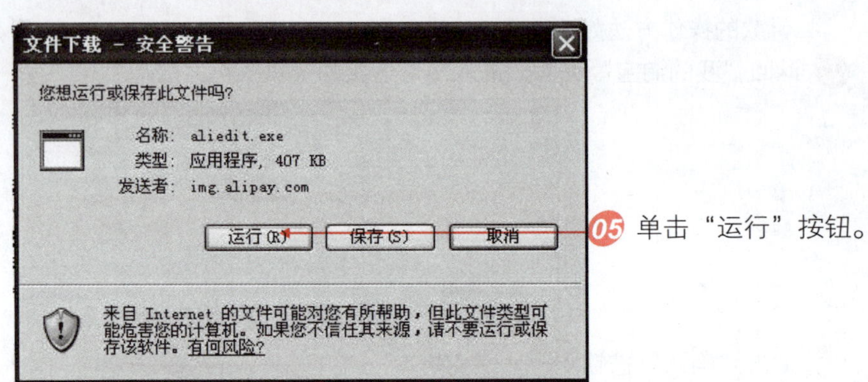

05 单击“运行”按钮。

图 12-40 “文件下载”对话框

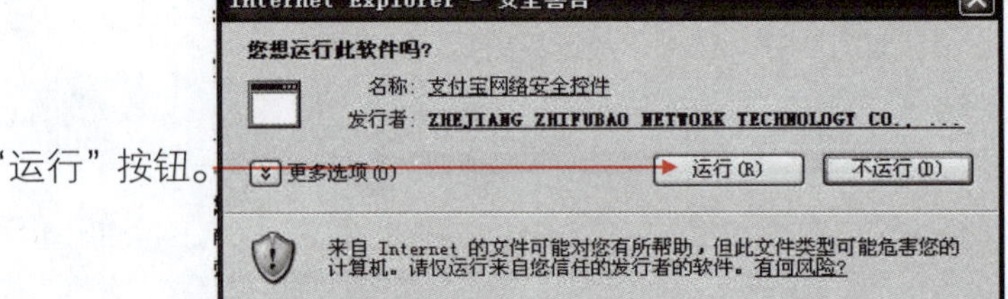

06 单击“运行”按钮。

图 12-41 单击“运行”按钮

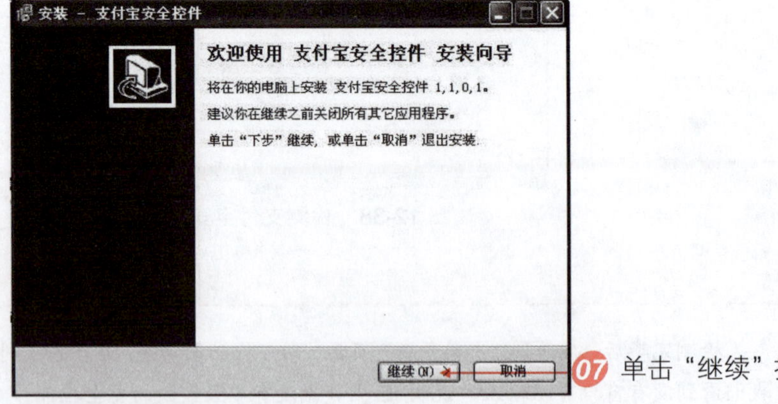

07 单击“继续”按钮。

图 12-42 安装向导

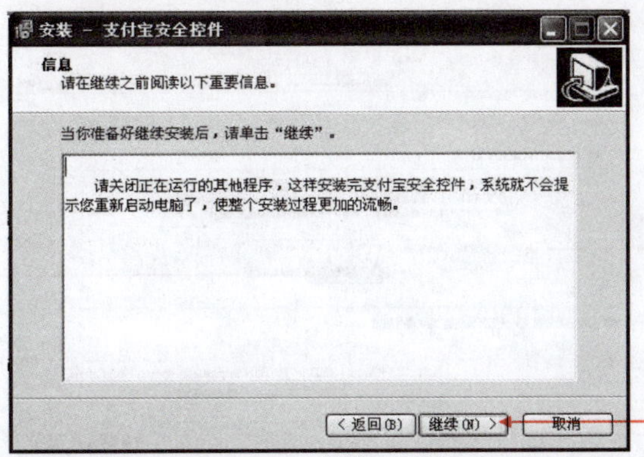

08 单击“继续”按钮。

图 12-43　信息对话框

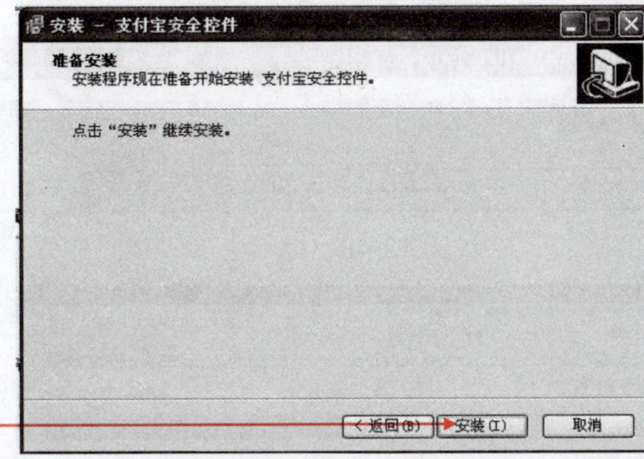

09 单击“安装”按钮。

图 12-44　准备安装对话框

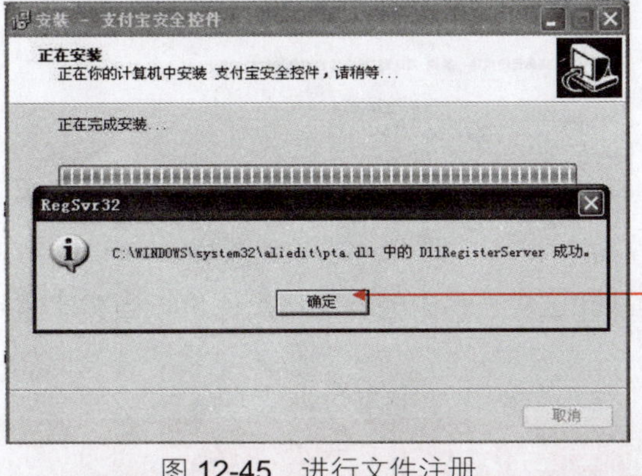

10 在安装的过程中系统会进行几个文件的注册，单击“确定”按钮即可。

图 12-45　进行文件注册

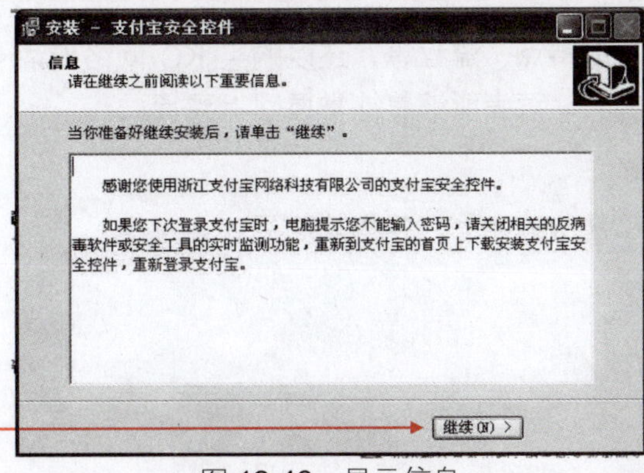

11 单击“继续”按钮，完成安装。

图 12-46　显示信息

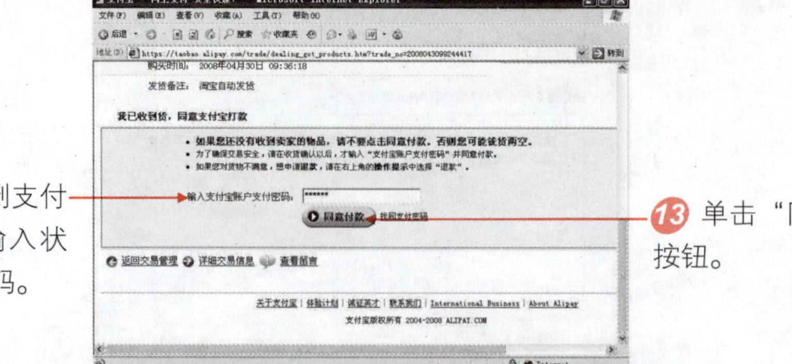

12 这时可以看到支付密码栏变为可输入状态，输入支付密码。

13 单击“同意付款”按钮。

图 12-47 输入支付密码

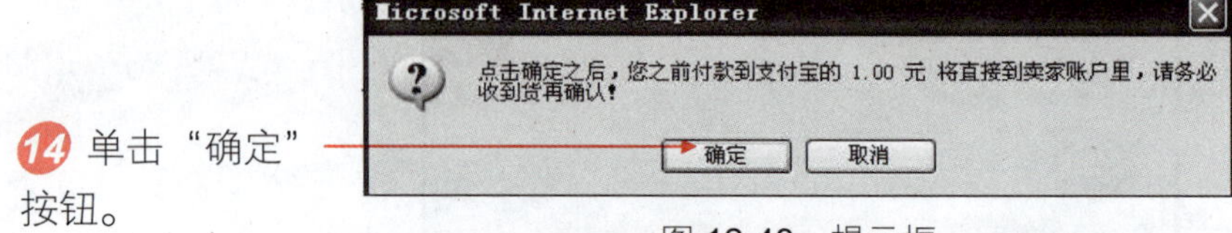

14 单击“确定”按钮。

图 12-48 提示框

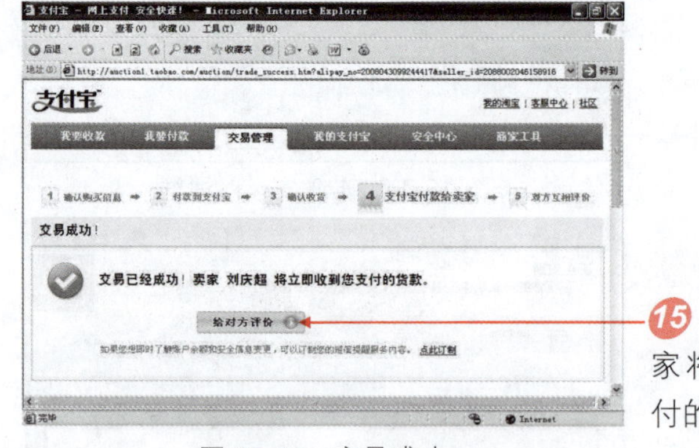

15 显示交易成功，卖家将立即收到买家支付的货款。

图 12-49 交易成功

16 成功交易后，需对卖家在这次交易中的表现作出评价，当卖家收到货款并对买家进行评价之后，交易将完全结束。

12.3 巩固与练习

本章介绍了在网上买货的特点、流程等，还以购买 KC 网络电话卡为例讲解了如何在网上购买商品的操作方法和步骤。让读者能够熟练掌握网上买货。

操作题

在淘宝网选择一件自己喜欢的物品，并将其购买。

Chapter 13 装修与美化网店

学习时间

本课主要讲解的是网店的装修和美化，如设置网店风格、宝贝分类等，建议读者使用 200 分钟的时间来进行学习。

学习内容

- 宝贝描述模板
- 分类模板
- 公告模板
- 店铺介绍模板
- 吸引人的店名
- 设置网店风格
- 添加公告文字和店标
- 设置宝贝分类
- 添加友情链接
- 添加店铺留言

精彩实例效果展示

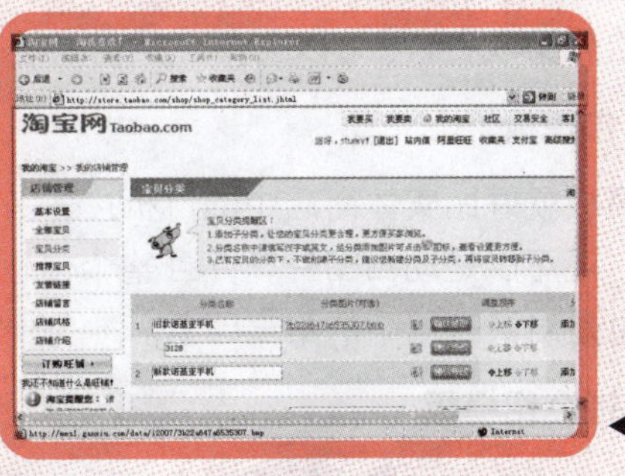

宝贝分类

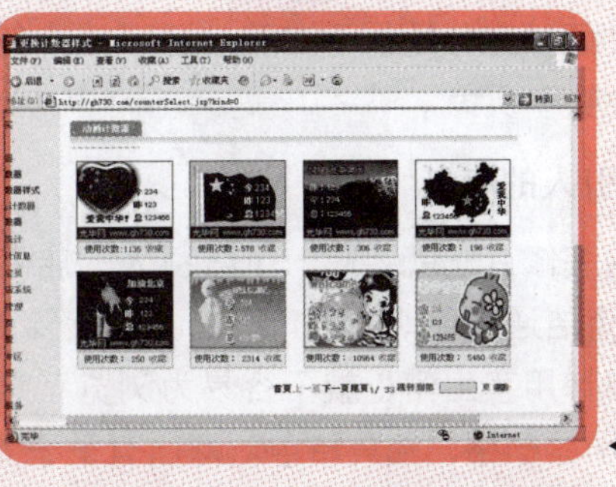

计数器

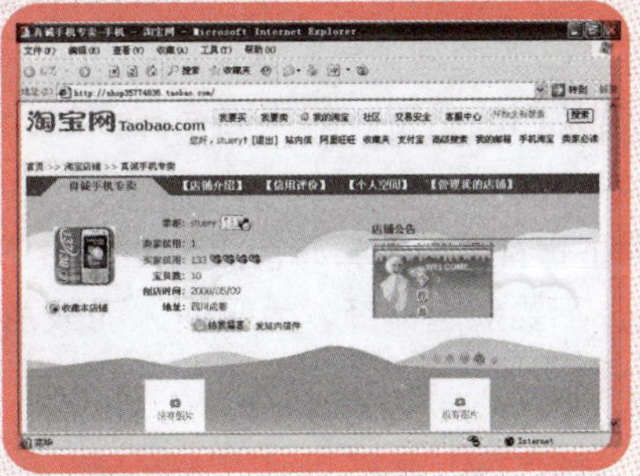

店铺主页

13.1 基础导读

装修网店包括宝贝描述、分类模板、公告模板、店铺介绍以及边框水印模板的装修。取一个响亮好记的店名也是必不可少的。

1. 宝贝描述模板

在淘宝网中，几乎所有的买家都是通过搜索商品来查找自己选购的商品的，很少有买家直接通过店铺来查找自己选购的商品（除非熟客）。并且买家搜索到的商品只能是橱窗中的宝贝，一般普通店铺的橱窗只有 15~25 个，即使高级店铺一般也只有 30~35 个。所以一定要利用好橱窗，将橱窗中的宝贝装修得漂亮一些。而要让买家对你推荐的宝贝感兴趣，就必须精装宝贝描述模板，因为通过宝贝描述模板，买家可以直接到卖家的小店。

2. 分类模板

就像一个商店的货架一样，把同样性质的货放在同一个货架上，让买家能相互比较、挑选，淘宝网中的分类模板就起到了这个作用。可以将商品分为几个大类，再在几个大类下分成小类，可以任意给分类取名，还可以上传分类商品的相关图片作为外衣，使买家忍不住看里面的宝贝。

3. 公告模板

公告模板就好比实体商店中的打折广告等，对促销起到了很好的作用。公告模板中不但可以是文字，还可以是动画图片，并且整个模板中的内容都是滚动显示的，不但让整个店铺处于动态而且也是对买家留下的第一印象。

4. 店铺介绍模板

店铺介绍模板页面展示区域很大，因此在里面写一些心情文字，发一些喜爱的图片，炫一下自己的收藏，充分地展示自我。还可以介绍自己、宣传宝贝、促销活动等等，以小店的装修特殊、个性吸引买家。

5. 吸引人的店名

网店的装修首先就要起一个吸引人的店名，起名要注意几个原则。

（1）简洁通俗、朗朗上口。店名一定要简洁明了，通俗易懂且读起来要响亮畅达，朗朗上口，如果招牌用字生僻，就不容易为浏览者熟记。

（2）别具一格，独具特色。网店有千千万万，用与众不同的字眼，使自己的小店在名字上就显出一种特别，体现出一种独立的品位和风格，吸引浏览者的注意。

（3）与自己的经营商品相关。店名用字要符合自己经营的商品，要选择一个让人从名字就看出你的经营范围的名字，如果名字与商品无关，很可能导致浏览者的反感，自然也就不要谈成交了。

（4）用字吉祥，给人美感。用一些符合中国人审美观的字样，你的店名应该让人看起来就有一种美感，不要剑走偏锋，为吸引人而故意使用一些阴晦低俗、惹人反感的名字，这样的结果会适得其反。

13.2 上机实战

前面我们介绍了装修网店的相关知识，下面我们通过实际操作学习如何装修网店的方法，达到用户的最终目的。

13.2.1 设置网店风格

淘宝网为用户提供了多种店面风格，如骇客天地、粉红女郎、绿野仙踪、金色池塘、怀旧经典等，让用户根据店铺主题或喜欢装饰店铺。

难度系数 ☑ ☑

学习时间 30 分钟

学习目的 设置网店风格。

操作步骤

01 进入“我的淘宝”页面，选择“店铺管理”下的“店铺风格”选项。

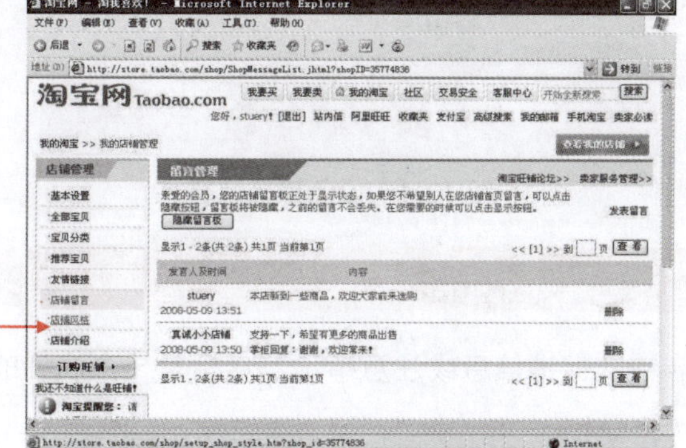

图 13-1　选择“店铺风格”选项

02 在“店铺风格模板”页面，单击“选择风格模板”下拉按钮。

03 在弹出的下拉菜单中选择要设置的模板风格，如绿野仙踪。

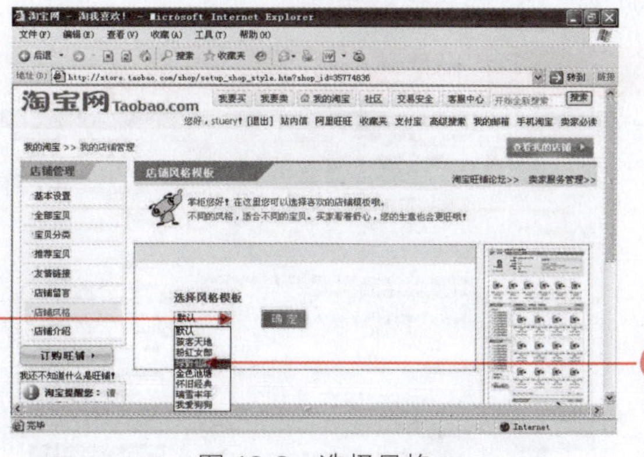

图 13-2　选择风格

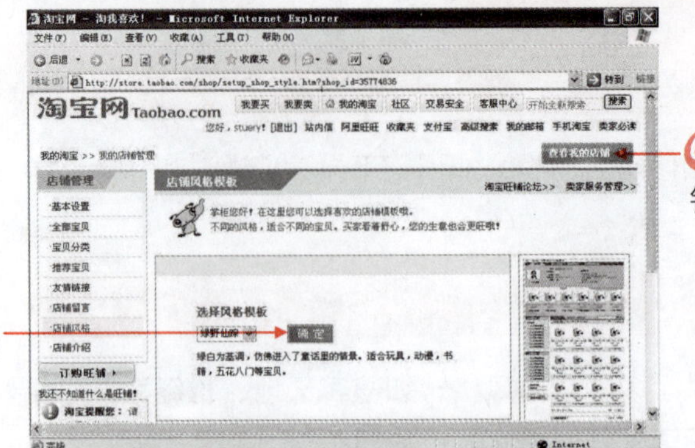

图 13-3 单击“查看我的店铺”按钮

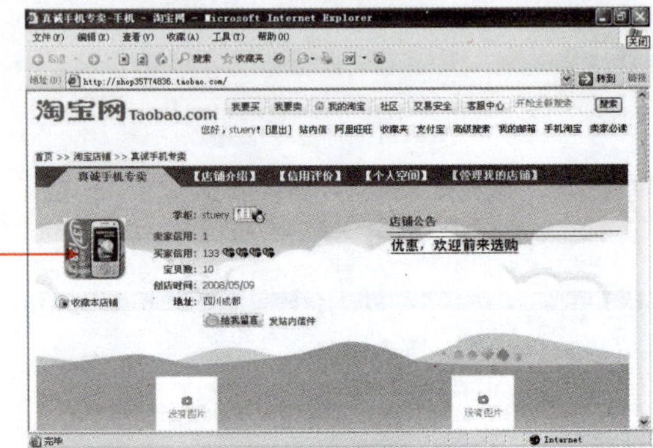

图 13-4 显示模板风格

13.2.2 添加公告文字和店标

公告文字用来显示店铺的促销信息或注意事项，店标是一个店铺的标志。

难度系数 ☑☑☑

学习时间 40 分钟

学习目的 添加公告文字和店标。

操作步骤

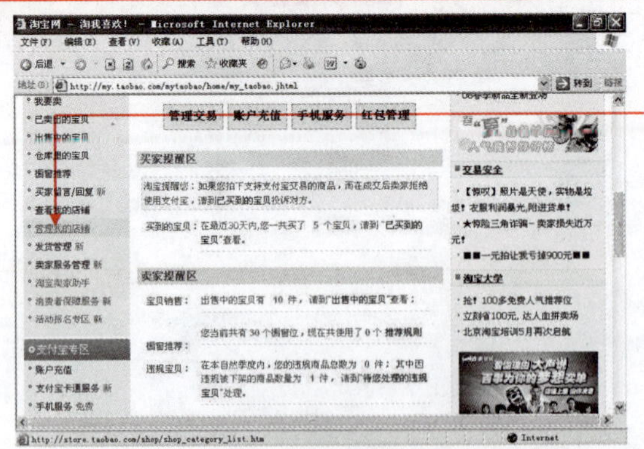

图 13-5 选择“管理我的店铺”选项

02 输入自己小店的主营项目。

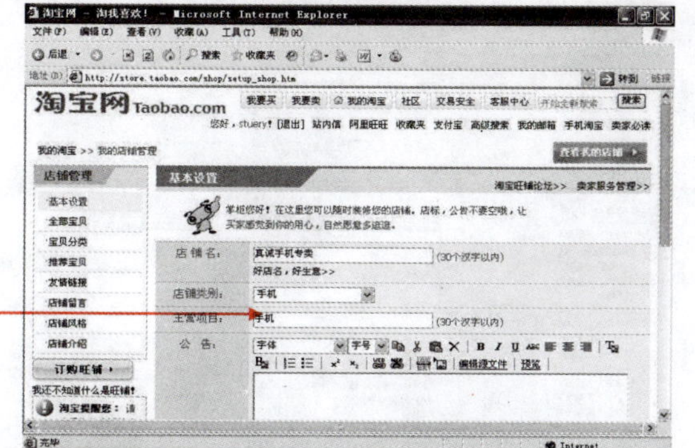

图 13-6　输入主营项目

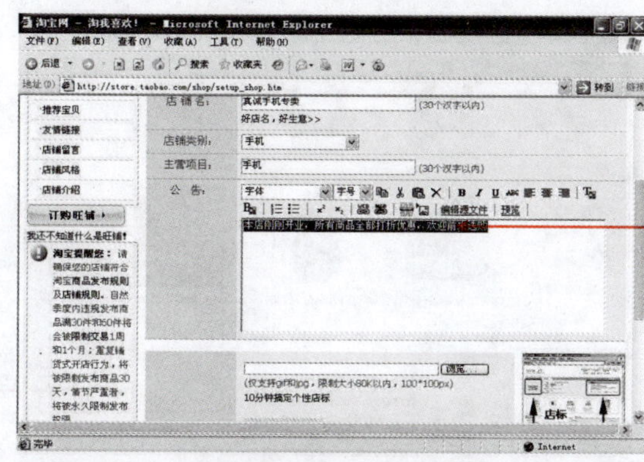

03 输入要设置的公告文字内容并选中。

图 13-7　输入公告文字

04 单击“字体”下拉按钮。

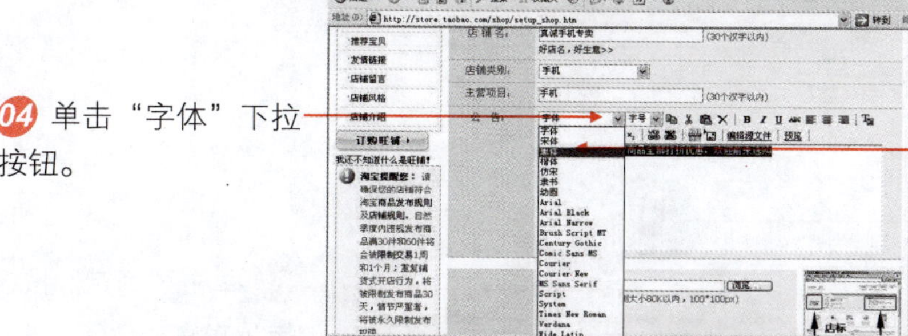

05 选择字体，如黑体。

图 13-8　设置公告文字字体

06 单击“字号”下拉按钮。

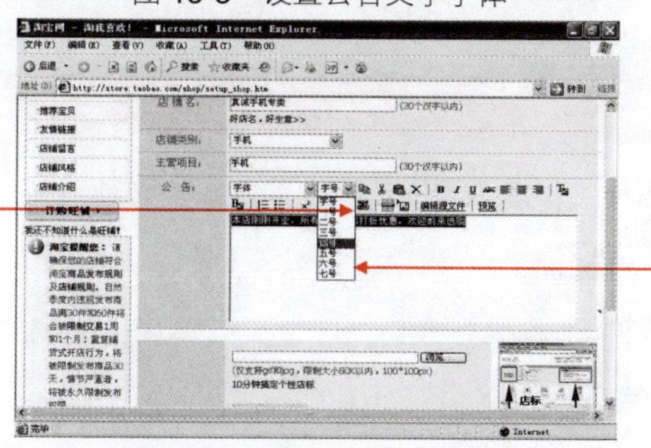

07 选择字号，如四号。

图 13-9　设置公告文字字号

08 单击“下划线”按钮。

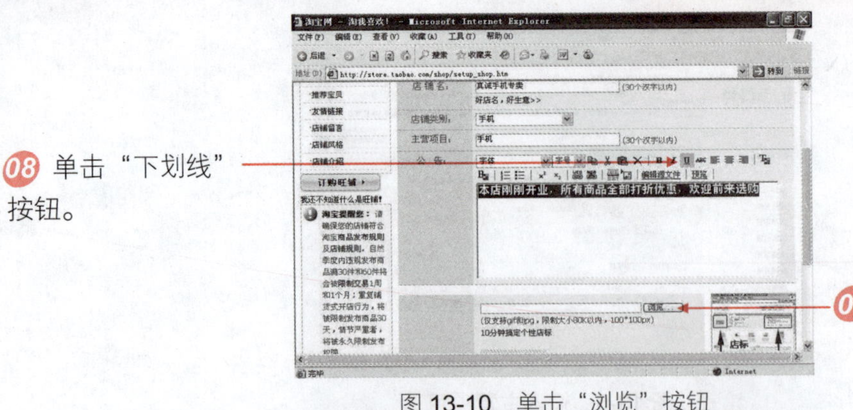

09 单击“浏览”按钮。

图 13-10　单击“浏览”按钮

10 在“选择文件”对话框中，选择店标图片位置。

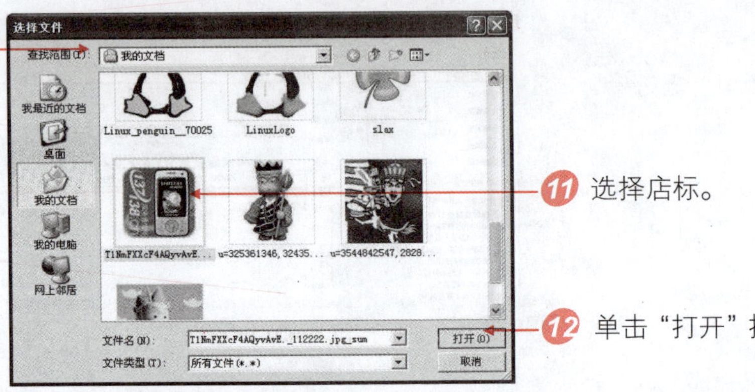

11 选择店标。

12 单击“打开”按钮。

图 13-11　选择店标图片

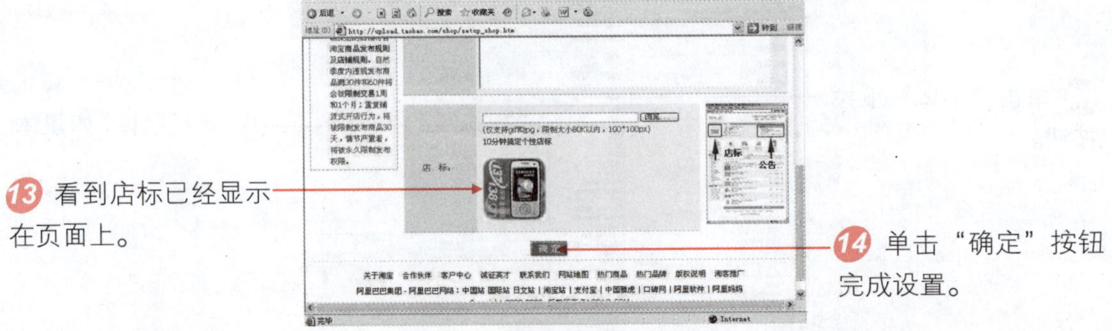

13 看到店标已经显示在页面上。

14 单击“确定”按钮完成设置。

图 13-12　显示店标图片

13.2.3　设置宝贝分类

如果网店销售的东西种类很多，为方便客户的购买，必须对商品进行分类管理。

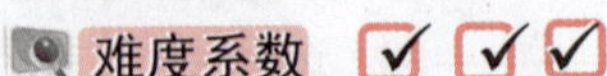

难度系数 ☑☑☑

学习时间　40 分钟

学习目的　设置宝贝分类。

操作步骤

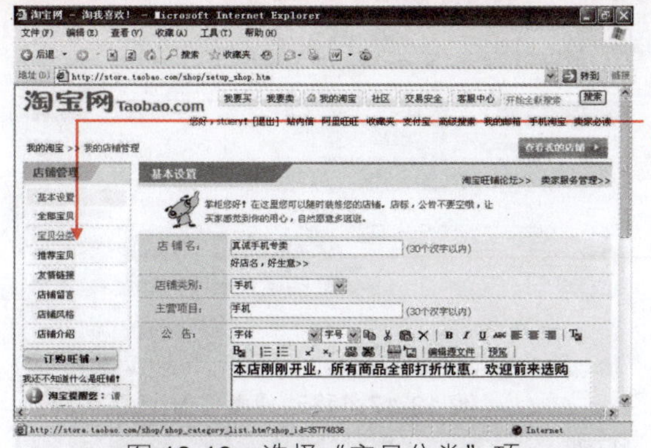

01 在“我的淘宝”页面，选择“宝贝分类”选项。

图 13-13 选择“宝贝分类”项

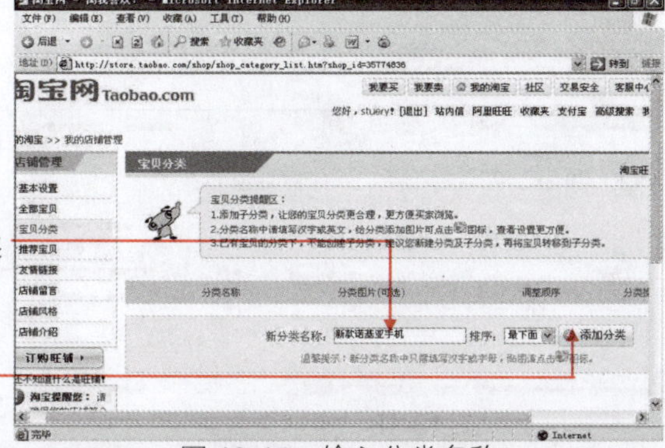

02 输入要设置的分类名称。

03 单击“添加分类”按钮。

图 13-14 输入分类名称

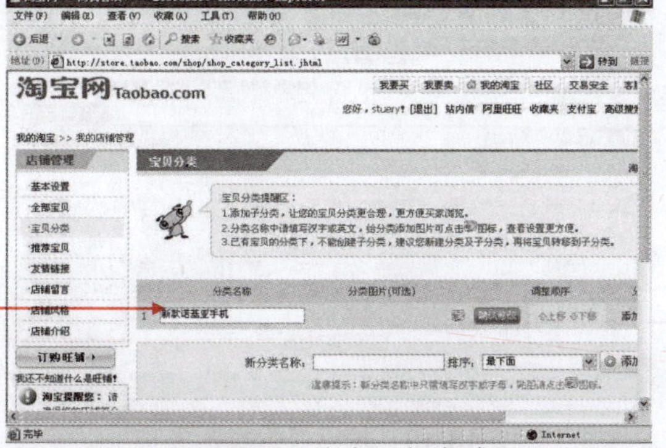

04 分类添加完成。

图 13-15 分类添加完成

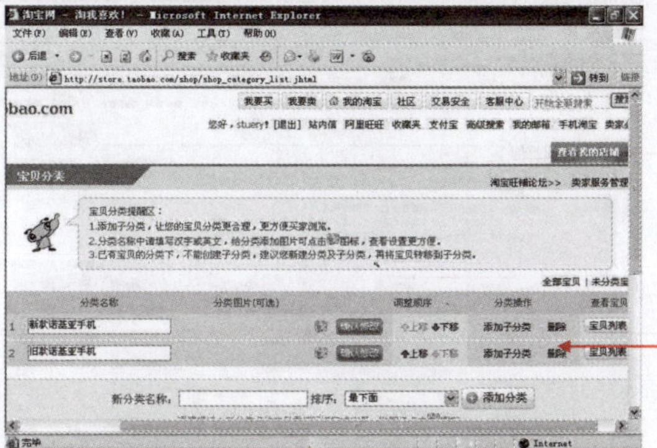

05 继续添加分类。

图 13-16 继续添加分类

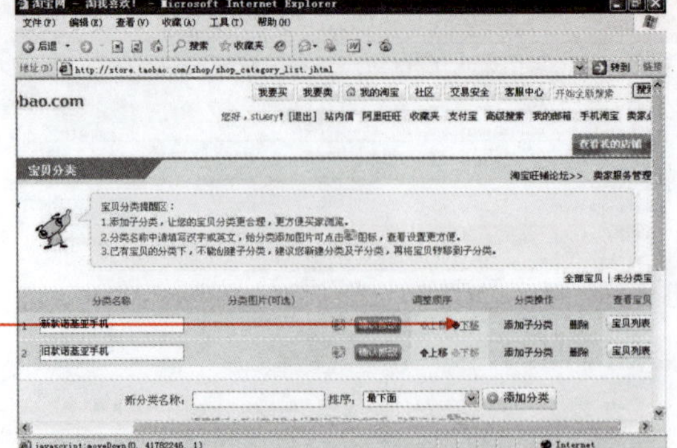

06 单击“上移”或“下移”链接进行上移或下移操作。

图 13-17　移动分类位置

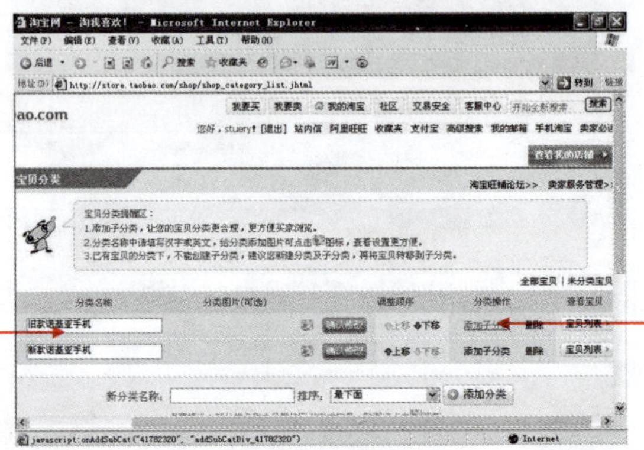

07 分类位置移动。

08 单击“添加子分类”链接。

图 13-18　添加子分类

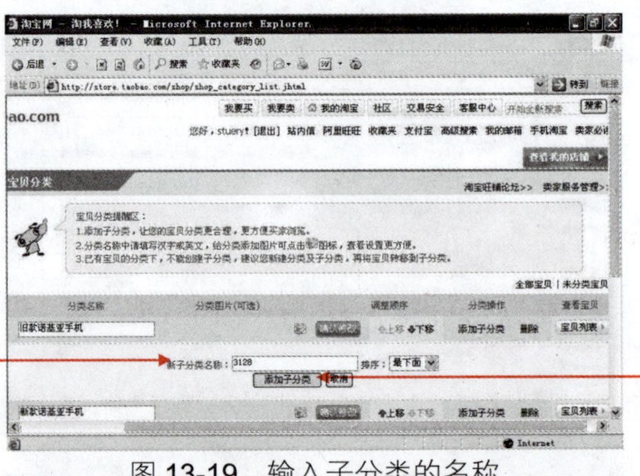

09 输入子分类的名称。

10 单击“添加子分类”按钮。

图 13-19　输入子分类的名称

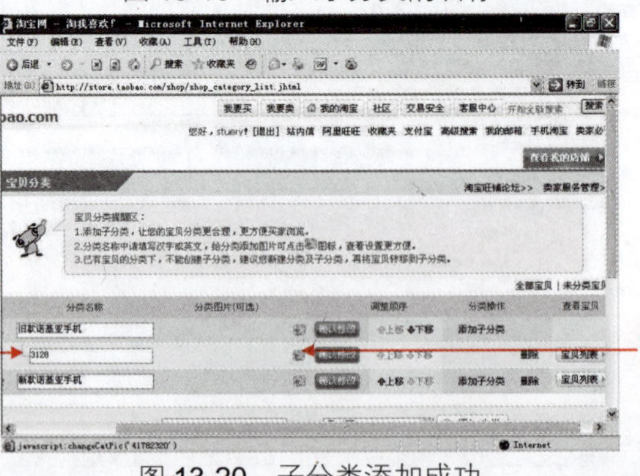

11 子分类添加成功。

12 单击“确定修改”按钮前的“添加图片”按钮。

图 13-20　子分类添加成功

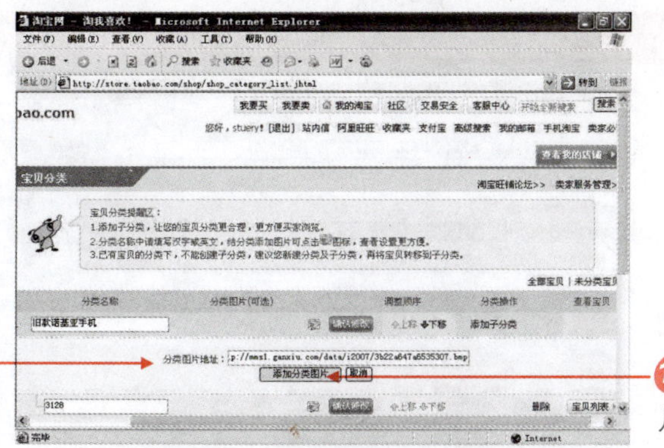

⑬ 输入图片的地址。

⑭ 单击“添加分类图片”按钮。

图 13-21　输入图片的地址

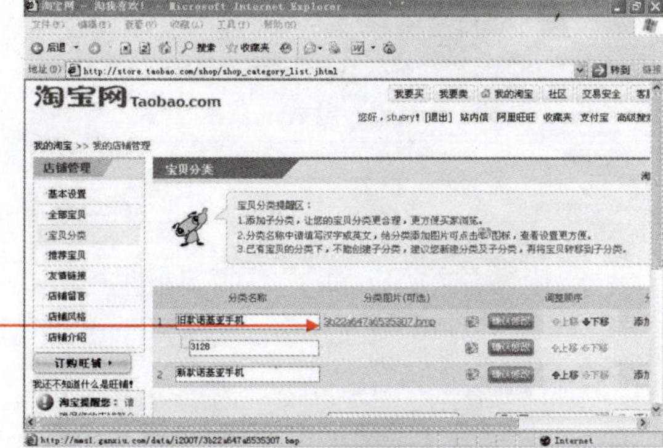

⑮ 单击图片路径。

图 13-22　单击图片路径

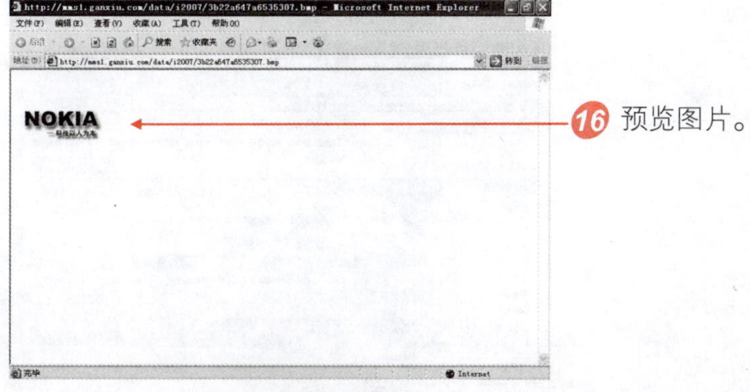

⑯ 预览图片。

图 13-23　显示图片

13.2.4　添加友情链接

添加友情链接可以提高店铺的人气。

难度系数　☑ ☑

学习时间　40 分钟

学习目的　添加友情链接。

操作步骤

01 在“我的淘宝”页面，选择“友情链接”选项。

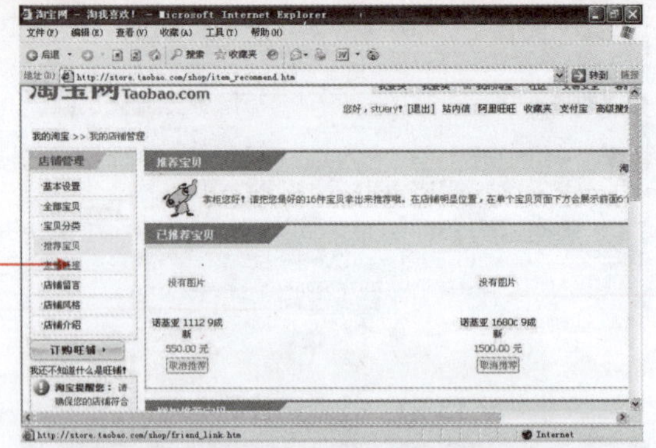

图 13-24 选择“友情链接”选项

02 在“友情链接”页面，输入对方的会员名。

03 单击“增加”按钮。

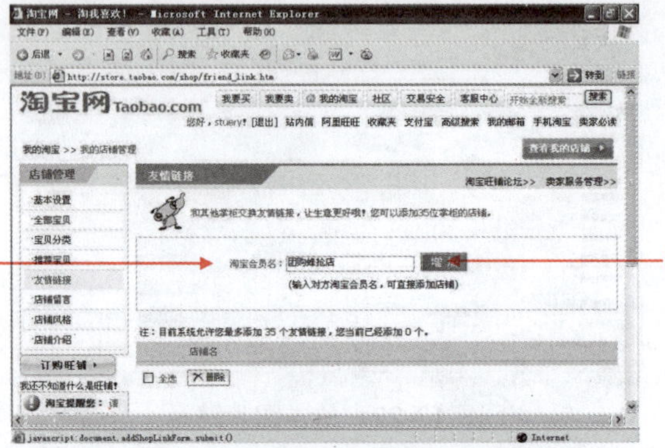

图 13-25 输入对方的会员名

04 链接添加成功。

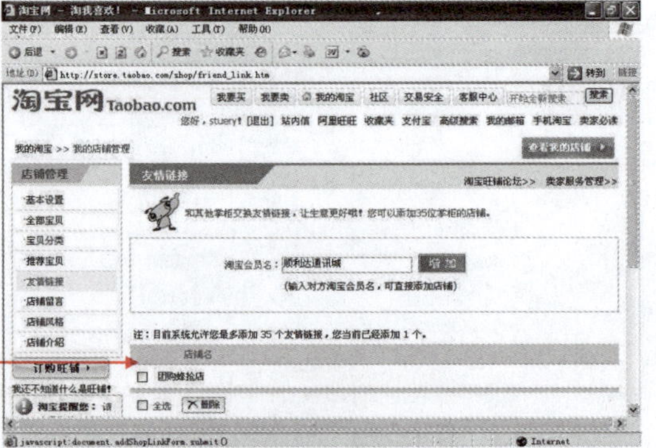

图 13-26 添加友情链接

05 勾选链接的链接商铺前的复选框。

06 单击“删除”按钮。

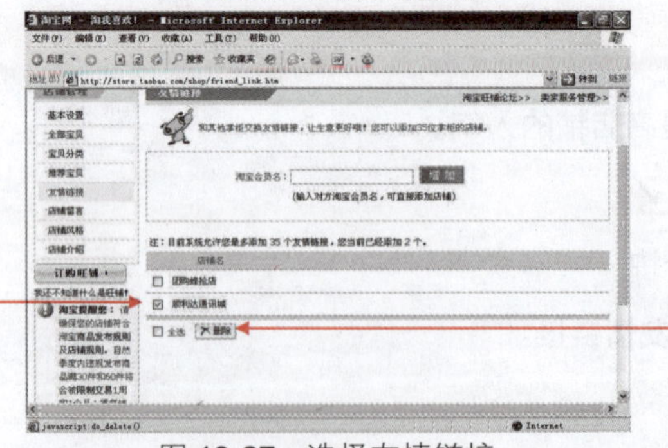

图 13-27 选择友情链接

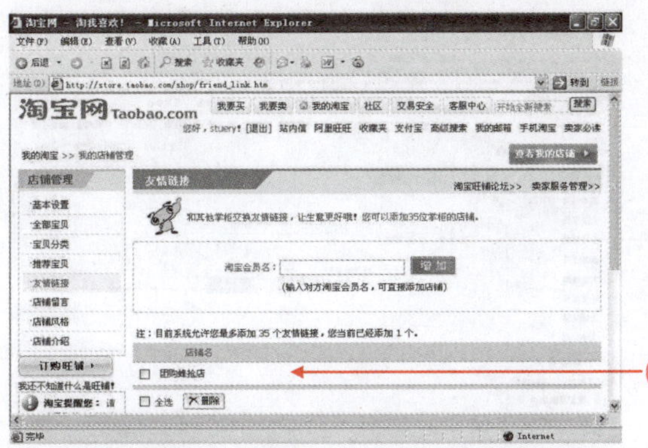

07 友情链接删除成功。

图 13-28 删除友情链接

13.2.5 添加店铺留言

在店铺留言中可以管理客户的留言，也可以自定义留言。

难度系数 ✓ ✓ ✓

学习时间 40 分钟

学习目的 添加店铺留言。

操作步骤

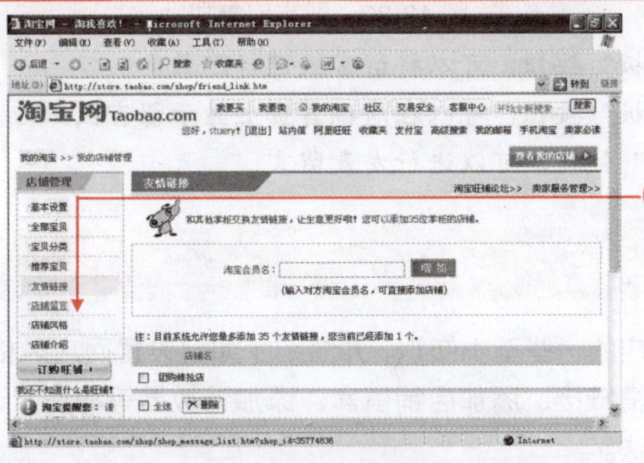

01 在“我的淘宝”页面，选择“店铺管理”下的“店铺留言”选项。

图 13-29 选择“店铺留言”选项

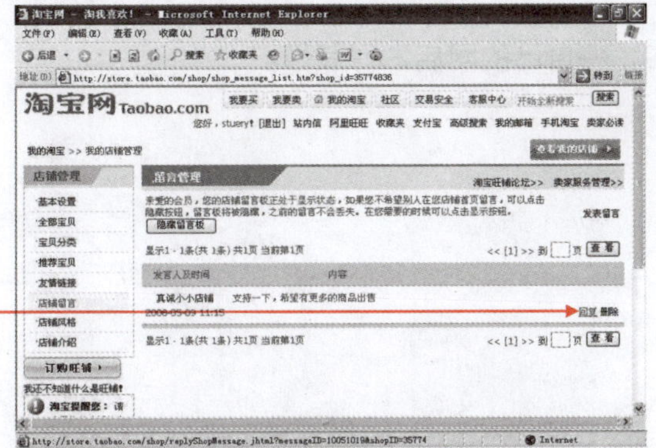

02 在“留言管理”页面，单击“回复”链接。

图 13-30 单击“回复”链接

Days 1 Days 2 Days 3 Days 4 Days 5 Days 6 Days 7

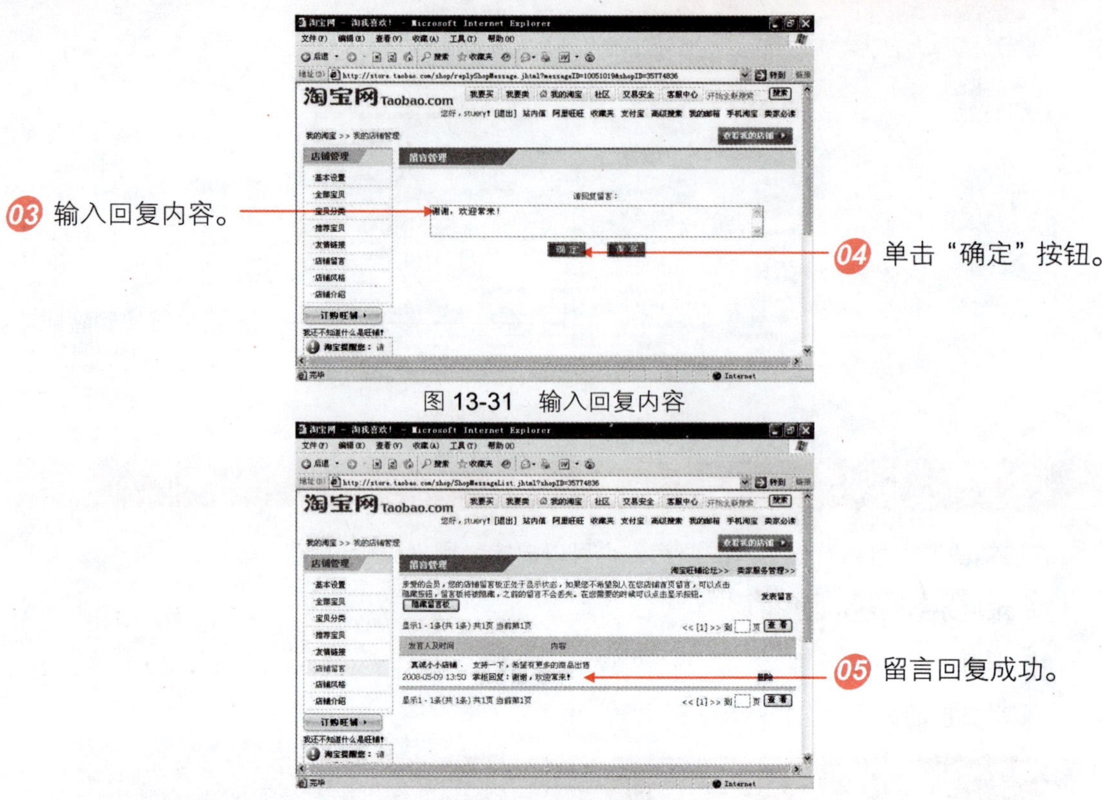

图 13-31　输入回复内容

图 13-32　留言回复成功

- 单击“隐藏留言板”按钮，可以将留言板进行隐藏。
- 单击“显示留言板”按钮，可以在店铺首页上显示留言板。
- 单击“发表留言”链接，可以进行发表留言。

13.3 巩固与练习

本章介绍了装修网店的一些基本知识，并介绍了如何设置网店风格、添加公告文字和店标、设置宝贝分类、添加友情链接、添加店铺留言、添加计数器等操作。让读者能够熟练并掌握装修和美化网店的设置方法。

操作题

根据前面学习的内容，将自己的网店进行装修。

Chapter 14 经营管理网店

学习时间

本课主要讲解的是提高网店人气以及商品的改价和退款等方法，建议读者使用160分钟的时间来进行学习。

学习内容

- 广告宣传
- 网络宣传
- 网店经营秘笈
- 修改价格和关闭交易
- 全额退款和部分退款
- 为图片批量添加水印

精彩实例效果展示

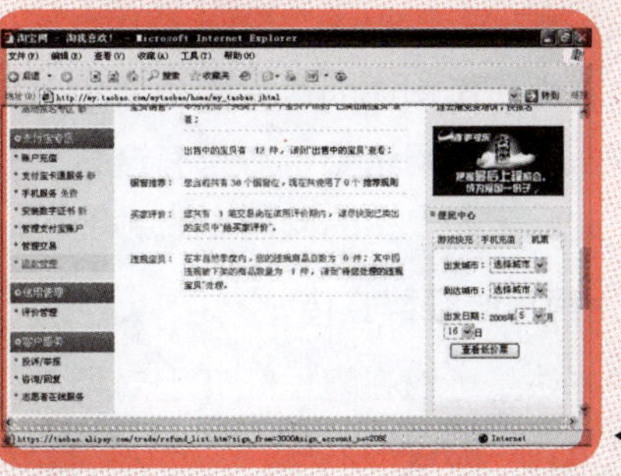

◀ 管理页面

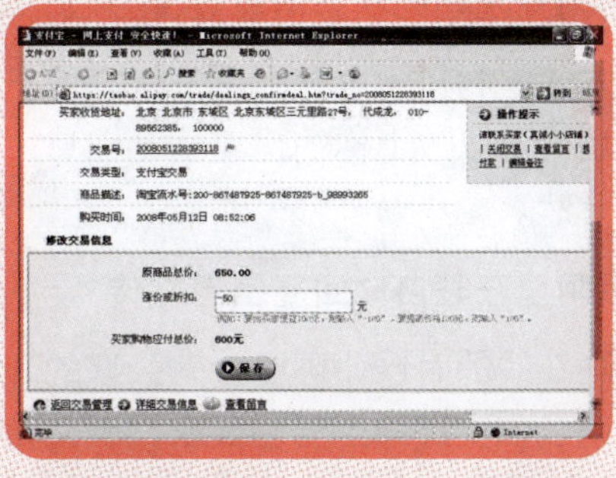

◀ 修改价格

◀ 进行评价

14.1 基础导读

店铺装修好了，宝贝也上架了。如何让更多的买家到店里光顾，可就是问题了。这就需要广告宣传。

14.1.1 广告宣传

广告语是品牌传播的核心之一，对于消费者认可商家起到非常重要的作用。为自己的店铺设计一句精彩的广告语，可以促进商品的销售。好的广告语必须要符合品牌的营销定位，并且要有感染力和冲击力，还要朗朗上口。比如淘宝网站的广告语是“淘我喜欢”；联想公司的广告词是“自由联想，快乐共享”；诺基亚手机的广告是“科技以人为本”。广告语的字数不能过多，语句不能过长，不然就不方便记忆了。因此，要注意广告语中信息的单一性，一般以6~12个字为宜。

14.1.2 网络宣传

网店的宣传与实例店的广告宣传有很大区别，在网上做宣传，不仅需要技巧，而且还需要卖家全面深入地了解网络平台。只有这样，店主们才能最大限度地利用网络平台提供的宣传工具，让自己的网店在众多的网店中脱颖而出。

1．利用阿里旺旺群宣传

第一种方法是可以在阿里旺旺上对所有好友或是在阿里旺旺群里发送广告进行宣传，不过这招最好慎用，可能会招人烦。

2．利用阿里旺旺的状态信息宣传

第二种方法是利用阿里旺旺上的状态信息进行宣传，这个状态信息也可以成为你的一个小广告，名字后面可以放上你的优惠活动信息，或者新货上架信息。不过字数不要太长，最好能够让人一目了然。

3．利用阿里旺旺自动回复信息宣传

当用户不在线的时候，可能会有买家的旺旺留言，所以最好是设置自动回复信息，这个信息也可以帮助我们安抚并且留住买家，因为我们不在线的时候，买家就有可能会选择其他店家的东西。

4．利用QQ的个人资料宣传

基本上每个卖家都有QQ，那个QQ里的个人签名和个人说明都利用上了吗？每个想在QQ上寻找聊天对象的人可能都会先查看一下对方的资料，那么，我们为什么不趁机做个小广告呢，或许就有哪个人对这个感兴趣而成为我们的买家呢？

5．利用淘宝社区宣传

发贴不要只发水贴哦，最好发主题贴，多发些能够吸引大家的贴。回贴也不要两三个字就完事，要认真看贴的内容，有针对性地发表一下自己的意见、看法，争取使你的回贴给人留下

印象，而且要找新贴回，沙发坐不上，板凳也可以。

6．利用其他论坛宣传

我们不能只泡在淘宝论坛，而是要走出去，争取在其他的论坛上也留下我们小店的广告，但是切记，做广告也不要那么直白，否则不但不会起到好的效果，反而会惹人反感。

14.1.3　网店经营秘笈

掌握了网上开店的基本操作之后，要想多、快、好、省地赚钱，还必须掌握一些常用技巧。

1．使用旺铺提高人气

现在淘宝的竞争真的很激烈，每天都有新的卖家进来，每天都有新的变化，如果我们不加强自己，不去适应这些变化，不在细节上完善自己，那么我们很可能被竞争对手远远地抛在后面。为了获得更多的成交量，用户可以使用淘宝推出的旺铺功能，旺铺是一个收费功能，它的目的是帮助卖家更好地经营店铺提高人气，卖家可申请加入旺铺，但是每季度需要向淘宝支付 150 元的服务费。

个性豪华的旺铺界面与普通店铺页面相比，主要有以下几个功能。

（1）卖家可拥有一个全新的、自定义程度更大的店铺首页，可在自己的店铺首页设置 950×120 像素大小的店铺招牌，并且可以设置高度最大为 500 像素的宝贝促销区域，支持 HTML 代码。可设定 3 个个性推广区，通过设定关键字、店铺类别、新旧程度、结束时间、价格范围、显示方式、排序方式等条件，显示宝贝搜索结果。宝贝详情页面可以显示店铺招牌和宝贝类目侧栏。可以设定店铺风格，挑选自己喜欢的颜色。

（2）卖家可设置 5 个自定义页面，可在淘宝的模板内嵌入自定义的 HTML 代码。

（3）卖家可使用淘宝提供的 HTML 标签显示宝贝列表。

开通淘宝旺铺的方法是。

01 登录“我的淘宝”页面，选择“我是卖家”选项卡下的“卖家服务管理”选项，如图 14-1 所示。

02 单击“订购”按钮即可开始进行申请订购，如图 14-2 所示。

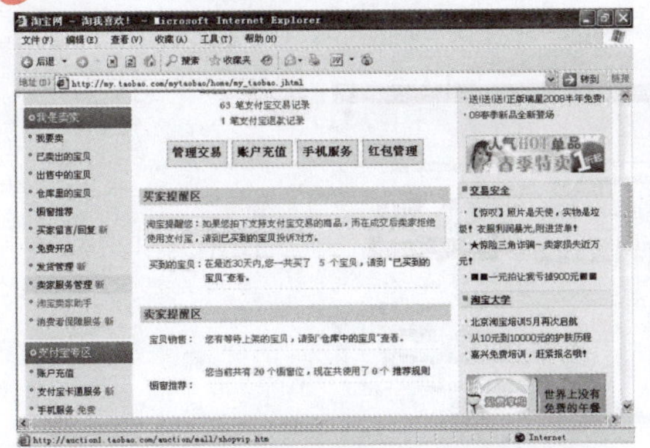

图 14-1　“我的淘宝”页面

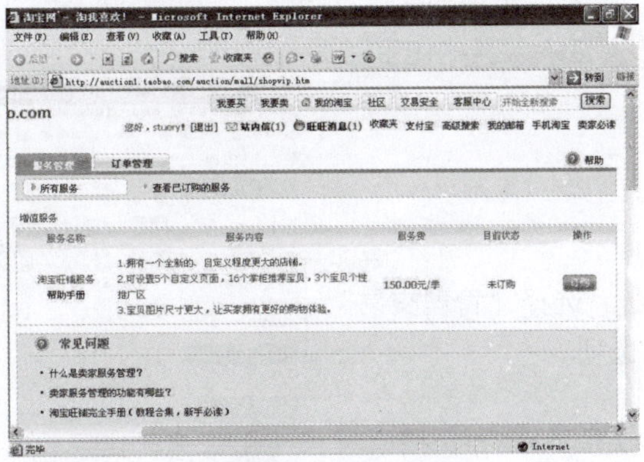

图 14-2　申请订购

跟平时网上购物一样，可以使用网上银行支付，也可以使用支付宝进行支付。淘宝收到货款后即可为用户开通淘宝旺铺的功能。

2. 定时查看购买邮件

当卖家没有在线的时候，有些买家可能会通过“站内信”向卖家发送信件咨询商品的情况，为了不错过每一宗交易，卖家需要经常登录淘宝网站和阿里旺旺来查看有没有买家留言。

3. 查找添加联系人

添加联系人的方法有3种。

一是可以在阿里旺旺中查找添加。

二是利用MSN或邮件的客户导入到阿里旺旺的好友列表中。

三是在淘宝网搜索商品时添加阿里旺旺的好友。

14.2 上机实战

前面我们介绍了宣传网店的相关知识，下面我们通过实际操作学习如何修改价格、退款，以及制作宝贝图片水印的方法，达到用户的最终目的。

14.2.1 修改价格和关闭交易

在商品买卖过程中有时会遇到买家嫌商品太贵，而出现讨价还价的现象，为了达成交易，有时卖家需要做出一些价格让步。也有时，当一个买家拍完商品后，后悔不想再购买了，这时就需要修改商品价格和关闭交易。当买家拍下商品后即可进行修改价格和关闭交易的操作。

难度系数 ☑☑☑

学习时间 30分钟

学习目的 修改价格和关闭交易。

操作步骤

1. 修改价格

修改价格的操作方法是。

01 进入“我的淘宝”页面。

02 选择“管理交易”选项。

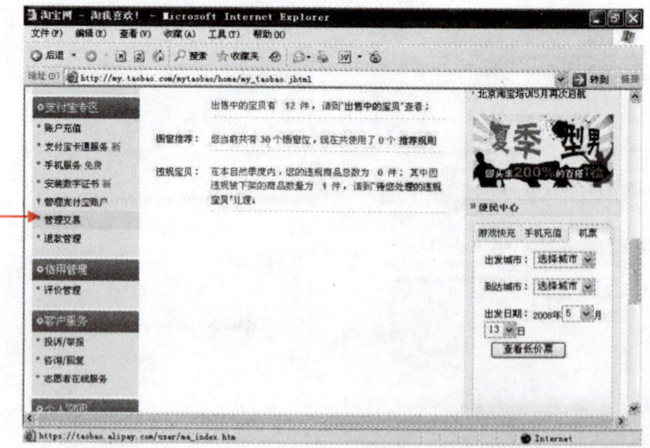

图14-3 “我的淘宝”页面

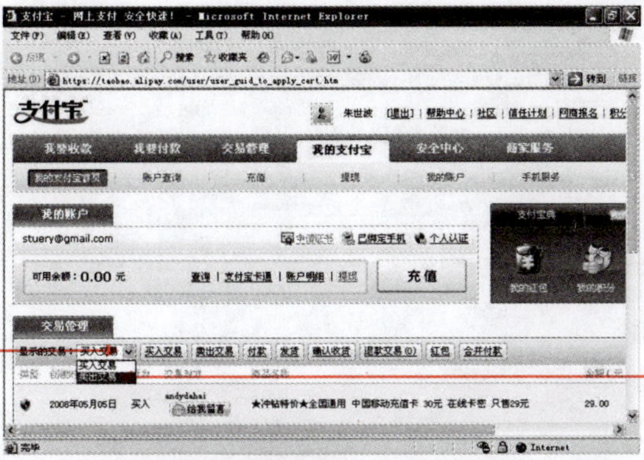

03 单击“显示交易”的下拉按钮。

04 选择“卖出交易”选项。

图 14-4　选择“卖出交易”选项

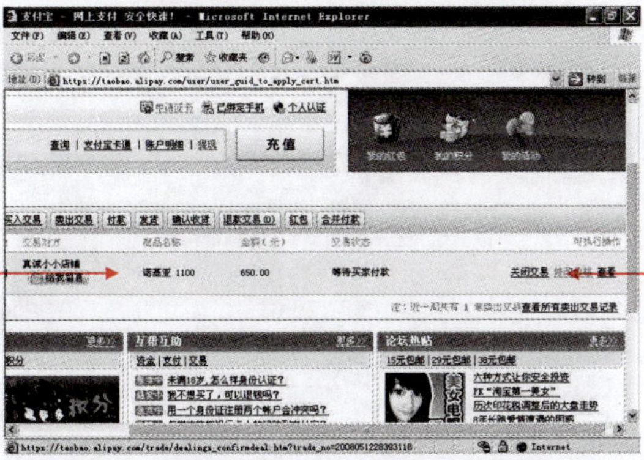

05 选择要修改价格的交易。

06 单击右侧的“修改价格”链接。

图 14-5　修改价格

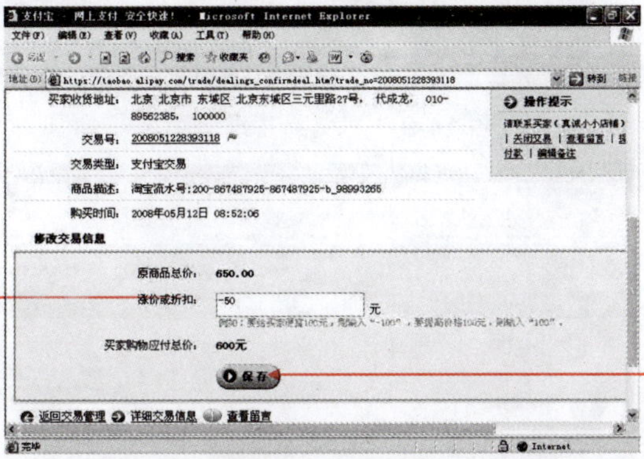

07 输入要涨价或折扣的金额。

08 单击“保存”按钮。

图 14-6　保存修改

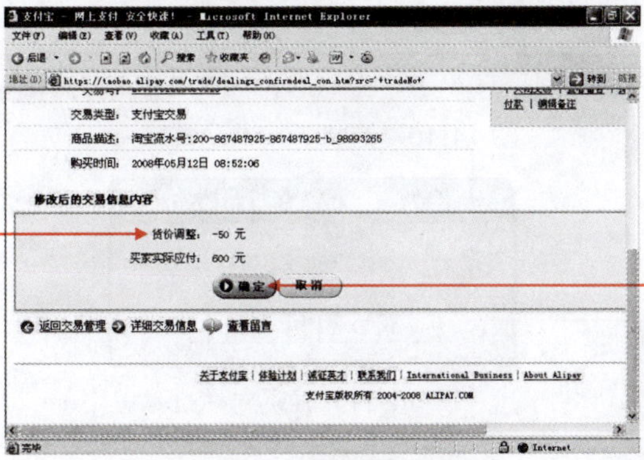

09 查看修改信息。

10 单击“确定”按钮。

图 14-7　查看修改信息

11 提示修改成功。

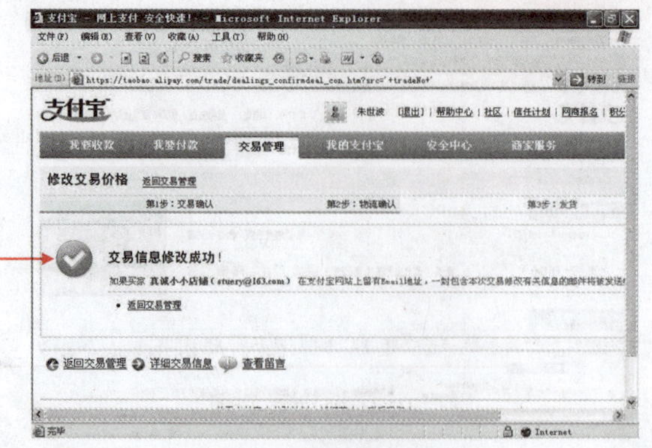

图 14-8 修改成功

2. 关闭交易

关闭交易的方法如下。

01 回到“交易管理”页面。

02 选择要关闭的商品交易。

03 单击右侧的“关闭交易”链接。

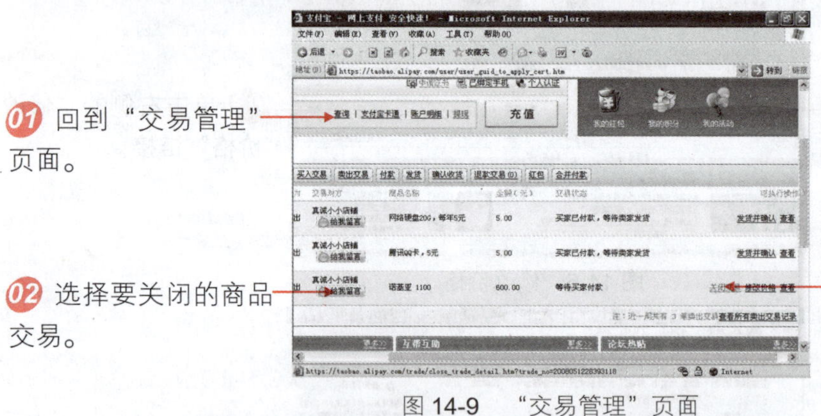

图 14-9 “交易管理”页面

04 单击下拉按钮，选择关闭交易的理由。

05 单击“确定关闭”按钮。

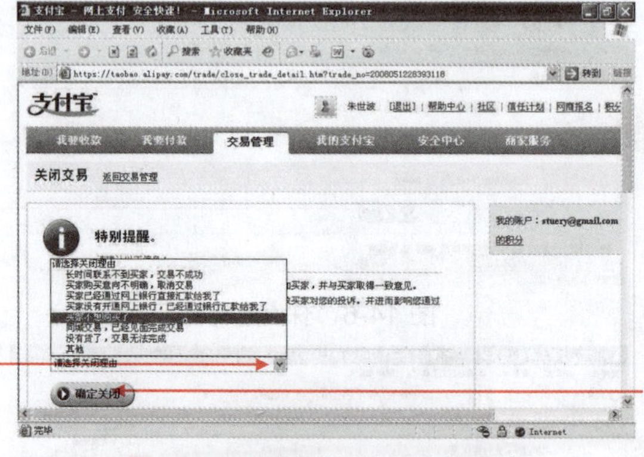

图 14-10 选择关闭交易的理由

06 打开确认对话框，单击“确定”按钮。

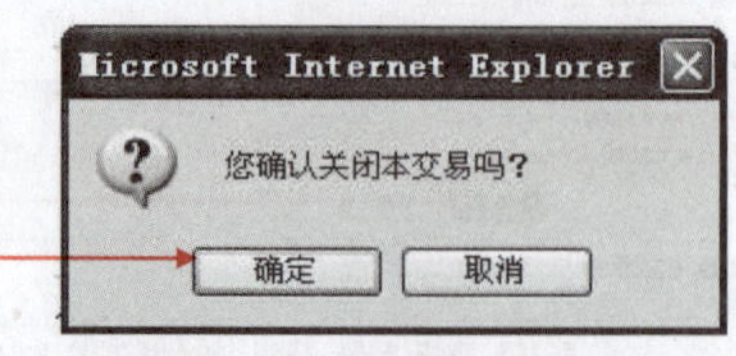

图 14-11 确认对话框

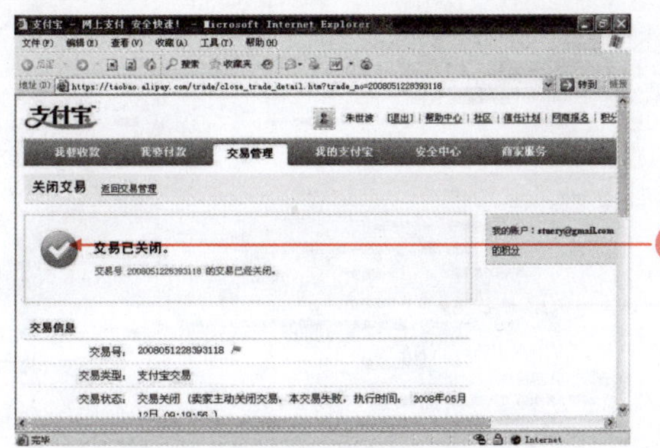

07 提示交易已被关闭。

图 14-12　交易已被关闭

14.2.2　全额退款和部分退款

对于买家来说，支付了货款，而没有收到商品，则需要向卖家申请退款。退款分为全额退款和部分退款两种，其中全额退款一般是针对没有收到商品的买家，部分退款大都是针对收到商品，但是对商品不满意的买家。

难度系数 

学习时间　50 分钟

学习目的　全额退款和部分退款。

操作步骤

1．全额退款

买家申请全部退款的方法如下。

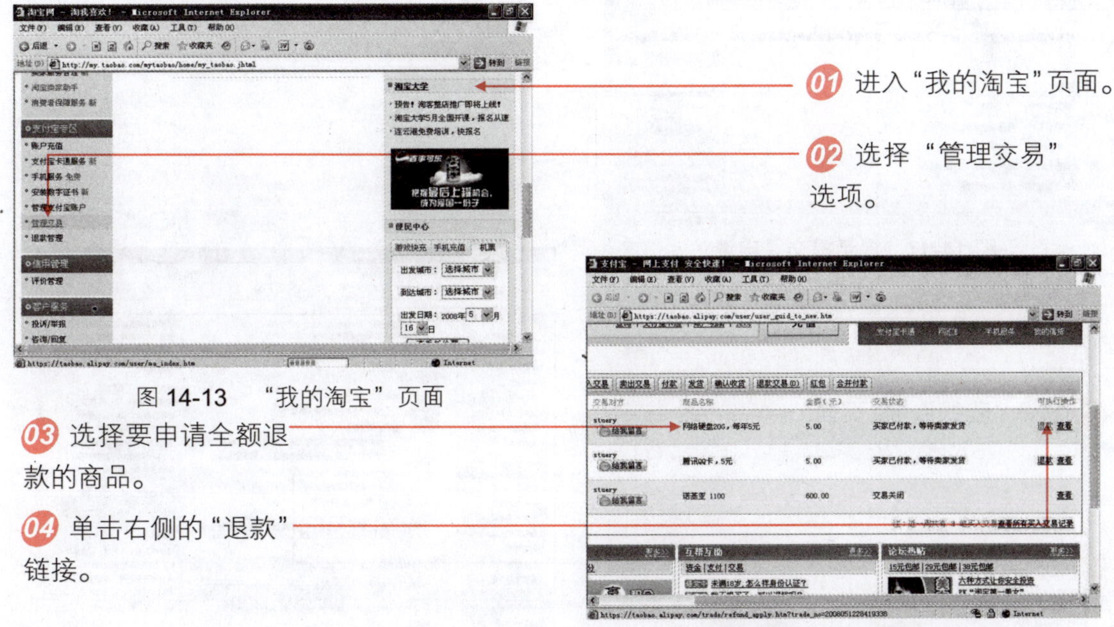

01 进入“我的淘宝”页面。

02 选择“管理交易”选项。

图 14-13　“我的淘宝”页面

03 选择要申请全额退款的商品。

04 单击右侧的“退款”链接。

图 14-14　选择退款商品

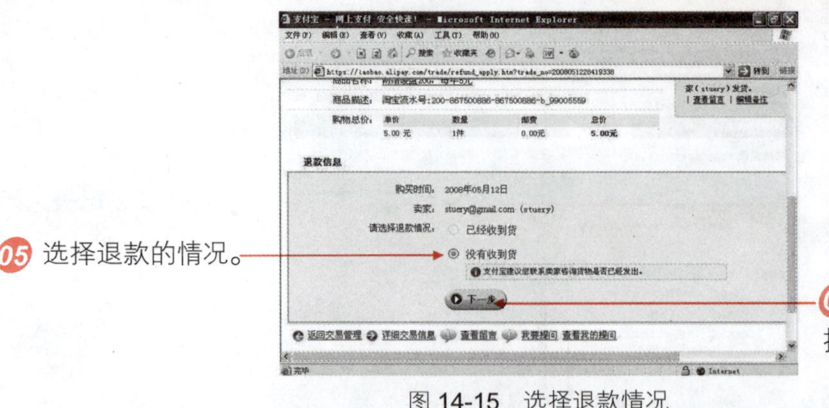

05 选择退款的情况。

06 单击“下一步”按钮。

图 14-15　选择退款情况

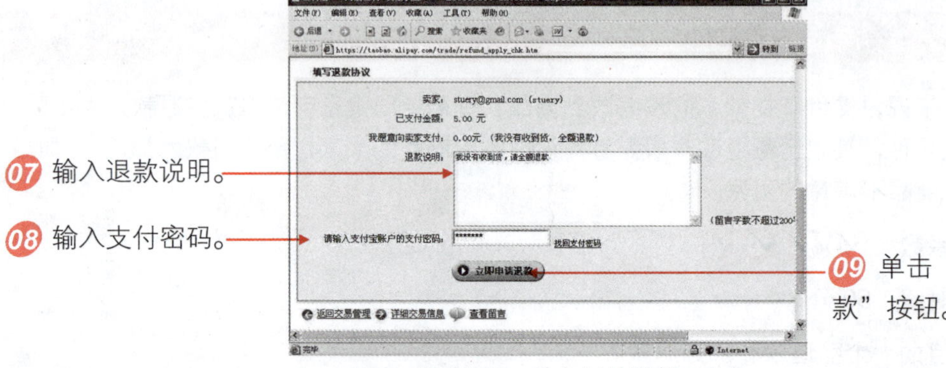

07 输入退款说明。

08 输入支付密码。

09 单击“立即申请退款”按钮。

图 14-16　输入退款说明

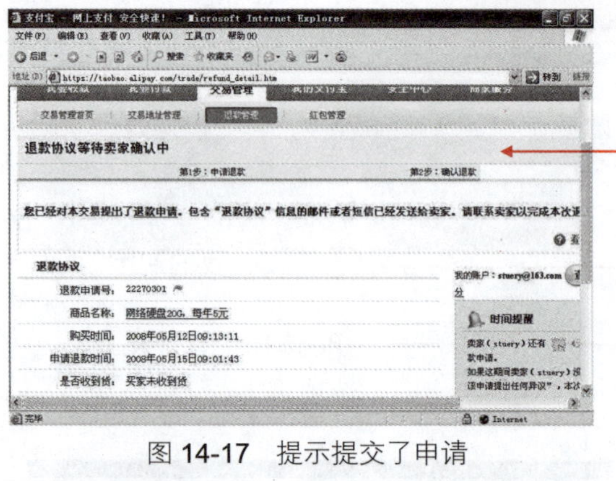

10 显示已经提交了退款申请。

图 14-17　提示提交了申请

接着联系卖家，让卖家处理退款申请。作为卖家，处理退款申请的方法如下。

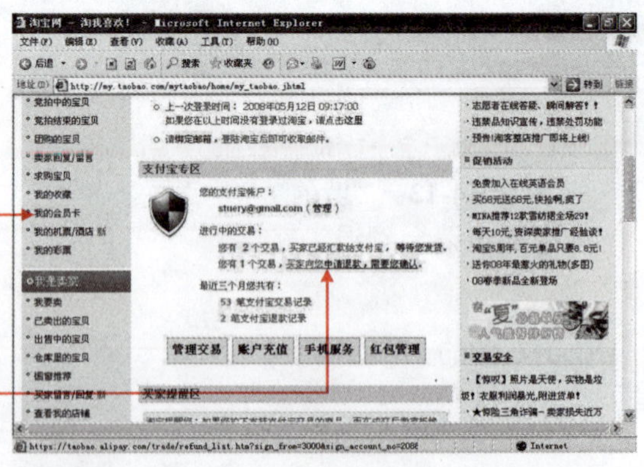

01 进入“我的淘宝”页面。

02 单击“申请退款，需要您确认”的链接。

图 14-18　“我的淘宝”页面

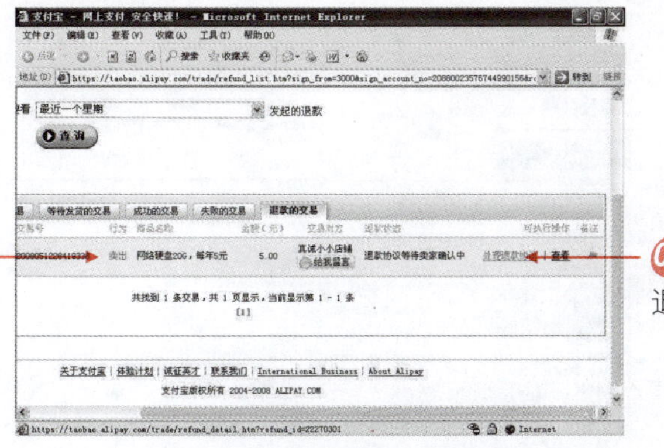

03 选择要处理的退款交易。

04 单击右侧的“处理退款协议”链接。

图 14-19　选择要退款的交易

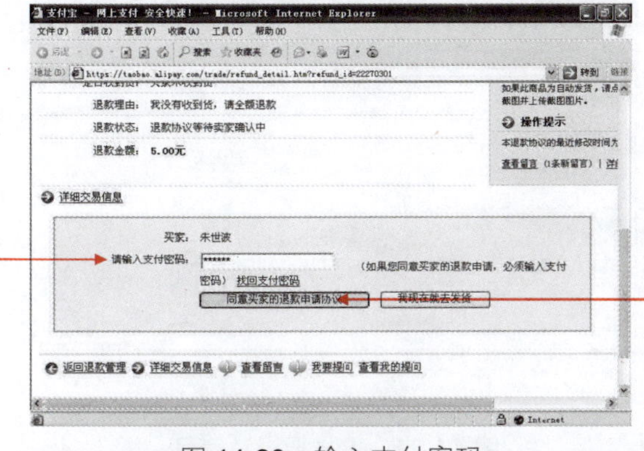

05 输入支付密码。

06 单击“同意买家的退款申请协议”按钮。

图 14-20　输入支付密码

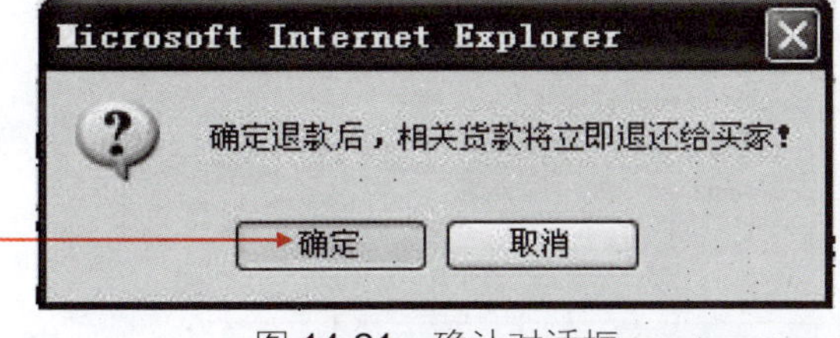

07 打开确认对话框，单击“确定”按钮。

图 14-21　确认对话框

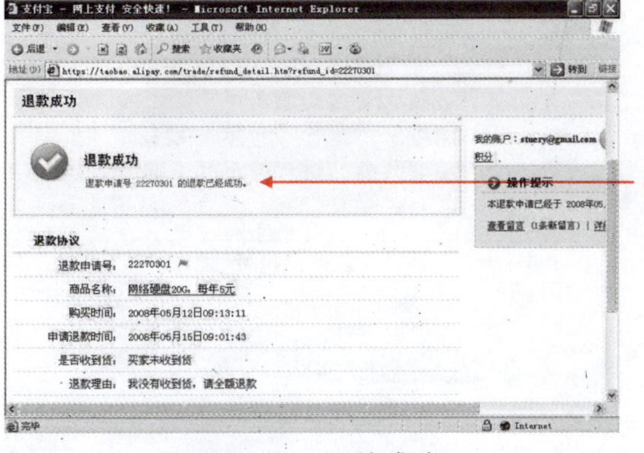

08 提示退款成功。

图 14-22　退款成功

2．部分退款

作为买家，申请部分退款的方法如下。

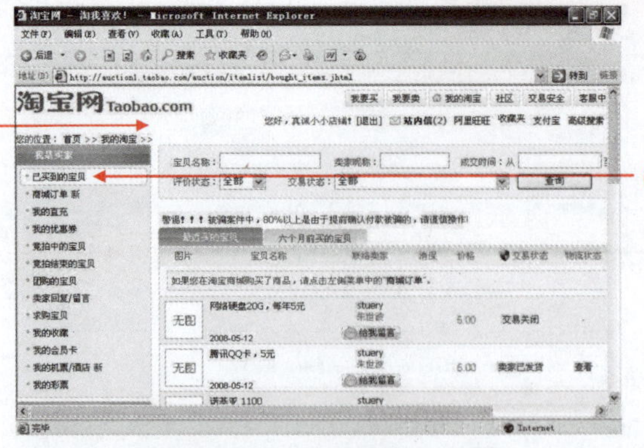

01 进入"我的淘宝"页面。

02 单击"已经买到的宝贝"链接。

图 14-23 "我的淘宝"页面

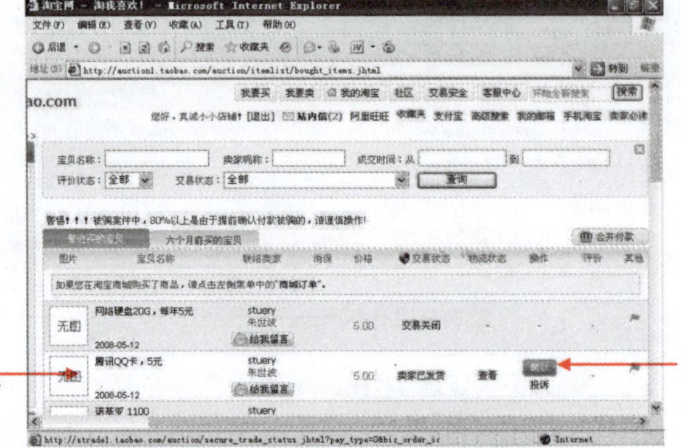

03 选择要申请部分退款的商品交易。

04 单击右侧的"确认"按钮。

图 14-24 选择要退款商品

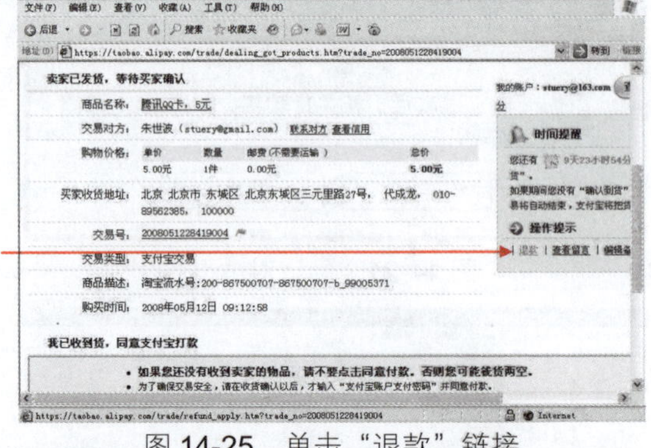

05 单击"退款"链接。

图 14-25 单击"退款"链接

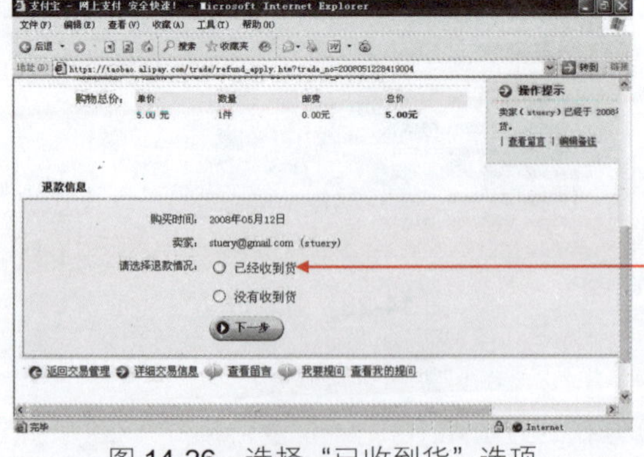

06 选择退款情况，"已经收到货"选项。

图 14-26 选择"已收到货"选项

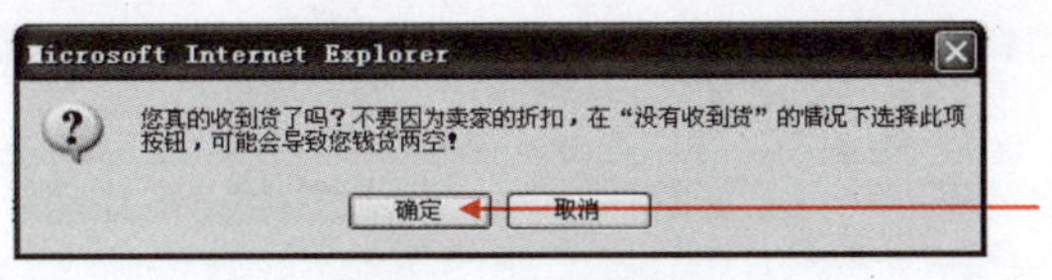

07 打开确认对话框，单击“确定”按钮。

图 14-27　确认对话框

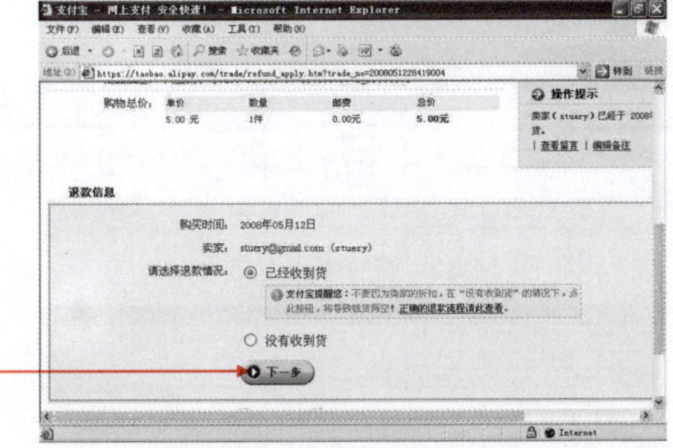

08 单击“下一步”按钮。

图 14-28　单击“下一步”按钮

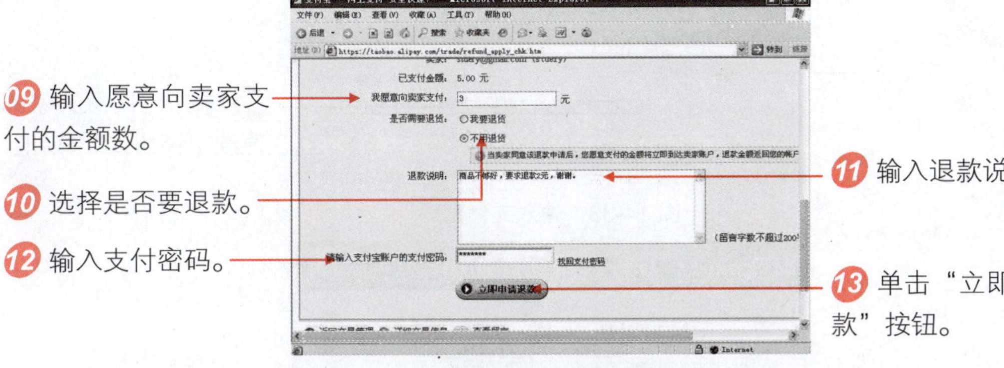

09 输入愿意向卖家支付的金额数。

10 选择是否要退款。

11 输入退款说明。

12 输入支付密码。

13 单击“立即申请退款”按钮。

图 14-29　填入退款

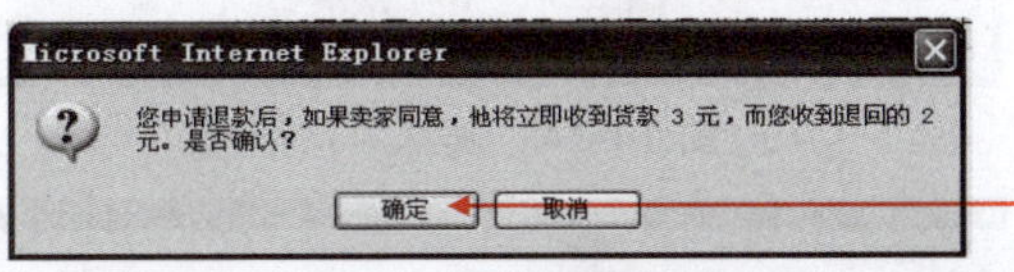

14 单击“确定”按钮。

图 14-30　单击“确定”按钮

跳转的页面显示退款申请已经提交，等待卖家确认。

作为卖家，收到退款申请后的处理方法如下。

01 进入“我的淘宝”页面。

02 选择“支付宝专区”选项卡下的“退款管理”选项。

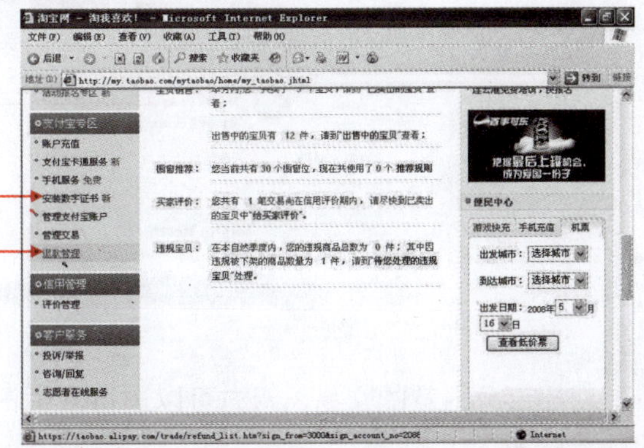

图 14-31　“我的淘宝”页面

03 选择要处理的部分退款交易。

04 单击右侧的“处理退款协议”链接。

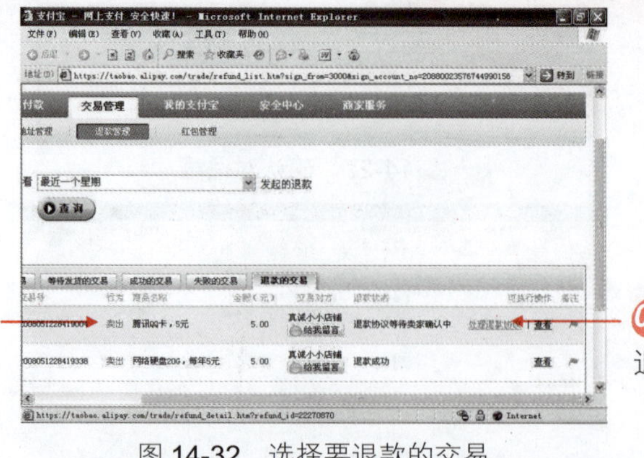

图 14-32　选择要退款的交易

05 输入支付密码。

06 单击“同意买家的退款申请协议”按钮。

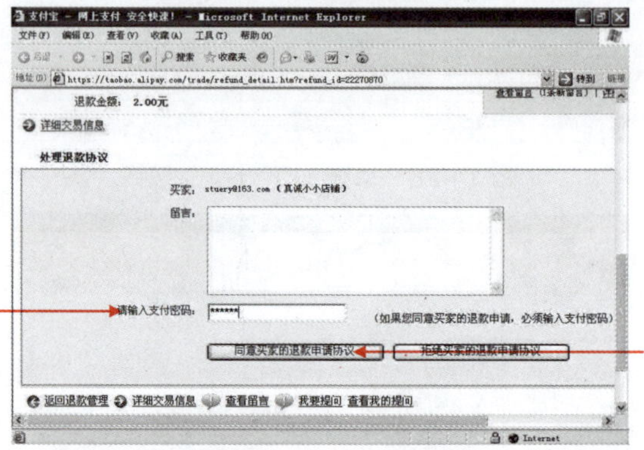

图 14-33　输入支付密码

07 单击“确定”按钮。

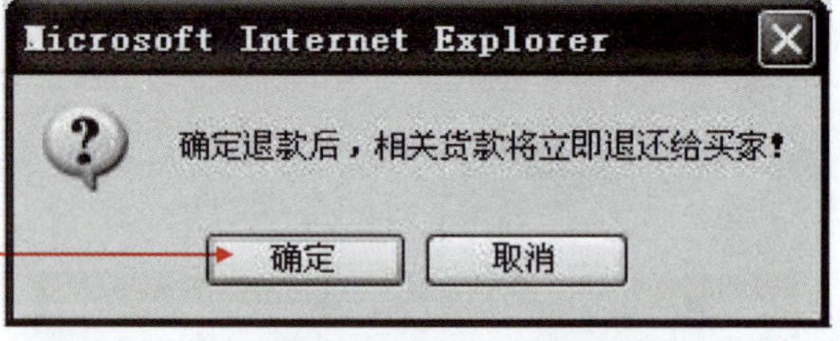

图 14-34　确认对话框

08 提示退款成功。

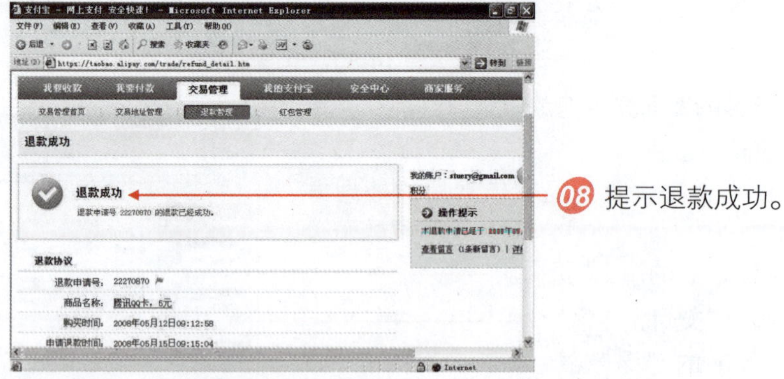

图 14-35　退款成功

对于部分退款的交易，双方可以进行互相评价，而全部退款的交易则不能进行互相评价。操作步骤如下。

01 回到“我的淘宝”页面。

02 选择“我是卖家”选项卡下的“已卖出的宝贝”选项。

图 14-36　“我的淘宝”页面

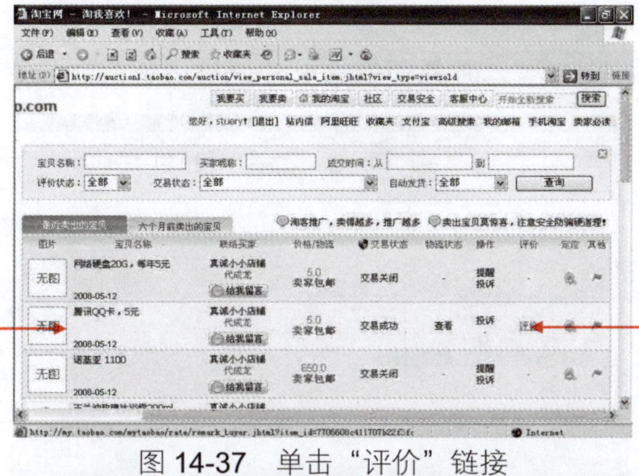

03 选择刚刚进行部分退款成功的商品。

04 单击其右侧的“评价”链接。

图 14-37　单击“评价”链接

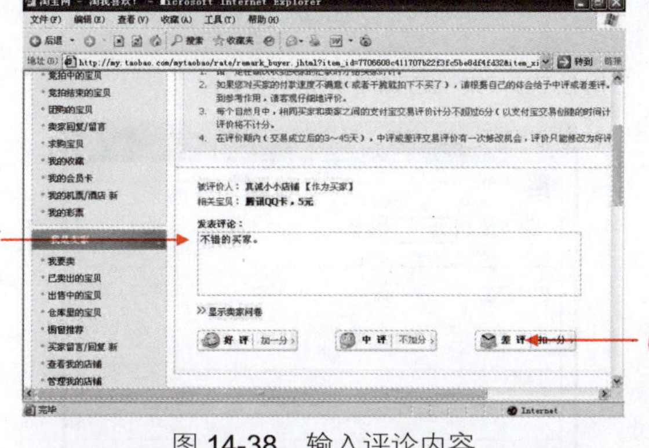

05 输入对买家的评价内容。

06 单击相应的评分按钮。

图 14-38　输入评论内容

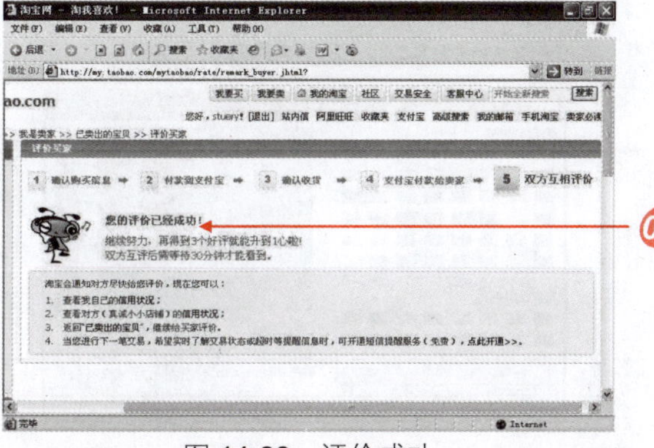

07 提示评价成功。

图 14-39　评价成功

14.2.3 为图片批量添加水印

当把辛苦拍摄的商品照片传到网上后，即发现被人盗用，怎么办呢？其实我们可以为图片添加水印来避免其他人的盗用。

难度系数 ☑☑☑

学习时间 50 分钟

学习目的 为图片批量添加水印。

操作步骤

1. 制作水印

下面我们以使用 iSee 这个图片处理软件来介绍批量添加水印的方法。

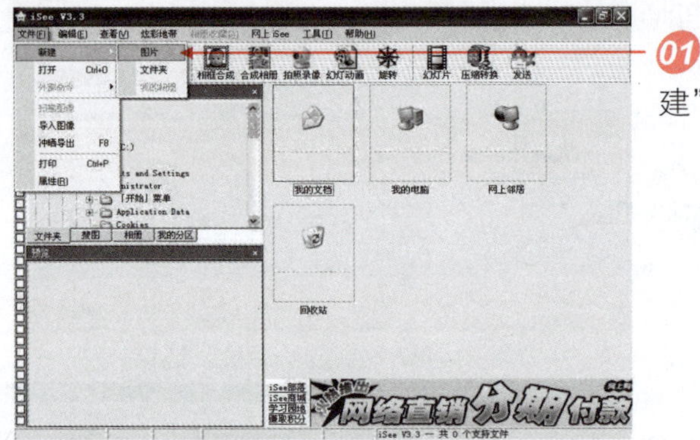

01 选择“文件”→“新建”→“图片”命令。

图 14-40 新建图片

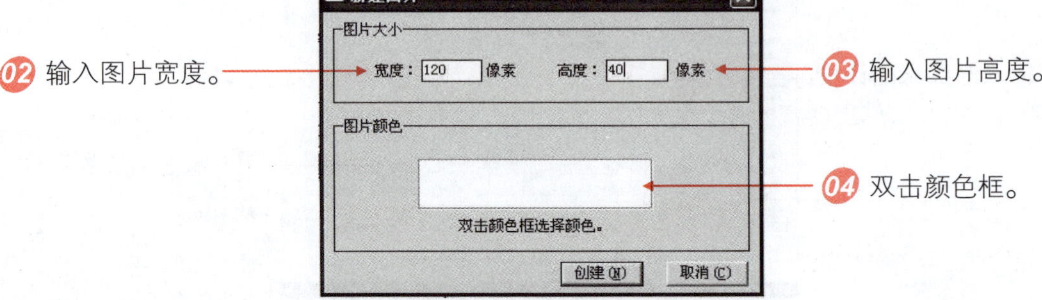

图 14-41 设置新建图片选项

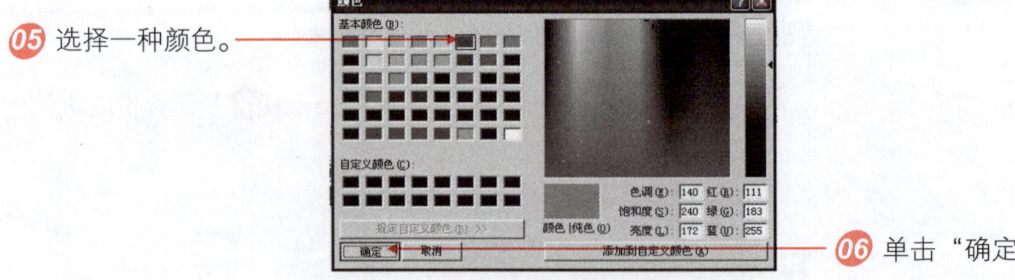

图 14-42 选择颜色

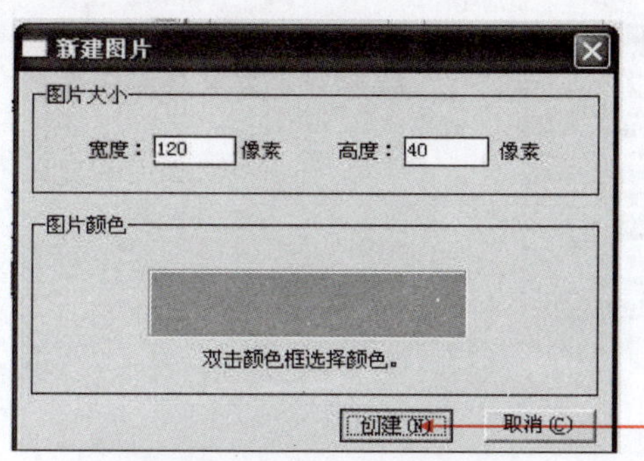

07 单击“创建”按钮。

图 14-43　单击“创建”按钮

08 单击“添加文字”按钮。

图 14-44　添加文字

09 输入文字。

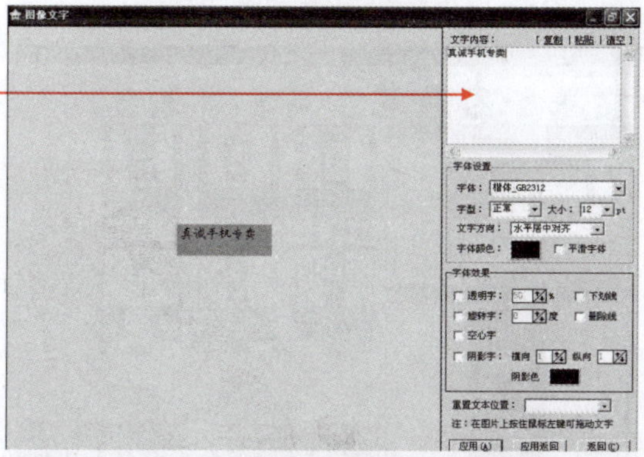

图 14-45　输入文字

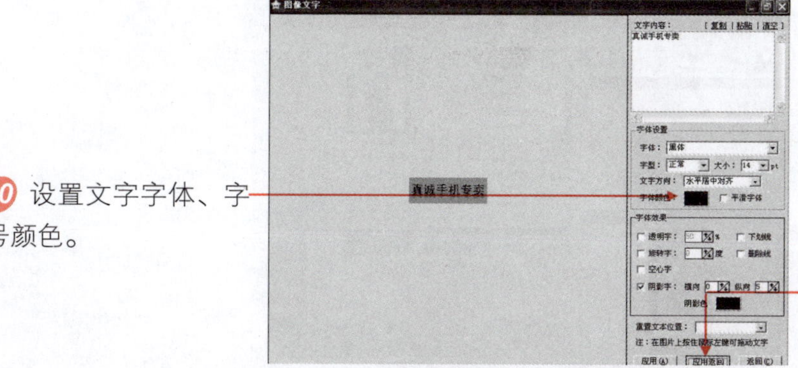

10 设置文字字体、字号颜色。

11 单击“应用返回”按钮。

图 14-46　设置文字样式

12 选择"文件"→"另存为"命令。

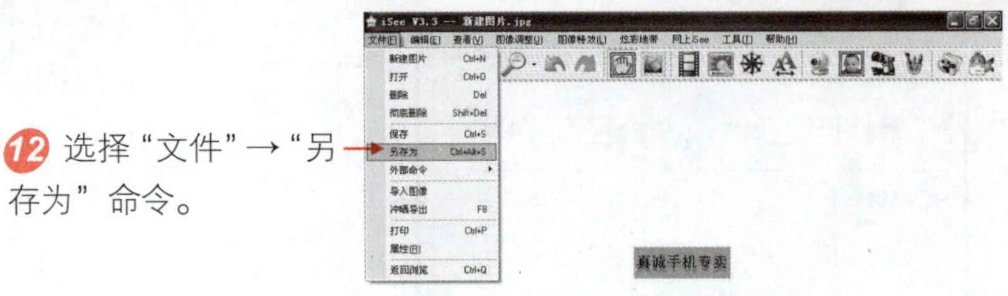

图 14-47 选择"另存为"命令

13 选择保存位置。

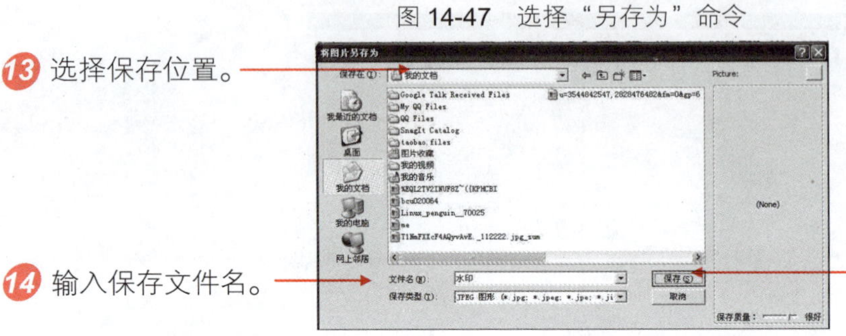

14 输入保存文件名。

15 单击"保存"按钮。

图 14-48 "将图片另存为"对话框

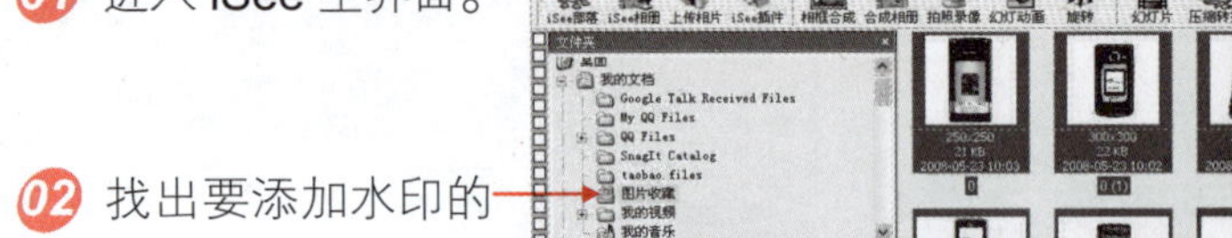

2. 批量添加水印

如果宝贝太多，可以利用 iSee 提供的批量添加水印功能，操作步骤如下。

01 进入 iSee 主界面。

02 找出要添加水印的图片文件夹。

03 按 Ctrl+A 组合键，将要添加水印的图片进行全部选择。

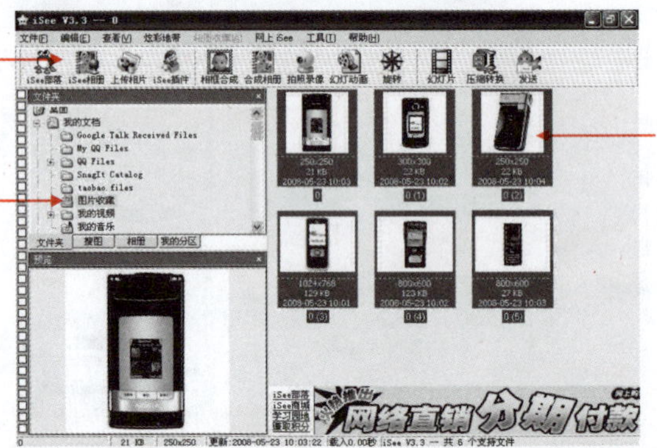

图 14-49 选择图片

04 选择"工具"→"批量处理工具"→"批量添加水印"命令。

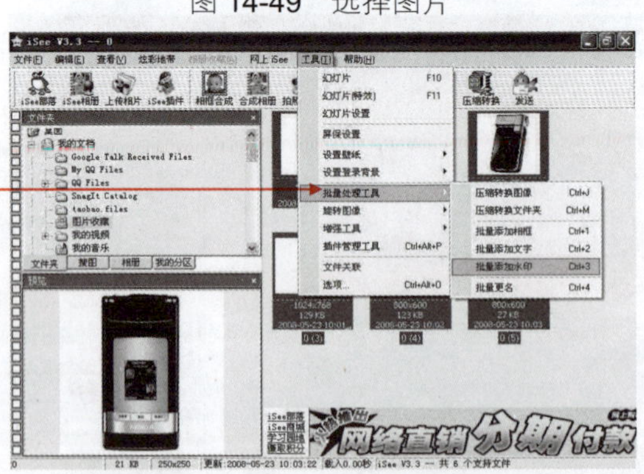

图 14-50 选择"批量添加水印"命令

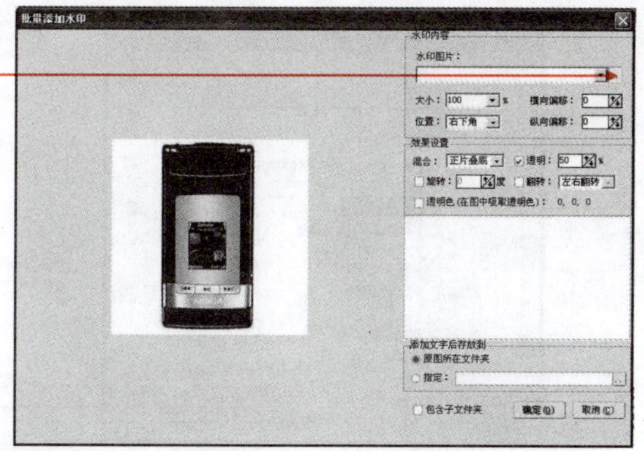

05 在“批量添加水印”对话框中，单击“水印图片”栏下的浏览按钮。

图 14-51　单击浏览按钮

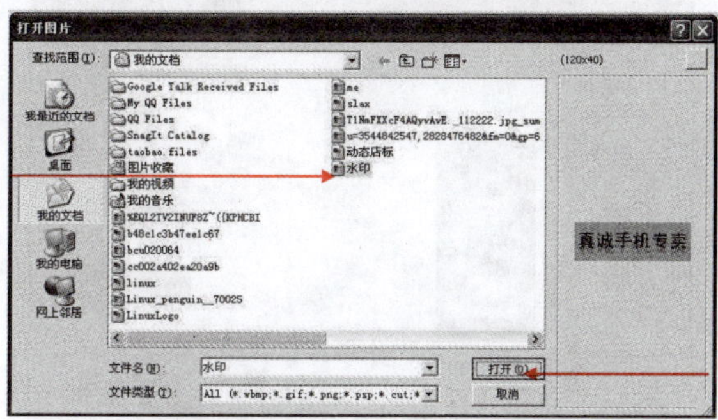

06 在“打开图片”对话框中，找到水印图片保存的位置并选中图片。

07 单击“打开”按钮。

图 14-52　“打开图片”对话框

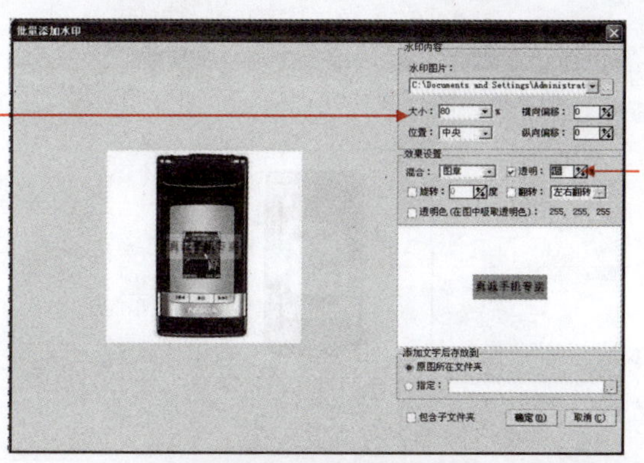

08 设置水印的大小、位置。

09 设置水印混合、透明效果。

图 14-53　设置水印选项

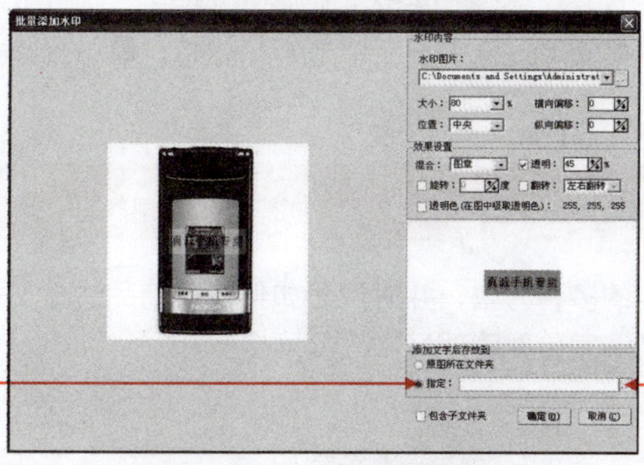

10 选中“指定”选项。

11 单击其右侧的浏览按钮。

图 14-54　单击浏览按钮

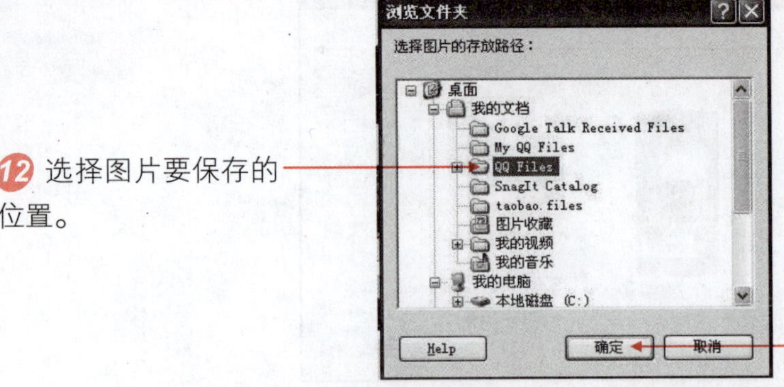

图 14-55　选择图片要保存的位置

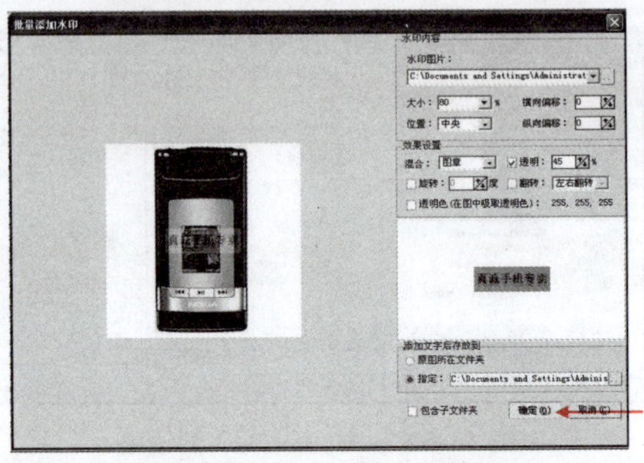

图 14-56　单击“确定”按钮

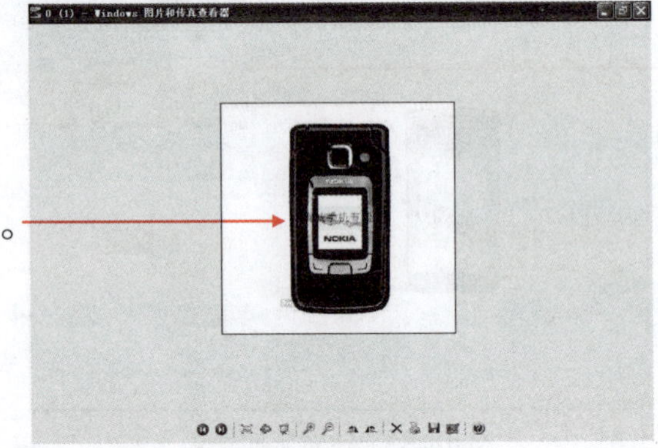

图 14-57　添加水印成功

更多的技巧需要用户在使用过程中不断地摸索和总结，最后祝愿大家的网店生意兴隆，财源滚滚。

14.3 巩固与练习

本章介绍了宣传网店的多种方法，并讲解了如何修改商品价格、关闭交易、退款、添加图片水印等操作。让读者能够宣传并管理好自己的网店。

操作题

利用前面所学的方法，为自己的店铺进行宣传。

Chapter 15

网络安全

学习时间

本课主要讲解的是病毒的防范以及金山毒霸 2008 和天网防火墙的使用，建议读者使用 240 分钟的时间来进行学习。

学习内容

- 常见的网络安全问题
- 认识计算机病毒
- 计算机遭遇病毒时的表现
- 计算机病毒的传播途径
- 计算机网络安全措施
- 金山毒霸 2008 的安装与升级
- 使用“金山毒霸 2008”查杀病毒
- 天网防火墙

精彩实例效果展示

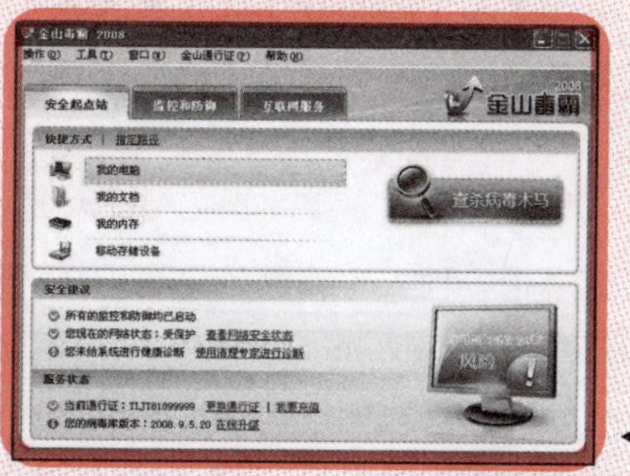

金山毒霸

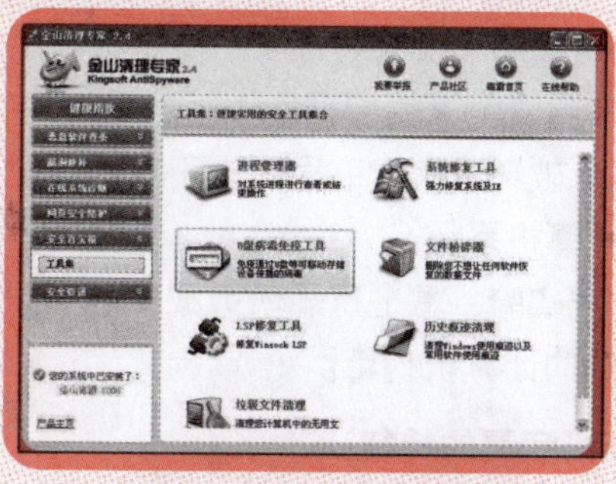

工具界面

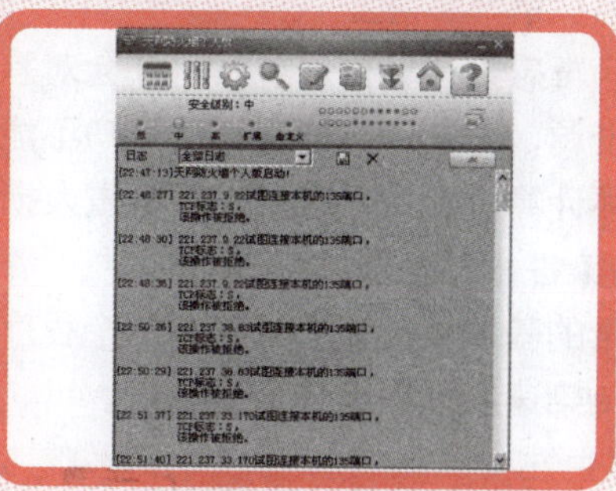

防火墙

15.1 基础导读

在如何防毒杀毒的前提下，我们需要了解病毒是怎么生成的，又是如何传播到计算机中的。

15.1.1 常见的网络安全问题

网络中常见的安全问题，主要集中在以下4个方面。

- 信息安全：在计算机上存储、传输和处理的电子信息，没有信封保护，也没有签字盖章，存在信息的来源与去向是否真实、内容是否被改动和泄露等安全问题。
- 通信协议安全：TCP/IP是传输控制协议/互联网络协议，保障网络数据在Internet中无差错传送。通信协议缺失或被攻击，会造成信息安全问题。
- 防病毒：计算机病毒的危害极大，可以使计算机和计算机网络系统瘫痪、数据和文件丢失，并且具有数量越来越多、传播越来越快、毒性越来越强、范围越来越广的趋势。大多数用户都有被病毒困扰的经历，防范病毒任重道远。
- 防黑客：黑客（Hacker）运用黑客技术侵入网络中的计算机系统，窃取机密数据，破坏重要数据，造成系统瘫痪，盗用特权捆绑用户计算机等。

15.1.2 认识计算机病毒

计算机病毒是一种人为编制的具有破坏计算机信息系统、毁坏数据，影响计算机使用的计算机程序，在大多数的情况下不能独立存在，需要依附在其他的计算机程序上。因为它同生物病毒一样，具有潜伏性、破坏性和传染性，人们称之为病毒。

1．计算机病毒的来源

（1）无聊程序和实验程序：主要是编程者出于个人兴致而制造出来的，或为了开个有趣的玩笑，或用来测试个人的编程能力，这类病毒主要是善意的，所以以良性病毒为主。

（2）蓄意破坏：病毒编程者出于某种目的，针对某个人或某组织采取的病毒攻击，控制和破坏对方的计算机系统。

（3）研究实验：本是用于研究或实验而设计的样本程序，由于某种原因失去控制，扩散成为危害计算机的计算机病毒。

2．计算机病毒的特征

（1）破坏性

计算机病毒感染计算机系统后，都会对系统产生不同程度的影响。影响轻的，还只是占用计算机系统资源，影响运行速度，使用户不能正常使用计算机；影响重的，就会破坏计算机数据，甚至破坏计算机硬件，给用户带来重大损失。

（2）传染性

这是病毒的基本特征，也是判别一个程序是否是病毒的最重要的特征。病毒如果被复制或产生变种，传染速度之快出乎人的意料。

（3）寄生性

计算机病毒大多寄生在其他的程序上，在程序未启动之前，是不容易被发觉的。但当执行

寄生有病毒的程序时，病毒代码就会被执行。

（4）潜伏性

大部分计算机病毒感染系统后，会隐藏在系统中，在满足其特定条件时才启动。

（5）隐蔽性

计算机病毒通常寄生在正常的程序中，或者躲藏在磁盘的隐秘地方，有些病毒还采用透明图标和注册表内的相似字符隐藏身份，有的病毒甚至在感染计算机系统之后，计算机系统仍能正常工作。

3. 计算机病毒的种类

以计算机病毒感染计算机的不同对象分类，可分为文件型、引导型和混合型 3 种病毒。

（1）以计算机系统中独立存在的文件为感染对象的计算机病毒是文件型病毒。这类病毒将自身粘贴到可执行文件或其他文件中，在文件运行或被调用时驻留内存、传染和破坏。

（2）以计算机存储介质的引导区为感染对象的计算机病毒是引导型病毒。这类计算机病毒将自身的全部或部分逻辑取代正常的引导记录，在计算机运行前就获得计算机系统的控制权，因此传染性很强。

（3）感染对象包括引导区和文件的计算机病毒是混合型病毒，这种病毒能够感染引导区和文件等多个目标，具有文件型和引导型两种类型病毒的特征。

15.1.3 计算机遭遇病毒时的表现

计算机病毒感染计算机系统后，在激发条件满足而发作前，其行为主要以潜伏、传播为主。采取各式各样的办法隐藏自己，在努力不被发现的同时，又偷偷地自我复制，以各种手段进行传播。下面列举一些常见的计算机病毒发作前的特征。

（1）操作系统无法正常启动。正常关机后再启动，操作系统报告缺少必要的启动文件，或启动文件被破坏，系统无法启动。

（2）平时运行正常的计算机突然经常性无缘无故地死机。

（3）本来运行速度很快的计算机明显变慢，重启后依然很慢，查看任务管理器发现 CPU、内存被大量占用。

（4）硬件和操作系统没有改动，但以前能够正常运行的应用程序经常产生非法错误和死机的情况。

（5）没有安装新的应用程序，而系统可用的磁盘空间减少地很快，也可能是感染计算机病毒造成的。

（6）计算机突然死机或重启。

（7）没有进行计算机操作和运行任何演示程序、屏幕保护程序等，但计算机好像受到遥控，屏幕上的鼠标自己滑动，应用程序自己运行。

（8）网络瘫痪，无法正常运行。

15.1.4 计算机病毒的传播途径

计算机病毒的主要传播途径是网络，同时也通过移动存储设备传播。

- 下载网络资源：人们经常从 Internet 下载各种资料软件，也给病毒感染计算机提供了方便的侵入通道。

- 浏览恶意网页：一些恶意网页附有计算机病毒和恶意程序，用户在打开这些网页时，计算机就会被感染。
- 电子邮件：电子邮件给人们带来方便的同时，也成为计算机病毒传播的最佳方式。
- 移动存储设备：计算机病毒可以通过软盘、硬盘、光盘、U 盘等移动存储设备传播，其中 U 盘是使用最广泛的移动设备，也成为病毒传染的主要途径之一。

15.1.5 计算机网络安全措施

“安全第一，预防为主”，这个宗旨也可以应用在计算机安全方面。以防为主，防治结合，努力保障计算机网络安全。预防、堵塞病毒传播，主要采用以下措施。

1. 必备杀毒软件和防火墙

杀毒软件和防火墙是计算机上网的必需软件。即使不能完全防止病毒的侵入也能防止大多数病毒。目前杀毒、防火墙软件非常多，如金山毒霸、木马克星、天网防火墙等。使用杀毒软件最重要的是要定期更新病毒库和杀毒程序，才能防范最新的病毒。

2. 下载文件后查杀病毒

下载文件后，最好立即扫描一遍，现在大多数下载软件、杀毒软件都带有下载完成后自动杀毒的功能，一定要把这个功能开启。

3. 不访问来历不明的站点

很多病毒或木马都来自于来历不明的站点，因此不要去浏览这类网站。也可以将 Internet 选项的安全级别设为“中等”以上，若此网站打不开，就说明它的安全级别低，有可能有不良的病毒、木马或恶意软件。

4. 在线查毒

若没有安装杀毒软件、或杀毒软件不能用时，可以使用在线查毒。它不需要安装，也不管你计算机是否正常，直接就会查杀病毒。现在有很多在线杀毒软件，如金山毒霸在线杀毒、瑞星在线杀毒等。

5. 切忌优惠或中奖信息

有时候会收到邮件，或在网站中有什么优惠、中奖这类的信息，请不要相信它们。也许你打开这个优惠或中奖就可以中毒了。

6. 即时修补漏洞

微软公司也在天天检测或搜索网络中对 Windows 操作系统有危害的病毒，并在第一时间开发出防止这类病毒的程序（补丁），因此为系统打上补丁也是防毒的一种好方法。

7. 备份

对于一些重要的数据，可将其备份，即使计算机被病毒侵入、原文件被破坏，也能快速恢复。备份的方式很多，Windows 自带的定时备份也不错。

15.2 上机实战

前面我们介绍了网络病毒的相关知识，下面我们通过实际操作，学习如何利用杀毒软件、防火墙查杀病毒的方法，达到用户的最终目的。

15.2.1 金山毒霸 2008 的安装与升级

金山毒霸 2008 在升级和防毒的能力上更进一步取得了技术上突破，在以往版本的基础上添加了清理、优化功能，使功能更全面。

难度系数 ☑ ☑ ☑

学习时间 60 分钟

学习目的 金山毒霸 2008 的安装与升级。

操作步骤

01 双击金山毒霸 2008 安装程序，打开安装向导，如图 15-1 所示。

图 15-1 安装向导

02 单击“下一步”按钮。

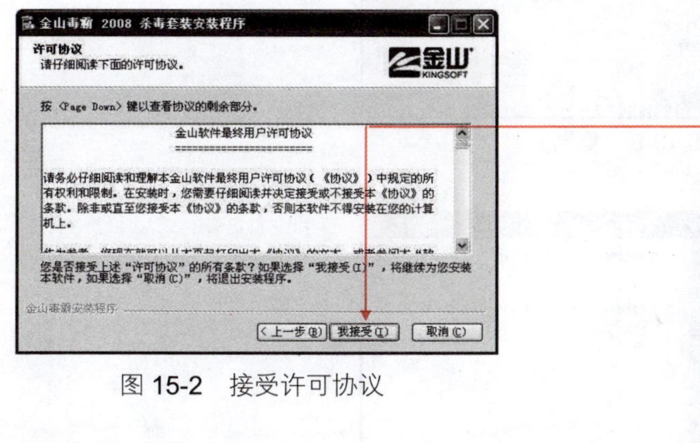

图 15-2 接受许可协议

03 在许可协议窗口，单击“我接受”按钮。

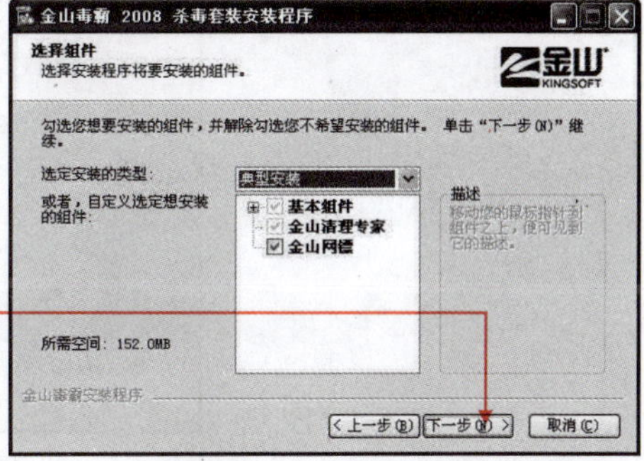

图 15-3 选择附件

04 选择好要安装的附件，单击“下一步”按钮。

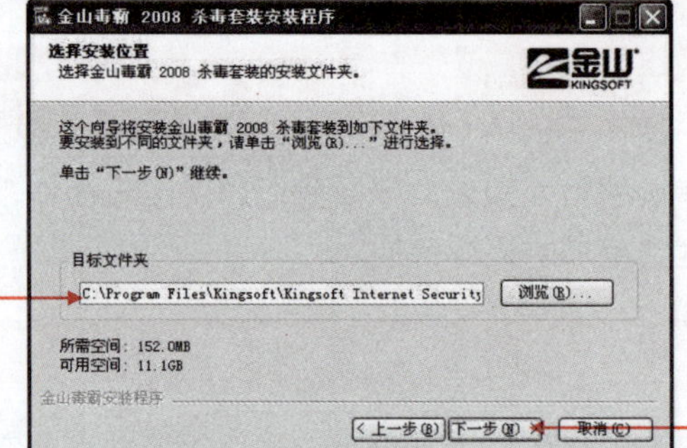

05 选择安装位置，可以用默认地址。

06 单击“下一步”按钮。

图 15-4 选择安装位置

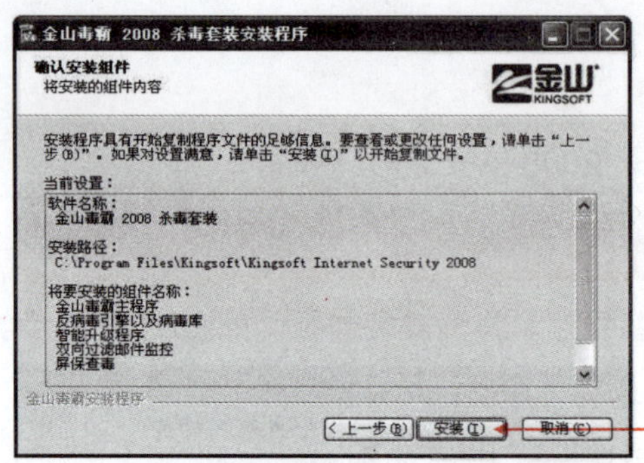

07 单击“安装”按钮。

图 15-5 确认安装组件

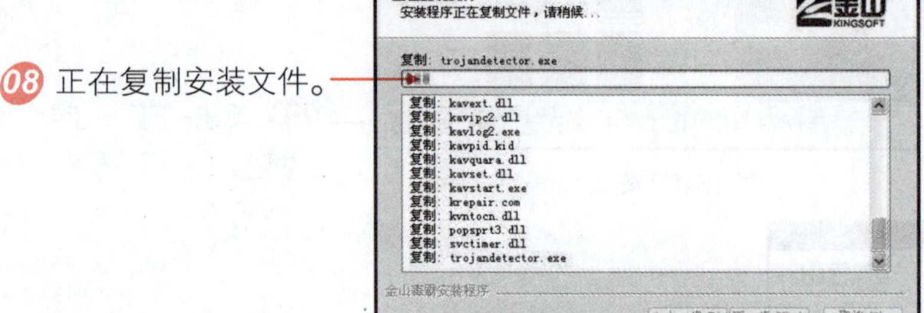

08 正在复制安装文件。

图 15-6 复制文件

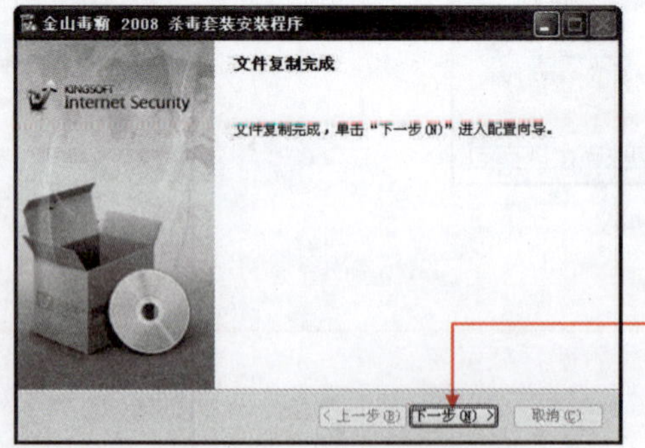

09 文件复制完成，单击“下一步”按钮。

图 15-7 复制完成

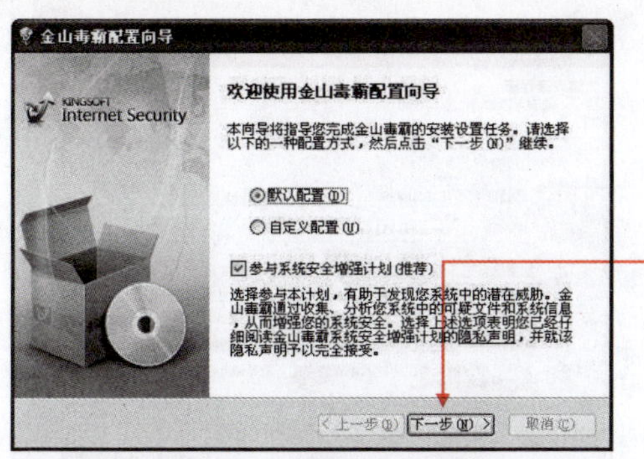

图 15-8 配置向导对话框

10 弹出金山毒霸2008的配置向导对话框，单击“下一步”按钮。

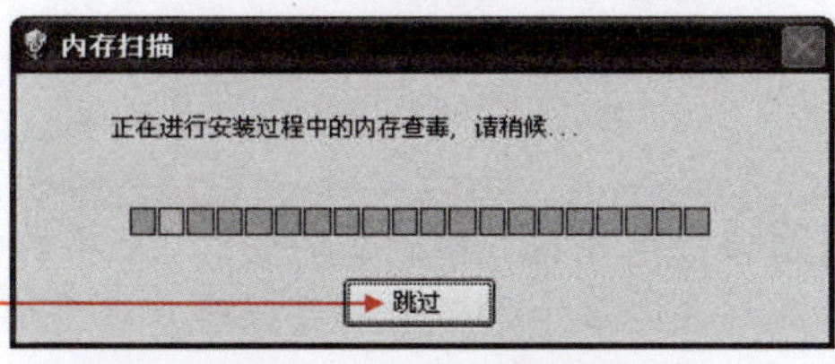

11 正在内存扫描，单击“跳过”按钮。

图 15-9 扫描内存

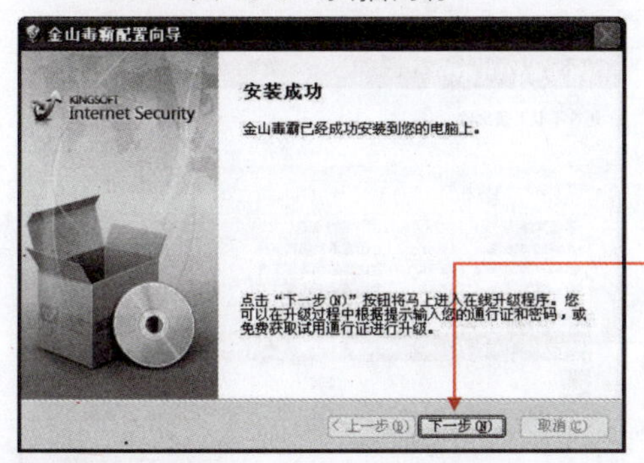

12 安装成功，单击“下一步”按钮。

图 15-10 安装成功

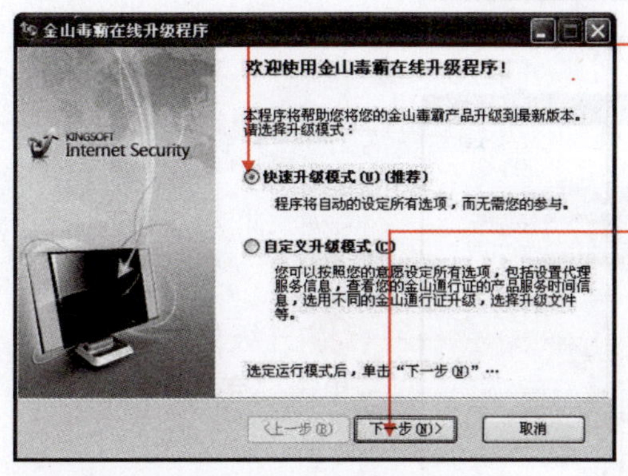

13 提示是否要升级，选择“快速升级模式”选项。

14 安装成功，单击“下一步”按钮。

图 15-11 提示是否升级

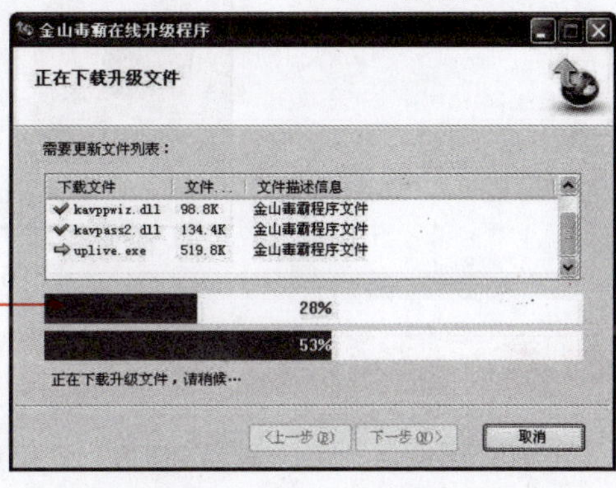

15 下载升级文件。

图 15-12 下载升级文件

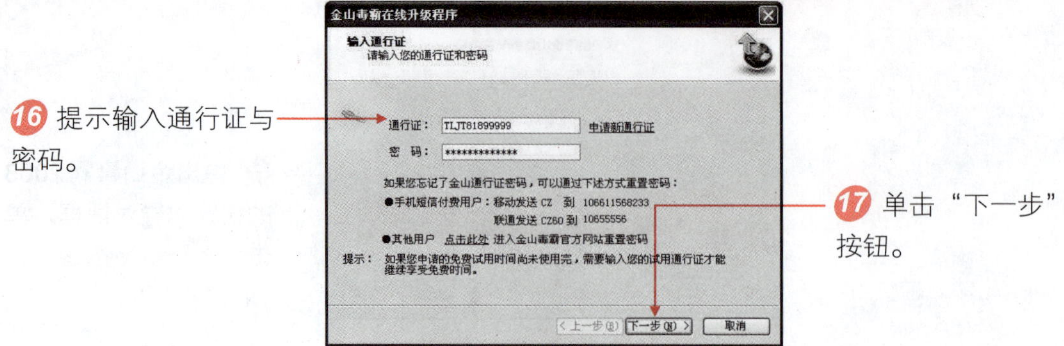

图 15-13　输入通行证和密码

只有注册了金山毒霸通行证才能升级，可以单击“申请新通行证”链接，免费申请通行证，可升级病毒库 3 个月。如果要继续升级可通过对话框中的方式购买。

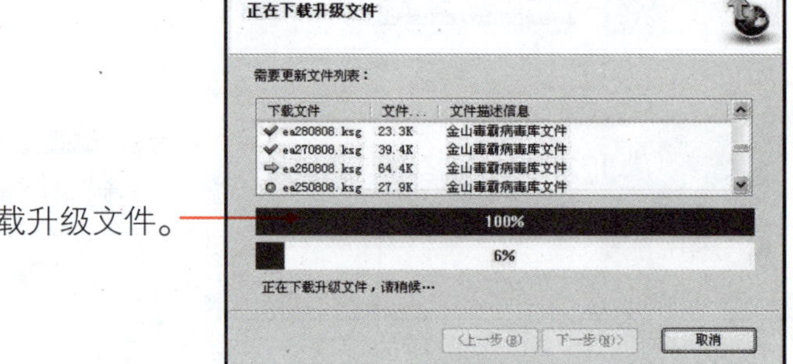

图 15-14　继续下载

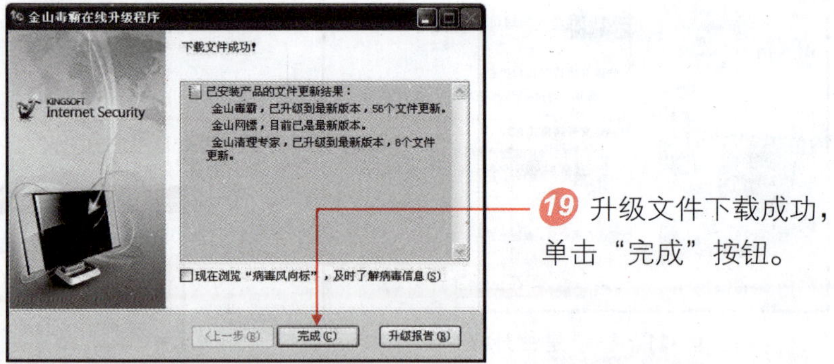

图 15-15　升级成功

15.2.2　使用“金山毒霸 2008”查杀病毒

下面介绍使用“金山毒霸 2008”查杀病毒、监控防御、优化清理计算机的方法。

难度系数 ✓ ✓ ✓

学习时间 60 分钟

学习目的 使用“金山毒霸 2008”查杀病毒。

操作步骤

1. 全面杀毒

使用金山毒霸 2008 全面查杀病毒，可多方位保护计算机的安全，其操作步骤如下。

01 启动“金山毒霸 2008”以后，用户选择计算机中需要查毒或者杀毒的区域。

02 单击“查杀病毒木马”按钮。

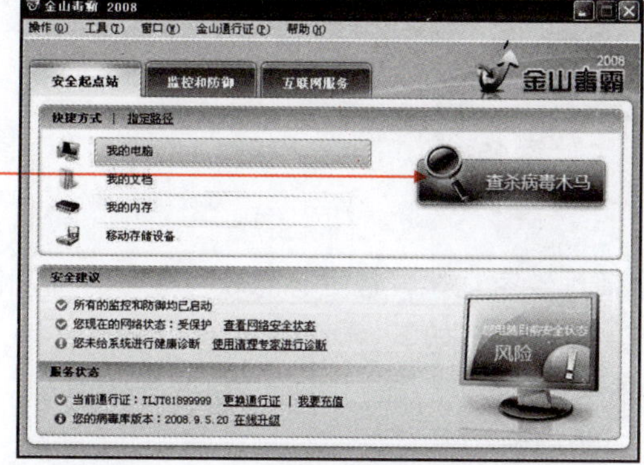

图 15-16 全面杀毒

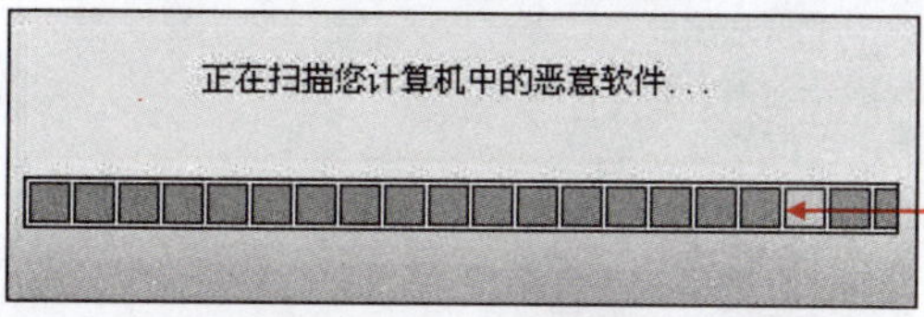

正在扫描您计算机中的恶意软件...

03 正在扫描计算机中的恶意软件。

图 15-17 正在扫描

04 开始查杀病毒。

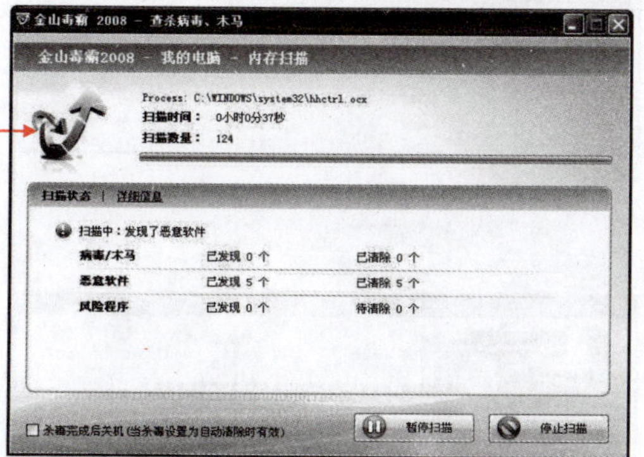

图 15-18 查杀结果

05 在杀毒的过程中，在这个界面上可以看到计算机所感染病毒的数量和病毒被清除的状态。完成杀毒工作后，软件还会给出一个杀毒的结果报表。其中包含了病毒数量，是否清除等等用户关心的情况。

2. 监控与防御

金山毒霸 2008 提供了时时监控与防御功能，包括文件实时防毒、邮件监控、网页防木马、恶意行为拦截、主动升级、主动漏油修补，选中相关项，单击右边的“启动”或“关闭”按钮即可“启动”或“关闭”这些功能。如图 15-19 所示。

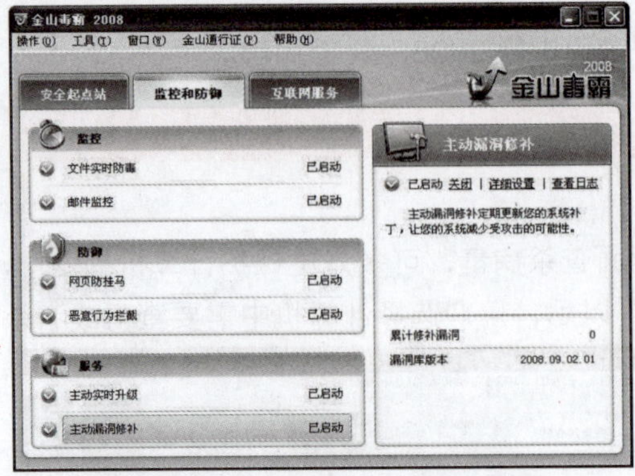

图 15-19 “监控与防御”选项

3. 金山清理专家

金山毒霸 2008 提供了清理专家功能，包括恶意软件查杀、漏洞候补、在线系统诊断、网页安全防护、安全百宝箱等。使用方法如下。

01 在开始菜单中，选择“所有程序”→“金山毒霸 2008 杀毒套装”→“金山清理专家”，打开“金山清理专家”界面，如图 15-20 所示。

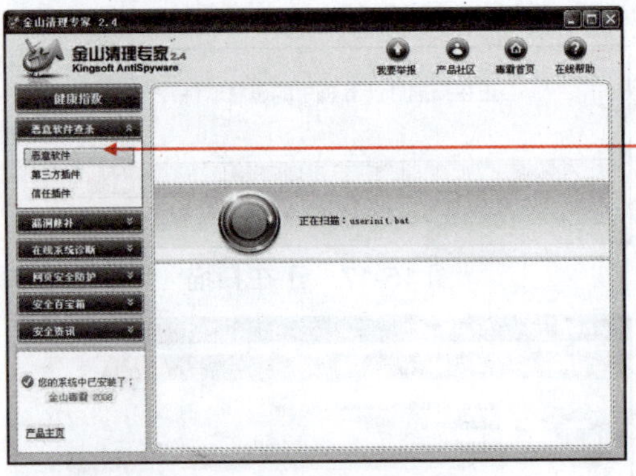

02 选择“恶意软件查杀”选项的“恶意软件”选项，开始查杀计算机中的恶意软件。

图 15-20 查杀恶意软件

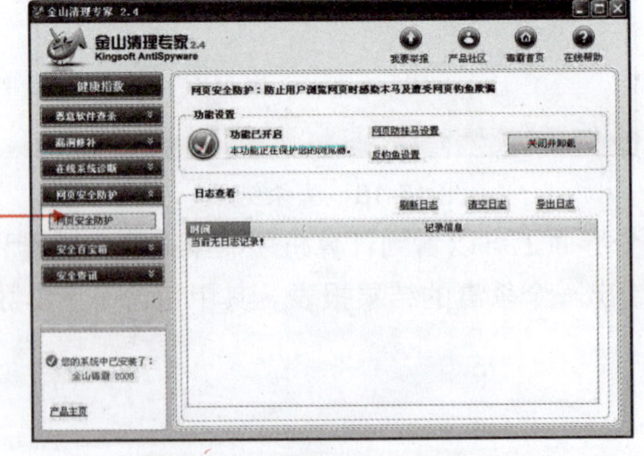

03 选择“网页安全防护”选项，将其开启。

图 15-21 “网页安全防护”选项

04 选择“安全百宝箱”选项。

05 选择“工具集”选项。

06 单击“U 盘病毒免疫”按钮。

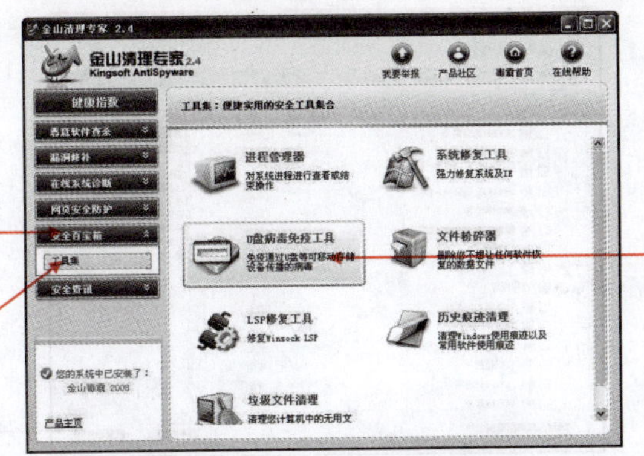

图 15-22 单击“U 盘病毒免疫”按钮

07 打开“U 盘病毒免疫工具”对话框，选择需要的U盘病毒免疫工具。

08 单击“启用选中项”按钮。

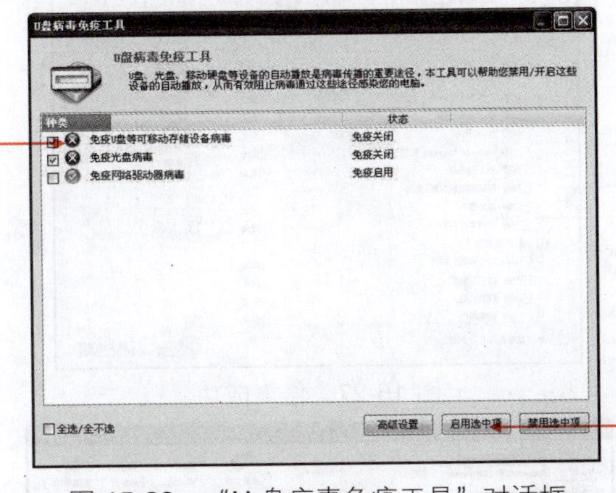

图 15-23 “U 盘病毒免疫工具”对话框

09 单击“是”按钮。

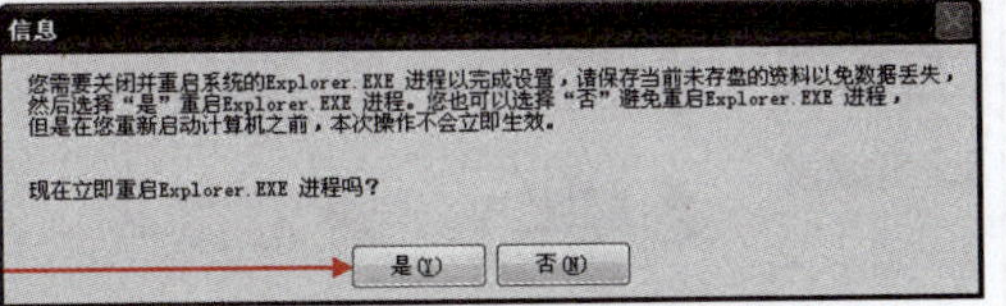

图 15-24 确认对话框

10 返回“工具集”窗口，单击“系统修复工具”按钮。

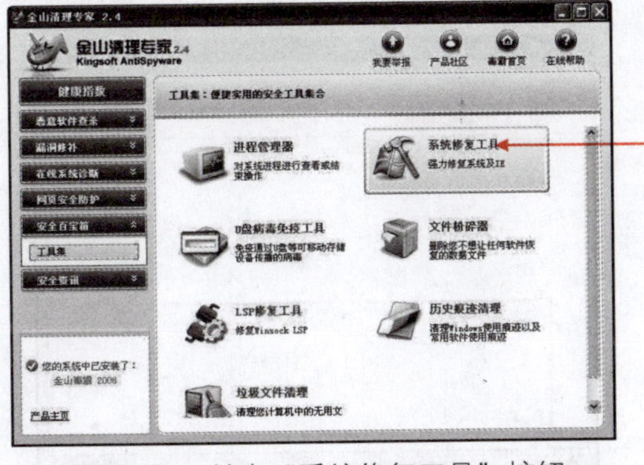

图 15-25 单击“系统修复工具”按钮

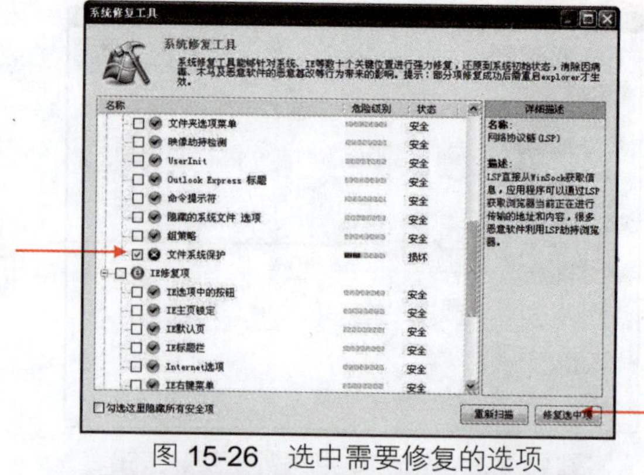

⑪ 选中需要修复的选项。

⑫ 单击“修复选中项”按钮。

图 15-26　选中需要修复的选项

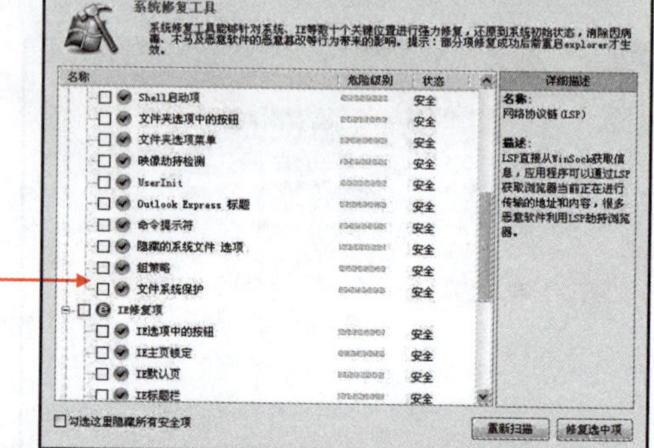

⑬ 修复成功。

图 15-27　修复成功

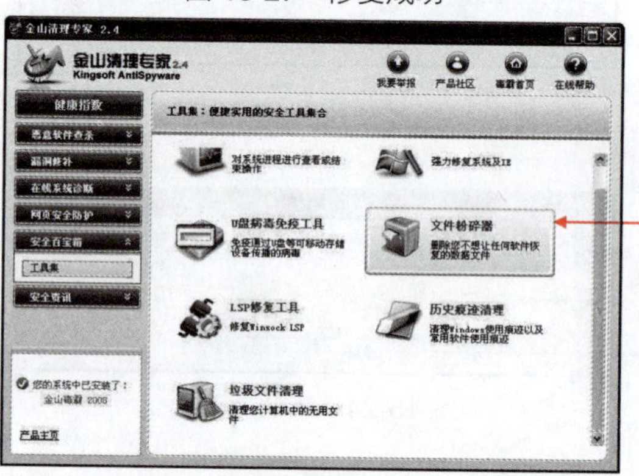

⑭ 单击“文件粉碎器”按钮。

图 15-28　单击“文件粉碎器”按钮

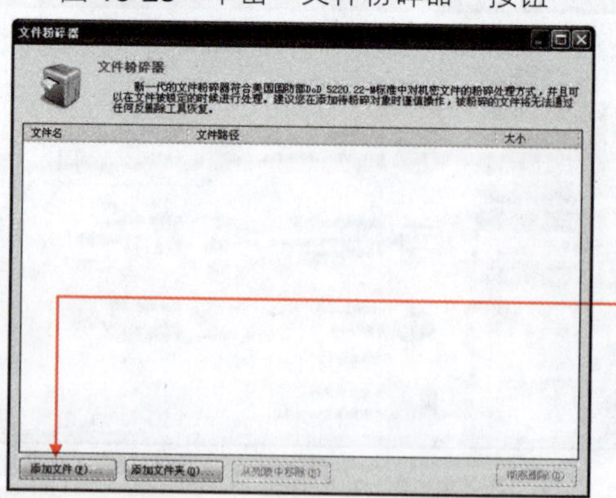

⑮ 在打开的“文件粉碎器”对话框中，单击“添加文件”按钮。

图 15-29　“文件粉碎器”对话框

16 在打开的“打开”对话框中，选择要粉碎的文件。

17 单击“打开”按钮。

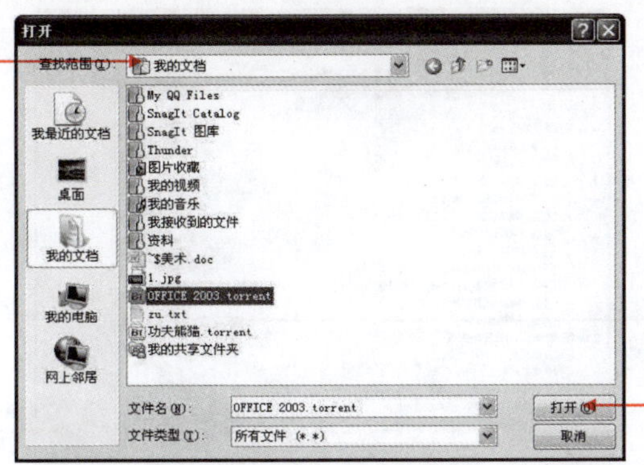

图 15-30　“打开”对话框

18 文件添加成功。

19 单击“彻底删除”按钮。

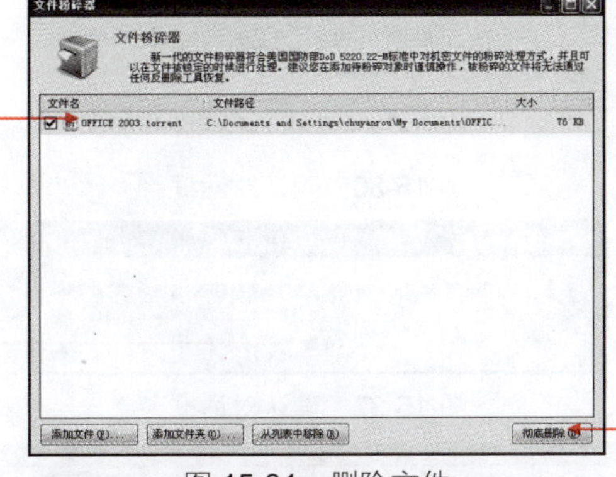

图 15-31　删除文件

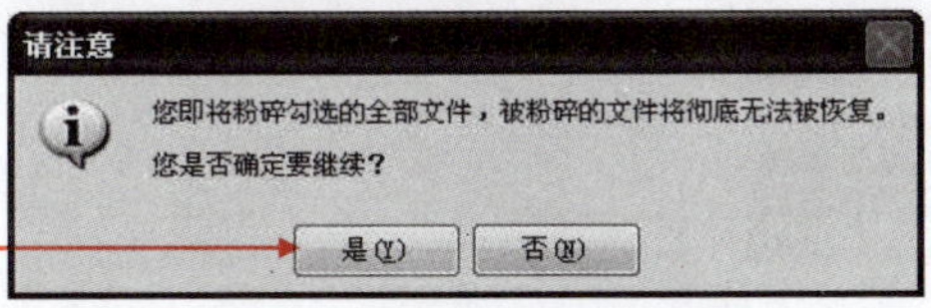

20 提示是否继续，单击“是”按钮。

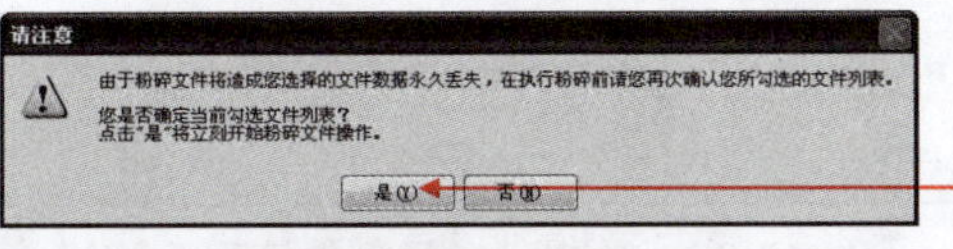

图 15-32　确认对话框

21 提示是否删除，单击“是”按钮。

图 15-33　确认对话框

22 单击“历史痕迹清理”按钮。

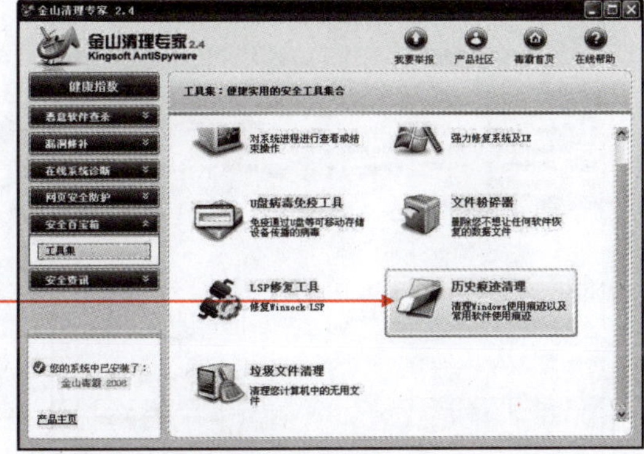

图 15-34　单击“历史痕迹清理”按钮

Days 1
Days 2
Days 3
Days 4
Days 5
Days 6
Days 7

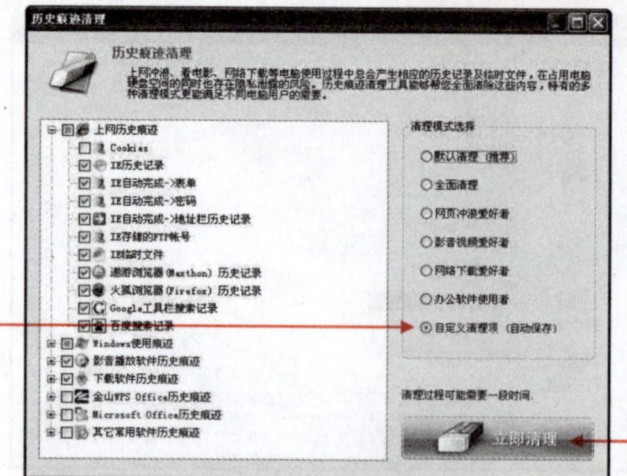

23 选择清理模式。

24 单击“立即清理”按钮。

图 15-35　选择清理模式

25 提示要清理正在下载的任务，单击“确定”按钮。

图 15-36　确认对话框

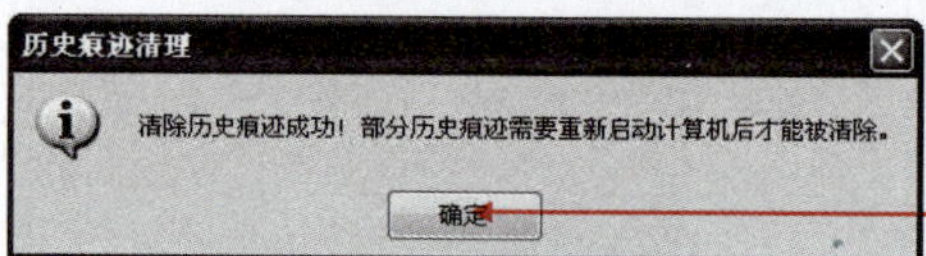

26 提示历史痕迹清除成功，单击“确定”按钮。

图 15-37　确认对话框

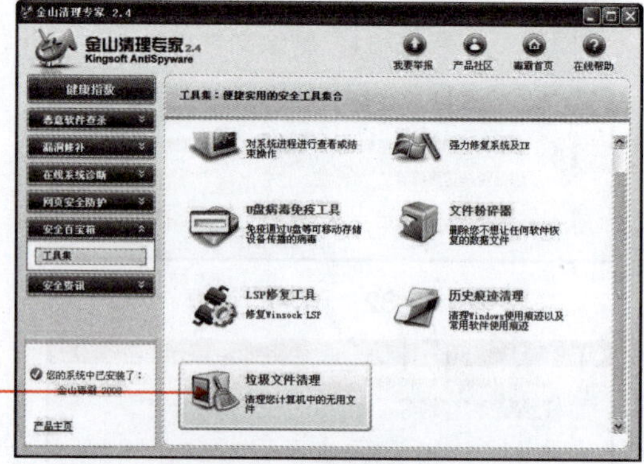

27 单击“垃圾文件清理”按钮。

图 15-38　单击“垃圾文件清理”按钮

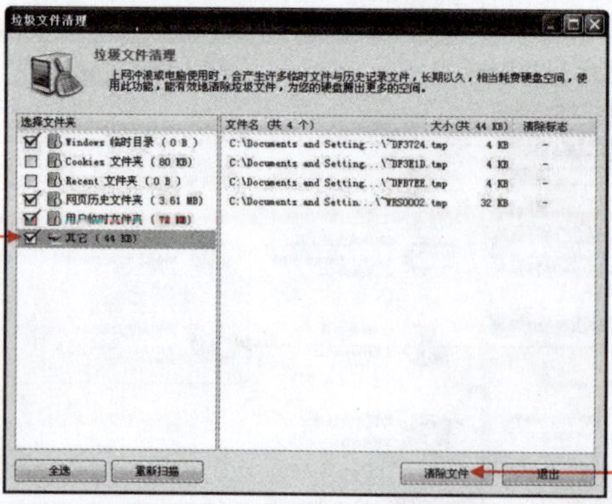

28 勾选要清理的垃圾文件。

29 单击“清除文件”按钮。

图 15-39　选择垃圾文件

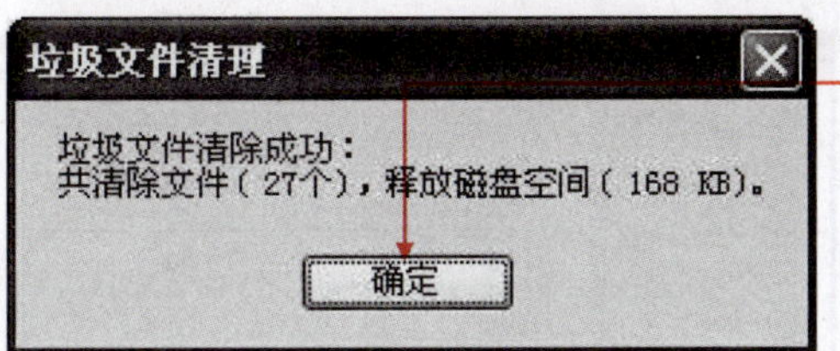

30 显示清除垃圾文件的个数及释放磁盘空间大小，单击“确定”按钮。

图 15-40　显示清理结果

15.2.3　天网防火墙

天网防火墙是国内第一款针对个人用户的软件防火墙，拥有强大的访问控制、信息过滤和自定义规则设置等功能，通过对不同的网络环境灵活选择适当的安全方案，可以有效抵御木马、后门病毒、黑客攻击以及 IE、系统漏洞等安全隐患带来的威胁。

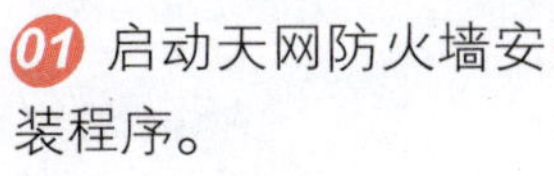

学习时间　60 分钟

学习目的　使用天网防火墙。

操作步骤

1. 安装并设置天网防火墙

安装并设置天网防火墙，操作步骤如下。

01 启动天网防火墙安装程序。

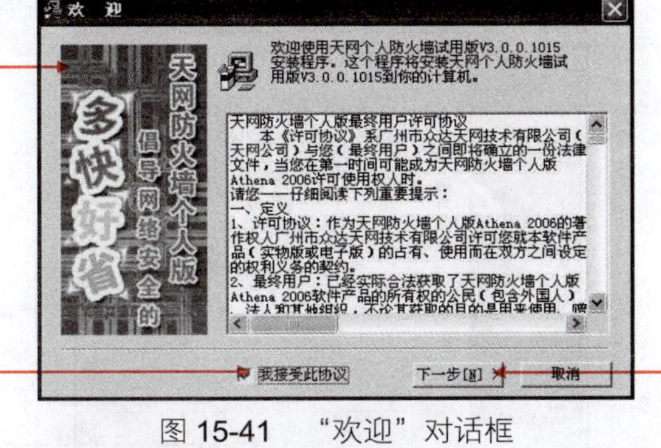

02 勾选“我接受协议”选项。

03 单击“下一步”按钮。

图 15-41　“欢迎”对话框

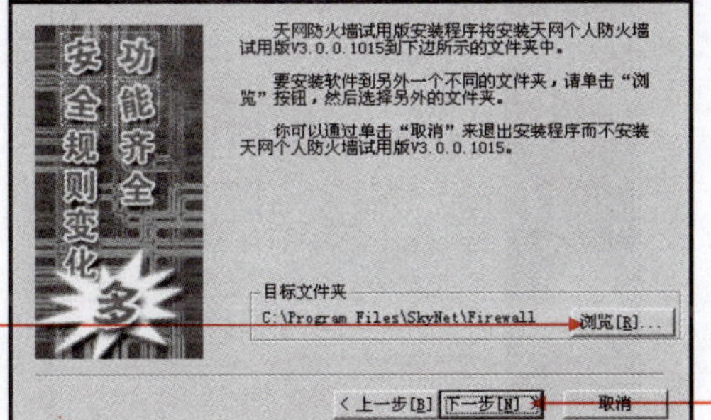

04 单击“浏览”按钮选择安装路径。

05 单击“下一步”按钮。

图 15-42　选择安装的目标文件夹

Days 1
Days 2
Days 3
Days 4
Days 5
Days 6
Days 7

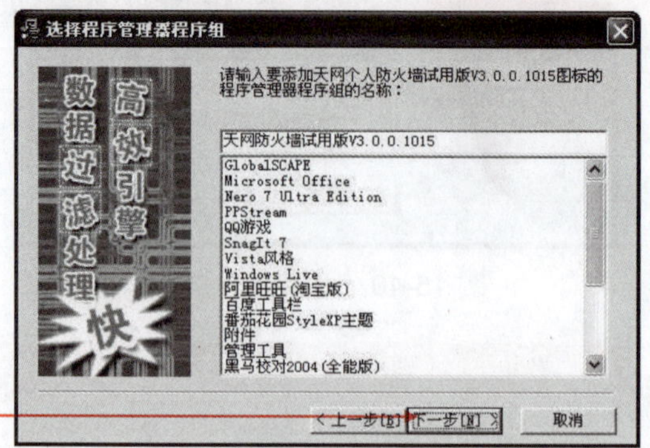

06 单击“下一步”按钮。

图 15-43　选择程序管理器程序组

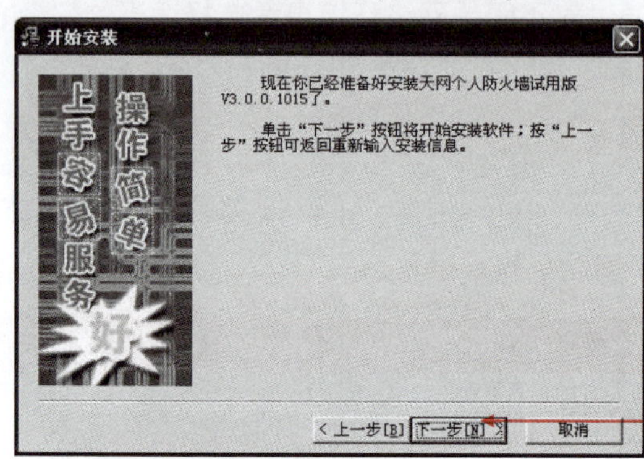

07 单击“下一步”按钮。

图 15-44　开始安装

08 进入天网防火墙设置向导界面。

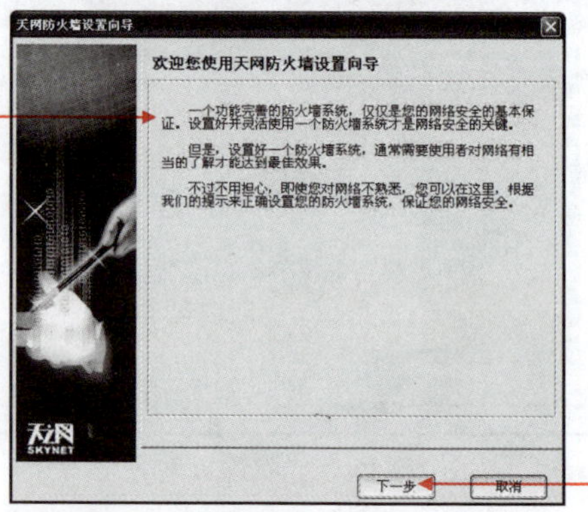

09 单击“下一步”按钮。

图 15-45　天网防火墙设置向导

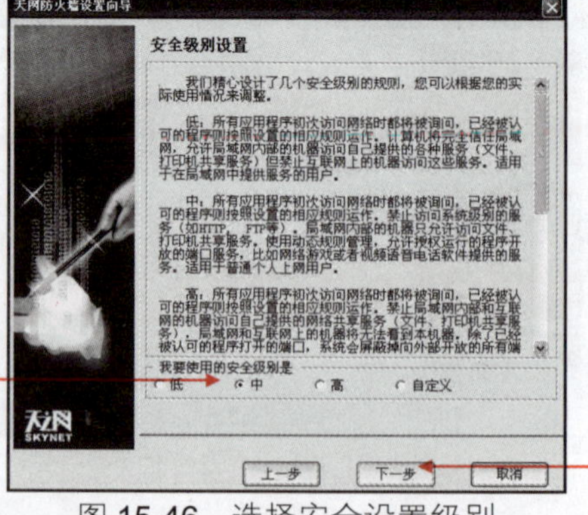

10 选择安全设置级别，如中。

11 单击“下一步”按钮。

图 15-46　选择安全设置级别

⑫ 勾选“开机的时候自动启动防火墙”选项。

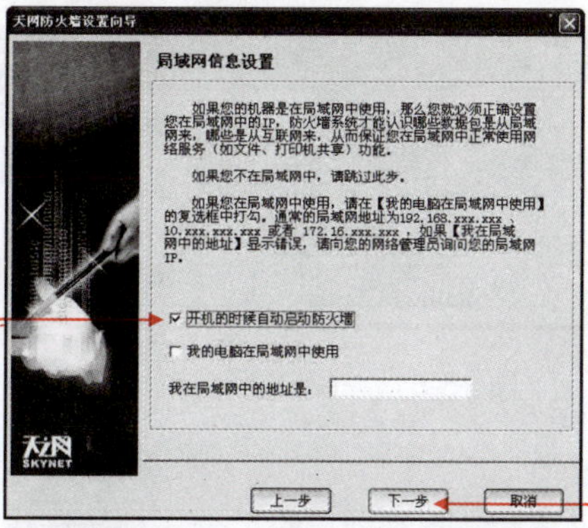

⑬ 单击“下一步”按钮。

图 15-47　选择是否开机启动

⑭ 设置应用程序规则。

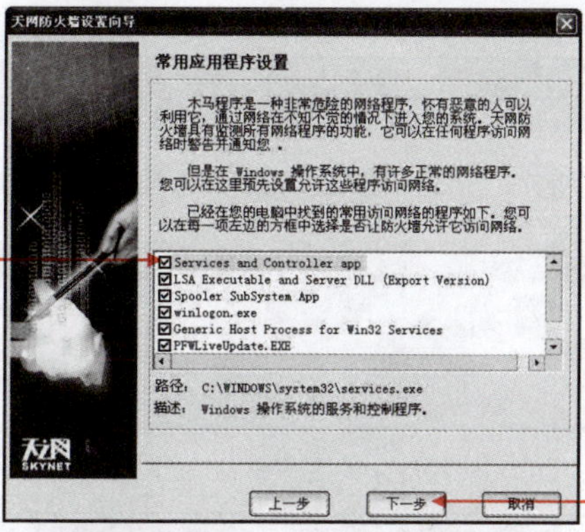

⑮ 单击“下一步”按钮。

图 15-48　设置应用程序规则

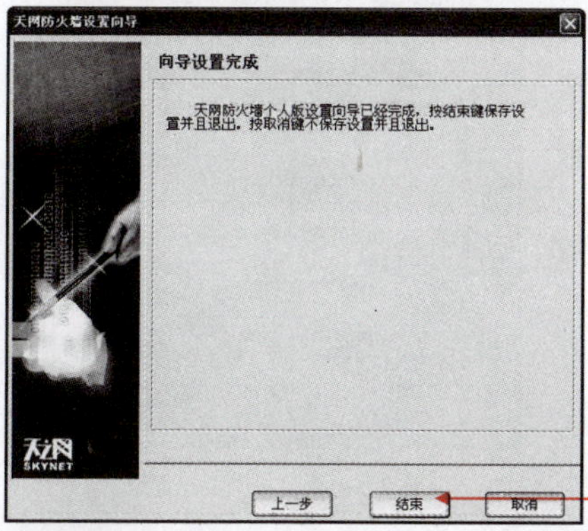

⑯ 完成设置后，单击“结束”按钮。

图 15-49　向导设置完成

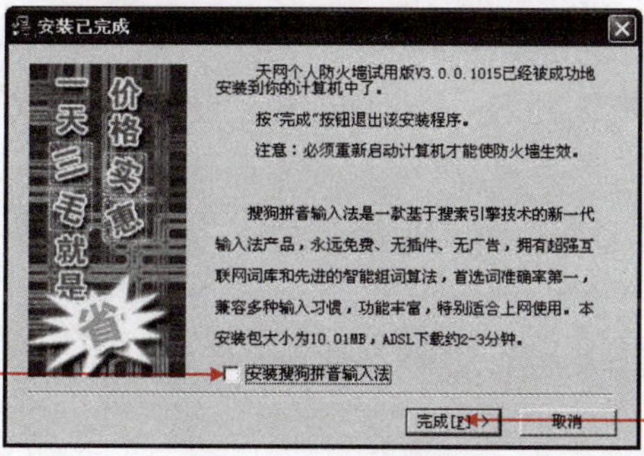

⑰ 取消“安装搜狗拼音输入法”复选框。

⑱ 单击“完成”按钮。

图 15-50　“安装已完成”对话框

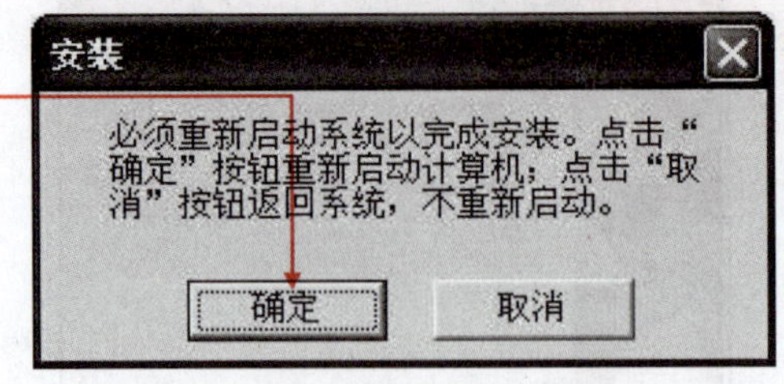

19 单击"确定"按钮后，重新启动计算机，设置即可生效。

图 15-51　提示重新启动计算机

2. 使用天网防火墙

安装并设置成功天网防火墙后，启动计算机后会自动运行防火墙程序，并在通知区域显示其图标，如图 15-33 所示。

图 15-52　通知区域

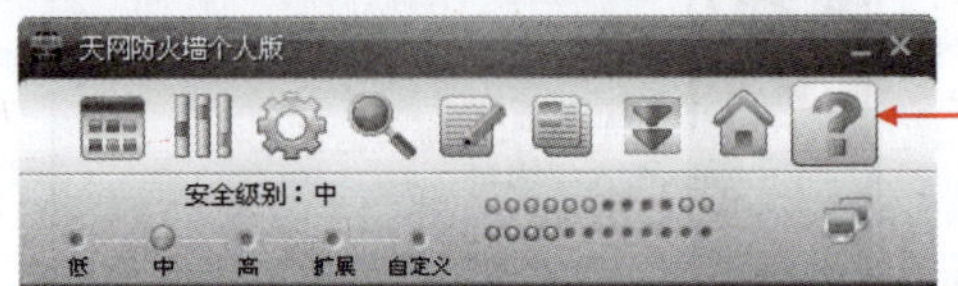

01 双击区域图标，显示天网防火墙界面。

图 15-53　天网防火墙主界面

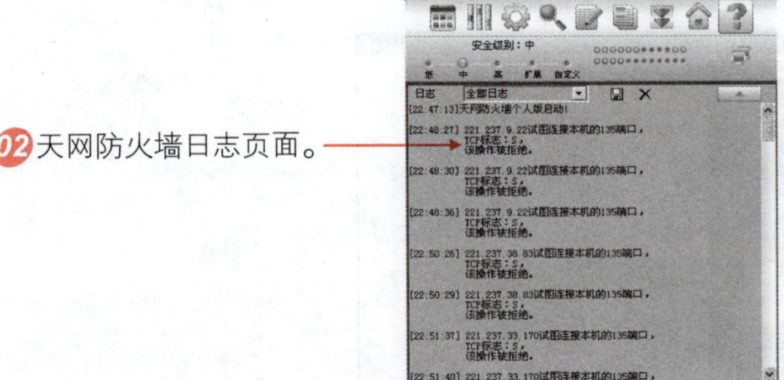

02 天网防火墙日志页面。

图 15-54　查看日志

15.3 巩固与练习

本章介绍了病毒的一些基本知识，并详细介绍了金山毒霸 2008、木马克星、QQ 病毒木马专杀工具以及天网防火墙的防毒杀毒方法。让读者能够了解并掌握计算机防毒杀毒的方法。

操作题

（1）为计算机安装金山毒霸 2008 并进行杀毒。

（2）为计算机安装天网防火墙，以防范病毒入侵。